全国高职高专机电类专业创新型规划教材
“互联网+”融媒体新形态教材

电机技术

(第3版)

主　编　陈　婷　史丽敏　孟春鹏
副主编　梁　梅　刘娇娇　吕文虎　魏嘉泉
主　审　朱　毅　杨泽江

黄河水利出版社
·郑州·

内容提要

本书是全国高职高专机电类专业创新型规划教材,是根据教育部对高职高专教育的教学基本要求及中国水利教育协会职业技术教育分会高等职业教育教学研究会组织制定的电机技术课程标准编写完成的。全书分为5个项目,按变压器、同步电机、异步电机、直流电机、控制电机项目顺序,对各项目所研究对象的工作原理、基本结构、电磁关系、运行特性、常见故障处理及维护管理作了讲述。书中各项目列有学习目标,设有小结,并附有习题,以便在学习过程中对所学知识加强理解和巩固。本书宗旨在于适应国家对职业教育教学改革要求,突出高职高专教材特点,推行项目化课程教学改革,在基于电机物理概念和基本电磁关系的基础上,注重相关知识的应用。

本书可供高职高专电力工程类专业教学使用,也可作为高职高专其他电气类专业学生、从事电力行业的工程技术人员及电气运行工人的参考用书或培训教材。

图书在版编目(CIP)数据

电机技术 / 陈婷,史丽敏,孟春鹏主编. -- 3版. 郑州 : 黄河水利出版社, 2025. 1. --(全国高职高专机电类专业创新型规划教材). -- ISBN 978-7-5509-4093-2

Ⅰ. TM3

中国国家版本馆CIP数据核字第2024NL2985号

出版顾问:王路平　电话:0371-66022212　E-mail:hhslwlp@163.com
组稿编辑:韩莹莹　66025553　hhslhyy@163.com

责任编辑:郭　琼　责任校对:兰文峡　封面设计:李思璇　责任监制:常红昕
出版发行:黄河水利出版社
地址:河南省郑州市顺河路49号　邮政编码:450003
网址:www.yrcp.com　E-mail:hhslcbs@126.com
发行部电话:0371-66020550、66028024
承印单位:河南承创印务有限公司
开本:787 mm×1 092 mm　1/16
印张:18.25
字数:440千字　印数:1—3 200
版次:2009年1月第1版　印次:2025年1月第1次印刷
2018年6月第2版
2025年1月第3版

定价:59.00元

第3版前言

本书是根据《中共中央关于认真学习宣传贯彻党的二十大精神的决定》，中共中央办公厅、国务院办公厅《关于推动现代职业教育高质量发展的意见》，国务院《国家职业教育改革实施方案》（简称“职教20条”），教育部《职业院校教材管理办法》《高等学校课程思政建设指导纲要》《职业教育产教融合赋能提升行动实施方案（2023—2025年）》，教育部、财政部《关于实施中国特色高水平高职学校和专业建设计划的意见》，水利部、教育部《关于进一步推进水利职业教育改革发展的意见》等文件精神，在中国水利教育协会职业技术教育分会指导下进行编写的。教材及时更新教学标准，将新技术、新工艺、新规范及时纳入教学内容，力争实现项目化、模块化教学模式，突出现代职业教育理念，以学生能力培养为主线，体现出实用性、实践性、创新性的教材特色，是理论联系实际、教学面向生产的高职教育精品规划教材。

为了贯彻落实党的二十大精神，以及课程思政“立德树人”“三全育人”要求，充分反映产业升级和行业发展最新进展，对接科技发展趋势和市场需求，不断丰富数字化资源，不断提高教材质量，编者在第2版的基础上，编写而成第3版教材。本次再版以习近平新时代中国特色社会主义思想为指导，全面贯彻落实党的二十大精神、立德树人根本任务，补充了课程思政内容，将党的二十大精神融入教学实践中，同时配套建设了PPT课件、微课视频、动画等丰富的教学资源。

新版教材具有以下特点：

（1）增添了各类电机结构等实物图片，使相关内容的讲授更便于直观认识和理解。

（2）采用项目化教学的方式。以项目为载体，把岗位职业能力所需要的知识、技能和素质融入教学任务中，按技术技能型人才培养规律，构建基本素质、专业技能和岗位能力的课程体系，做到“教、学、做”一体化。

（3）以学生能力培养为主线，以“加强应用、注重技能、培养能力”为宗旨，体现出实用性、实践性，正确地处理了知识传授和能力培养之间的关系，注重基本概念、基本分析方法和解决问题能力的培养与训练。

本书编写单位及编写人员如下：福建水利电力职业技术学院陈婷、吕文虎、魏嘉泉，四川水利职业技术学院史丽敏,四川电力职业技术学院孟春鹏,广西水利电力职业技术学院梁梅,长江工程职业技术学院刘娇娇。本书由陈婷、史丽敏、孟春鹏担任主编,陈婷负责全书统稿;由梁梅、刘娇娇、吕文虎、魏嘉泉担任副主编;由福建水利电力职业技术学院朱毅、四川水利职业技术学院杨泽江担任主审。本书在编写过程中,参考和引用了一些相关书籍和资料,在此向有关作者致以衷心的感谢!

由于时间仓促,加之编者水平有限,书中不足之处在所难免,恳请广大读者批评指正。

编　者

2024年8月

本书互联网全部资源

目 录

绪 论

【课程思政】

中国电机之父——钟兆琳

钟兆琳,著名的电机学家,是中国第一台交流发电机与电动机的研制者。他为中国的电机事业服务了60余年,培养了一大批杰出的电机学、信息学方面的人才,被誉为“中国电机之父”。

钟兆琳先生高尚的人格,强烈的爱国心,信守承诺的品质,不计个人得失、无私奉献的精神,深深地感染着我们每一个人。在他身上体现出来的老一代知识分子的崇高的民族气节和艰苦朴素的优良作风,是我们学习的楷模与典范。作为青年学生的我们,更应该继承前辈的优良传统,做有理想、能吃苦、肯奋斗的青年,用自己的实际行动为国家的事业发展作出贡献与努力。

【教学要求】

掌握电机的作用和分类;理解分析电机常用的电路理论知识。

【知识点】

电机的类型及作用;磁场;电磁感应定律;电磁力定律;基尔霍夫定律。

【技能点】

能说出电机的类型及作用;能分析电磁感应定律。

一、电机作用及类型

当今世界最主要的能源是电能,目前生产或使用电能的主要设备是各类电机。电机是指利用电磁感应原理实现机电能量转换的机械装置,是生产、传输、分配及应用电能的主要设备。在实际生产应用中,有许多各种类型的电机。这些电机可以按不同的方法进行分类,如:按电流的种类分类,有交流电机和直流电机;按电机工作原理分类,有变压器、发电机、电动机、控制电机(主要应用在自动控制和测量领域中)。现将主要用作机电能量转化的各种电机按工作原理分类,如图 0-1 所示。

二、分析电机常用的基本知识

(一)磁场

磁场是由电流产生的。表征磁场的物理量有磁感应强度 B(也称为磁通密度)及磁通量 Φ 等。

- 电机
  - 变压器(静止电机)
  - 交流电机
    - 同步电机
      - 同步发电机
      - 同步电动机
    - 异步电机
      - 异步发电机
      - 异步电动机
  - 直流电机
    - 直流发电机
    - 直流电动机
  - 控制电机

码 0-1 微课:电机技术

图 0-1 电机按工作原理分类

磁场形成后按一定的方式分布,磁场的分布与电流及周围介质的情况有关。直导线和螺线管(线圈)中流过电流时在空气介质中磁场的分布如图 0-2 所示。电流与磁场的方向关系满足右手螺旋定则:①对直导线:用右手握住直导线,大拇指指向电流方向,余下 4 个手指所指的方向为磁场的方向;②对螺线管:用右手握住线圈,4 个手指指向电流的方向,大拇指所指的方向为线圈内部磁场的方向。

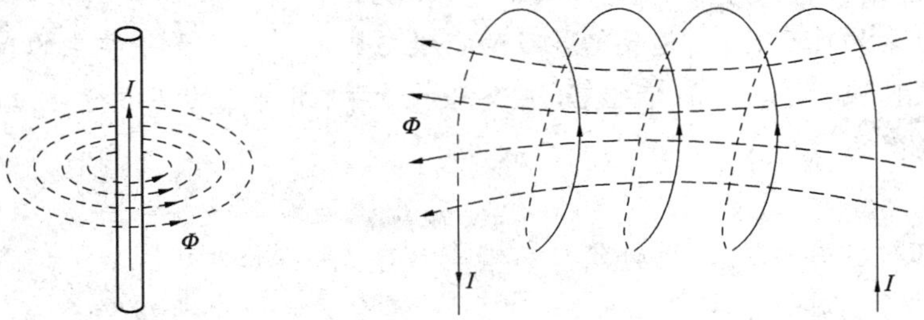

(a)载流直导体中的磁通方向　　(b)螺旋线圈中的磁通方向

图 0-2 导线中流过电流时在空气介质中磁场的分布

在磁场中,沿任一闭合路径磁场强度矢量的线积分,等于穿过该闭合路径的所有电流的代数和,这就是安培全电流定律(或安培环路定律)。即有如下关系:

$$\oint \vec{H}\mathrm{d}\vec{l} = \sum i \tag{0-1}$$

式中 H——磁场强度;

i——回路所包围的电流;

l——回路路径长度。

在电机中,当一个 N 匝的线圈流过电流 I 时,这一定律可写成:

$$\sum_{k=1}^{N} H_k l_k = \sum I = NI = F \tag{0-2}$$

式中 F——磁动势,安匝,$F=NI$。

磁路由 k 段组成。

磁通大小与磁通通过的路径有如下关系:

$$\Phi = \frac{F}{R_m},\quad R_m = \frac{l}{\mu s} \tag{0-3}$$

式中 R_m——磁路的磁阻;

l——磁路的长度;

μ——磁路的导磁率;

s——磁路的截面面积。

直流电流产生恒定磁场,交变电流产生与电流同频率的交变磁场。

(二)铁磁物质

电机是利用电磁感应作用实现能量转换的,所以在电机里有引导磁通的磁路和引导电流的电路。为了在一定的励磁电流下产生较强的磁场,电机中使用了大量的铁磁材料。铁磁材料具有以下特性。

1. 导磁性

铁磁材料包括铁、钴、镍以及它们的合金。所有的非铁磁材料的导磁系数都接近于真空的导磁系数 μ_0($\mu_0=4\pi\times10^{-7}$ H/m),而铁磁材料的导磁系数 μ_{Fe} 比真空的大几千倍。因此,在同样大小的电流(或磁动势)下,铁芯线圈产生的磁通比空心线圈的磁通大得多。

码 0-2 动画:铁磁材料

同时,铁芯也能起到引导磁场的作用,在电机中铁磁材料都制作成一定的形状,以使磁场按设计好的路径通过,并达到分布的要求。

2. 磁饱和现象及剩磁

铁磁材料的磁化曲线如图 0-3 所示。铁磁材料之所以有高导磁性能,是由于铁磁材料内部存在着很多很小的强烈磁化的自发磁化区域,相当于一块块小磁铁,称为磁畴。磁化前,这些磁畴杂乱地排列着,磁场互相抵消,所以对外界不显示磁性。但在外界磁场的作用下,这些磁畴沿着外界磁场的方向有规则地排列着,顺着外磁场方向的磁畴扩大了,逆着外磁场方向的磁畴缩小了,结果磁畴间的磁场不能互相抵消,从而形成一个附加磁场叠加在外磁场上,使总磁场增强。随着外磁场的不断增强,有更多的磁畴顺着外磁场的方向排列,总磁场不断增强(见图 0-3 曲线 bc 段)。当外磁场增强到一定的程度后,所有的磁畴都转到与外磁场一致的方向,这时它们所产生的附加磁场达最大值,总磁场的增强程度减缓,这就出现了磁饱和现象(见图 0-3 曲线 cd 段)。

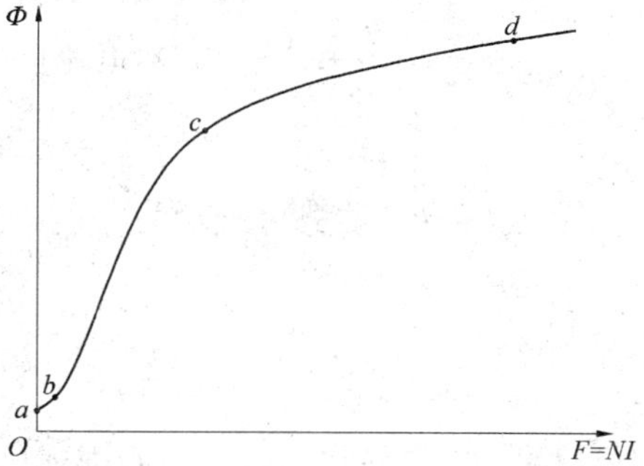

图 0-3 铁磁材料的磁化曲线

码 0-3 动画:磁性材料的磁滞现象

由于磁畴靠得非常紧,彼此间存在摩擦,当外界磁场消失后磁畴不能完全恢复到磁化前的状态,磁畴与外磁场方向一致的排列被部分保留下来,这时的铁磁材料对外呈磁性,这就是剩磁现象(见图 0-3 中 a 点)。

3. 磁滞损耗和涡流损耗

若作用在铁磁材料上的外界磁场为交变磁场,在交变磁场的作用下,磁畴不断翻转,因而磁畴之间不停地互相摩擦,消耗能量,因此引起损耗,这种损耗称为磁滞损耗。

当通过铁芯的磁通发生交变时,根据电磁感应定律,铁磁材料内将感应电动势和产生感应电流。这些电流在铁芯内部围绕磁通呈旋涡状流动,称之为涡流。涡流在铁芯中引起的损耗(i^2r)称为涡流损耗。

可见,不论是磁滞损耗,还是涡流损耗,产生的根源都是交变磁场。在电机中,通过交变磁场部分的铁磁材料都是采用厚度为 0.35~0.5 mm 的硅钢片叠装而成的,硅钢片两面刷上绝缘漆,叠装后涡流被斩断,涡流所流经的路径变短,从而大大减小涡流,也就减小了涡流损耗。

磁滞损耗与涡流损耗合在一起,总称为铁损,铁损可用式(0-4)进行计算:

$$p_{\mathrm{Fe}} = P_{1/50}\left(\frac{f}{50}\right)^{\beta} B_{\mathrm{m}}^{2} G \tag{0-4}$$

式中 $P_{1/50}$——当频率为 50 Hz、最大磁感应强度为 1 T 时,1 kg 铁芯的铁损,W/kg;

B_{m}——磁感应强度的最大值,T;

f——磁通交变频率,Hz;

G——铁芯质量,kg。

β——指数,随硅钢片含硅量的增高而减小,其数值范围为 1.2~1.6。

(三)电磁感应定律

1. 感应电动势

一个匝数为 N 匝的线圈,当与线圈交链的磁通 Φ 随时间发生变化时,在线圈内会产生感应电动势,如图 0-4 所示。

码 0-4 微课:基本电磁规律

码 0-5 动画:电磁感应定律

感应电动势的正方向与磁通的正方向符合右手螺旋关系,即右手的大拇指表示磁通的正方向,其余四个手指表示电动势的正方向,则感应电动势可表示为

$$e = -N\frac{\mathrm{d}\Phi}{\mathrm{d}t} \tag{0-5}$$

1) 自感电动势

当线圈中有电流 I 流过时,就会产生与线圈自己交链的磁通 Φ。若电流随时间变化,则产生的磁通也随时间变化。根据电磁感应定律,磁通的变化将在线圈内感应电动势,这种由于电流本身随时间变化而在线圈内感应的电动势称为自感电动势,可得

$$e_{\mathrm{L}} = -N\frac{\mathrm{d}\Phi}{\mathrm{d}t} = -\frac{\mathrm{d}\psi}{\mathrm{d}t} \tag{0-6}$$

由于 $\psi=Li$，于是自感电动势为

$$e_{\mathrm{L}}=-\frac{\mathrm{d}\psi}{\mathrm{d}t}=-L\frac{\mathrm{d}i}{\mathrm{d}t} \tag{0-7}$$

式中 L——自感系数，H。

2) 互感电动势

如图 0-5 所示，紧邻线圈 1 放置了线圈 2，当线圈 1 内有电流 i_1 流过时，它产生的磁通也穿过线圈 2。这样，当 i_1 随时间变化时，它所产生的磁通也随时间变化，线圈 2 中也会感应电动势。这种电动势称为互感电动势，用 e_{M} 表示，有

$$e_{\mathrm{M}}=-N_2\frac{\mathrm{d}\Phi}{\mathrm{d}t}=-\frac{\mathrm{d}\psi_2}{\mathrm{d}t}=-M\frac{\mathrm{d}i_1}{\mathrm{d}t} \tag{0-8}$$

式中 M——线圈 1 和线圈 2 之间的互感系数，简称互感，H。

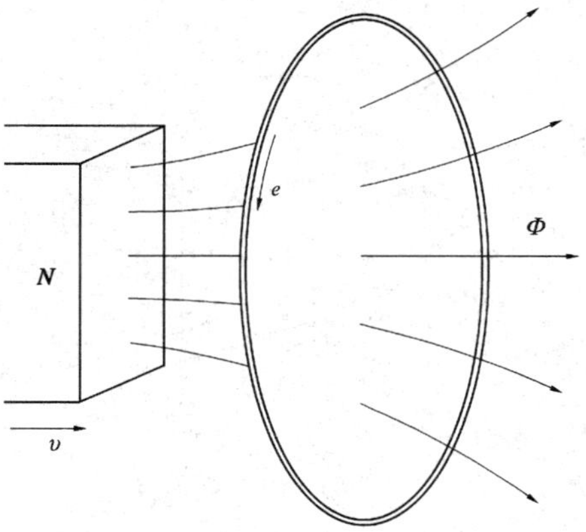

图 0-4 线圈中电动势的产生

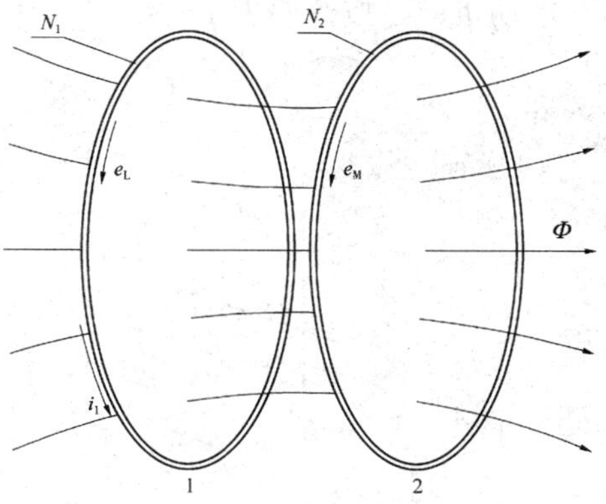

图 0-5 自感及互感电动势的产生

若线圈 1 和线圈 2 靠得非常近，它们的匝数分别为 N_1 和 N_2，且 $N_1\neq N_2$，当线圈 1 施加交流电压 u_1，线圈 1 内流过电流 i_1 时，产生的磁通 Φ 同时穿过两个线圈，两线圈分别产生感应电动势：

$$e_{\mathrm{L}}=-N_1\frac{\mathrm{d}\Phi}{\mathrm{d}t}\ ,\ e_{\mathrm{M}}=-N_2\frac{\mathrm{d}\Phi}{\mathrm{d}t} \tag{0-9}$$

相应线圈 2 有交流电压 u_2 输出，由于 $N_1\neq N_2$，两线圈感应电动势 e_{L}、e_{M} 的大小不相等，对应的电压 u_1、u_2 也不相等。

变压器就是按此原理实现变压的。

2. 切割电动势

当导体与磁场有相对运动时，导体切割磁力线，在导体中会产生感应电动势。在均匀磁场中，若直导体的有效长度为 l、磁感应强度为 B、导体相对切割速度为 v，则其感应电动势为

$$e=Blv \tag{0-10}$$

切割电动势的方向可以用右手定则来确定，如图 0-6 所示，展开右手，使大拇指与其余 4 指垂直，让磁力线穿过手心，大拇指指向导体切割磁场的方向，则 4 指所指的方向即

为切割电动势的方向。

发电机就是按此原理工作的。

(四)电磁力定律

载流导体在磁场中会受到力的作用。由于这种力是磁场和电流相互作用产生的,所以称为电磁力。若磁场与载流导体互相垂直,导体的有效长度为 l、磁感应强度为 B、导体中的电流为 i,则作用在导体上的电磁力为

码 0-6　动画:电磁力的产生

$$f = Bli \tag{0-11}$$

电磁力的方向可用左手定则来确定,如图 0-7 所示,把左手伸开,大拇指与其余 4 指垂直,让磁力线穿过掌心,4 指指向电流的方向,则大拇指所指方向就是电磁力的方向。

电动机就是按此原理工作的。

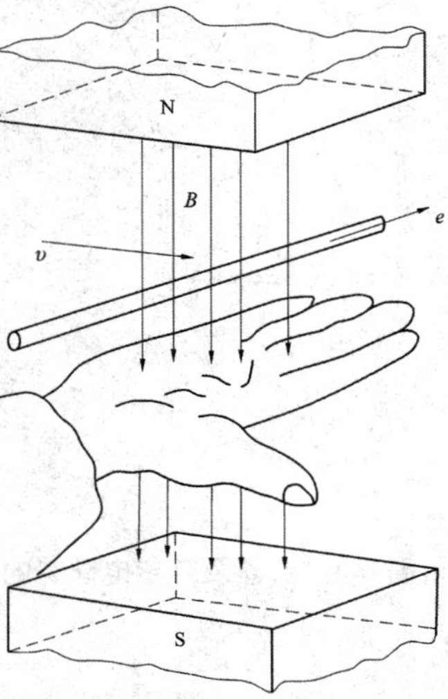

图 0-6　切割电动势的产生

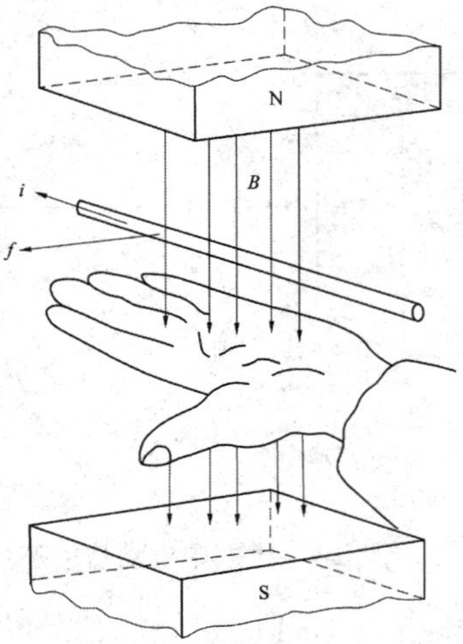

图 0-7　载流导体电磁力的产生

(五)基尔霍夫定律

1. 磁路的基尔霍夫第一定律(磁通的连续性定律)

磁路中任一闭合面,在任一瞬间,穿过该闭合面的各支路磁通的代数和恒等于 0,其数学表达式为

$$\sum \Phi = 0 \tag{0-12}$$

2. 磁路的基尔霍夫第二定律

沿任何闭合磁路的总磁动势恒等于各段磁路磁压降的代数和,由全电流定律的演变得来,其数学表达式为

$$\sum Hl = \sum iN = \sum F \tag{0-13}$$

三、本课程的特点及学习时的注意事项

电机技术是一门专业基础课,主要介绍各种电机的工作原理和基本运行规律。通过这门课的学习,为后续的专业课奠定相关的基础。电机是一个电、磁、机械综合体,学习本课程应具备电路、磁路的基本知识及机械结构的基本识图能力。

在本课程的学习过程中,应在对本书进行充分阅读的基础上,注意对基本原理的掌握和基本概念的理解。在本书每节的小结中均列出了重点和要点,须注意对这些知识点的学习,在初始学习时,有些知识点的联系可能较为松散,只有对这些知识点及时进行消化和记忆,才能建立较系统的知识体系。在学习过程中,还要注意进行比较,比如对变压器、同步电机和异步电机的相关知识进行比较,可以使我们准确地把握相关基本概念,明确各类电机特点,有利于电机理论系统化。同时,还须注意与实践的结合,运用相关的知识要点解释和解决生活生产中具体的电机问题。

习　题

绪论在线习题

一、填空题

1. 在电机学中,________效应是指在没有外部磁场的情况下,导电金属内产生的自感磁场对电流的影响。

2. ________效应是指导电金属内产生的与外部磁场相互作用而产生的电动势和电流。

3. ________是指在电机中通过电磁感应原理将机械能转换为电能的装置。

4. ________是指在电机中通过电磁感应原理将电能转换为机械能的装置。

5. 在电机技术中,磁场是由________产生的。

6. 铁磁物质具有__________的特性,在磁场中会被强烈磁化。

7. 根据电磁感应定律,当一个闭合导线圈在磁场中运动时,线圈中会产生__________。

8. 在交流电机中,磁场是由__________产生的。

9. 铁磁物质的磁导率比空气的磁导率要__________。

10. 根据电磁感应定律,当一个闭合导线圈在磁场中运动时,在线圈中会产生感应电流,方向与磁场变化方向__________。

二、判断题

1. 电动机是将电能转换为机械能的装置。(　　)

2. 电机的种类繁多,包括发电机、电动机、变压器等。(　　)

3. 电机的运行原理基于电磁感应定律。(　　)

4. 发电机是将电能转换为机械能的装置。(　　)

5. 磁场是由磁体产生的,只能影响铁磁物质。(　　)

6. 铁磁物质的磁导率比空气的磁导率要高。(　　)

7. 电磁感应定律是指变化的磁场会产生电场,而恒定的磁场不会产生电场。(　　)

8. 直流电机中,主磁场和换向磁场都是通过电刷来建立的。(　　)

9. 交流电机的主磁场是由定子电流产生的。(　　)

10. 电磁场的强度与电流的大小成正比,与距离的平方成反比。(　　)

三、选择题

1. 在电机技术中,正确地描述了磁场的概念的选项是(　　)。

A. 磁场是由铁磁物质产生的力场

B. 磁场是由电荷在空间中移动产生的电场

C. 磁场是由磁荷在空间中移动产生的

D. 磁场是由磁化物质产生的力场

2. 关于铁磁物质的描述,以下描述中正确的是(　　)。

A. 铁磁物质是一种能够产生磁场的物质

B. 铁磁物质是一种能够被磁场磁化的物质

C. 铁磁物质是一种能够产生电场的物质

D. 铁磁物质是一种能够被电场磁化的物质

3. 下列选项中,利用电磁感应原理工作的是(　　)。

A. 直流电机　　B. 交流电机　　C. 步进电机　　D. 伺服电机

四、问答题

1. 磁场是如何产生的?如何根据电流的情况判断磁场的分布?

2. 什么是铁磁材料?在电机中为什么要大量使用铁磁材料?什么是铁磁材料的磁滞损耗和涡流损耗?引起铁磁材料磁滞损耗和涡流损耗的原因是什么?铁损的大小与哪些因素有关?

3. 铁磁材料的磁饱和及剩磁是怎么回事?

4. 导线中可通过哪些方式产生感应电动势?如何计算电动势的大小?如何判断电动势的方向?

5. 什么是自感电动势?什么是互感电动势?

6. 什么是电磁力定律?如何计算电磁力的大小?如何判断电磁力的方向?

项目 1　变压器

【课程思政】

党的二十大报告提出，坚持创新在我国现代化建设全局中的核心地位。全面提高人才自主培养质量，着力造就拔尖创新人才，聚天下英才而用之。

近年来，我们国家的电网发生了翻天覆地的变化，电网进入了特高压时代。我国的特高压技术在技术攻关、设备研制、运行特性等方面取得重大成果。特高压是世界上最先进的输电技术，目前世界上只有我国全面掌握了这项技术，并开始了大规模工程应用。这些骄人成绩的取得，都需要具备科学精神，需要中国共产党的领导，国之强大，民之骄傲，我们应该以投身到建设中国梦的浪潮中为荣，以建设繁荣昌盛的祖国为傲。

【教学要求】

理解变压器对交流电压进行变压的物理过程；了解电力变压器主要部件的名称及作用、变压器的分类情况；掌握变压器铭牌数据的意义；理解变压器空载、负载运行的工作状态；掌握三相变压器连接组别的意义；掌握变压器并联运行的条件。

【知识点】

变压器的原理、结构及铭牌（参数）数据；变压器的类型和基本结构；变压器的主要参数；标幺值；三相变压器的连接组别；变压器并联运行的条件；变压器常见的故障。

【技能点】

能说出变压器的工作原理；能分析变压器的工作状态；能说出变压器并联运行的条件。

变压器是一种静止电气设备。它是利用电磁感应原理，将一种电压等级的交流电能变换成同频率的另一种电压等级的交流电能。

变压器广泛应用于电力系统及各种需要变换电压的电器和系统中。电力系统中的变压器主要用作升、降电压，升压以适应远距离输电的需要，降压以满足用户用电的要求。用于电力系统中升、降电压的变压器叫作电力变压器，本项目主要以讲述电力变压器为主。

任务 1.1　变压器的基本知识

【学习目标】

掌握变压器对交流电压进行变压的物理过程。了解电力变压器主要部件的名称及作用、变压器的分类情况。掌握变压器铭牌数据的意义。

本节是变压器的基础部分,主要讨论变压器的原理、结构及铭牌(参数)数据。

1.1.1 变压器的基本工作原理及分类

1.1.1.1 变压器的基本工作原理

变压器是利用电磁感应规律工作的。变压器的基本结构是将两个互相绝缘的绕组套在一个共同的环状铁芯上,这两个绕组具有不同的匝数,且互相绝缘,如图 1-1 所示。其中,绕组 1 接于需要进行变压的交流电源上,这个绕组叫作一次绕组,或原绕组、一次侧;绕组 2 接负载,这个绕组叫作二次绕组,或副绕组、二次侧。

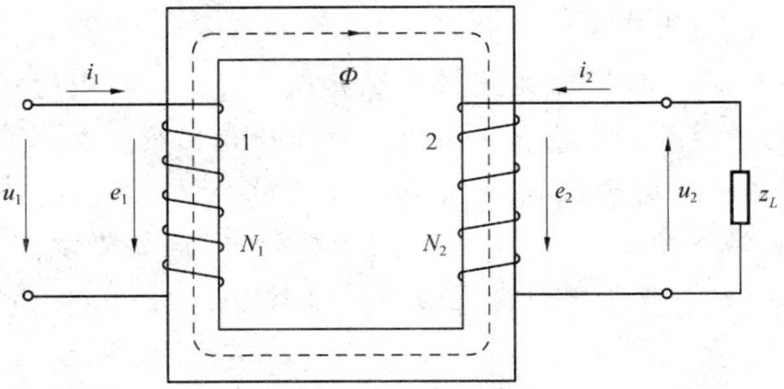

图 1-1 变压器工作原理图

码 1-1 微课:变压器基本工作原理　码 1-2 动画:变压器的发明

当一次侧接上电压为 u_1 的交流电源时,一次绕组将流过交流电流 i_1,并在铁芯中产生交变磁通 Φ,这个磁通同时交链着一、二次绕组,根据电磁感应定律,交变磁通 Φ 在一、二次绕组中产生的感应电动势分别为

$$e_1 = -N_1 \frac{d\Phi}{dt}, \quad e_2 = -N_2 \frac{d\Phi}{dt} \tag{1-1}$$

式中 N_1、N_2—— 一、二次绕组的匝数。

可见,一、二次绕组电动势的大小正比于各自绕组的匝数,而绕组的感应电动势又近似等于各自的端电压,制造好的变压器 $N_1 \neq N_2$,相应输入、输出的电压也就不相等,从而起到了变压的作用。

由上述可知,一、二次绕组的匝数不等是变压器变压的关键。另外,变压器只能对交流电压进行变压,若一次侧施加直流电压,一次绕组将流过直流电流,在铁芯中产生恒定磁通,这个磁通不会在绕组中产生感应电动势,二次侧不会有电压输出。

在以后的讨论中,有关一、二次侧的各量,例如功率、电压、电流、绕组匝数等,分别在其代表符号的右下角注以下标 1、2,如 U_1、I_1、N_1、U_2、I_2、N_2 等。

1.1.1.2 变压器的分类

为了适用于不同的使用目的和工作条件,变压器的类型很多,可以从不同的角度予以分类。

按其用途的不同,变压器可分为电力变压器(又可分为升压变压器、降压变压器、配电变压器等)、仪用变压器(电流、电压互感器等)、试验用变压器、整流变压器等。

按绕组数目的不同,变压器可分为双绕组变压器、三绕组变压器、多绕组变压器(一般用于特种用途)及自耦变压器。

按相数的不同,变压器可分为单相变压器、三相变压器、多相变压器。

按冷却方式的不同,变压器可分为干式变压器、油浸自冷变压器、油浸风冷变压器、油浸水冷变压器、强迫油循环风冷变压器、强迫油循环水冷变压器等。

按线圈导线使用材质的不同,变压器可分为铝线变压器、铜线变压器。

按调压方式的不同,变压器可分为无励磁调压变压器、有载调压变压器。

1.1.2　变压器的类型及其基本结构

从变压器的功能来看,铁芯和绕组是变压器的核心部件,铁芯和绕组称为变压器的器身。为保证器身的正常、安全运行,还必须有其他部件。下面以油浸式变压器为例对变压器的主要部件的功能、构造及原理进行说明。图1-2为油浸式三相电力变压器的实物和结构图。

码1-3　微课:变压器的基本结构

1.1.2.1　铁芯

变压器铁芯是变压器的磁路和安装骨架,主要分为铁芯柱和磁轭两部分,其对变压器的性能有很大的影响。

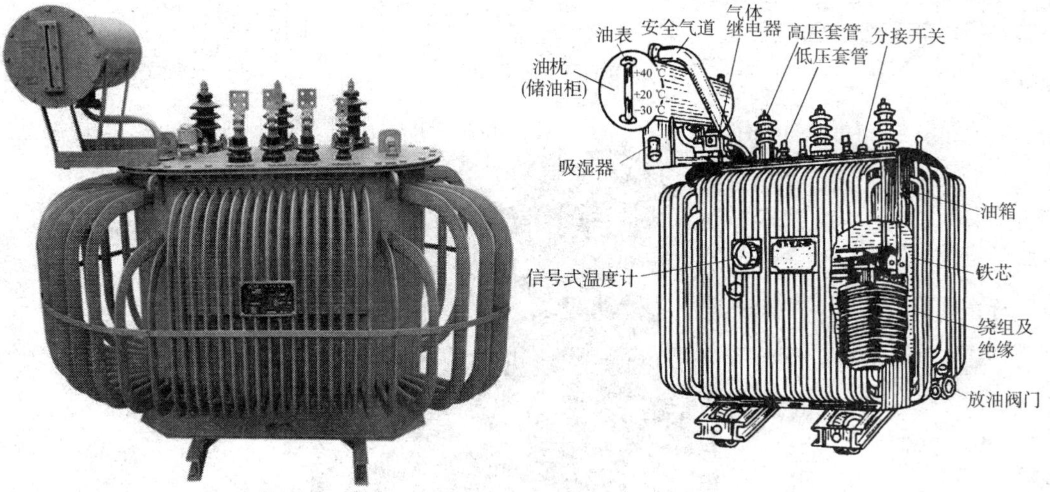

(a)实物图　　(b)结构图

图1-2　油浸式三相电力变压器的实物和结构图

铁芯的作用是导磁,以减小励磁电流。为了提高磁路的导磁性能,减小涡流损耗及磁滞损耗,铁芯通常用两面涂有绝缘漆的0.35~0.5 mm厚的硅钢片叠成。

变压器的铁芯是框形闭合结构。其中,套线圈的部分称为芯柱,不套线圈只起闭合磁路作用的部分称为铁轭。

在叠装硅钢片时,常采用交错式装配方法。它是由剪成一定尺寸的硅钢片交错叠装而成的,叠装时相邻层的接缝要错开,如图1-3所示。

为了能充分利用圆形绕组内空间中的面积,节约绕组金属用量,铁芯柱的截面多制成内接多级阶梯形,如图1-4(a)所示。大型变压器的铁芯还设有油道,以利于变压器油循

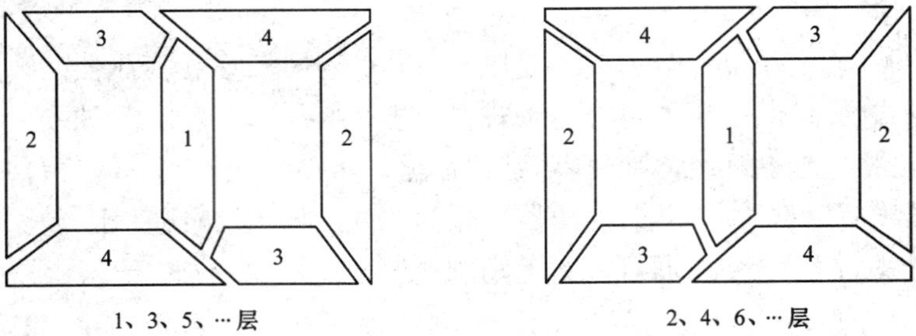

图 1-3　三相叠片式铁芯叠装次序和叠装方法

环,加强散热效果。磁轭截面有矩形、T 形和阶梯形几种,如图 1-4(b)所示。芯式铁芯磁路如图 1-4(c)所示。

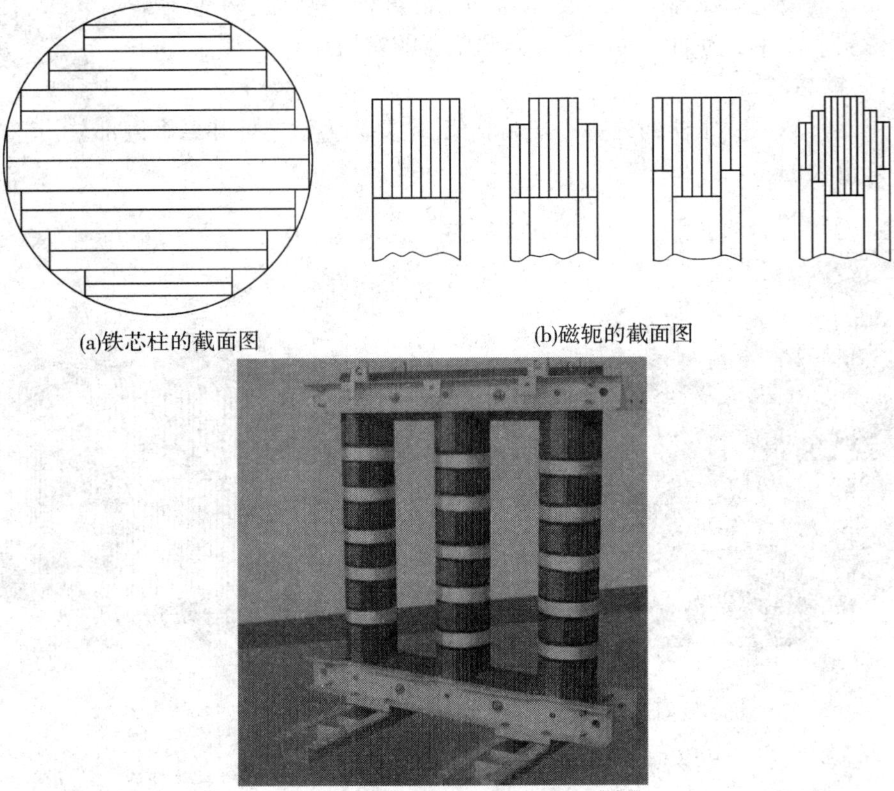

(a)铁芯柱的截面图　(b)磁轭的截面图

(c)三相变压器芯式铁芯磁路结构

图 1-4　铁芯柱、磁轭的截面及铁芯磁路结构

1.1.2.2　绕组

绕组是变压器的电路部分,一般用绝缘材料包裹的铝线或铜线绕成。

按变压器高低压绕组相互位置的不同,主要分为同心式绕组和交叠式绕组两类。同心式绕组就是高、低压绕组都做成圆筒形状,同心地装在铁芯柱上,为便于铁芯、线圈间的绝缘,以及高压绕组与分接开关的连接,低压绕组靠近铁芯柱,高压绕组套装在低压绕组的外面,绕组间留有油道,以便于冷却和加强绝缘,如图 1-5(a)所示。交叠式绕组都做成饼式，高、低压线圈交替放置套在铁芯柱上，如图 1-5(b) 所示。中小型同步发动机主要采用同心式绕组，同心式绕组三相芯式变压器如图 1-6 所示。

(a)同心式绕组

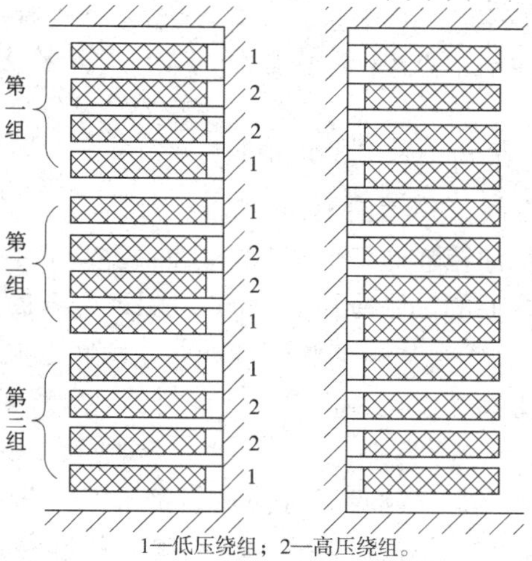

(b)交叠式绕组

图 1-5　变压器绕组

(a)实物图

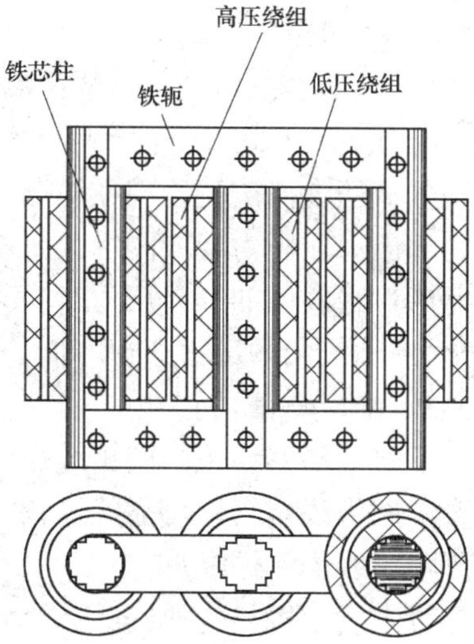

(b)结构图

图 1-6　同心式绕组三相芯式变压器

1.1.2.3　油箱和变压器油

油箱是油浸式变压器的外壳，油箱用钢板焊成，变压器的器身置于油箱的内部，箱内注满变压器油。油箱分箱盖、箱壁、箱底 3 部分。

中小型变压器多制成箱式，即将箱壁与箱底焊接成一个整体，器身置于箱中。检修时，需要将器身从油箱中吊出，如图 1-7(a) 所示。

大型变压器油箱都制成钟罩式，即将箱盖和箱壁制成一体，罩在铁芯和绕组上。这将为检修提供方便,检修时只需把钟罩吊起,器身则暴露出来,这要比吊起沉重的器身方便得多,如图 1-7(b)所示。

油箱中注满变压器油,其作用是冷却和加强绝缘。

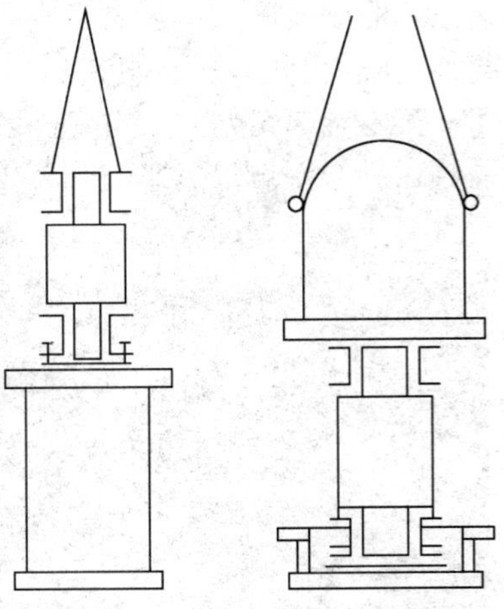

图 1-7 变压器油箱

1.1.2.4 **油枕**

油枕又称储油柜,安装在变压器顶部,通过弯曲联管与油箱连通(见图 1-2)。油枕内油面高度随着变压器油的热胀冷缩而变动,以保证变压器油箱内充满变压器油,并缩小变压器油与空气的接触表面,减少油受潮和氧化过程。

1.1.2.5 **呼吸器**

呼吸器又称吸湿器,油枕上部的空气通过呼吸器与外界空气相通(见图 1-2)。当变压器油热胀冷缩时,气体经过它进出油枕上部,以保持油箱内压力正常。呼吸器内部装有颗粒状硅胶,具有很强的吸潮能力,当空气经呼吸器进入油枕时,水分将被硅胶吸收,同时滤掉空气中的杂质,从而延缓变压器油的老化时间。

1.1.2.6 **防爆管**

防爆管又叫安全气道,它装在油箱的顶盖上。当变压器内部发生严重故障而产生大量气体时,油箱内压力迅速增大,油流和气体将冲破气道上端的玻璃板向外喷出,以免油箱受到强大压力而破裂。现在防爆管已逐渐被压力释放阀取代。当变压器正常工作时,油箱内部压力在压力释放阀的关闭压力以下,压力释放阀处于关闭状态;当变压器内部故障压力超过释放阀的开启压力时,压力释放阀能在 2 ms 内迅速开启,将变压器箱体内气体排出,使油箱内的压力很快降低,避免变压器爆炸。

1.1.2.7 **绝缘套管**

为了将变压器绕组的引出线从油箱内引出到油箱外,则引线在穿过接地的油箱时,必须将带电的引线与箱体可靠绝缘,所用的绝缘装置便是绝缘套管(见图 1-8),绝缘套管同时起固定引线的作用。

绝缘套管一般是瓷质的,它的结构主要取决于电压等级。1 kV 以下的采用实心瓷套管,10~35 kV 采用空心充气式或充油式套管。电压 110 kV 及以上时,采用电容式套管。为了增加表面放电距离,套管外形做成多级伞形,电压愈高,级数愈多。

1.1.2.8 **瓦斯继电器**

瓦斯继电器又称为气体继电器,是变压器的主要保护装置,它安装在变压器的油箱和油枕之间的管道上,内部有一个带有水银开关的浮筒和一块能带动另一水银开关的挡板。当变压器内部有故障时,瓦斯继电器能根据聚集的气体的多少和油气冲击程度来判断变压器内部故障程度,发出信号或让变压器跳闸,避免故障扩大。

1.1.2.9 **分接开关**

电压是电能质量的指标之一,变压器在运行的过程中,会因为多方面的原因引起输出电压发生改变。变压器可采取通过分接开关改变高压绕组匝数的方法来进行调压。高压绕组有若干个抽头引出，这些抽头接在分接开关上，分接开关可在±5%范围内调整高压绕组的匝数。分接开关放置于变压器的箱盖上。分接开关又分为无励磁调压分接开关和有载调压分接开关。前者必须在变压器停电的情况下切换，后者可以在不切断负载电流的情况下切换。

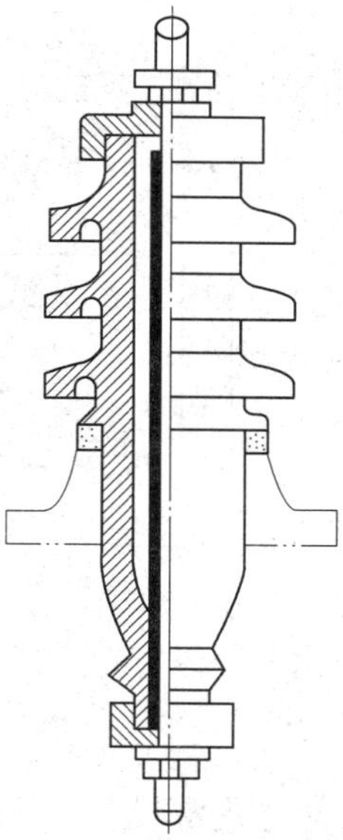

图 1-8　绝缘套管

1.1.2.10　温度计

变压器在运行的过程中，有铁芯损耗、绕组铜损耗等，这些损耗都转变成热量，使变压器相关部分温度升高。变压器运行时温度不允许超过规定值，否则会加快变压器绝缘材料的老化速度，缩短变压器的寿命。

温度计是用来测量油箱上层油温的，通过对油温的监视，可判断变压器的运行是否正常。常用的是信号温度计。信号温度计表盘的指针带有电接点，它可以适时地指示变压器的上层油温，也能在温度超过规定值时发出信号，及时提醒运行人员。

1.1.3　变压器的铭牌

每一台变压器都有一个铭牌，铭牌上标注着变压器的型号和各种额定值，如图 1-9 所示。它是设计和使用变压器的依据。变压器铭牌上主要标有以下几个信息。

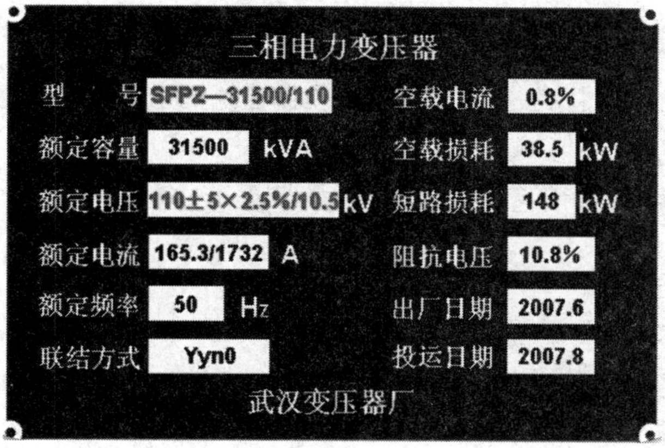

图 1-9　变压器铭牌

1.1.3.1　型号

型号是变压器基本情况的符号说明，由字母和数字组合而成，用来代表该台变压器的产品分类、结构特征、用途和各种数据等。第一位字母表示变压器的相数；第二位字母表示冷却方式；第三位字母表示绕组的材料；第四位脚注数字表示设计序号；在横短线后面数字表示变压器的容量（kVA）；斜线后面数字表示高压绕组额定电压等级（kV）；斜线后第二位字母表示防护代号。变压器型号表示方法如图 1-10 所示。

例如 SL-1000/10 为三相油浸自冷式双线圈铝线，1 000 kVA，高压侧电压等级为 10

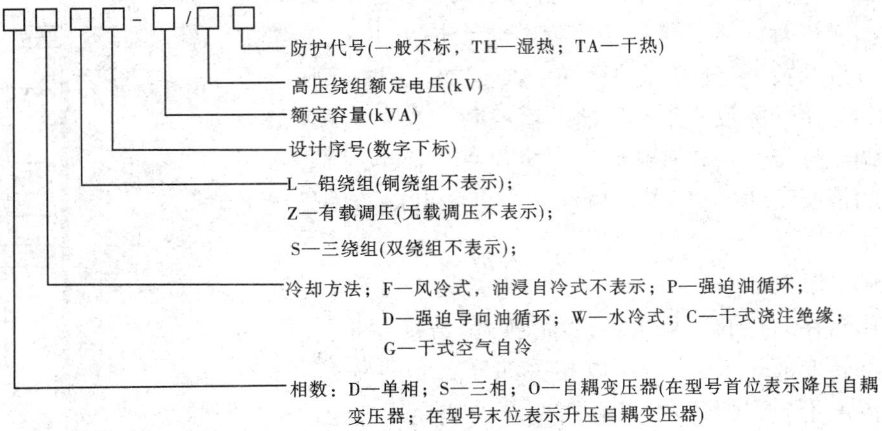

图 1-10　变压器型号表示方法

kV 电力变压器。

1.1.3.2　额定容量 S_N

额定容量是指变压器传输电能过程中输出能力(视在功率)的保证值,单位为 kVA。双绕组变压器一、二次侧的额定容量是相等的。

1.1.3.3　额定电压 U_{1N}/U_{2N}

原绕组额定电压 U_{1N} 是指规定加到一次侧的电压;副绕组额定电压 U_{2N} 是指分接开关放在额定电压位置(标准抽头位置),一次侧加额定电压时二次侧的开路电压。对于三相变压器,额定电压指线电压,其单位为 kV。

1.1.3.4　额定电流 I_{1N}/I_{2N}

额定电流是指变压器在额定容量下允许长期通过的电流。对三相变压器,额定电流均指线电流。额定电流单位为 A 或 kA。

额定容量、额定电压、额定电流之间的关系如下:

对单相变压器
$$S_N = U_{1N}I_{1N} = U_{2N}I_{2N} \tag{1-2}$$

对三相变压器
$$S_N = \sqrt{3}\,U_{1N}I_{1N} = \sqrt{3}\,U_{2N}I_{2N} \tag{1-3}$$

1.1.3.5　额定频率 f_N

额定频率指规定的电源频率,单位为 Hz。我国的工业额定频率是 50 Hz。

1.1.3.6　额定温升

额定温升指变压器内绕组或上层油温与变压器周围大气温度之差的允许值。根据国家标准,周围大气的最高温度规定为+40 ℃,绕组的额定温升为 65 ℃。

此外,铭牌上还标有接线图和连接组别、短路电压、变压器质量等。

小　结

(1)变压器的功能是将一种等级的交流电压和电流转变为同频率的另一种等级的交流电压和电流,以满足电能的传输、分配和使用。变压器的工作原理是基于电磁感应定律，以磁场作为工作的媒介，利用一、二次绕组的匝数不等来实现变压。

(2) 铁芯、绕组是变压器的核心部件，称其为器身。为保证变压器安全正常运行，还离不开油箱、变压器油、油枕、呼吸器、防爆管、瓦斯继电器、分接开关、温度计等。

(3) 明确变压器额定参数的含义，掌握它们之间的关系。

习　题

任务 1.1 在线习题

一、填空题

1. 变压器铁芯采用 0.35~0.5 mm 厚的__________。叠加而成，是为了__________。

2. 变压器是根据__________原理，利用__________的不同来改变电压及电流的，__________是联系一、二次侧的桥梁。

3. 分接开关又分为__________和__________。

4. 按变压器高低压绕组的相互位置的不同，变压器主要分为__________和__________两类。

二、判断题

1. 在降压变电所内，变压器是将高电压改变为低电压的电气设备。(　　)

2. 变压器的额定电压为绕组的线电压。(　　)

3. 变压器铁芯是变压器的电路部分。(　　)

4. 变压器型号中斜线后面的数字表示变压器高压绕组的额定电压，其单位是 kV。(　　)

5. 变压器利用电磁感应原理，把交流输入电压升高或降低为不同频率的交流输出电压。(　　)

三、选择题

1. 变压器型号第一项用字母 S 表示(　　)变压器。

A. 单相　　B. 三相　　C. 自耦　　D. 有载调压

2. 变压器的分接开关装于(　　)。

A. 二次侧　　B. 一次侧　　C. 任一侧　　D. 高压侧

3. 变压器吸潮器内的硅胶吸潮后变为(　　)色。

A. 淡蓝　　B. 黑　　C. 淡红　　D. 白色

4. SFZ-10 000/110 表示三相自然循环风冷有载调压，额定容量为(　　)kVA，高压绕组额定电压 110 kV 电力变压器。

A. 10 000　　B. 110　　C. 36 500　　D. 8 000

四、问答题

1. 变压器的主要用途有哪些？它是如何实现变压的？

2. 变压器一次绕组接直流电源，二次绕组有电压输出吗？为什么？

3. 变压器有哪些主要部件？各部件的作用是什么？

4. 变压器铁芯为什么要用 0.35~0.5 mm 厚、两面涂绝缘漆的硅钢片叠成？

5. 为什么变压器的低压绕组在里面，高压绕组在外面？

6. 变压器绝缘套管起什么作用？如何根据套管的大小和出线的粗细来判别哪一侧是高压侧？

7. 变压器有哪些主要的额定值？各额定值的含义是什么？

8. 有一台单相变压器，额定容量 $S_N=250$ kVA，额定电压 $U_{1N}/U_{2N}=10$ kV/0.4 kV，试求一、二次侧的额定电流 I_{1N}、I_{2N}。

9. 有一台三相变压器，额定容量 $S_N=5\ 000$ kVA，额定电压 $U_{1N}/U_{2N}=35$ kV/10.5 kV，采用 Y,d 连接，试求一、二次侧的额定电流 I_{1N}、I_{2N}。

任务 1.2　变压器的工作状态分析

【学习目标】

理解变压器的主磁通、漏磁通、空载电流、空载损耗、短路损耗、励磁阻抗参数、短路阻抗参数、短路电压、电压变化率、效率等概念；掌握变压器空载、负载运行时的三种分析方法——方程式、等效电路和相量图；掌握变比的意义，励磁阻抗参数、短路阻抗参数、电压变化率、效率等的初步计算方法。

本节是变压器的基本内容，主要研究变压器的运行原理、运行参数间的关系及运行性能，为后续各项目的学习奠定基础。

本节首先分析变压器在空载和负载运行时的电磁过程，找出变压器的电动势、电压、电流、磁动势、磁通、阻抗压降的关系，列出变压器的基本方程式，再通过折算推导出变压器的等效电路，作出变压器的相量图，然后利用基本方程式、等效电路和相量图对变压器的运行进行分析。

本节以变压器的最基本类型——单相双绕组变压器作为分析对象，其结论完全适用于三相变压器对称运行时每一相的情况。

1.2.1　变压器空载运行

变压器一次绕组接入额定频率、额定电压的交流电源，二次绕组开路，变压器无电能输出，此时的运行状态称为空载运行。

1.2.1.1　空载运行的物理过程

图 1-11 为单相变压器空载运行时的示意图。

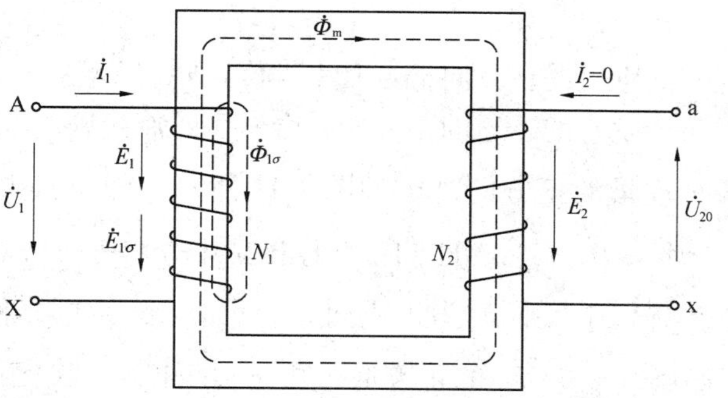

图 1-11 单相变压器空载运行时的示意图

码 1-4 动画:变压器空载电磁关系

当一次侧接上电源 $\dot{U}_1$ 后,绕组中便有电流流过,称为空载电流 $\dot{I}_0$。$\dot{I}_0$ 在一次侧中产生空载磁动势($\dot{F}_0=N_1\dot{I}_0$),并建立起交变磁通。该磁通可分为两部分:一部分沿铁芯闭合,同时交链一、二次侧,称为主磁通 $\dot{\Phi}_m$;另一部分只交链一次侧,经一次侧附近的非铁磁材料(空气或油)闭合,称为一次侧的漏磁通 $\dot{\Phi}_{1\sigma}$。主磁通和漏磁通都是交变磁通。根据电磁感应定律,$\dot{\Phi}_m$ 将在一、二次侧中感应电动势 $\dot{E}_1$、$\dot{E}_2$,$\dot{\Phi}_{1\sigma}$ 将在一次侧中感应漏磁电动势 $\dot{E}_{1\sigma}$。此外,空载电流 $\dot{I}_0$ 还在一次侧中产生电阻压降 $r_1\dot{I}_0$。这就是变压器空载运行时的电磁物理现象。

由于路径不同,主磁通和漏磁通有很大差异:①在性质上,主磁通磁路由铁磁材料组成,具有饱和特性,$\dot{\Phi}_m$ 与 $\dot{I}_0$ 呈非线性关系,而漏磁通磁路不饱和,$\dot{\Phi}_{1\sigma}$ 与 $\dot{I}_0$ 呈线性关系;②在数量上,由于铁芯的磁导率比空气(或变压器油)的磁导率大很多,铁芯磁阻小,所以总磁通中的绝大部分是主磁通,一般主磁通可占总磁通的 99%以上,而漏磁通仅占 1%以下;③在作用上,主磁通在一、二次侧中均感应电动势,当二次侧接上负载时便有电功率向负载输出,故主磁通起传递能量的媒介作用。而漏磁通仅在一次侧中感应电动势,不能传递能量,仅起漏抗压降的作用。因此,在分析变压器和交流电机时常将主磁通和漏磁通分开处理。

归纳起来,当变压器空载时,各物理量之间的关系可以表示为

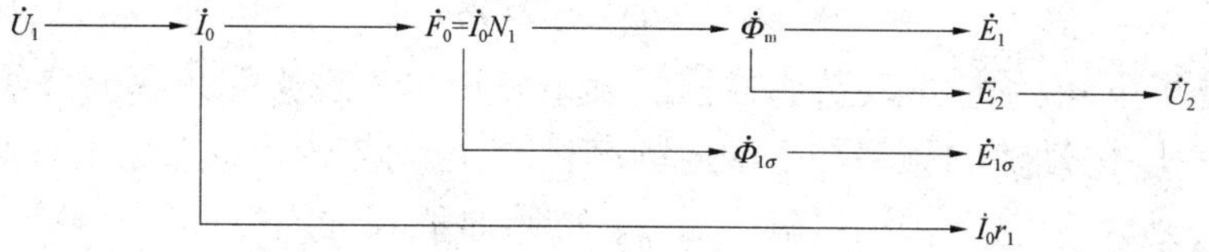

1.2.1.2 各物理量正方向的规定

变压器中各电磁量都是随时间而变化的交变量,要建立它们之间的相互关系,必须先规定各量的正方向。从原理上讲,正方向可以任意选择,因各物理量的变化规律是一定的,并不随正方向的选择不同而改变。但正方向规定不同,列出的电磁方程式和绘制的相量图也不同。通常按习惯方式规定正方向,称为惯例。具体原则如下:

(1)在负载支路,电流的正方向与电压降的正方向一致;而在电源支路,电流的正方

向与电动势的正方向一致。

(2)磁通的正方向与产生它的电流的正方向符合右手螺旋定则。

(3)感应电动势的正方向与产生它的磁通的正方向符合右手螺旋定则。

根据这些原则,变压器各物理量的正方向规定如图 1-11 所示。图 1-11 中电压 $\dot{U}_1$、$\dot{U}_{20}$ 的正方向表示电位降低,电动势 $\dot{E}_1$、$\dot{E}_2$ 的正方向表示电位升高。在一次侧,$\dot{U}_1$ 由首端指向末端,$\dot{I}_1$ 从首端流入。当 $\dot{U}_1$ 与 $\dot{I}_1$ 同时为正或同时为负时,表示电功率从一次侧输入,称为电动机惯例。在二次侧,$\dot{U}_{20}$ 和 $\dot{I}_2$ 的正方向是由 $\dot{E}_2$ 的正方向决定的。当 $\dot{U}_{20}$ 与 $\dot{I}_2$ 同时为正或同时为负时,电功率从二次侧输出,称为发电机惯例。

1.2.1.3 线圈中的电动势

设主磁通按正弦规律变化,即

$$\phi = \Phi_m \sin \omega t \tag{1-4}$$

式中 Φ_m——主磁通的最大值;

ω——电源电压的角频率,$\omega = 2\pi f$。

在所规定正方向的前提下,主磁通在一、二次绕组中产生的电动势的瞬时值分别为

$$\begin{cases} e_1 = -N_1 \dfrac{d\phi}{dt} = -N_1\omega\Phi_m \cos \omega t = N_1\omega\Phi_m \sin(\omega t - 90°) \\ e_2 = -N_2 \dfrac{d\phi}{dt} = -N_2\omega\Phi_m \cos \omega t = N_2\omega\Phi_m \sin(\omega t - 90°) \end{cases} \tag{1-5}$$

感应电动势的有效值分别为

$$\begin{cases} E_1 = \dfrac{N_1\omega\Phi_m}{\sqrt{2}} = \dfrac{2\pi}{\sqrt{2}} fN_1\Phi_m = 4.44fN_1\Phi_m \\ E_2 = \dfrac{N_2\omega\Phi_m}{\sqrt{2}} = \dfrac{2\pi}{\sqrt{2}} fN_2\Phi_m = 4.44fN_2\Phi_m \end{cases} \tag{1-6}$$

$\dot{E}_1$、$\dot{E}_2$ 与 $\dot{\Phi}_m$ 的关系用相量式分别表示为

$$\dot{E}_1 = -j4.44fN_1\dot{\Phi}_m \tag{1-7}$$

$$\dot{E}_2 = -j4.44fN_2\dot{\Phi}_m \tag{1-8}$$

由以上分析可知,感应电动势有效值的大小分别与主磁通的频率 f、绕组匝数及主磁通最大值成正比;电动势的频率与主磁通频率相同;电动势的相位滞后主磁通 90°。

同前面的分析相仿,一次绕组漏磁通 $\phi_{1\sigma}$ 的瞬时值表达式为

$$\phi_{1\sigma} = \Phi_{1\sigma m} \sin \omega t \tag{1-9}$$

$$e_{1\sigma} = -N_1 \frac{d\Phi_{1\sigma}}{dt} = -\omega N_1 \Phi_{1\sigma m} \cos \omega t = \sqrt{2} E_{1\sigma} \sin(\omega t - 90°) \tag{1-10}$$

式中 $E_{1\sigma}$——一次绕组漏感电动势,其有效值为

$$E_{1\sigma} = \frac{\omega N_1 \Phi_{1\sigma m}}{\sqrt{2}} = 4.44fN_1\Phi_{1\sigma m} \tag{1-11}$$

$E_{1\sigma}$ 和 $\Phi_{1\sigma m}$ 的关系用相量式表示为

$$\dot{E}_{1\sigma} = -\text{j}4.44fN_1\dot{\Phi}_{1\sigma\text{m}} \tag{1-12}$$

根据电工基础中学过的电抗表达式 $x=\omega L$，又知：

$$L = \frac{\psi}{i}, \quad \psi = N\Phi, \quad \Phi = \frac{Ni}{R_{ci}}$$

所以

$$x = \omega\frac{\psi}{i} = \omega\frac{N\Phi}{i} = \omega\frac{N^2}{R_{ci}} = 2\pi f\frac{N^2}{R_{ci}} \tag{1-13}$$

式中 N——绕组的匝数；

R_{ci}——磁通 Φ 所经磁路的磁阻。

故漏磁电动势的有效值也可以用电抗压降来表示，即 $x_1=\omega L_{1\sigma}$，则

$$\dot{E}_{1\sigma} = -\text{j}\omega L_{1\sigma}\dot{I}_0 = -\text{j}x_1\dot{I}_0 \tag{1-14}$$

式中 $L_{1\sigma}$—— 一次侧的漏电感，$L_{1\sigma}=\dfrac{N_1\Phi_{1\sigma\text{m}}}{\sqrt{2}I_0}$；

x_1—— 一次侧的漏电抗。

在漏磁路径中，磁通所通过的主要是非铁磁物质，在任何工作状态下磁路都不饱和，对应的磁阻 R_{ci} 是一个常数，相应的漏电抗也是一个常数。对一台已制成的变压器来说，漏电抗 x_1 是个定值，它不随变压器的端电压及负载大小而变化。

1.2.1.4 空载时电动势平衡方程式

当变压器运行时，各运行参数之间的相互关系可通过电动势平衡方程式反映出来。

从由一次绕组与电源构成的电路看，有外施电压 $\dot{U}_1$，一次绕组中有电动势 $\dot{E}_1$、$\dot{E}_{1\sigma}$ 和绕组电阻 r_1 上的电压降 $\dot{I}_0r_1$。根据图1-11及基尔霍夫第二定律，一次绕组回路电动势方程式为

$$\begin{aligned}\dot{U}_1 &= -\dot{E}_1 + r_1\dot{I}_0 + \text{j}x_1\dot{I}_0\\ &= -\dot{E}_1 + z_1\dot{I}_0\end{aligned} \tag{1-15}$$

式中 z_1—— 一次侧的漏阻抗，$z_1=r_1+\text{j}x_1$，为常数。

当空载运行时，二次侧无电流，所以二次绕组空载电压 $\dot{U}_{20}$ 与二次绕组的感应电动势 $\dot{E}_2$ 相等，即

$$\dot{U}_{20} = \dot{E}_2 \tag{1-16}$$

一般情况下，$I_0=(0.5\% \sim 3\%)I_{1\text{N}}$，$I_0z_1 < 0.5\%U_\text{N}$，由于 I_0z_1 很小，因此在分析问题时可以忽略不计，所以有

$$\dot{U}_1 \approx -\dot{E}_1$$

$$U_1 \approx E_1 = 4.44fN_1\Phi_\text{m} \tag{1-17}$$

$$\Phi_\text{m} \approx \frac{U_1}{4.44fN_1} \tag{1-18}$$

式(1-18)建立了变压器3个物理量在数值上的关系。由此可得到一个重要的结论：在 f、N_1 一定的情况下，主磁通 Φ_m 的大小取决于外施电源电压 U_1 的大小，而与变压器铁

芯所用的材料和尺寸无关;当电源电压 U_1 为定值时,变压器在运行过程中不论负载变化与否,铁芯内磁通 Φ_m 可认为是一常数。这一概念对分析变压器的运行非常重要。另外,还可看出,感应电动势 E_1 和电源电压 U_1 大小近似相等,相位互差 180°。

1.2.1.5 变压器的变比

变压器的变比用来衡量变压器一、二次侧电压变换的幅度。变比的定义是一、二次侧电动势之比,用 k 表示,即

$$k = \frac{E_1}{E_2} = \frac{4.44fN_1\Phi_m}{4.44fN_2\Phi_m} = \frac{N_1}{N_2} \tag{1-19}$$

式(1-19)表明,变压器的变比也等于一、二次绕组的匝数之比。

变压器空载运行时, $E_1 \approx U_1 = U_{1N}$, $E_2 = U_2 = U_{2N}$,则

$$k = \frac{E_1}{E_2} \approx \frac{U_1}{U_2} = \frac{U_{1N}}{U_{2N}} \tag{1-20}$$

即变压器的变比,又可近似看成变压器空载运行时原、副边电压之比,即变压器的额定电压之比。

对于三相变压器,其变比的定义为一、二次侧相电动势之比。由于三相变压器有不同的连接方法,同时三相变压器的额定电压指的是线电压,因此对三相变压器而言,变比和额定电压比就不是一回事了。

对 Y,y 连接(高压侧为星形连接,低压侧也为星形连接)的三相变压器有

$$k = \frac{E_{1\phi}}{E_{2\phi}} = \frac{U_{1\phi}}{U_{2\phi}} = \frac{\sqrt{3}U_{1\phi}}{\sqrt{3}U_{2\phi}} = \frac{U_{1N}}{U_{2N}} \tag{1-21}$$

对 Y,d 连接(高压侧为星形连接,低压侧为三角形连接)的三相变压器有

$$k = \frac{E_{1\phi}}{E_{2\phi}} = \frac{U_{1\phi}}{U_{2\phi}} = \frac{U_{1N}/\sqrt{3}}{U_{2N}} = \frac{U_{1N}}{\sqrt{3}U_{2N}} \tag{1-22}$$

式中 $E_{1\phi}$、$E_{2\phi}$、$U_{1\phi}$、$U_{2\phi}$ —— 一、二次绕组的相电动势、相电压。

变压器的变比 k 是变压器的一个重要参数,在设计变压器或作等效电路时都用到它,在电力工程的计算中也常用到它。对于降压变压器, $U_1 > U_{20}$,变比 $k > 1$;对于升压变压器, $U_1 < U_{20}$,变比 $k < 1$。对任一变压器,习惯上取 $k > 1$ 的值,即在讨论变压器的变比时,都取变压器高压绕组的匝数比低压绕组的匝数。

1.2.1.6 变压器的空载电流和空载损耗

1. 空载电流

1) 空载电流的作用与组成

变压器的空载电流 $\dot{I}_0$ 包含两个分量,分别承担两项不同的任务。一个是励磁分量 $\dot{I}_{0r}$,其任务是建立主磁通 $\dot{\Phi}_m$,其相位与主磁通 $\dot{\Phi}_m$ 相同,为一无功电流;另一个是铁损耗分量 $\dot{I}_{0a}$,其任务是供给因主磁通在铁芯中交变时而产生的磁滞损耗和涡流损耗(统称为铁耗),此电流为一有功分量。由此可得空载电流:

$$\dot{I}_0 = \dot{I}_{0a} + \dot{I}_{0r} \tag{1-23}$$

其有效值 $I_0 = \sqrt{I_{0r}^2 + I_{0a}^2}$。

2）空载电流的性质和大小

通常，$I_{0r} \gg I_{0a}$，当忽略 I_{0a} 时，则 $I_0 = I_{0r}$，故变压器空载电流可近似认为是无功性质的。

由于变压器铁芯采用导磁性能良好的硅钢片，一般电力变压器空载电流的数值不大，为额定电流的 2%～10%，变压器的容量越大，空载电流的百分值一般越小。

3）空载电流的波形

空载电流波形与铁芯磁化曲线有关，由于磁路饱和的影响，空载电流与由它所产生的主磁通呈非线性关系。由图 1-12 可知，当磁通按正弦规律变化时，由于磁路饱和，空载电流为尖顶波。尖顶波的空载电流，除基波分量外，三次谐波分量为最大。

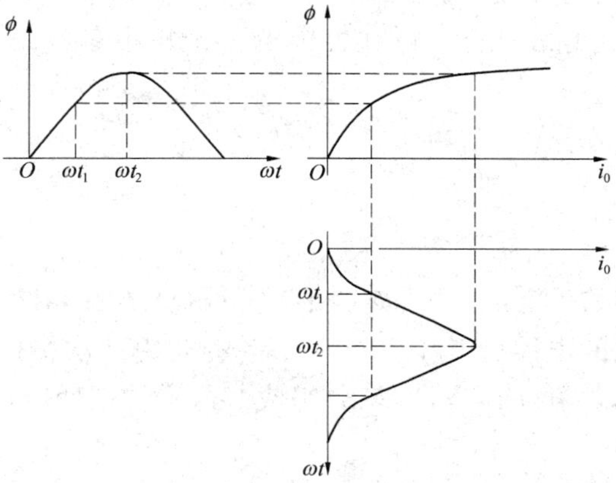

图 1-12　不考虑铁芯损耗的空载电流波形

2. 空载损耗

变压器空载运行时没有功率输出，但它要从电源吸收一定的有功功率，这部分功率称为变压器的空载损耗，用 p_0 表示。

空载损耗包括两部分，一是空载电流 I_0 流经一次绕组时产生的铜损耗（可简称为铜耗）$p_{Cu} = I_0^2 r_1$；二是交变磁通在铁芯中产生的铁损耗（可简称为铁耗）p_{Fe}。由于空载电流 I_0 和一次绕组电阻 r_1 很小，所以空载时的铜损耗 p_{Cu} 很小，如忽略铜损，则空载损耗 p_0 等于铁损耗 p_{Fe}。

从绪论铁损经验计算公式可知：$p_{Fe} \propto B_m^2 \cdot f^{\beta}$。运行于额定频率下的变压器，其铁芯损耗有如下关系：$p_{Fe} \propto B_m^2 \propto \Phi_m^2 \propto E_1^2 \approx U_1^2$，即铁芯损耗近似与电源电压的平方成正比。可见，当电源电压 U_1 不变时，铁芯损耗的大小可认为是恒定的，因此铁芯损耗也称为不变损耗，即这部分损耗不随负载大小而变化。

对已制造好的变压器，可以用空载试验的方法来测量出空载损耗。

空载损耗占额定容量的 0.2%～1%，随着变压器容量的增大，空载损耗的百分值还要更小些，虽然这一数值并不大，但因为电力变压器在电力系统中的使用量很大，且常年接在电网上，所以减少空载损耗具有重要的经济意义。

1.2.1.7 变压器空载运行时的等效电路和相量图

1. 空载时的等效电路

在前面,我们用了一个电抗压降 $jx_1\dot{I}_0$ 来表示漏磁电动势($-\dot{E}_{1\sigma}$),从而引出了漏电抗。如果主磁路也能如此处理,把电动势 $\dot{E}_1$ 也看成一个电抗压降,从而引出励磁电抗的概念,这将给变压器的分析和计算带来许多方便。但考虑到主磁路和漏磁路不同,主磁通会在铁芯中引起铁耗,故不能单纯地引入一个电抗,而应引入一个阻抗 z_m 把 $\dot{E}_1$ 和 $\dot{I}_0$ 联系起来,考虑到正方向的规定,有

$$-\dot{E}_1 = z_m\dot{I}_0 = (r_m + jx_m)\dot{I}_0 \tag{1-24}$$

式中 z_m——变压器的励磁阻抗,$z_m = r_m + jx_m$;

r_m——励磁电阻,是对应于铁芯损耗的等效电阻,$r_mI_0^2$ 等于铁损耗 p_{Fe};

x_m——励磁电抗,是表征铁芯磁化性能的一个集中参数,其数值随铁芯饱和程度不同而改变。

通常 $x_m \gg r_m$,z_m 大小主要取决于 x_m。

将式(1-24)代入式(1-15),得

$$\dot{U}_1 = -\dot{E}_1 + \dot{I}_0z_1 = \dot{I}_0(z_m + z_1) \tag{1-25}$$

由此可以绘出相应的等效电路图,如图1-13所示。从图1-13可知,空载运行的变压器可看成两个阻抗串联的电路。其中,一个没有铁芯,由一次侧的漏阻抗 $z_1 = r_1 + jx_1$ 组成;另一个有铁芯,由励磁阻抗 $z_m = r_m + jx_m$ 组成。这样就把变压器中电和磁的相互关系简化为纯电路的形式来表达。

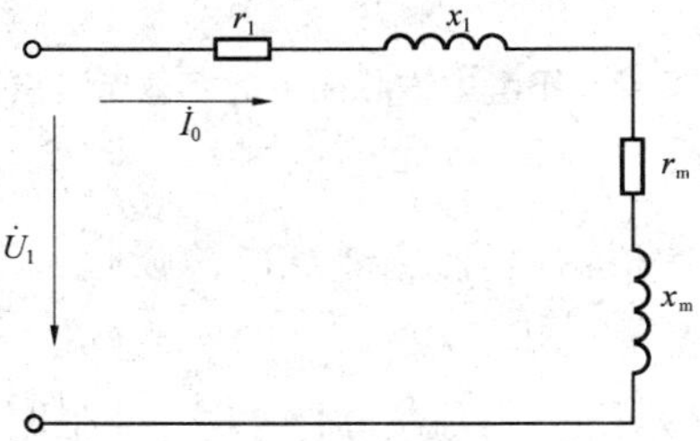

图1-13 变压器空载时的等效电路

必须强调,r_1、x_1 是常量,而 r_m、x_m 均为变量,它们随铁芯饱和程度的增加而减小。但在实际运行中,由于电源侧电压的变化不大,铁芯中主磁通的变化也不大,所以 z_m 的值可以认为基本不变。

2. 空载时的相量图

根据前面变压器空载运行时的相关公式,可绘出变压器空载运行时的相量图,如图1-14所示。作图时以主磁通 $\dot{\Phi}_m$ 作为参考相量,$\dot{E}_1$、$\dot{E}_2$ 滞后$\dot{\Phi}_m$90°。$\dot{I}_{0r}$ 与$\dot{\Phi}_m$ 同相位,$\dot{I}_{0a}$ 与 $-\dot{E}_1$ 同相位,$\dot{I}_{0r}$ 与$\dot{I}_{0a}$ 二者的相量和即为$\dot{I}_0$。$-\dot{E}_1$ 加上与$\dot{I}_0$ 平行的 $r_1\dot{I}_0$ 和与$\dot{I}_0$ 垂直的$jx_1\dot{I}_0$ 得$\dot{U}_1$。$\dot{U}_1$ 与$\dot{I}_0$ 之间的相位差 φ_0 称为空载时的功率因数角。由于 $\varphi_0 \approx 90°$,因此变压器空载运行时的功率因数 $\cos\varphi_0$ 是很低的,一般在0.1~0.2。

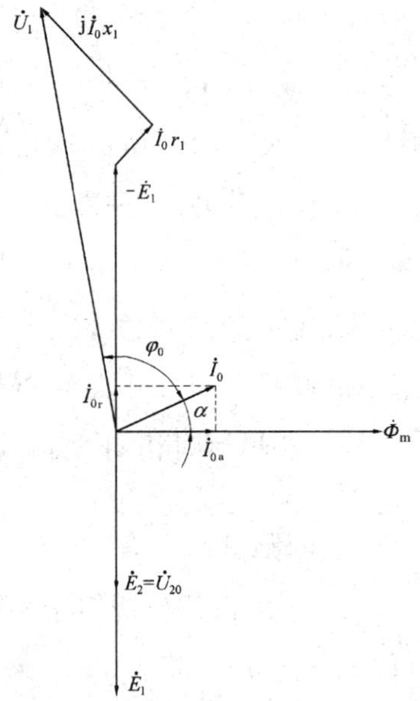

图 1-14 变压器空载运行时的相量图

码 1-5 动画:变压器空载相量图

1.2.2 变压器负载运行

将变压器的一次绕组接上电源电压,二次侧接上负载,此时二次绕组中有电流流过,功率从变压器的一次侧传递到二次侧,并提供给负载,变压器的这种运行状态称为负载运行。负载运行是变压器重要的运行状态,是应当进行重点分析的内容。

1.2.2.1 负载时的电磁过程

图 1-15 是单相变压器负载运行时的示意图。一次绕组接入额定频率、额定电压的交流电源,二次绕组所接的负载用阻抗 z_L 表示,各物理量正方向如前所述。

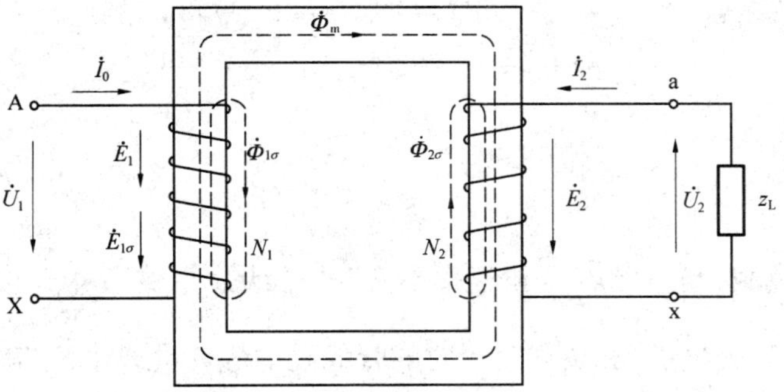

图 1-15 单相变压器负载运行时的示意图

码 1-6 动画:变压器负载电磁关系

由 1.1 节分析可知,当变压器空载运行时,$\dot{I}_2=0$,二次侧的存在对一次侧电路没有影响。一次侧空载电流 $\dot{I}_0$ 产生的磁动势 $\vec{F}_0$ ($\vec{F}_0=N_1\dot{I}_0$) 就是励磁磁动势,它产生主磁通 $\dot{\Phi}_m$,并在一、二次侧中感应电动势。电源电压与反电动势及漏阻抗压降相平衡,维持空载电流在一次侧中流过,此时变压器中的电磁关系处于平衡状态。

当变压器负载运行时,二次侧中的电流 $\dot{I}_2$ 产生磁动势 $\vec{F}_2$ ($\vec{F}_2 = N_2\dot{I}_2$)。$\vec{F}_2$ 也作用在变压器的主磁路上,从而改变铁芯中的主磁通 $\dot{\Phi}_m$ 以及由 $\dot{\Phi}_m$ 所感应电动势 $\dot{E}_1$,由式(1-15)可知,这将引起一次侧的电流发生变化,而由 $\dot{I}_0$ 上升为 $\dot{I}_1$,一次侧的磁动势也从 $\dot{F}_0$ 变为 $\dot{F}_1$($\dot{F}_1 = N_1$)$\dot{I}_1$,原来的平衡关系遭到破坏。但对实际的变压器,Z_1 很小,漏阻抗压降 $Z_1\dot{I}_1$ 很小,即使在额定负载时也只有额定电压的2%~6%,故在负载运行时仍有 $\dot{U}_1 \approx -\dot{E}_1$ 或 $U_1 \approx E_1$。因此,从空载到满载,当电源电压和频率不变时,可认为主磁通 $\dot{\Phi}_m$ 近似为常数,负载运行时产生主磁通的磁动势($\vec{F}_1 + \vec{F}_2$)与空载运行时相同。这一过程说明了二次侧电流的变化引起一次侧电流变化的原因。

变压器负载运行时,除一、二次侧磁动势共同产生主磁通外,还有一、二次侧磁动势在各自的绕组中产生的只环绕本身的漏磁通 $\dot{\Phi}_{1\sigma}$ 、$\dot{\Phi}_{2\sigma}$,它们在各自绕组中感应出漏电势 $\dot{E}_{1\sigma}$ 、$\dot{E}_{2\sigma}$ 。前已述及,一次侧漏电动势 $\dot{E}_{1\sigma}$ 可用漏电抗压降 $-jx_1\dot{I}_1$ 来代替,其中 $x_1 = \omega L_{1\sigma}$,称为一次侧的漏电抗,是一常数。同理,二次侧漏电动势 $\dot{E}_{2\sigma}$ 可用漏电抗压降 $-jx_2\dot{I}_2$ 来代替,其中 $x_2 = \omega L_{2\sigma}$,称为二次侧的漏电抗,也是常数。再考虑到一、二次侧绕组回路有电阻会产生压降 $r_1\dot{I}_1$、$r_2\dot{I}_2$。

综上所述,变压器负载运行时各物理量之间的关系可以表示如下:

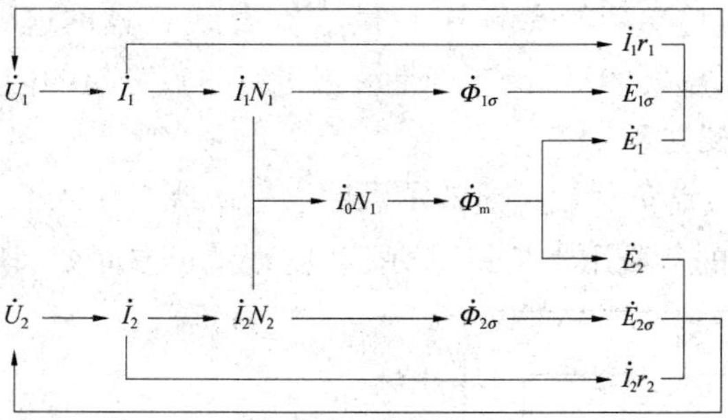

1.2.2.2 磁动势平衡关系

从前述分析可知,从空载到负载,当电源电压和频率不变时,可认为主磁通 $\dot{\Phi}_m$ 也不变,那么,产生主磁通的空载磁动势矢量 $\vec{F}_0$ 和负载运行时的合成磁动势矢量 $\vec{F}_1 + \vec{F}_2$ 应相等,即

$$\vec{F}_1 + \vec{F}_2 = \vec{F}_0 \tag{1-26}$$

或

$$N_1\dot{I}_1 + N_2\dot{I}_2 = N_1\dot{I}_0 \tag{1-27}$$

式(1-26)、式(1-27)称为变压器的磁动势平衡方程式,它决定了变压器一、二次绕组间电流的关系,是一个极为重要的公式。

如果忽略$\dot{I}_0$，则$\dot{I}_1N_1=-\dot{I}_2N_2$，二次侧磁动势与一次侧磁动势方向相反，即二次侧磁动势对一次侧磁动势起去磁作用。

若将式(1-27)中的$\dot{I}_2N_2$移到等式右边，得

$$N_1\dot{I}_1=N_1\dot{I}_0+(-N_2\dot{I}_2) \tag{1-28}$$

由式(1-28)可知，负载运行时，变压器负载运行时一次侧电流$\dot{I}_1$产生的磁动势$\vec{F}_1$由两个分量组成。一个分量$\vec{F}_0$是用来产生主磁通$\dot{\Phi}_m$的励磁分量；另一个分量$-\vec{F}_2$是用来平衡二次侧的电流$\dot{I}_2$产生的磁动势$\vec{F}_2$对主磁通的影响，称为负载分量，用来补偿二次侧磁动势的去磁作用，维持主磁通不变。

将式(1-28)磁动势平衡式两边同时除以N_1，得

$$\dot{I}_1=\dot{I}_0+\left(-\frac{N_2}{N_1}\right)\dot{I}_2=\dot{I}_0+\left(-\frac{\dot{I}_2}{k}\right)=\dot{I}_0+\dot{I}_{1L} \tag{1-29}$$

式中 $\dot{I}_{1L}$——一次电流的负载分量，$\dot{I}_{1L}=-\dot{I}_2/k$。

式(1-29)表明，变压器负载运行时，原边电流由两个分量组成，其中$\dot{I}_0$用来产生主磁通$\dot{\Phi}_m$，称为励磁分量；另一部分$\dot{I}_{1L}=-\dot{I}_2/k$，用来补偿二次侧电流的去磁作用，称为负载分量。通过式(1-29)也可以看出变压器中的能量传递过程：当变压器的二次侧电流改变时，必将引起一次侧电流的改变，用以平衡二次侧电流所产生的影响，即二次侧输出功率发生变化，必然同时引起一次侧从电网中吸取功率的变化。电能通过这样的方式由一次侧传送到了二次侧。

由式(1-28)可知，在忽略$\dot{I}_0$的情况下，有$\dot{I}_1N_1=-\dot{I}_2N_2$，如果只考虑$\dot{I}_1$和$\dot{I}_2$的绝对值，则

$$\frac{I_1}{I_2}=\frac{N_2}{N_1}=\frac{1}{k} \tag{1-30}$$

式(1-30)表明，变压器一、二次绕组电流与一、二次绕组的匝数成反比。这说明变压器在变压的同时起了变电流的作用。

1.2.2.3 电动势平衡方程

按图1-15所规定的正方向，根据基尔霍夫第二定律，可得出变压器负载运行时一、二次侧电动势平衡方程式：

$$\dot{U}_1=-\dot{E}_1+(r_1+jx_1)\dot{I}_1=-\dot{E}_1+z_1\dot{I}_1 \tag{1-31}$$

$$\dot{U}_2=\dot{E}_2-(r_2+jx_2)\dot{I}_2=\dot{E}_2-z_2\dot{I}_2 \tag{1-32}$$

式中 z_2——二次侧的漏阻抗，$z_2=r_2+jx_2$；

r_2、x_2——二次侧的电阻和漏电抗。

变压器二次侧端电压也可写成

$$\dot{U}_2 = z_L \dot{I}_2 \tag{1-33}$$

式中　z_L——负载阻抗，$z_L = r_L + jx_L$。

综上所述，将变压器负载时的基本电磁关系归纳起来，可得以下基本方程组：

$$\left.\begin{aligned}
\dot{U}_1 &= -\dot{E}_1 + (r_1 + jx_1)\dot{I}_1 \\
\dot{U}_2 &= \dot{E}_2 - (r_2 + jx_2)\dot{I}_2 \\
\dot{I}_1 &= \dot{I}_0 + (-\frac{\dot{I}_2}{k}) \\
E_1/E_2 &= k \\
\dot{E}_1 &= -z_m \dot{I}_0 \\
\dot{U}_2 &= z_L \dot{I}_2
\end{aligned}\right\} \tag{1-34}$$

式(1-34)中的6个方程式，反映了变压器负载运行时各电磁量的主要关系。利用这组联立方程式，便能对变压器进行定量的分析计算。例如，当已知电源电压$\dot{U}_1$、变比和参数z_1、z_2、z_m以及负载阻抗z_L时，就能从上述6个方程式求出6个未知量$\dot{I}_1$、$\dot{I}_2$、$\dot{I}_0$、$\dot{E}_1$、$\dot{E}_2$和$\dot{U}_2$。但是解联立复数方程组是非常复杂的，为了便于分析和简化计算，引入了折算法。

1.2.2.4　折算

通过联立方程组(1-34)对变压器进行定量分析计算的难度很大，困难的关键在于变压器一、二次绕组的匝数不同。折算就是用一台一、二次绕组匝数相等($N'_2 = N_1$)的假想变压器，来等效地代替一、二次绕组匝数不相等的实际变压器的计算方法。所谓等效，就是折算前后变压器内部的电磁效应不变，即折算前后磁动势平衡、功率传递、有功功率损耗和漏磁场储能等均保持不变。

在变压器中，常把二次侧(低压侧)折算到一次侧(高压侧)，即把二次绕组的匝数变换成一次绕组的匝数，折算后的变压器一、二次绕组的匝数相同，即折算后的变压器的变比为1。折算后，二次侧各物理量的数值，称为二次侧折算到一次侧的折算值。折算值用原来二次侧各物理量的符号在右上角加上一撇“′”来表示。例如，二次绕组各物理量的折算值为N'_2、U'_2、E'_2、I'_2、r'_2、x'_2、z'_L等。

下面根据变压器折算的原则($N'_2 = N_1$)，导出折算值。

1. 电动势的折算值

根据折算前后主磁通不变，电动势与匝数成正比的关系，可得

$$\frac{E'_2}{E_1} = \frac{N'_2}{N_1} = \frac{N_1}{N_1} = 1$$

即

$$E'_2 = kE_2 = E_1 \tag{1-35}$$

同理有

$$U'_2 = kU_2 = U_1$$

2. 电流的折算

根据折算前后二次侧磁动势不变的原则，可得

$$N'_2 I'_2 = N_2 I_2$$

即

$$I'_2 = \frac{N_2}{N'_2} I_2 = \frac{N_2}{N_1} I_2 = \frac{1}{k} I_2 \tag{1-36}$$

3. 漏阻抗的折算

根据折算前后二次绕组电阻上所消耗的铜损不变的原则，可得

$$I'^2_2 r'_2 = I^2_2 r_2$$

即

$$r'_2 = \left(\frac{I_2}{I'_2}\right)^2 r_2 = k^2 r_2 \tag{1-37}$$

根据折算前后二次绕组漏电抗上所消耗的无功功率不变的原则，可得

$$I'^2_2 x'_2 = I^2_2 x_2$$

即

$$x'_2 = k^2 x_2 \tag{1-38}$$

4. 负载阻抗的折算

根据折算前后变压器输出的视在功率不变的原则，可得

$$I'^2_2 z'_L = I^2_2 z_L$$

同理有

$$z'_L = k^2 z_L \tag{1-39}$$

综上所述，把二次侧各物理量折算到一次侧时，凡单位是伏特的物理量折算值等于原值乘以变比 $k(k>1)$，凡单位为安培的物理量折算值等于原值除以变比 k，凡单位为欧姆的物理量的折算值等于原值乘以 k^2。若已知折算值，可用逆运算的方法求得实际值。

折算后，式(1-34)的基本方程组将变为

$$\left.\begin{aligned}
\dot{U}_1 &= -\dot{E}_1 + (r_1 + jx_1)\dot{I}_1 \\
\dot{U}'_2 &= \dot{E}'_2 - (r'_2 + jx'_2)\dot{I}'_2 \\
\dot{I}_1 &= \dot{I}_0 + \dot{I}'_2 \\
\dot{E}_1 &= \dot{E}'_2 \\
\dot{E}_1 &= -z_m \dot{I}_0 \\
\dot{U}'_2 &= z'_L \dot{I}'_2
\end{aligned}\right\} \tag{1-40}$$

1.2.2.5 负载时的等效电路

根据基本方程组(1-40)，可推出负载运行时变压器的等效电路。

根据折算后的基本方程组可以构成如图1-16所示的电路。由于其形状像字母“T”，故称为T形等效电路。

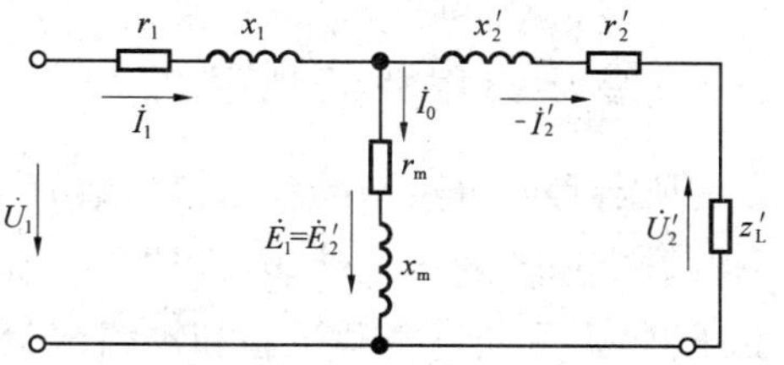

图1-16 变压器的T形等效电路

T形等效电路虽然能准确地表达变压器内部的电磁关系，但其结构为串、并联混合电路，运算较烦琐。考虑到 $z_m \gg z_1$、$I_{1N} \gg I_0$，因

而压降 $\dot{I}_0 z_1$ 很小,可忽略不计;同时,当 $\dot{U}_1$ 一定时,负载变化时 $\dot{E}_1$ 变化很小,可以认为 $\dot{I}_0$ 不随负载的变化而变化。这样,便可把 T 形等效电路中的励磁支路移到电源端,励磁支路移动后,使负载支路电压和励磁支路电压略有升高,造成了很小的误差,故称为近似 Γ 形等效电路,如图 1-17(a)所示。

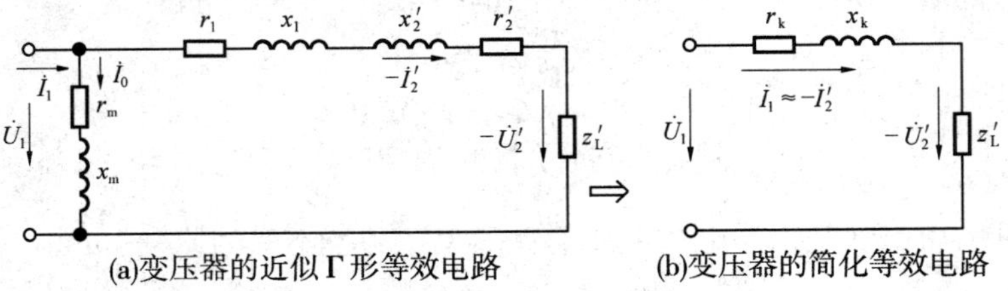

图 1-17 近似 Γ 形等效电路及简化等效电路

在电力变压器中,由于 $I_0 \ll I_N$,通常 I_0 占 I_N 的 2%~10%,在工程计算中,分析负载及短路运行时可以把 $\dot{I}_0$ 忽略,即去掉励磁支路,而得到一个更简单的串联电路,如图 1-17(b)所示,称为简化等效电路。

在 Γ 形等效电路及简化等效电路中,将一、二次侧的漏阻抗参数合并起来,即

$$\left.\begin{aligned} r_k &= r_1 + r'_2 \\ x_k &= x_1 + x'_2 \\ z_k &= r_k + jx_k \end{aligned}\right\} \tag{1-41}$$

式中 r_k——变压器的短路电阻;

x_k——变压器的短路电抗;

z_k——变压器的短路阻抗。

从变压器一次侧所接的电网来看,变压器只不过是整个电力系统中的一个元件,有了等效电路,就很容易用一个等效阻抗接在电网上来代替整个变压器及其所带的负载,这对研究和计算电力系统的运行情况带来很大的方便,从这一点看,等效电路的作用尤其显著。

1.2.2.6 负载时的相量图

变压器负载运行时的电磁关系,除用基本方程式和等效电路表示外,还可以用相量图表示,如图 1-18 和图 1-19 所示。相量图是根据基本方程式绘出的,从相量图中可直观地看出变压器中各物理量的大小和相位关系,负载情况下具体相量图画法在此不再赘述。

1.2.3 变压器参数的测定

变压器等效电路中的各阻抗参数 r_m、x_m、r_1、x_1、r'_2 和 x'_2,是变压器的重要参数,它们直接影响着变压器的运行性能,设计变压器时,这些参数可通过计算求得,对已经制造出来的变压器,则可通过空载试验和短路试验来测定。空载试验和短路试验是变压器的基本试验项目,通过这两项试验,不仅可以测定变压器的基本参数,而且可以分析变压器存在的故障和试验变压器的产品质量。

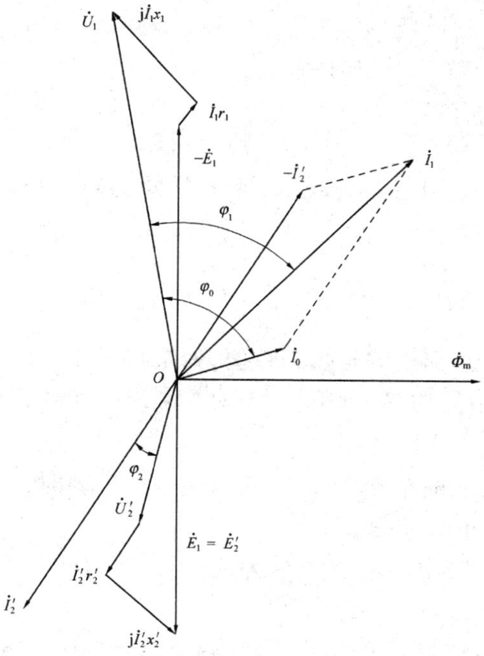

图 1-18　感性负载时变压器的相量图

码 1-7　动画:变压器负载相量图

码 1-8　动画:变压器等效电路相量图

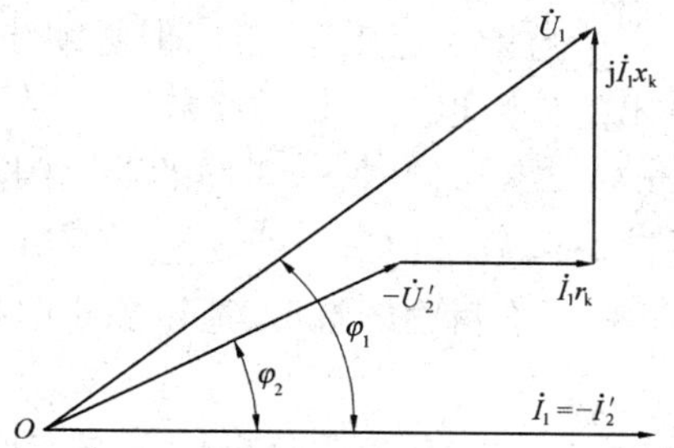

图 1-19　变压器的简化相量图

1.2.3.1　**空载试验**

1. 空载试验的目的

空载试验可测定变压器的励磁阻抗 z_m、r_m、x_m，铁损 p_0，空载电流 $\dot{I}_0$ 及变比 k。

2. 空载试验方法

(1)按图 1-20 接线。

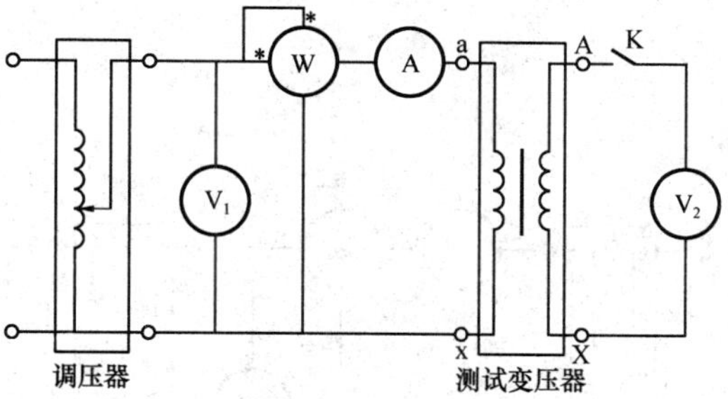

图 1-20　变压器空载试验接线图

(2)在变压器低压侧加交变的额定电压,高压侧开路。从理论上讲,空载试验可以在任意侧加电压,但为了试验安全和仪表选择方便,一般都在低压侧加电压进行试验。

(3)试验时,让外施电压 U_1 达到额定值 U_{1N}(用 V_1 表进行监测),并同时读取 U_{20}、I_0、p_0 的数值。(注:用 V_2 表测取 U_{20},V_2 表只在测取 U_{20} 时才接入,测取其他参数时不能接入)

由所测得的数据可得

$$k=\frac{U_{20}(\text{高压})}{U_1(\text{低压})},\quad I_0\%=\frac{I_0}{I_{1N}}\times 100\% \tag{1-42}$$

3. 利用空载试验数据计算变压器参数

空载试验时,对照变压器空载等效电路,忽略铜损 $p_{Cu}=I_0^2r_1$,则铁损近似地等于空载损耗,即 $p_{Fe}\approx p_0$;同时,考虑到 $z_m\gg z_1$、$r_m\gg r_1$,可忽略一次侧漏阻抗压降,得

$$z_m=\frac{U_1}{I_0},\quad r_m=\frac{p_0}{I_0^2},\quad x_m=\sqrt{z_m^2-r_m^2} \tag{1-43}$$

4. 注意事项

(1)式(1-42)、式(1-43)中所列的各种数值,都指的是每相数值,如果是三相变压器,计算方法与单相变压器一样,但必须注意,式中的功率、电压、电流均要采用一相的数值,计算出的参数也是一相的参数。

(2)空载试验时,变压器的功率因数很低,一般在 0.2 以下,所以做空载试验时,应选用低功率因数的功率表来测量空载功率,以减小测量误差。

(3)仪表量程的选取,应以测量时指针偏转为满刻度的 2/3 左右为值,以减小读数误差。

(4)由于空载试验是在低压侧施加电源电压进行测定的,所以测得的励磁阻抗参数是折算到低压侧的数值,如果需要得到高压侧的数值,还必须将其折算到高压侧,即乘以 k^2。

(5)空载电流和空载损耗(铁损耗)随电压的大小而变化,即与铁芯的饱和程度有关。所以,测定空载电流和空载损耗时,应在额定电压下才有意义。

1.2.3.2 短路试验

1. 短路试验的目的

变压器短路试验可测定短路电压 U_{kN}、线圈铜损 p_{Cu}(短路损耗 p_k)及短路阻抗参数 z_k、r_k、x_k 等。

2. 短路试验方法

(1)按图 1-21 接线。

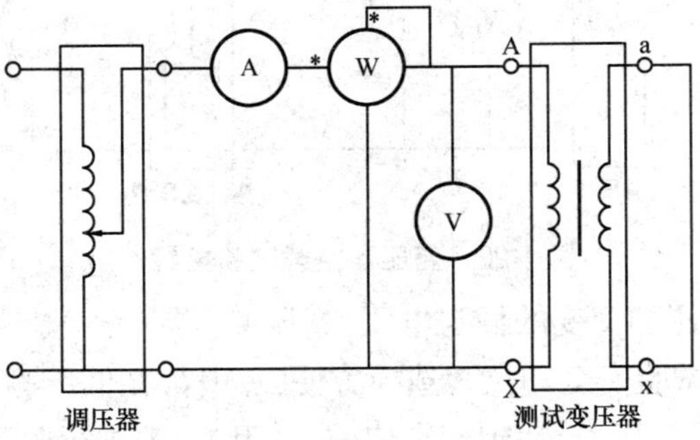

图 1-21 变压器短路试验接线图

(2)为了便于测量,一般在高压侧加压,低压侧短路。

(3)试验时,让外施电压从零逐渐增大,直到短路电流达到额定电流。

(4)在 $I_k = I_{1N}$ 时,测取外加电压 U_{kN} 和相应的输入功率 p_k。

3. 利用短路试验数据计算变压器参数

由于二次侧短路,电压 $U_2 = 0$,因此输出功率为0,变压器此时输入的功率称为短路损耗 p_{kN},有 $p_{kN} = p_{Cu} + p_{Fe}$,其中 p_{Cu} 为变压器一、二次绕组的铜损,p_{Fe} 为变压器铁损。变压器的铁损与磁通密度的平方成正比,铜损与电流的平方成正比。短路试验时,一、二次绕组的电流均为额定电流,铜损也为额定运行时的值。在作短路试验时外施电压很小,一般为额定电压的4%~15%,此时主磁通 Φ_m 和磁通密度 B_m 远远低于正常运行时的数值,所以铁损很小。此时铁损与铜损相比可以忽略不计,因此此时短路损耗近似地等于铜损,即 $p_{kN} \approx p_{Cu} = I_{1N}^2 r_k$。结合简化等效电路,得

$$z_k = \frac{U_k}{I_k} = \frac{U_{kN}}{I_{1N}}, \quad r_k = \frac{p_k}{I_k^2} = \frac{p_{kN}}{I_{1N}^2}, \quad x_k = \sqrt{z_k^2 - r_k^2} \tag{1-44}$$

式中 U_{kN}、p_{kN}——短路试验中电流为额定值时的外加电压和输入功率。

在T形等效电路中,可认为

$$r_1 \approx r'_2 = \frac{1}{2} r_k, \quad x_1 \approx x'_2 = \frac{1}{2} x_k \tag{1-45}$$

由于变压器绕组电阻值与温度有关,试验时的温度与实际运行时的温度不一定相同,因此按国家标准规定,应将试验时测出的电阻换算到工作温度(75 ℃)时的值。

对于铜线变压器:
$$r_{k75\,℃} = \frac{235 + 75}{235 + \theta} r_k \tag{1-46}$$

对于铝线变压器:
$$r_{k75\,℃} = \frac{225 + 75}{225 + \theta} r_k \tag{1-47}$$

式中 θ——试验时的环境温度,℃。

凡与 r_k 有关的各量,都应按相应的关系换算到75 ℃时的值,如75 ℃时的短路阻抗为

$$z_{k75\,℃} = \sqrt{r_{k75\,℃}^2 + x_k^2} \tag{1-48}$$

4. 注意事项

(1)式(1-44)、式(1-45)中所列的各种数值,都指的是每相数值,如果是三相变压器,计算方法与单相变压器一样,但必须注意,式中的功率、电压、电流均要采用一相的数值,计算出的参数也是一相的参数。

(2)仪表量程选择原则与空载试验一样。

(3)由于试验时,二次侧短路,一次侧绝对不能施加额定电压,一次侧外加电压只能从0逐渐上升至电流达到额定值时为止。

(4)由于短路试验是在高压侧施加电压进行的,所测得的参数已属于折算到高压侧的值。

1.2.3.3 短路电压 U_{kN}

短路电压是指额定电流在 $z_{k75\,℃}$ 上的压降,由简化等效电路可知 $U_{kN} = I_{1N} z_{k75\,℃}$。其中,短路电阻上的电压降 $I_{1N} r_{k75\,℃}$ 称为短路电压的有功分量,短路电抗上的电压降 $I_{1N} x_k$ 称为短路电压的无功分量。

通常短路电压以额定电压的百分值表示,用小写字母 u_k 表示:

$$\left.\begin{aligned}&\text{短路电压} && u_k = \frac{U_{kN}}{U_{1N}} \times 100\% = \frac{I_{1N} z_{k75\,℃}}{U_{1N}} \times 100\% \\ &\text{短路电压有功分量} && u_{ky} = \frac{I_{1N} r_{k75\,℃}}{U_{1N}} \times 100\% \\ &\text{短路电压无功分量} && u_{kw} = \frac{I_{1N} x_k}{U_{1N}} \times 100\%\end{aligned}\right\} \tag{1-49}$$

短路电压是变压器的重要参数之一,从正常运行的角度来看,希望它小一些,这可使变压器二次侧电压随负载变化的波动程度小一些;而从限制短路电流的角度来看,又希望它大一些,在变压器运行过程中二次侧万一发生短路时,可使得短路电流不至于过大。一般中小型变压器的短路电压为 4%~10.5%,大型变压器的短路电压为 12.5%~17.5%。

1.2.4 标幺值及其应用

1.2.4.1 标幺值的定义

在电力工程计算中,为了简化计算,电压、电流、阻抗、功率及其他各量的数值,有时不用实际值进行计算,而是用标幺值来计算。标幺值的定义为

$$\text{标幺值} = \frac{\text{实际值}}{\text{基值(与实际值同单位)}}$$

码 1-9 微课:变压器的负载运行-标幺值

标幺值是一种相对值,没有单位。为了区别某物理量的标幺值与实际值,在原来实际值符号的右上角加"*"号表示。

1.2.4.2 基值的选择与标幺值的计算

在电机和电力工程计算中,对于"单个"的电气设备,通常选其额定值作为基值,变压器基值的具体选择方法如下:

(1)以一、二次侧额定电压 U_{1N}、U_{2N} 作为一、二次侧电压的基值,若是计算相电压的标幺值,则以额定相电压 $U_{1N\phi}$、$U_{2N\phi}$ 为基值。

(2)以一、二次侧额定电流 I_{1N}、I_{2N} 作为一、二次侧电流的基值,若是计算相电流的标幺值,则以额定相电流 $I_{1N\phi}$、$I_{2N\phi}$ 为基值。

(3)电阻、电抗、阻抗共用一个基值,它们是一相的值,阻抗基值 z_{1j}、z_{2j} 应是额定相电压 $U_{1N\phi}$、$U_{2N\phi}$ 与额定相电流 $I_{1N\phi}$、$I_{2N\phi}$ 之比,即

$$z_{1j} = \frac{U_{1N\phi}}{I_{1N\phi}}, \quad z_{2j} = \frac{U_{2N\phi}}{I_{2N\phi}} \tag{1-50}$$

(4)有功功率、无功功率、视在功率共用一个基值,以额定视在功率为基值;单相功率的基值为 $U_{N\phi}I_{N\phi}$,三相功率的基值为 $3U_{N\phi}I_{N\phi}$(或$\sqrt{3}U_N I_N$)。

(5)变压器有高、低压侧之分,各物理量标幺值的基值应选择各自侧的额定值。

1.2.4.3 注意事项

使用标幺值时,应当注意如下一些特点:

(1)额定电流、额定电压、额定视在功率的标幺值均为1。

(2)变压器采用标幺值计算后,一、二次侧各量均无须再进行折算。例如:

$$U_2^* = \frac{U_2}{U_{2N}} = \frac{kU_2}{kU_{2N}} = \frac{U'_2}{U_{1N}} = U'^*_2$$

这一点对多个电压等级的系统网络分析尤为重要。

(3)某些不同单位物理量的标幺值具有相同数值,例如:

$$z_k^* = \frac{z_k}{U_{1N}/I_{1N}} = \frac{I_{1N}z_k}{U_{1N}} = U_k^*$$

同理:

$$r_k^* = U_{ky}^*,\quad x_k^* = U_{kw}^*$$

顺便指出,在变压器的分析与计算中,常用负载系数这一概念,用β表示,其定义为

$$\beta = \frac{I_1}{I_{1N}} = \frac{I_2}{I_{2N}} = \frac{S_1}{S_N} = \frac{S_2}{S_N}$$

可见:

$$\beta = I_1^* = I_2^* = S^*$$

(4)将标幺值乘以100可得到以同样基值表示的百分值,同理,百分值除以100也可得到对应的标幺值。例如,当$u_k = 5.5\%$时,其标幺值为$U_k^* = 0.055$。

(5)标幺值也有缺点,由于没有单位,因而其物理概念不够明确。

【例1-1】　一台单相变压器,$S_N = 100$ kVA,$U_{1N}/U_{2N} = 3\ 464$ V/230 V,$I_{1N}/I_{2N} = 28.9$ A/434.8 A,绕组用铜线绕制。在低压侧做空载试验时,测得$I_0 = 15.2$ A,$p_0 = 200$ W;在高压侧做短路试验时,测得$I_{kN} = 28.9$ A,$U_{kN} = 183$ V,$p_k = 640$ W,试验时的室温$t = 15$ ℃。试求:①折算到高压侧T形等效电路各参数的欧姆值及标幺值;②短路电压及各分量的百分值及标幺值。

解:(1)折算到高压侧的等效电路参数。

变压器的变比为

$$k = \frac{3\ 464}{230} = 15$$

根据空载试验数据,折算到高压侧的励磁参数为

$$z'_m = k^2\frac{U_{2N}}{I_0} = 15^2 \times \frac{230}{15.2} = 3\ 405(\Omega)$$

$$r'_m = k^2\frac{p_0}{I_0^2} = 15^2 \times \frac{200}{15.2^2} = 195(\Omega)$$

$$x'_m = \sqrt{{z'_m}^2 - {r'_m}^2} = \sqrt{3\ 405^2 - 195^2} = 3\ 399(\Omega)$$

取阻抗基值:

$$z_j = \frac{U_{1N}}{I_{1N}} = \frac{3\ 464}{28.9} = 120(\Omega)$$

则励磁参数的标幺值为

$$z'^*_m = \frac{3\ 405}{120} = 28.4$$

$$r'^{*}_{m} = \frac{195}{120} = 1.6$$

$$x'^{*}_{m} = \frac{3\ 399}{120} = 28.3$$

根据短路试验数据,算出折算到高压侧的短路参数为

$$z_k = \frac{U_{kN}}{I_{1N}} = \frac{183}{28.9} = 6.33(\Omega)$$

$$r_k = \frac{p_{kN}}{I_{1N}^2} = \frac{640}{28.9^2} = 0.77(\Omega)$$

$$x_k = \sqrt{z_k^2 - r_k^2} = \sqrt{6.33^2 - 0.77^2} = 6.28(\Omega)$$

将高低压侧参数分开,则

$$r_1 = r'_2 = \frac{r_k}{2} = \frac{0.77}{2} = 0.385(\Omega)$$

$$x_1 = x'_2 = \frac{x_k}{2} = \frac{6.28}{2} = 3.14(\Omega)$$

标幺值为

$$r_1^* = r'^{*}_2 = \frac{0.385}{120} = 0.003\ 2$$

$$x_1^* = x'^{*}_2 = \frac{3.14}{120} = 0.026$$

换算到 75 ℃时的参数为

$$r_{1\,75\,℃} = r'_{2\,75\,℃} = \frac{235 + 75}{235 + 15} \times 0.385 = 0.477(\Omega)$$

$$r_{k75\,℃} = 2 \times 0.477 = 0.954(\Omega)$$

$$z_{k75\,℃} = \sqrt{r_{k75\,℃}^2 + x_k^2} = \sqrt{0.954^2 + 6.28^2} = 6.35(\Omega)$$

标幺值为

$$r_{k75\,℃}^* = \frac{0.954}{120} = 0.008$$

$$z_{k75\,℃}^* = \frac{6.35}{120} = 0.053$$

(2)75 ℃时的短路电压及其分量的百分值及标幺值。

百分值为

$$u_k = \frac{I_{1N} z_{k75\,℃}}{U_{1N}} \times 100\% = \frac{28.9 \times 6.35}{3\ 464} \times 100\% = 5.3\%$$

$$u_{ky} = \frac{I_{1N} r_{k75\,℃}}{U_{1N}} \times 100\% = \frac{28.9 \times 0.954}{3\ 464} \times 100\% = 0.8\%$$

$$u_{kw} = \frac{I_{1N} x_k}{U_{1N}} \times 100\% = \frac{28.9 \times 6.28}{3\ 464} \times 100\% = 5.2\%$$

标幺值为

$$U_{kN}^* = \frac{u_k}{100} = \frac{5.3}{100} = 0.053$$

$$U_{ky}^* = \frac{u_{ky}}{100} = \frac{0.8}{100} = 0.008$$

$$U_{kw}^* = \frac{u_{kw}}{100} = \frac{5.2}{100} = 0.052$$

1.2.5 变压器的运行特性

变压器负载运行时，标志变压器特性的主要指标是电压变化率和效率。电压变化率是反映变压器供电质量的质量指标；效率是反映变压器运行时的经济指标。

1.2.5.1 电压变化率和外特性

1. 电压变化率

电压变化率是指当变压器的一次侧施加额定电压时，空载时的二次侧电压 U_{20} 与在给定负载功率因数下带负载时二次侧实际电压 U_2 之差（$U_{20}-U_2$），与二次侧额定电压的比值，即

$$\Delta U = \frac{U_{20}-U_2}{U_{2N}} \tag{1-51}$$

码 1-10 微课：变压器电压变化率和外特性

也可写成

$$\Delta U = \frac{k(U_{20}-U_2)}{kU_{2N}} = \frac{U_{1N}-U'_2}{U_{1N}} = 1 - U_2^*$$

电压变化率是变压器的主要性能指标之一，它反映了供电电压的质量（电压的稳定性）。电压变化率可根据变压器的参数、负载的性质和大小，由简化相量图求出。

图 1-22 是带感性负载时变压器的简化相量图。ΔU 与阻抗标幺值的关系可以通过作图法求出。延长 OC，以 O 为圆心，OA 为半径画弧交于 OC 的延长线上的 P 点，作 $BF \perp OP$，作 $AE /\!/ BF$，并交于 OP 上 D 点，取 $DE=BF$，则

$$U_{1N} - U'_2 = OP - OC = CF + FD + DP$$

因为 DP 很小，可忽略不计，又因为 $FD=BE$，故

$$U_{1N} - U'_2 = CF + BE = CB\cos\varphi_2 + AB\sin\varphi_2$$
$$= I_1 r_k \cos\varphi_2 + I_1 x_k \sin\varphi_2$$

则

$$\Delta U = \frac{U_{1N}-U'_2}{U_{1N}} = \frac{I_1 r_k \cos\varphi_2 + I_1 x_k \sin\varphi_2}{U_{1N}}$$

因为

$$I_1 = \frac{I_1}{I_{1N}} I_{1N} = \beta I_{1N}$$

于是可得

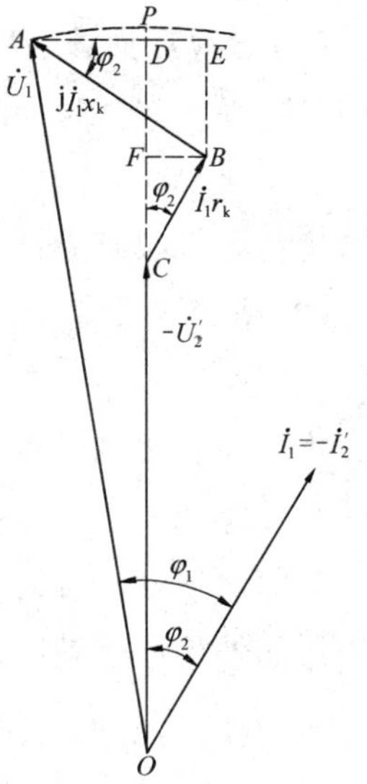

图 1-22 用标幺值表示的简化相量图

$$\Delta U = \frac{\beta I_{1N} r_k \cos\varphi_2 + \beta I_{1N} x_k \sin\varphi_2}{U_{1N}}$$

$$= \frac{\beta(r_k \cos\varphi_2 + x_k \sin\varphi_2)}{(U_{1N}/I_{1N})}$$

$$= \beta(r_k^* \cos\varphi_2 + x_k^* \sin\varphi_2) \tag{1-52}$$

从式(1-52)可以看出,变压器负载运行时的电压变化率,与变压器所带负载的大小(β)、负载的性质($\cos\varphi_2$)及变压器的阻抗参数(r_k、x_k)有关。在实际变压器中,x_k^* 比 r_k^* 大很多倍,故在带纯电阻负载($\cos\varphi_2 = 1$)时,电压变化率很小;在带感性负载时,$\varphi_2 > 0$,ΔU 为正值,说明这时变压器二次侧电压比空载时低;在带容性负载时,$\varphi_2 < 0$,$\sin\varphi_2$ 为负值,当$|x_k^* \sin\varphi_2| > |r_k^* \cos\varphi_2|$时,$\Delta U$ 为负值,此时二次侧电压比空载时高。当 $\cos\varphi_2 = 0.8$(感性)时,$\Delta U = 4\% \sim 5.5\%$,故国家标准规定,电力变压器高压绕组要有抽头,用分接开关在额定电压±5%范围内进行调节。

【例 1-2】 变压器的参数同例 1-1,求在额定负载,功率因数为① $\cos\varphi_2 = 0.8$(感性)、② $\cos\varphi_2 = 0.8$(容性)、③ $\cos\varphi_2 = 1$ 三种情况下的电压变化率。

解:由例 1-1 已算得 $r_{k75℃}^* = 0.008$,$x_k^* = 0.052$。

(1)当额定负载($\beta = 1$)且功率因数 $\cos\varphi_2 = 0.8$(感性)时,则 $\sin\varphi_2 = 0.6$,代入式(1-52)得

$$\Delta U = 1 \times (0.008 \times 0.8 + 0.052 \times 0.6) = 0.0376 = 3.76\%$$

即二次侧电压相对于额定电压降低了 3.76%。

(2)当额定负载($\beta = 1$)且功率因数 $\cos\varphi_2 = 0.8$(容性)时,则 $\sin\varphi_2 = -0.6$,代入式(1-52)得

$$\Delta U = 1 \times (0.008 \times 0.8 - 0.052 \times 0.6) = -0.0248 = -2.48\%$$

即二次侧电压相对于额定电压升高了 2.48%。

(3)当额定负载($\beta = 1$)且功率因数 $\cos\varphi_2 = 1$ 时,则 $\sin\varphi_2 = 0$,代入式(1-52)得

$$\Delta U = 1 \times 0.008 \times 1 = 0.008 = 0.8\%$$

即二次侧电压相对于额定电压降低了 0.8%。

2. 外特性

从前面的分析可见,变压器运行时,变压器二次侧输出的电压随负载的变化而变化,变压器的外特性就是用来描述二次侧输出电压随负载变化规律的。

当 $U_1 = U_{1N}$、$\cos\varphi_2$=常数时,二次侧输出电压随负载电流变化的规律 $U_2 = f(I_2)$,如图 1-23 所示。图 1-23 中,纵、横坐标可用实际值 U_2、I_2 表示,也可用标幺值 U_2^*、I_2^* 表示。从图 1-23 中可以看出,变压器带纯电阻负载时,二次侧输出电压下降,电压变化比较小;带感性负载时,二次侧输出电压也下降,且电压变化较大;而带容性负载时,电压变化可能是负值,即随着负载电流的增加,变压器二次侧输出电压会上升。

1.2.5.2 效率

变压器工作时，存在着两种基本损耗。一种是铜损耗 p_{Cu}，它是一、二次绕组中的电流流过相应的绕组电阻形成的，其大小为

$$p_{Cu} = I_1^2(r_1 + r'_2) = \left(\frac{I_1}{I_{1N}}\right)^2 I_{1N}^2 r_k = \beta^2 p_{kN} \tag{1-53}$$

式(1-53)表明，变压器的铜损耗等于负载系数的平方与额定铜损耗的乘积，即铜损耗与负载的大小有关，所以铜损耗又称为可变损耗。

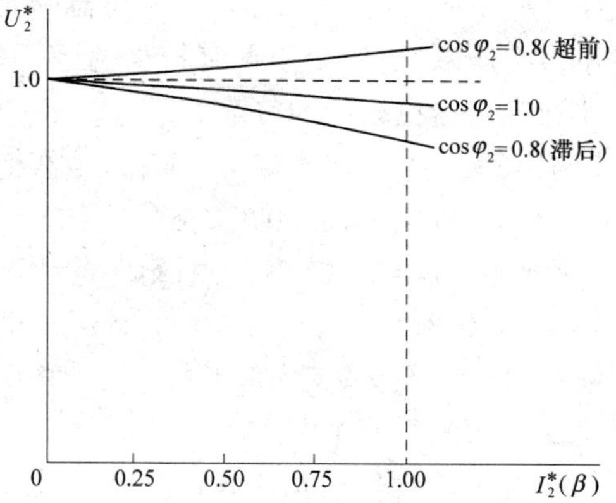

图1-23 变压器的外特性曲线

另一种是铁损耗 p_{Fe}。当电源电压不变时，变压器主磁通幅值基本不变，铁损耗也是不变的，而且近似地等于空载损耗 p_0。因此，把铁损耗叫作不变损耗。

此外，还有很少的其他损耗，统称为附加损耗，计算变压器的效率时往往忽略不计。因此，变压器的总损耗为

$$\sum p = p_{Cu} + p_{Fe} = \beta^2 p_{kN} + p_0 \tag{1-54}$$

变压器的效率为输出的有功功率 P_2 与输入的有功功率 P_1 之比，用 η 表示，其计算公式为

$$\eta = \frac{P_2}{P_1} \times 100\% = \frac{P_1 - \sum p}{P_1} \times 100\% = \left(1 - \frac{\sum p}{P_2 + \sum p}\right) \times 100\% \tag{1-55}$$

对于变压器的输出功率：

$$P_2 = \sqrt{3} U_2 I_2 \cos\varphi_2 \approx \sqrt{3} U_{2N} \beta I_{2N} \cos\varphi_2 = \beta S_N \cos\varphi_2 \tag{1-56}$$

式中：$U_2 \approx U_{2N}$；$S_N = \sqrt{3} U_{2N} I_{2N}$，$S_N$ 是变压器的额定容量。

将式(1-54)和式(1-56)代入式(1-55)中，则得到变压器效率的实用计算公式：

$$\eta = 1 - \frac{p_0 + \beta^2 p_{kN}}{\beta S_N \cos\varphi_2 + p_0 + \beta^2 p_{kN}} \tag{1-57}$$

对于给定的变压器，p_0 和 p_{kN} 是一定的，可以通过空载试验和短路试验测定。由式(1-57)不难看出，当负载的功率因数也一定时，效率只与负载系数有关，可用图1-24所示的曲线表示。

由图1-24中的效率曲线可知，变压器的效率有一个最大值 η_m。进一步的数学分析证明，当变压器的铜损耗等于空载损耗时，变压器的效率达到最大值，即当 $p_0 = \beta^2 p_{kN} = p_{Cu}$ 时，变压器效率最高。所以有

$$\beta_m = \sqrt{\frac{p_0}{p_{kN}}} \tag{1-58}$$

式(1-58)中的 β_m 是效率最高时的负载系数。由图1-24可看出，当 $\beta < \beta_m$ 时，变压器

的效率急剧下降,而当$\beta > \beta_m$时,变压器的效率下降得不多。所以,要使变压器有较高的运行效率,就不要让变压器在较低的负载下运行。

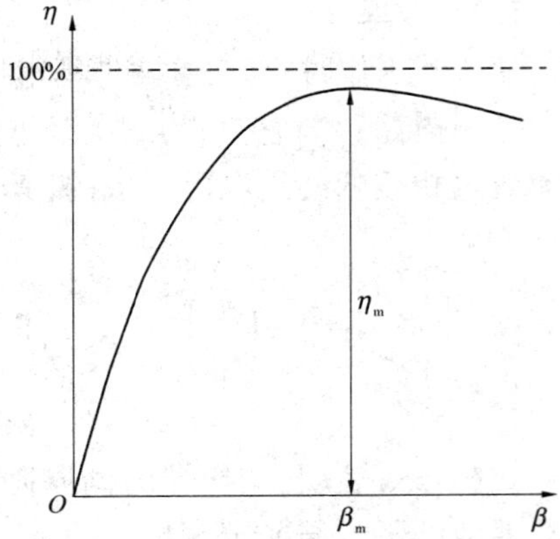

图 1-24 变压器的效率曲线

【例 1-3】 一台容量为 100 kVA 的单相变压器,$U_{1N}/U_{2N} = 6\ 000\ V/230\ V$,空载损耗$p_0 = 600$ W,短路损耗$p_{kN} = 2\ 100$ W。求变压器带额定负载,$\cos\varphi_2 = 0.8$(滞后)时的效率及最高效率。

解:(1)变压器带额定负载时的负载系数$\beta=1$。

变压器的运行效率为

$$\eta = 1 - \frac{p_0 + \beta^2 p_{kN}}{\beta S_N \cos\varphi_2 + p_0 + \beta^2 p_{kN}}$$

$$= 1 - \frac{600 + 2\ 100}{1 \times 100 \times 10^3 \times 0.8 + 600 + 2\ 100} = 0.967$$

(2)变压器达到最高效率时的负载系数β_m为

$$\beta_m = \sqrt{\frac{p_0}{p_{kN}}} = \sqrt{\frac{600}{2\ 100}} = 0.534$$

(3)变压器的最高效率η_m为

$$\eta_m = 1 - \frac{2p_0}{\beta_m S_N \cos\varphi_2 + 2p_0} = 1 - \frac{2 \times 600}{0.534 \times 100 \times 10^3 \times 0.8 + 2 \times 600} = 0.973$$

小 结

(1)变压器空载时的磁场,依分布情况和作用的不同,分为主磁通和一次绕组漏磁通两部分。主磁通沿铁芯闭合,主磁通与建立它的空载电流为非线性关系,主磁通同时交链一、二次绕组,在变压器中起能量传递的媒介作用。一次绕组漏磁通与建立它的空载电流为线性关系,漏磁通只交链一次绕组,在一次绕组中起电抗压降作用。

公式$U_1 \approx 4.44 f N_1 \Phi_m$说明一个重要概念,即当$f$、$N_1$不变时,铁芯中的主磁通最大值由电源电压决定,当$U_1$为常数时,$\Phi_m$也为常数。

漏磁通在一次绕组中感应电动势可用电抗压降表示,即$\dot{E}_{1\sigma} = -j\dot{I}_0 x_1$。

(2)基本方程式、等效电路及相量图,是分析变压器电磁关系的 3 种常用的重要方法,三者之间是完全一致的。等效电路中r_1和x_1是常数,r_m和x_m是变量,并随磁路饱和程度的增加而减小,而且$r_m \gg r_1$、$x_m \gg x_1$。

作定性分析时常用相量图,而作定量计算时常用等效电路。绘制等效电路前,必须先进行折算。为分析问题方便、简单起见,工程中常见简化等效电路。

变压器变比是高低压侧电动势之比,也是高低压侧绕组匝数之比,还是高低压侧额定电压之比。

(3) 空载电流的大小一般为额定电流的 0.5%～3%，其性质基本上是感性的无功分量，用于建立磁场，所以又称为励磁电流，空载电流的波形视铁芯饱和程度而定。

空载损耗的大小一般为额定容量的 0.2%～1%，主要是铁损耗。损耗大小取决于电源电压，由于电压恒定，所以是不变损耗。

(4) 变压器二次侧输出功率变化时，通过二次侧磁动势的作用，一次侧磁动势及电流必然相应地发生变化，反映这一变化关系的是磁动势平衡方程，磁动势平衡方程也从电磁内在关系反映了变压器电能的传递过程。

(5) 等效电路中的励磁阻抗 r_m、x_m 由空载试验测定，短路阻抗 r_k、x_k($r_1 \approx r'_2 = r_k/2$、$x_1 \approx x'_2 = x_k/2$) 由短路试验测定。

(6) 电压变化率反映了二次侧电压随负载变化的波动程度，反映了负载运行时二次侧电压的稳定性，电压变化率的大小与负载大小、负载性质及变压器阻抗参数有关；效率则反映了变压器运行时的经济性，当铁损耗等于铜损耗时变压器效率最高。

可通过分接开关在 $(1 \pm 5\%)U_N$ 范围内对输出电压进行调整。

习　题

任务 1.2 在线习题

一、填空题

1. 变压器一次绕组加额定电压，二次空载时，原方的电流为__________；它包括两个分量：无功分量起作用，有功分量供给__________。

2. 变压器副方折算到原方时，电势和电压乘以____倍，电流乘以____倍，阻抗乘以____倍。

3. 在电力变压器试验中，考虑到试验设备的限制，短路试验通常在__________侧做，而空载试验在________侧做。

4. 变压器在正常运行时，要求短路阻抗越________越好，而短路故障时，要求短路阻抗值越________越好。

5. 变压器负载运行时，副方电压的变化情况与______、______和______有关。

二、判断题

1. 变压器额定容量的大小与电压等级也是密切相关的，电压低的容量较大，电压高的容量较小。(　　)

2. 变压器内部的高、低压引线是经绝缘套管引到油箱外部的，它起着固定引线和正确绝缘的作用。(　　)

3. 当铁损和铜损相等时，变压器处于最经济运行状态。(　　)

4. 变压器运行方式通常分为无励磁调压和有载调压两种方式。(　　)

5. 根据变压器的工作原理，常采用改变变压器绝缘比的办法即可达到调压的目的。(　　)

三、选择题

1. 变压器空载运行时一次绕组中有(　　)流过。

A. 空载电流　B. 冲击电流　C. 短路电流　D. 负电流

2. 变压器空载试验不能测取(　　)。

A. 变比　B. 短路阻抗　C. 空载电流　D. 励磁阻抗

3. 变压器的空载损耗(　　)。

A. 主要为铜耗　B. 主要为铁耗　C. 全部为铁耗　D. 全部为铜耗

4. 当电源电压不变时,变压器从空载到带额定负载,主磁通的变化为(　　)。

A. 基本不变　B. 变大　C. 变小　D. 不确定

5. 变压器的负载系数越大,其电压变化率就(　　)。

A. 越小　B. 先变大再变小　C. 越大　D. 不变

四、问答题

1. 试述主磁通和一次绕组漏磁通两者之间的主要区别。它们的作用和性质有什么不同? 在等效电路中如何反映它们的作用?

2. 试述空载电流的大小、性质、波形。

3. 为什么空载损耗近似等于铁损耗?

4. 变压器空载运行时,一次侧加额定电压,为什么空载电流 I_0 很小? 如果接在直流电源上,一次侧也加额定电压,这时一次绕组中电流将有什么变化? 铁芯中的磁通有什么变化?

5. 变压器空载运行时,为什么功率因数较低?

6. 在下述4种情况下:①电源电压 U_1 增高;②一次绕组匝数 N_1 增加;③铁芯接缝变大;④铁芯叠片减少;变压器的 Φ_m、x_m、I_0、p_{Fe} 各有何种变化?

7. 变压器变比为2,能否一次绕组用2匝,二次绕组用1匝? 为什么?

8. 变压器铁芯中的主磁通是否随负载变化? 为什么?

9. 为什么变压器一次侧电流随输出电流的变化而变化?

10. 变压器一次侧输入的功率是如何传递到二次侧去的?

11. 说明变压器等效电路中各参数的物理意义。

12. 对一台给定的变压器,通过什么方法获取其等效电路中各阻抗参数?

13. 一台单相变压器, $S_N = 1\ 000$ kVA, $U_{1N}/U_{2N} = 60$ kV/6.3 kV, $f = 50$ Hz,空载及短路试验的结果如下表所列。

试验名称	电压/V	电流/A	功率/W	备注
空载	6 300	19.1	5 000	电源加在低压侧
短路	3 240	15.15	14 000	电源加在高压侧

试求:①折算到高压侧的各阻抗参数;②T形等效电路中各参数的标幺值;③计算满载且 $\cos\varphi_2 = 0.8$(感性)时的电压变化率及效率;④计算最大效率 η_m。

14. 一台三相变压器，Y，d 接线，$S_N = 260\ 000$ kVA，$U_{1N}/U_{2N} = 242$ kV/15.75 kV，绕组为铜线绕制，室温 25 ℃。在低压侧做空载试验，测得数据为 $U_0 = 15\ 750$ V，$I_0 = 92$ A，$p_0 = 232$ kW。在高压侧做短路试验，测得数据为 $U_k = 33\ 880$ V，$I_k = 620.3$ A，$p_k = 1\ 460$ kW。求：①折算到高压侧的 T 形等效电路参数的欧姆值和标幺值(设 $r_1 = r'_2, x_1 = x'_2$)；②短路电压百分值及其电阻分量和电抗分量的百分值。

15. 一台三相电力变压器，已知 $r_k^* = 0.024$，$x_k^* = 0.050\ 4$。试计算额定负载时下列情况下变压器的电压变化率 $\Delta U\%$：① $\cos\varphi_2 = 0.8$(滞后)；② $\cos\varphi_2 = 1.0$(纯电阻负载)；③$\cos\varphi_2 = 0.8$(超前)。

16. 一台三相电力变压器，$S_N = 100$ kVA，$p_0 = 600$ W，$p_{kN} = 1\ 920$ W。求：①额定负载时且功率因数 $\cos\varphi_2 = 0.8$(滞后)时的效率；②最大效率时的负载系数 β_m 及 $\cos\varphi_2 = 0.8$(滞后)时的最大效率 η_m。

任务 1.3　三相变压器

【学习目标】

了解三相变压器的磁路、电路结构。掌握三相变压器连接组别的意义，能对变压器的连接组别进行判断。理解连接方式和磁路结构对电动势波形的影响。

现代电力系统均采用三相制，因此三相变压器的应用极为广泛。三相变压器在对称负载下运行时，各相电流、电压的大小相等，相位互差 120°，就其一相而言，与单相变压器没有区别。因此，分析单相变压器的方法，如基本方程式、等效电路、相量图以及性能计算公式，完全适用于对称运行的三相变压器，这里不再重复。本节主要讨论三相变压器的几个特殊问题，即三相变压器的磁路系统、三相绕组的连接方式及组别、绕组感应电动势的波形等。

1.3.1　三相变压器的磁路系统

目前采用的三相变压器有两种结构形式：一种是三相变压器组；另一种是三相芯式变压器。

1.3.1.1　三相变压器组

三相变压器组由 3 台独立的单相变压器按一定的方式作三相连接，构成 1 台三相变压器，其特点是每相有独立的磁路，如图 1-25 所示。

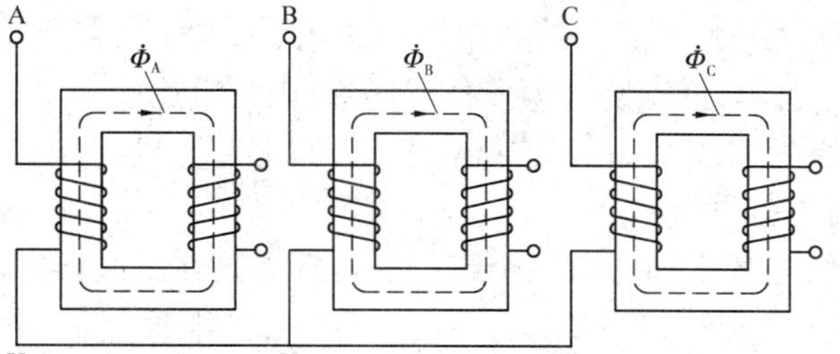

图 1-25　三相变压器组的磁路

码 1-11　动画：三相芯式变压器的磁路

1.3.1.2　三相芯式变压器

三相芯式变压器磁路是由3个单相铁芯演变而成的。把3个单相合并成如图1-26(a)所示的结构,则通过中间铁芯柱的磁通,应为三相磁通的总和。如果外施电源为一对称的三相交流电压,则三相磁通的总和 $\dot{\Phi}_A + \dot{\Phi}_B + \dot{\Phi}_C = 0$,即中间铁芯柱无磁通通过,因此可以省去中间铁芯柱而对变压器的运行状况没什么影响,形成如图1-26(b)所示的铁芯。为了使结构简单、制造工艺方便和节省材料,可将3个铁芯柱安排在同一个平面内,如图1-26(c)所示,这就是目前广泛采用的三相芯式变压器的铁芯结构。在这样的磁路系统中,每相的主磁通都要借另外两相的磁路闭合,所以这种磁路系统是彼此相关的。

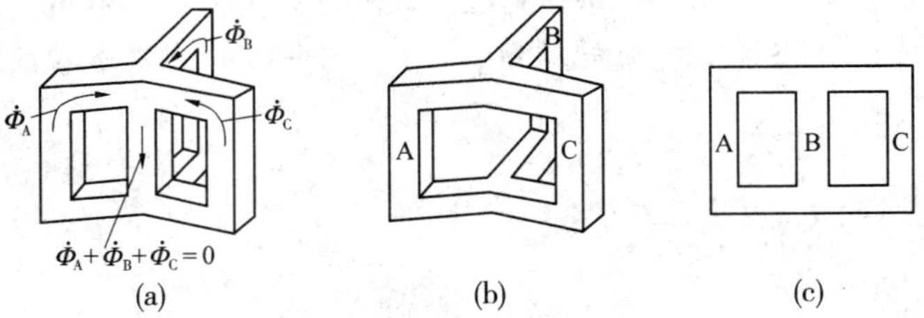

图1-26　三相芯式变压器的磁路系统

由图1-26(c)可见,芯式变压器三相磁路长度不等,两边两相磁路的磁阻比中间相的磁阻大,故两边相A、C的空载电流大于中间相B的空载电流,不过由于空载电流较小,在带负载的情况下空载电流的差别对变压器的影响很小,可略去不计,仍可把它看作三相对称系统。

1.3.2　三相绕组的连接法和连接组别

变压器不但能改变电压的大小,也会使高、低压侧的电压具有不同的相位关系。所谓变压器的连接组别,就是高、低压侧的连接以及高、低压侧电压(电动势)之间的相位关系。

1.3.2.1　三相绕组的连接方法

在三相变压器中,通常用大写字母A、B、C表示高压绕组的首端,用X、Y、Z表示其末端;用小写字母a、b、c表示低压绕组的首端,用x、y、z表示其末端。星形连接的中性点用N(高压侧)或n(低压侧)表示。

在三相变压器中,不论是一次绕组或二次绕组,我国最常用的有星形和三角形两种连接方法。高压绕组的星形、三角形连接分别用Y、D表示;低压绕组的连接用y、d表示。把代表变压器绕组连接方法的符号按高压、低压的顺序写在一起,就是变压器的连接。例如:高压绕组为星形连接,低压绕组为星形连接并中性点引出,则此变压器连接为Y,yn;高压绕组为星形连接并中性点引出,低压绕组为三角形连接,则绕组连接为YN,d。

(1)星形接法:将三个绕组的末端X、Y、Z连接在一起,而把它们的三个首端A、B、C引出,便构成星形连接,如图1-27(a)所示。

(2)三角形连接:将一个绕组的末端与另一个绕组的首端连接在一起,顺次构成一个闭合回路,便是三角形连接。三角形连接可以按a—xc—zb—ya的顺序连接,称为逆序三角形连接,如图1-27(b)所示;也可以按a—xb—yc—za的顺序连接,称为顺序三角形连接,如图1-27(c)所示。

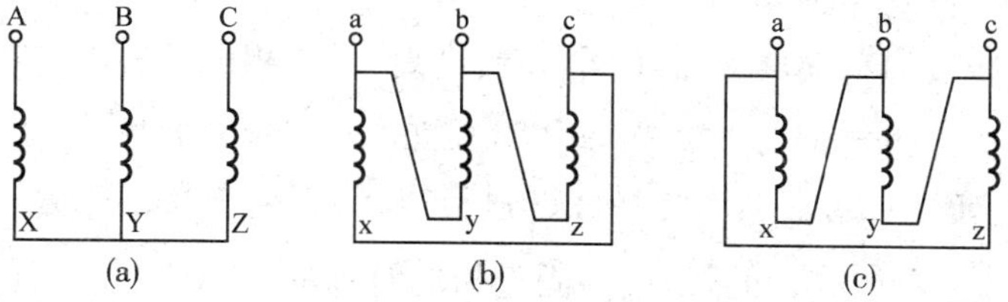

图 1-27　三相绕组连接方法

1.3.2.2　单相绕组的极性

单相变压器的原、副绕组被同一主磁通 Φ 交链，当 Φ 交变时，在原、副绕组中感应电动势有一定的极性关系，即在任一瞬间，高压绕组的某一端头的电位若为正，低压绕组必有一个端头的电位也为正，这两个具有相同极性的端头，称为同名端。对同名端在端头用符号“●”表示。

如图 1-28(a)所示的单相绕组，高、低压绕组绕向相同，在 $\mathrm{d}\phi/\mathrm{d}t<0$ 瞬间，根据楞次定律可判定两个绕组感应电动势的实际方向，均由绕组上端指向下端，在此瞬间，两个绕组的上端同为负电位，即为同名端，而两个绕组的下端同为正电位，也为同名端。同理，在 $\mathrm{d}\phi/\mathrm{d}t>0$ 瞬间，同名端的关系仍然没有改变。将两绕组极性不相同的端子称为异名端。

用同样的方法分析，如果两绕组绕向不同，同名端的标记就要改变，如图 1-28(b)所示。可见，单相绕组的极性与绕组的绕向有关。

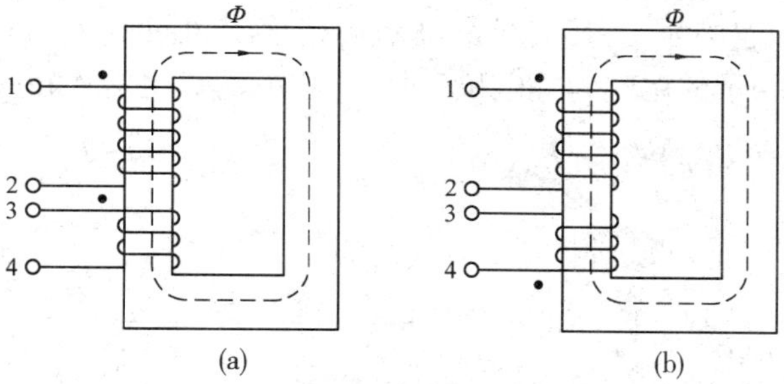

图 1-28　单相绕组的极性

对于绕制好的变压器来说，绕组的绕向是一定的，因此同名端也就是确定的。

1.3.2.3　单相变压器的连接组别

由于变压器的电动势(电压)为交变量，因此先规定高、低压绕组相电动势的正方向：各绕组相电动势正方向从首端指向尾端，即高压绕组相电动势正方向为 $\dot{E}_{AX}$，为简便用 $\dot{E}_A$ 表示，低压绕组相电动势正方向为 $\dot{E}_{ax}$，用 $\dot{E}_a$ 表示，如图 1-29 所示。

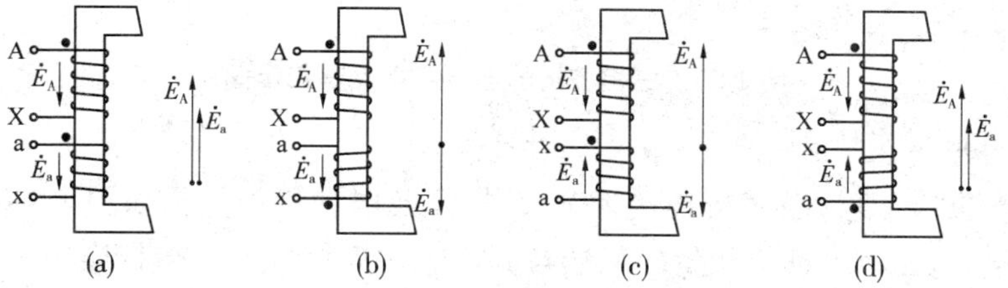

图 1-29　单相变压器高、低压绕组相电动势的相位关系

对于单相变压器来说,高、低压绕组相电动势之间只有以下两种相位关系:

(1)若高、低压绕组首端A与a为同名端,则高、低压相电动势$\dot{E}_A$、$\dot{E}_a$相位相同。

(2)若高、低压绕组首端A与a为异名端,则高、低压相电动势$\dot{E}_A$、$\dot{E}_a$相位相反。

对于上述相位问题,通常采用“时钟法”进行表示,所谓“时钟法”是指:把变压器高压侧线电动势相量$\dot{E}_{AB}$看成时钟的长针,并固定指向时钟的“12”点,把低压侧同名线电动势的相量$\dot{E}_{ab}$看成时钟的短针,短针所指的时数就是变压器组别的标号。对于单相变压器,上述电动势指相电动势。用“时钟法”表示高、低压侧电动势的相位关系简洁、明了。

单相变压器高、低压绕组的连接用I,I表示。如图1-29(a)、(d)所示的单相变压器,其高、低压绕组首端A与a为同名端,高、低压相电动势$\dot{E}_A$、$\dot{E}_a$相位相同,所以它的连接组别为I,I0;如图1-29(b)、(c)所示的单相变压器,其高、低压绕组首端A与a为异名端,高、低压相电动势$\dot{E}_A$、$\dot{E}_a$相位相反,所以它的连接组别为I,I6。单相变压器的标准连接组别为I,I0。

1.3.2.4 三相变压器的连接组别

1. 三相变压器的连接及电动势相量图

三相变压器的高、低压绕组主要有星形和三角形两种连接法。

1)星形连接

以高压绕组星形连接为例,其接线及电动势相量图如图1-30(a)所示。因为绕组为星形连接,相电动势相量的尾端为等电位,因此将相电动势尾端连在一起。在图1-30(a)所规定的正方向下,有$\dot{E}_{AB}=\dot{E}_A-\dot{E}_B$,$\dot{E}_{BC}=\dot{E}_B-\dot{E}_C$,$\dot{E}_{CA}=\dot{E}_C-\dot{E}_A$。各相量相位关系见图1-30(a)。

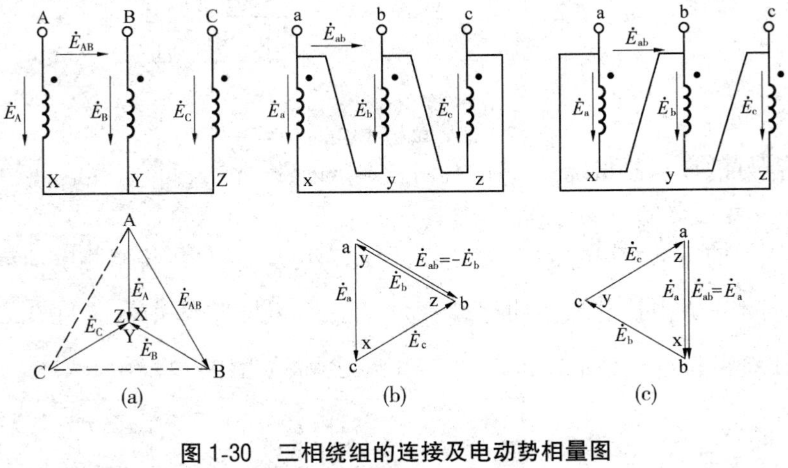

图1-30 三相绕组的连接及电动势相量图

2)三角形连接

(1)以低压绕组逆序三角形连接为例,其接线及电动势相量图如图1-30(b)所示,根据绕组的连接,将a相电动势相量的尾端与b相电动势相量的首端相连接,c相电动势相量的连接关系类推。在图1-30(b)所规定的正方向下,有$\dot{E}_{ab}=-\dot{E}_b$,$\dot{E}_{bc}=-\dot{E}_c$,$\dot{E}_{ca}=-\dot{E}_a$。

各相量相位关系见图1-30(b)。

(2)若低压绕组按顺序三角形连接,其接线及电动势相量图如图1-30(c)所示。在图1-30(c)所规定的正方向下,有 $\dot{E}_{ab}=\dot{E}_{a}$,$\dot{E}_{bc}=\dot{E}_{b}$,$\dot{E}_{ca}=\dot{E}_{c}$ 。各相量相位关系见图1-30(c)。

2. 三相变压器的连接组别

在讨论三相变压器的组别时,要用到单相变压器组别的结论。

1)Y,y 连接

图1-31(a)为Y,y连接的三相变压器绕组接线图。图1-31中垂直对应的高、低压绕组为同一芯柱上的绕组,如AX和ax绕组,因此可得到对应的三个单相变压器。图1-31中各相高、低压绕组的首端为同名端,因此各相高、低压绕组相电动势同相位。取A、a点重合的相量图,如图1-31(b)所示,可见,$\dot{E}_{AB}$ 指向"12",$\dot{E}_{ab}$ 也指向"12",其连接组别就记为Y,y0。

在保证高、低压绕组同相序的情况下,改变低压绕组端头标记,还可以得到4、8两个偶数组别号。

若高、低压绕组的首端为异名端,如图1-32(a)所示,则高、低压绕组各对应相的相电动势相位相反。取A、a点重合的相量图,如图1-32(b)所示,可见,$\dot{E}_{AB}$ 指向"12",$\dot{E}_{ab}$ 指向"6",其连接组别就记为Y,y6。

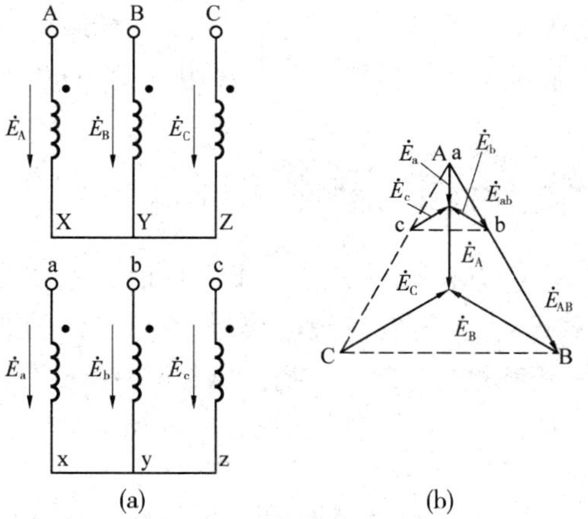

图1-31 Y,y0 连接组别

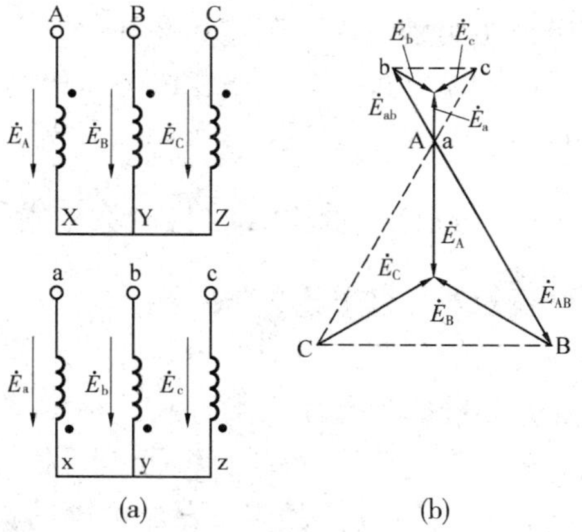

图1-32 Y,y6 连接组别

在保证高、低压绕组同相序的情况下,改变低压绕组端头标记,还可以得到2、10两个偶数组别号。

2)Y,d 连接

图1-33的低压绕组为逆序三角形连接,高、低压绕组首端为同名端,高、低压绕组各对应相的相电动势相位相同。取A、a点重合的相量图,如图1-33所示,可见,$\dot{E}_{AB}$ 指向"12",$\dot{E}_{ab}$ 指向"11",其连接组别就记为Y,d11。

在保证高、低压绕组同相序的情况下,改变低压绕组端头标记,还可以得到3、7两个奇数组别号。

图1-34的低压绕组为顺序三角形连接,高、低压绕组首端为同名端,高、低压绕组各

对应相的相电动势相位相同。取 A、a 点重合的相量图,如图 1-34 所示,可见, $\dot{E}_{AB}$ 指向“12”, $\dot{E}_{ab}$ 指向“1”,其连接组别就记为 Y,d1。

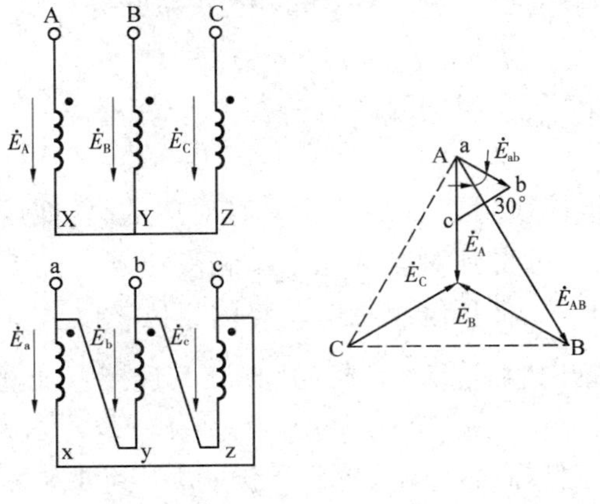

图 1-33　Y,d11 连接组别

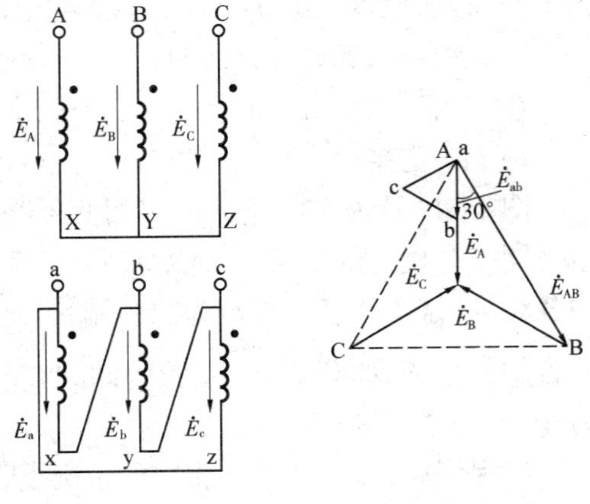

图 1-34　Y,d1 连接组别

在保证高、低压绕组同相序的情况下,改变低压绕组端头标记,还可以得到 5、9 两个奇数组别号。

从以上分析可以看出,变压器高、低压绕组连接方式采取不同的组合后,可以得到很多个连接组别。为了制造和并联运行方便,我国规定同一铁芯柱上的一、二次绕组采用同符号的标志字母。对于三相电力变压器,国家标准规定了五种标准连接组别:Y,yn0;YN,d11;YN,y0;Y,y0;Y,d11。

1.3.3　三相变压器绕组连接方式和磁路系统对电动势波形的影响

变压器绕组交链交变磁通而在绕组上产生感应电动势,因此绕组上感应的相电动势波形与磁通的波形有关,前面在讨论变压器的空载运行时,可知磁通的波形、励磁电流的波形与磁路系统的状态有关,而励磁电流的波形与三相绕组的连接方式有关,磁路系统的状态与铁芯结构及饱和程度有关。下面讨论励磁电流、磁通、感应电动势波形之间的相互关系。

1.3.3.1　Y,y 连接的变压器组的电动势波形

从空载运行分析可知,变压器的空载电流 i_0 呈尖顶波,这个尖顶波可分解为基波及三次谐波,在三相系统中,空载电流的三次谐波分量,各相电流大小相等、相位相同。对于一次侧是星形接法又无中线的三相变压器,三次谐波电流在三相绕组中不能流通,于是空载电流波形接近正弦波形。

利用空载电流的正弦曲线 $i_0=f(t)$ 和铁芯磁路的磁化曲线 $\phi=f(i_0)$,可以作出主磁通曲线 $\phi=f(t)$,为一平顶波,如图 1-35 所示。可见,平顶波的主磁通中除基波磁通 ϕ_1 外,还包含三次谐波磁通 ϕ_3(忽略较弱的五、七次等高次谐波磁通)。

铁芯中主磁通的实际波形能否为平顶波,还要结合磁路特点,再分析三次谐波磁通 ϕ_3 在磁路中是否畅通。在三相变压器组中,三相磁路独立,三次谐波磁通 ϕ_3 和基波磁通 ϕ_1 沿同一磁路闭合。由于铁芯的磁阻很小,三次谐波磁通较大,所以这种情况下铁芯中主磁通为平顶波。

与一、二次绕组交链的平顶波主磁通,感应相电动势的波形如图 1-36 所示。由基波磁通 ϕ_1 感应的基波电动势 e_1 以及由三次谐波磁通 ϕ_3 感应的三次谐波电动势 e_3 相叠加,便得到空载时绕组的相电动势波形为尖顶波。

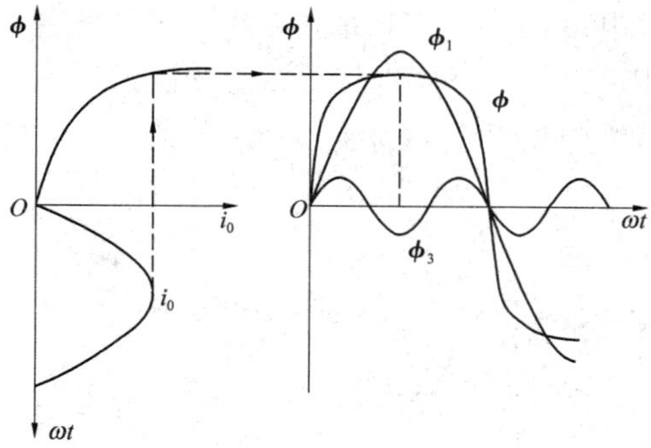

图 1-35　正弦电流产生的主磁通波形

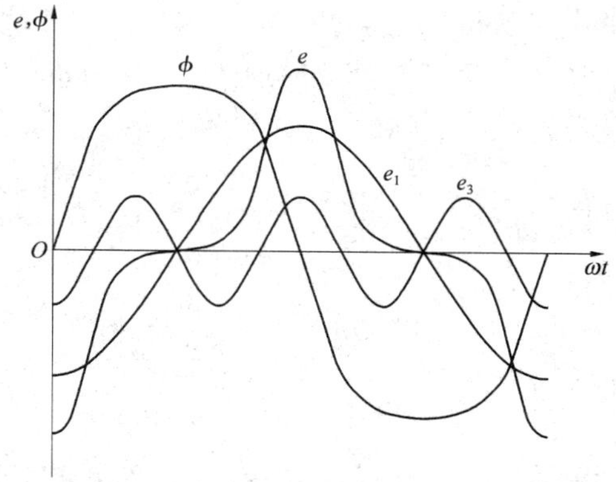

图 1-36　Y,y 变压器组相电动势波形

在三相变压器组中,三次谐波电动势的幅值可达基波电动势幅值的 45%~60%,甚至更大,结果使相电动势波形畸变,其幅值增大可能危害绕组的绝缘,因此三相变压器组不允许采用 Y,y 连接。上述分析和结论也适用于 Y,yn 连接的变压器组。

1.3.3.2　Y,y 连接的芯式变压器的电动势波形

同理,一次侧空载电流是正弦波,在芯式变压器的磁路中,由于对应的三次谐波磁通 ϕ_3 没有通路,只能借助于油和油箱壁等形成闭路,如图 1-37 所示。由于这时磁路的磁阻很大,使三次谐波磁通大为削弱,主磁通波形接近正弦波,相电动势波形也接近正弦波。

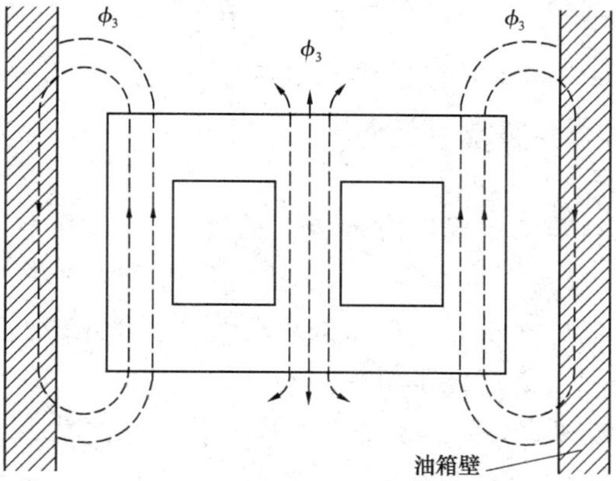

图 1-37　三相芯式变压器中三次谐波磁通的路径

由于三次谐波磁通的频率是基波的 3 倍,会在油箱壁等构件中引起涡流损耗,产生局部发热,降低变压器的效率,所以容量大于 1 800 kVA 的芯式变压器,不宜采用 Y,y 连接。

1.3.3.3　D,y 连接的变压器的电动势波形

当变压器一次绕组为三角形接法时,空载电流中的三次谐波分量可在闭合的三角形回路中流通,所以空载电流为尖顶波,因而在铁芯中建立正弦波的主磁通,绕组中感应的相电动势波形也为正弦波。上述分析与结论也适用于 YN,y 连接的三相变压器。

1.3.3.4 Y,d 连接的变压器的电动势波形

Y,d 连接时一次绕组空载电流的波形为正弦波,则主磁通的波形为平顶波,即主磁通中包含三次谐波分量 ϕ_3,主磁通三次谐波分量便在二次绕组中感应出三次谐波电动势,并在二次侧三角形接法的绕组中产生三次谐波电流,如图 1-38 所示。该三次谐波电流对应产生一个三次谐波磁通 ϕ_{23},ϕ_{23} 与 ϕ_3 方向相反,相互抵消,这使得铁芯中磁通三次谐波的分量很小,则铁芯中主磁通仍为正弦波,即绕组中相电动势的波形为正弦波。

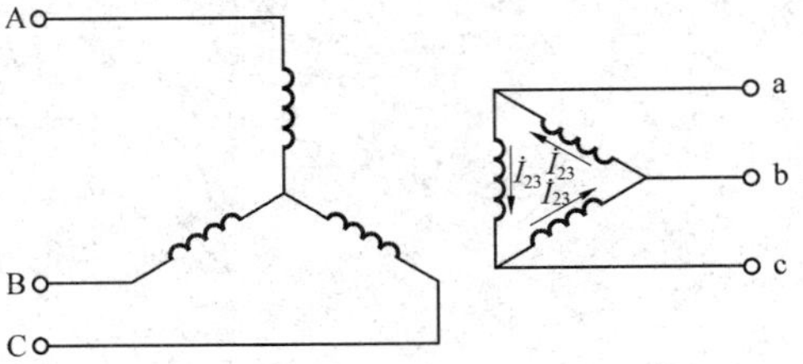

图 1-38 Y,d 变压器二次绕组的三次谐波电流

综上所述,三相变压器的一、二次绕组中只要有一侧接成三角形,就能保证感应电动势波形为正弦波。为了改善电动势波形,总希望一、二次绕组中至少有一边接成三角形。但为了节省绝缘材料,实际上总是高压侧接成星形,低压侧接成三角形,这是因为绝缘通常按相电动势设计。另外,在大容量变压器中,当其一、二次侧都必须接成星形时,往往在每相芯柱上装设一个三角形接法的第三绕组,该绕组不接电源,也不接负载,只是提供三次谐波电流的通路,以改善各相电动势的波形。

小 结

(1) 三相变压器分为三相变压器组和三相芯式变压器两大类。三相变压器组每相的磁路是独立的,三相芯式变压器各相磁路彼此关联。

(2) 两个以上绕组在同一变化磁通作用下具有相同极性的端子称为同名端。变压器的连接组别表明了变压器高低压绕组的连接情况及高、低压侧电动势的相位关系。如果变压器高、低压绕组的首端为同名端,则高、低压绕组的相电动势同相位。变压器高、低压侧电动势的相位关系用时钟法表示。三相变压器共可获得 12 种连接组别,我国国家标准规定的三相电力变压器常用的连接组别为:Y,yn0;Y,d11;YN,d11;YN,y0;Y,y0。

(3) 三相变压器的相电动势的波形与三相线圈的连接方式和三相磁路系统两个因素有关,高、低压绕组中只要有一个绕组接成三角形(或用第三绕组接成三角形),或高压绕组为星形接法并有中性线,就能改善相电动势的波形。

习 题

任务 1.3 在线习题

一、填空题

1. 三相变压器分为__________和__________两大类。

2. 三相变压器的高、低压绕组主要有______和______两种连接法。

3. 当三相变压器接成星形(Y)时，其线电压是相电压的______倍，线电流与相电流__________。

4. 三相变压器的相电动势的波形与__________和__________两个因素有关。

5. 两个以上绕组在同一变化磁通作用下具有相同极性的端子称为__________。

二、判断题

1. 变压器绕组采用三角形接线时，绕组的线电压等于其相电压。(　　)

2. 三相变压器的联结组标号反映的是变压器高、低压侧对应线电动势(或线电压)之间的相位关系。(　　)

3. 三相变压器组不宜采用Yy连接组，主要是为了避免相电动势波形发生畸变。(　　)

4. 变压器的损耗包括线损和铜损。(　　)

5. 将三个绕组的末端X、Y、Z连接在一起，而把它们的三个首端A、B、C引出，便构成三角形连接。(　　)

三、选择题

1. 一台三相变压器，$S_N = 20$ kVA，$U_{1N}/U_{2N} = 1\ 000$ V/400 V，Y，d接法，当此变压器额定运行时，一次侧的每相电流值为(　　)A。

A. 50　　B. 28.87　　C. 16.67　　D. 11.55

2. 三相变压器绕组为星形Y连接时，绕组相电流就等于(　　)。

A. 瞬时电流　　B. 线电流　　C. 最大电流　　D. 以上都不对

3. 一台三相变压器Y，y连接，二次侧线电动势滞后于一次侧线电动势180°，则变压器的连接组号为(　　)。

A. 4　　B. 8　　C. 6　　D. 2

4. 采用时钟法表示变压器的连接组时，将(　　)看作时钟短针，短针顺时针所指的位置(小时数)即为变压器的连接组号。

A. 高压侧对应相的线电势　　B. 高压侧对应相的相电势

C. 低压侧对应相的线电势　　D. 低压侧对应相的相电势

5. 变压器连接组别是指变压器原、副边绕组按一定接线方式连接时，原、副边电压或电流的(　　)关系。

A. 频率　　B. 数量　　C. 相位　　D. 数量频率

四、问答题

1. 什么叫作变压器绕组的同名端？试述判定变压器绕组同名端的方法。

2. 有一台单相变压器，额定电压为220 V/110 V，做极性试验时，将A与a相连，如图1-39所示。如果A与a为同名端，电压表的读数为多少？如果A与a为异名端，电压表的读数又为多少？

3. 根据图1-40判断连接组别。

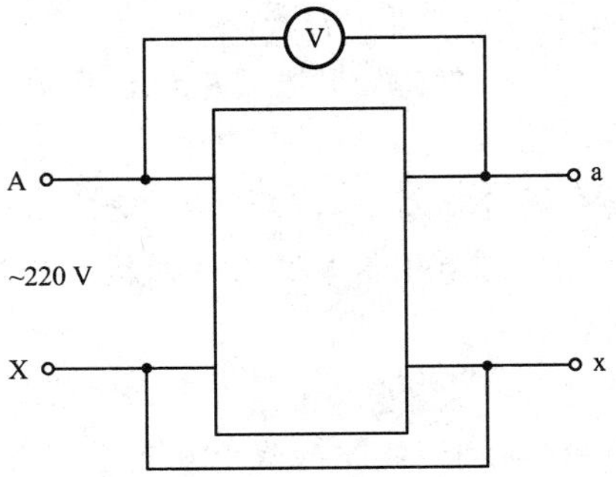

图 1-39　题 2 图

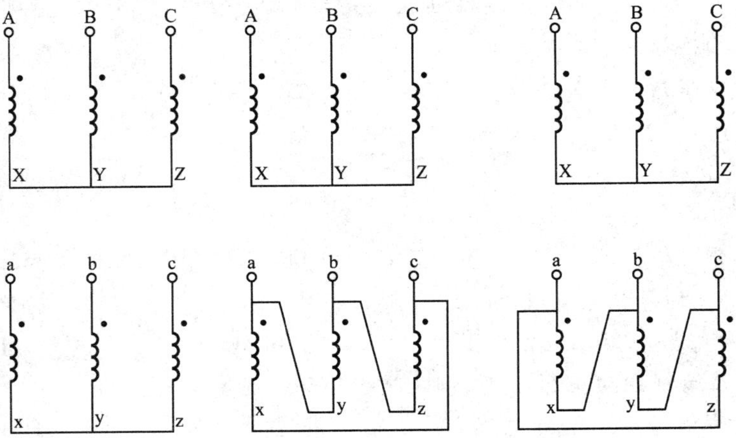

图 1-40　题 3 图

4. 图 1-33 是 Y,d11 连接组的接线,若把它的低压绕组的极性改一下,即 x、y、z 分别为 A、B、C 的同名端,则其连接组别又如何?

5. 图 1-33 中,低压绕组的首尾端的标志,若 a 改为 b、b 改为 c、c 改为 a,则其连接组别又如何变化呢?

任务 1.4　变压器的并联运行

【学习目标】

掌握变压器并联运行的条件,理解并联运行条件不满足情况下对运行带来的影响并能进行分析。

将两台或两台以上变压器的一次侧和二次侧分别接在公共母线上,共同向负载供电,这种运行方式称为变压器的并联运行,如图 1-41 所示。

变压器采用并联运行有以下优点:

(1) 可以提高供电的可靠性。采用并联运行后,若其中某台变压器发生故障或需要

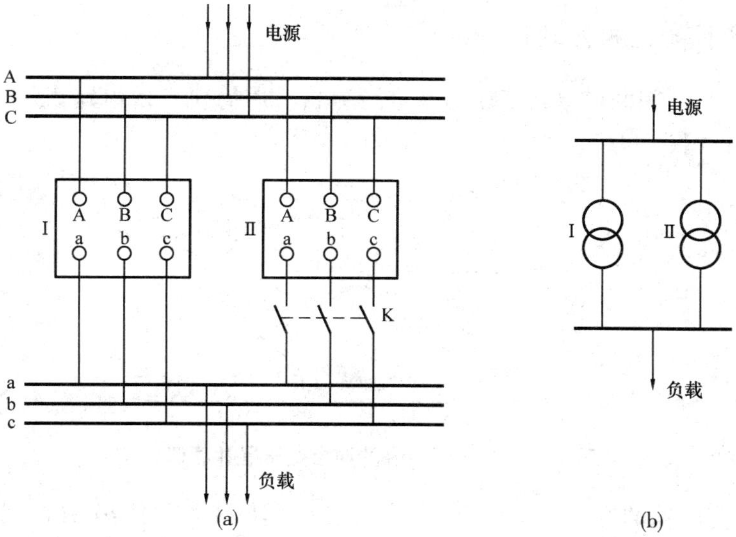

图1-41 三相变压器并联运行

检修,将其退出运行后,其他变压器仍可继续供电。

(2)可以提高运行的经济性。采用并联运行后,可根据负载的大小,调整投入变压器运行的台数,充分利用变压器的容量,使运行中的变压器始终处于高效率区,从而达到提高效率、减小损耗的目的。

(3)可随着负载的增加,分批安装新增变压器,以减少初次投资。

变压器并联台数过多也不好,并联台数过多使得投资增大,占地面积增大,运行中总损耗增大。

1.4.1 变压器理想并联运行条件

对变压器的并联运行希望有一个理想的运行状况,而要达到理想运行状况必须满足理想的并联运行条件。

变压器的理想并联运行状况如下:

(1)并联运行的变压器空载运行时,各台变压器之间无环流。

(2)并联运行的变压器带上负载后,各变压器承担的负载大小按照它们各自容量的大小成比例分配,使各并联运行变压器的容量能够得到充分利用。

(3)并联运行的变压器带上负载后,各变压器所分担的负载电流相位相同,并且与总的负载电流同相位,以使共同承担的总电流最大,也即使共同传送的总功率最大。

要达到理想的并联运行状况,并联运行的变压器应满足以下理想并联条件:

(1)各台变压器的一、二次侧额定电压分别相等,即各变压器变比相等。

(2)各台变压器的连接组别相同。

(3)各台变压器的短路电压(或短路阻抗)的标幺值相等,且短路阻抗角相同。

下面几节逐一分析某一条件不满足时的情况(分析某一条件不满足时其他条件已满足)。

1.4.2 变比不等时的并联运行

为了简单明了,用两台单相变压器来进行分析。用简化等效电路表示的两台变压器并联运行电路(见图1-42)。

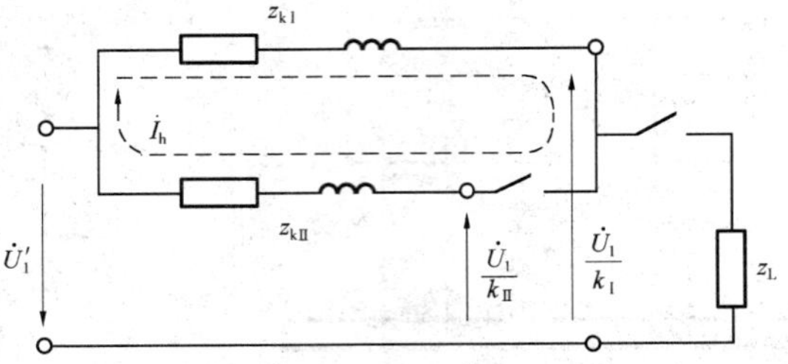

图1-42 变比不相等的两台变压器并联运行

设第一台变压器的变比为 k_{I},第二台变压器的变比为 k_{II},且 $k_{\mathrm{I}}<k_{\mathrm{II}}$。因两台变压器的一次侧接到同一电源上,一次侧电压相等。但由于两台变压器变比不同,因此二次侧的空载电压不等。第一台变压器二次绕组电动势 $\dot{E}_{2\mathrm{I}}=\dot{U}_1/k_{\mathrm{I}}$,第二台变压器二次绕组电动势 $\dot{E}_{2\mathrm{II}}=\dot{U}_1/k_{\mathrm{II}}$。因为 $k_{\mathrm{I}}<k_{\mathrm{II}}$,所以 $E_{2\mathrm{I}}>E_{2\mathrm{II}}$。两台变压器二次绕组接在同一母线上,在两台变压器二次绕组所构成的闭合回路内出现电动势差:

$$\Delta\dot{E}_2=\dot{E}_{2\mathrm{I}}-\dot{E}_{2\mathrm{II}}$$

并联投入后,闭合回路在电动势差 $\Delta\dot{E}_2$ 的作用下产生环流,它等于电动势差 $\Delta\dot{E}_2$ 除以两台变压器的短路阻抗,即

$$\dot{I}_h=\frac{\Delta\dot{E}_2}{z_{k\mathrm{I}}+z_{k\mathrm{II}}}=\frac{\dot{U}_1/k_{\mathrm{I}}-\dot{U}_1/k_{\mathrm{II}}}{z_{k\mathrm{I}}+z_{k\mathrm{II}}} \tag{1-59}$$

式(1-59)中的 $z_{k\mathrm{I}}$ 和 $z_{k\mathrm{II}}$ 分别为两台变压器折算到二次侧时的短路阻抗。由于一般电力变压器短路阻抗很小,故即使两台变压器变比相差不大也能引起很大的环流,引起附加铜损,影响变压器的正常运行。一般要求环流不超过额定电流的10%,为此变比的差值 Δk[$\Delta k=(k_{\mathrm{I}}-k_{\mathrm{II}})/\sqrt{k_{\mathrm{I}}k_{\mathrm{II}}}$]不应大于1%。

从式(1-59)可以看出,此时环流的方向是从变比小的第一台变压器流向变比大的第二台变压器,即在空载状态下第一台变压器相当于已有了输出电流。若变压器带上负载,每台变压器的实际电流分别为各自的负载电流与环流的合成,那么第一台变压器的实际输出电流就要比负载电流大,第二台变压器的实际输出电流就要比负载电流小。显然,若第一台变压器满载,则第二台变压器就达不到满载。

综上所述,在变压器变比不等的情况下并联运行,在变压器之间会产生环流,从而产生额外的功率损耗。负载时,由于环流的存在,变比小的变压器电流大,可能过载,而变比大的变压器电流小,可能欠载,这就限制了变压器的总输出功率,变压器的容量不能得到充分利用。为此,变比稍有不同的变压器如需并联运行,以容量大的变压器具有较小的变比为宜。

1.4.3 连接组别不同时的并联运行

如果两台变压器的变比和短路阻抗均相等，但是连接组别不同时并联运行，则其后果十分严重。因为连接组别不同时，两台变压器二次侧电压的相位差就不同，它们线电压的相位差至少相差30°，因此会产生很大的电压差 ΔU_2。图1-43所示为Y，y0和Y，d11两台变压器并联，二次侧线电压之间的电压差约为

$$\Delta U_2 = 2U_{2N}\sin\frac{30°}{2} = 0.518U_{2N} \tag{1-60}$$

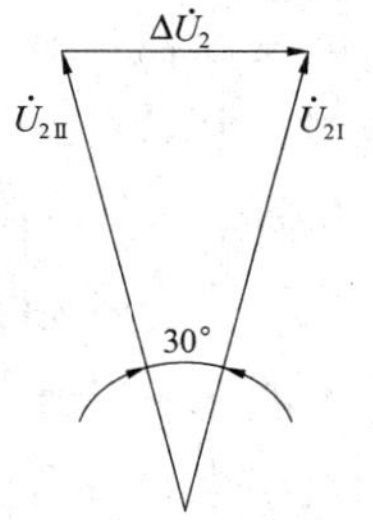

图1-43 Y，y0和Y，d11两台变压并联运行的电压差

这样大的电压差将在两台并联变压器的绕组中产生比额定电流大得多的空载环流，将导致变压器损坏。若两台变压器的组别相反（如一台变压器组别为0，另一台组别为6），则二次侧线电压之间的电压差为额定电压的两倍，这种情况下两台变压器间的环流将达到额定电流的几十倍，故连接组别不同的变压器绝对不允许并联运行。

1.4.4 短路阻抗标幺值不等时的并联运行

设并联运行的两台变压器的变比相等，组别相同，但短路阻抗标幺值不等。

由于两台变压器一、二次侧分别接在公共母线 U_1 和 U_2 上，故其简化电路如图1-44所示（用标幺值表示）。

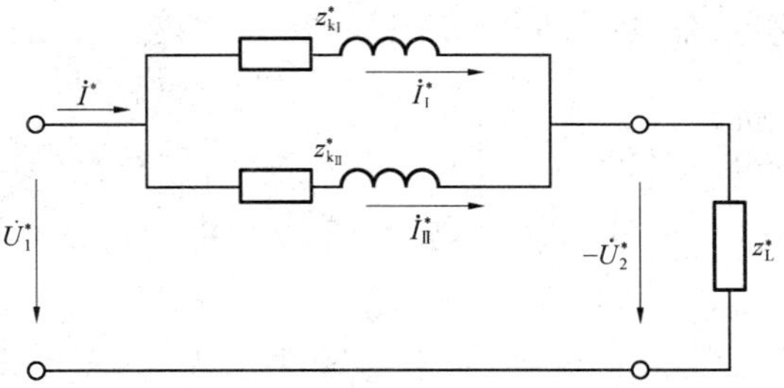

图1-44 并联运行时的简化等效电路图

由图1-44可知，两台并联运行的变压器的短路阻抗压降应相等，即

$$I_{\mathrm{I}}^* z_{k\mathrm{I}}^* = I_{\mathrm{II}}^* z_{k\mathrm{II}}^*$$

因为
$$I_{\mathrm{I}}^* = \beta_{\mathrm{I}},\quad I_{\mathrm{II}}^* = \beta_{\mathrm{II}}$$

有
$$\beta_{\mathrm{I}} z_{k\mathrm{I}}^* = \beta_{\mathrm{II}} z_{k\mathrm{II}}^*$$

可得
$$\beta_{\mathrm{I}} : \beta_{\mathrm{II}} = \frac{1}{z_{k\mathrm{I}}^*} : \frac{1}{z_{k\mathrm{II}}^*} \tag{1-61}$$

式中 β_{I}、β_{II}——第一、二台变压器的负载系数。

式(1-61)表明，变压器并联运行时，各台变压器的负载系数与短路阻抗（短路电压）的标幺值成反比。如果并联运行的变压器短路阻抗标幺值不相等，那么当短路阻抗标幺

值大的变压器满载时,短路阻抗标幺值小的变压器已过载;当短路阻抗标幺值小的变压器满载时,短路标幺值大的变压器处于轻载运行。变压器长期过载运行是不允许的,因此短路阻抗标幺值不相等的变压器并联运行时,变压器的容量得不到充分利用,是极不经济的。为了充分利用各台变压器的容量、合理分配负载,各台变压器短路阻抗标幺值应尽量相等。要求各变压器短路阻抗标幺值的算术平均值相差不超过±10%。

对于多台并联运行的变压器,其中任意一台变压器的负载系数可用下式计算

$$\beta_i = \frac{\sum_{i=1}^{n} S_i}{z_{ki}^* \sum_{i=1}^{n} \frac{S_{Ni}}{z_{ki}^*}} \tag{1-62}$$

且有

$$\beta_{\mathrm{I}} : \beta_{\mathrm{II}} : \cdots : \beta_n = \frac{1}{z_{k\mathrm{I}}^*} : \frac{1}{z_{k\mathrm{II}}^*} : \cdots : \frac{1}{z_{kn}^*} \tag{1-63}$$

式中 $\sum_{i=1}^{n} S_i$ ——并联变压器所承担的总负载;

β_i ——第 i 台变压器的负载系数;

z_{ki}^* ——第 i 台变压器的短路阻抗标幺值(也可以是短路电压标幺值);

S_{Ni}——第 i 台变压器的额定容量;

n——并联变压器的台数。

另外,并联运行的变压器的短路阻抗角也应相等,才能保证变压器的容量能得到充分利用。

【例 1-4】 两台变压器并联运行,它们的数据为:变压器Ⅰ, $S_{N\mathrm{I}}$ = 1 800 kVA ,Y,d11 连接, U_{1N}/U_{2N} = 35 kV/10 kV , $u_{k\mathrm{I}}$ = 8. 25% ;变压器Ⅱ, $S_{N\mathrm{II}}$ = 1 000 kVA ,Y,d11 连接, U_{1N}/U_{2N} = 35 kV/10 kV , $u_{k\mathrm{II}}$ = 6. 75% 。

试求:①当总负载为 2 800 kVA 时,每台变压器承担的负载是多少?②欲使任何一台变压器不过载,问最多能供给多大负载?③当第一台变压器达到满载时,第二台变压器的负载是多少?

解:(1)因为 $z_{k\mathrm{I}}^* = u_{k\mathrm{I}} = 0.0825$, $z_{k\mathrm{II}}^* = u_{k\mathrm{II}} = 0.0675$,由已知条件可得方程组:

$$\beta_{\mathrm{I}} S_{N\mathrm{I}} + \beta_{\mathrm{II}} S_{N\mathrm{II}} = \sum S = 2\,800\ \mathrm{kVA}$$

$$\beta_{\mathrm{I}} : \beta_{\mathrm{II}} = \frac{1}{z_{k\mathrm{I}}^*} : \frac{1}{z_{k\mathrm{II}}^*} = \frac{1}{0.0825} : \frac{1}{0.0675}$$

解方程组可得

$$\beta_{\mathrm{I}} = \frac{z_{k\mathrm{II}}^*}{z_{k\mathrm{I}}^*} \beta_{\mathrm{II}} = 0.818\,2\beta_{\mathrm{II}} = 0.926, \quad \beta_{\mathrm{II}} = 1.133$$

则有

$$S_{\mathrm{I}} = \beta_{\mathrm{I}} S_{N\mathrm{I}} = 1\,667\ \mathrm{kVA}, \quad S_{\mathrm{II}} = \beta_{\mathrm{II}} S_{N\mathrm{II}} = 1\,133\ \mathrm{kVA}$$

由计算结果可知,变压器Ⅰ只达到额定容量的92.6%,而变压器Ⅱ已过载13.3%。

(2)为使任何一台变压器不过载,应取$\beta_{\mathrm{II}}=1$,则有

$$S_{\mathrm{I}}=\beta_{\mathrm{I}}S_{\mathrm{NI}}=\frac{z_{\mathrm{kII}}^*}{z_{\mathrm{kI}}^*}\beta_{\mathrm{II}}S_{\mathrm{NI}}=0.818\ 2\times1\ 800=1\ 473(\mathrm{kVA})$$

$$S_{\mathrm{II}}=\beta_{\mathrm{II}}S_{\mathrm{NII}}=S_{\mathrm{NII}}=1\ 000\ \mathrm{kVA}$$

$$\sum S=S_{\mathrm{I}}+S_{\mathrm{II}}=2\ 473\ \mathrm{kVA}$$

计算结果表明,此时最大能承担的负载为2 473 kVA,小于两台变压器容量之和,变压器Ⅰ尚有18.2%的容量没有得到利用。

(3)这时$\beta_{\mathrm{I}}=1$,有

$$\beta_{\mathrm{II}}=\frac{z_{\mathrm{kI}}^*}{z_{\mathrm{kII}}^*}\beta_{\mathrm{I}}=\frac{0.082\ 5}{0.067\ 5}\beta_{\mathrm{I}}=1.222$$

$$S_{\mathrm{II}}=\beta_{\mathrm{II}}S_{\mathrm{NII}}=1\ 222\ \mathrm{kVA}$$

可见,短路电压标幺值大的变压器达到满载时,短路电压标幺值小的变压器则处于过载状态,过载量为其容量的22.2%。

小　结

(1)采用并联运行可提高供电的可靠性,并在一定程度上提高经济性。变压器并联运行的理想状况是:空载运行时并联运行的变压器之间无环流;负载运行时各台变压器能合理地分担负载;各台变压器二次侧电流一定时,共同供给的负载电流最大。要达到理想并联运行状况,并联运行的变压器必须满足下列条件:变比相等,组别相同,短路阻抗标幺值(短路电压标幺值)相等。

(2)变比相等是为了保证空载运行时不产生环流。短路阻抗标幺值相等是为了保证负载运行时,各台变压器能合理地分配负载,使设备容量能得到充分利用。组别不相同并联运行后果严重,环流会很大,会烧坏变压器,因此组别不同的变压器绝对不允许并联运行。

习　题

任务1.4在线习题

一、填空题

1. 并联运行的变压器必须满足的条件有:________、__________、____________。
2. 在变压器变比不等的情况下并联运行,变压器之间会产生________。
3. 变压器并联运行的短路电压允许差值为________。
4. 变压器的__________是指将两台或多台变压器的一次侧和二次侧分别接到公共

母线上,同时向负载供电的运行方式。

5. 短路阻抗标幺值不同的变压器__________并联运行。

二、判断题

1. 连接组号不同的变压器不能并联运行,是因为电压变化率太大。(　　)

2. 并列运行的变压器,若接线组别不同,则会造成短路故障。(　　)

3. 由两台变压器并联运行的工厂,当负荷小时可改为一台变压器运行。(　　)

4. 在变压器变比不等的情况下并联运行,变压器之间会产生环流,从而产生额外的功率损耗。(　　)

5. 变压器是允许长期过载运行的。(　　)

三、选择题

1. 三相变压器的连接组号是判断变压器电动势相位关系的依据,也是变压器(　　)的根本条件之一。

A. 正常运行　　B. 并联运行　　C. 负荷运行　　D. 串联运行

2. 连接组号不同的变压器不能并联运行,是因为(　　)。

A. 不同连接组号的变压器变比不同　　B. 空载环流太大

C. 负载时激磁电流太大　　D. 电压变化率太大

3. 两台变压器并联运行时,其负载系数与短路阻抗(　　)。

A. 大小成反比　　B. 标幺值成反比

C. 标幺值成正比　　D. 不确定

4. 两台容量不同、变比和连接组号相同的三相变压器并联运行,则变压器所分担的容量之标幺值(　　)。

A. 与短路阻抗成正比　　B. 与短路阻抗成反比

C. 与短路阻抗标幺值成正比　　D. 与短路阻抗标幺值成反比

四、问答题

1. 什么是变压器的并联运行?变压器为什么需要进行并联运行?

2. 什么是理想并联运行?并联运行的变压器应满足什么条件才能理想并联运行?哪些条件需要严格遵守?

3. 一台 Y,yn0 的三相变压器和一台 Y,yn4 的三相变压器,其变比和相对应的额定电压分别相等、短路电压标幺值相等,能否并联运行?

4. 两台容量不相等的变压器并联运行,是希望容量大的变压器短路电压大一些好,还是小一些好?为什么?

5. 某变电所有两台变压器,数据如下:

变压器Ⅰ:$S_{N\,I} = 3\,200$ kVA,$U_{1N}/U_{2N} = 35$ kV/6.3 kV,$u_{k\,I} = 6.9\%$;

变压器Ⅱ:$S_{N\,II} = 5\,600$ kVA,$U_{1N}/U_{2N} = 35$ kV/6.3 kV,$u_{k\,II} = 7.5\%$。

试求:①两台变压器并联运行,输出总负载为 8 800 kVA 时,每台变压器所承担的负载是多少？②在变压器均不过载的情况下，能输出的最大总功率为多少？③当第一台变压器承担的负载为3 000 kVA时，第二台变压器负载为多少？

任务1.5 变压器的瞬变过程及不正常运行

【学习目标】

了解变压器空载合闸时励磁涌流产生的原因、特点及带来的影响。了解变压器突然短路时的特点及影响。了解三相变压器不对称运行的特点。了解变压器常见故障带来的影响及处理方法。

1.5.1 变压器空载合闸时的瞬变过程

变压器二次侧开路(处于空载状态)，把一次侧接入电源称为空载投入。

当变压器空载稳态运行时，空载电流只占额定电流的0.5%~3%。而空载投入瞬间，可能出现一个较大的电流，需经历一个短暂的过渡过程，才能恢复到正常的空载电流值，在过渡过程中出现的空载投入电流称为励磁涌流。

变压器空载投入的过程，实质上就是空载磁场的建立过程。分析空载投入过程，主要是分析空载磁场建立过程中所发生的物理现象。

假定电源电压 u_1 随时间按正弦规律变化，合闸时一次侧的电动势方程式为

$$u_1 = \sqrt{2}U_1\sin(\omega t + \alpha_0) = i_0 r_1 + N_1\frac{\mathrm{d}\phi_t}{\mathrm{d}t} \tag{1-64}$$

式中 α_0——合闸时电压 u_1 的初相角；

ϕ_t——与一次绕组交链的总磁通，包括主磁通和一次绕组的漏磁通。

由于电阻压降 $i_0 r_1$ 很小，在分析过渡过程的初始阶段可忽略不计。合闸后随着过渡过程的进行，r_1 是引起励磁涌流衰减的主要原因，因此在分析过渡过程的后期应计及 r_1 的影响。

当忽略 $i_0 r_1$ 时，式(1-64)便可写成：

$$\mathrm{d}\phi_t = \frac{\sqrt{2}U_1}{N_1}\sin(\omega t + \alpha_0)\,\mathrm{d}t$$

解此微分方程得

$$\phi_t = -\frac{\sqrt{2}U_1}{\omega N_1}\cos(\omega t + \alpha_0) + C = -\Phi_m\cos(\omega t + \alpha_0) + C \tag{1-65}$$

式中 Φ_m——稳态磁通最大值；

C——待定积分常数。

积分常数 C 由初始条件决定。设合闸前铁芯中无剩磁，即 $t=0$ 时，$\phi_t = 0$，代入式(1-65)得

$$0 = -\Phi_m\cos\alpha_0 + C$$

即

$$C = \Phi_m \cos \alpha_0$$

于是空载合闸时与一次绕组交链的总磁通为

$$\phi_t = -\Phi_m[\cos(\omega t + \alpha_0) - \cos \alpha_0] \quad (1\text{-}66)$$

式(1-66)表明,合闸时磁通的大小与 u_1 的初相角有关。下面分析两种特殊情况:

(1)当 $\alpha_0 = 90°$ 时合闸,这时有

$$\phi_t = -\Phi_m[\cos(\omega t + 90°) - \cos 90°] = \Phi_m \sin \omega t \quad (1\text{-}67)$$

式(1-67)表明,空载投入一合闸就建立起了稳态磁通,即在这种情况下,磁场的建立没有过渡过程而立刻进入稳定状态,与之对应的合闸电流没有暂态分量而立即达到稳态空载电流值。

(2)当 $\alpha_0 = 0°$ 时合闸,这时有

$$\phi_t = \Phi_m(1 - \cos \omega t) = \Phi_m - \Phi_m \cos \omega t = \phi''_t + \phi'_t \quad (1\text{-}68)$$

式中 ϕ''_t——磁通的暂态分量,$\phi''_t = \Phi_m$,由于忽略 r_1,故它不衰减;

ϕ'_t——磁通的稳态分量,$\phi'_t = -\Phi_m \cos \omega t$。

与式(1-68)对应的磁通变化曲线如图1-45所示。从图1-45中可以看出,在这种情况下合闸时,若不考虑磁通的暂态分量衰减,在合闸后半个周期,即 $t = \pi/\omega$,磁通达到最大值 $\phi_{tmax} = 2\Phi_m$。

由于铁芯的磁化曲线为非线性(见图1-46),一般变压器在正常运行时,主磁通较为饱和,Φ_m 的工作点在磁化曲线的拐弯处。而现在主磁通 $\phi_t = 2\Phi_m$,铁芯的饱和情况非常严重,因而空载电流的数值很大,超过稳态空载电流的几十倍至上百倍,可达额定电流的5~8倍。

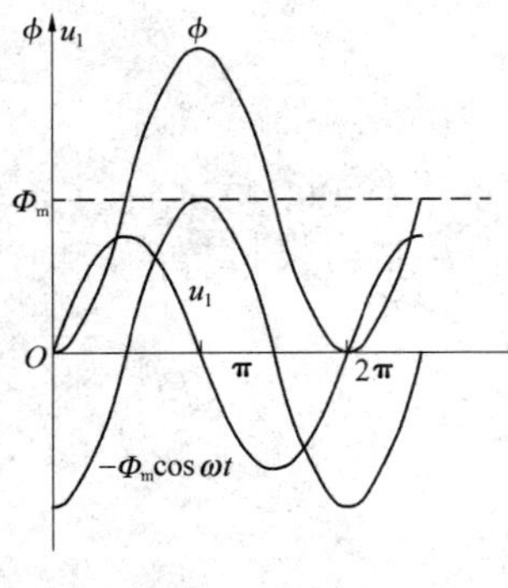

图1-45 当 $\alpha_0 = 0°$ 空载合闸时,磁通 ϕ_t 的变化曲线

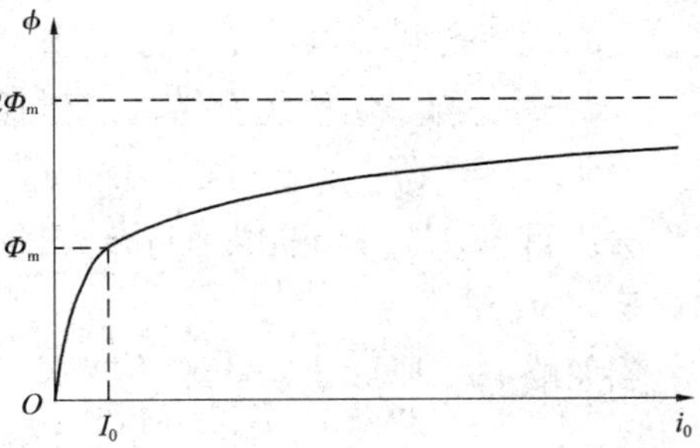

图1-46 变压器铁芯的磁化曲线

由于电阻 r_1 的存在,合闸电流的暂态分量将逐渐衰减,衰减快慢取决于时间常数 T,$T = L_1/r_1$(L_1 为一次绕组的全自感)。一般小容量变压器衰减快,约几个周期便达到稳态;大型变压器衰减较慢,有的可延续达十多秒。

在三相变压器中,由于三相电压相位互差120°,故合闸时总有一相的电压初相角为0或接近于0,因而总有一相的合闸电流较大。

空载合闸电流对变压器本身没有多大危害,但当它衰减较慢时,可能引起变压器的过

电流保护装置误动作而跳闸。为此,变压器的继电保护在进行设置时,需要考虑躲过励磁涌流,以防止保护误动作。

1.5.2 变压器突然短路时的瞬变过程

变压器运行中发生突然短路是一种严重故障,短路电流将很大,这样大的电流流过变压器及其他相连接的设备,有可能使变压器及其他相应的设备因发热或受到电磁力的冲击而遭破坏,因此分析变压器的突然短路过程具有重要意义。

1.5.2.1 突然短路电流

根据图1-47所示的简化等效电路,一次侧的电压方程式为

$$u_1 = U_m \sin(\omega t + \alpha) = i_k r_k + L_k \frac{\mathrm{d}i_k}{\mathrm{d}t} \quad (1\text{-}69)$$

这是一个常系数一阶微分方程,它的解由稳态分量和暂态分量两部分组成,即

$$i_k = i'_k + i''_k \quad (1\text{-}70)$$

式中 i'_k——短路电流的稳态分量;

i''_k——短路电流的暂态分量。

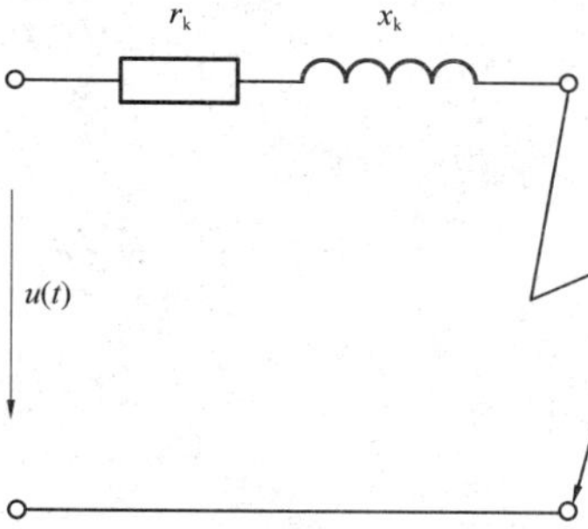

图1-47 变压器二次侧突然短路时的简化等效电路

当变压器发生短路时,一般都已带上负载,但因负载电流比突然短路电流小得多,可忽略不计,认为短路是在空载情况下发生的,即令 $t=0$ 时,$i_k=0$,根据这个起始条件,解式(1-70)得

$$i_k = i'_k + i''_k = \frac{U_{1m}}{\sqrt{r_k^2 + x_k^2}} \sin(\omega t + \alpha - \varphi_k) - \frac{U_{1m}}{\sqrt{r_k^2 + x_k^2}} \sin(\alpha - \varphi_k) e^{-\frac{r_k}{L_k}t} \quad (1\text{-}71)$$

式中 φ_k——短路阻抗角,$\varphi_k = \arctan(x_k/r_k)$。

对于大型变压器,$x_k \gg r_k$,$\varphi_k \approx 90°$,于是

$$i_k = \sqrt{2} I_k [(\cos\alpha) e^{-\frac{r_k}{L_k}t} - \cos(\omega t + \alpha)] \quad (1\text{-}72)$$

式中 I_k——稳态短路电流有效值,$I_k = U_1/\sqrt{r_k^2 + x_k^2}$。

式(1-72)表明,突然短路时短路电流的大小与电压 u_1 的初相角有关,下面讨论两种极限情况。

(1)当 $\alpha = 90°$ 时发生突然短路。由式(1-72)得

$$i_k = \sqrt{2} I_k \sin \omega t \quad (1\text{-}73)$$

式(1-73)表明,当 $\alpha=90°$ 时发生突然短路,短路电流立即达到稳定值,无过渡过程。

(2)当 $\alpha = 0°$ 时发生突然短路。由式(1-72)得

$$i_k = \sqrt{2} I_k (e^{-\frac{r_k}{L_k}t} - \cos \omega t) \quad (1\text{-}74)$$

从式(1-74)可看出,最严重的情况是 $\alpha = 0°$ 时发生突然短路,此时电压 u_1 与各电流的波形如图1-48所示,短路电流瞬时值在 $t = \pi/\omega$ 时达到最大值 i_{kmax},即

$$i_{kmax} = \sqrt{2}I_k(e^{-\frac{r_k\pi}{L_k\omega}} - \cos\pi) = \sqrt{2}I_k(1 + e^{-\frac{r_k\pi}{L_k\omega}}) = k_y\sqrt{2}I_k \tag{1-75}$$

式中，$k_y = 1 + e^{-\frac{r_k\pi}{L_k\omega}}$。对小容量变压器，可取 $k_y = 1.2 \sim 1.3$；对大容量变压器，可取 $k_y = 1.5 \sim 1.8$。

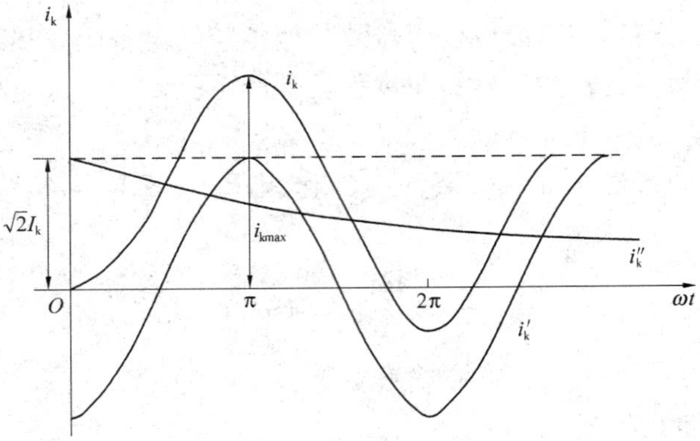

图1-48　α=0°时发生突然短路的电流变化曲线

将式(1-75)用标幺值表示，则

$$i^*_{kmax} = \frac{i_{kmax}}{\sqrt{2}I_{1N}} = k_y\frac{I_k}{I_{1N}} = k_y\frac{U_{1N}}{I_{1N}z_k} = k_y\frac{1}{z^*_k} \tag{1-76}$$

式(1-76)表明，短路电流幅值的标幺值 i^*_{kmax} 与短路阻抗 z^*_k 成反比，短路阻抗越小，短路电流越大。如果 $z^*_k = 0.06$，则

$$i^*_{kmax} = (1.2 \sim 1.8) \times \frac{1}{0.06} = 20 \sim 30 \tag{1-77}$$

式(1-77)表明，变压器二次侧突然短路时，短路电流可达额定电流的20~30倍。

1.5.2.2　突然短路电流的影响

突然短路电流很大，短路电流通过变压器及其他电气设备时，会使变压器绕组及其他设备发热，同时会产生强大的电磁力，可能损坏绕组及设备。

1. 电磁力的影响

由于突然短路电流可达额定电流的20~30倍，而电磁力与电流的平方成正比，因此突然短路时，变压器受到的电磁力是正常运行时的几百倍，若变压器绕组及其他设备有缺陷或设计、制造、安装上存在不合理现象，在突然短路电流所产生的电磁力的作用下，就会造成机械破坏。对变压器，绕组所受电磁力主要是径向方向的辐射力，由于圆形绕组能承受较大的径向力而不变形，因此一般电力变压器的绕组总是做成圆筒形的。对制造变压器的要求是，当发生突然短路时变压器应能承受短路电流的电磁力冲击而不致损坏。

2. 发热影响

由于铜损与电流的平方成正比，因此突然短路时的铜损是正常运行时的几百倍，使变压器绕组及其他导电部位的温度急剧上升。但由于变压器都装有可靠、快速动作的继电保护，一般在温度上升到危险值之前，继电保护动作，将电源断开，变压器因突然短路过热而烧坏绕组的情况较少,但其他设备仍有可能因发热受损。

1.5.3 三相变压器的不对称运行

在实际运行中,三相变压器可能会出现带上三相不对称负载的情况。例如,变压器的二次侧接有容量较大的单相电炉、电焊机等。当三相负载电流不对称时,造成变压器内部阻抗压降也不对称,从而使二次侧三相电压不对称。一般电力变压器中,由于变压器内部阻抗压降较小,造成二次侧电压不对称程度不大,对此本节将不予分析。变压器不对称运行时造成三相电压不对称的程度与变压器三相绕组的连接方式和铁芯结构特点有密切关系,不对称运行会对变压器造成一定的不良影响,本节主要讨论不对称运行的分析方法。

1.5.3.1 分析不对称运行问题的方法

在分析不对称运行时常用对称分量法,其基本思路是:将任意一组三相不对称的量(电流、电压或电动势)分解为三组对称的相量——正序分量、负序分量、零序分量。先按三组对称的三相电路分别进行计算,求得各对称分量,然后将三组对称分量(正序、负序、零序)叠加起来,就得到实际的三相数值。

当不同相序的电流流过变压器的三相绕组时,由于三相绕组连接方式的不同及铁芯结构的不同,变压器内部有着不同的电磁过程,下面分析各相序电流流过变压器时变压器内部的电磁过程。

1.5.3.2 不对称运行时变压器内部物理过程

设变压器带上不对称负载,则变压器二次侧电流不对称,可将此不对称电流分解为正序电流、负序电流及零序电流。下面就各序电流在变压器内部的电磁过程进行分析。

(1)变压器带上对称负载时,二次侧电流对称,其电流只包含正序分量,负序、零序分量为零,即正序电流流过变压器时,与前述变压器对称运行情况完全相同。因此,变压器二次侧流过正序电流时,根据磁动势平衡原理,一次侧也流过正序电流,所产生的正序磁动势与二次侧正序磁动势互相抵消,即铁芯内部不会额外增加磁通。

(2)由于负序电流也是一组三相相位互差120°的对称电流,从变压器的原理和结构来看,通过负序电流时所产生的电磁现象和通过正序电流时的情况是一样的,即二次侧流过负序电流时,根据磁动势平衡原理,一次侧也流过负序电流,所产生的负序磁动势与二次侧负序磁动势互相抵消,同样铁芯内部不会额外增加磁通。

(3)由于三相零序电流的大小相等、相位相同,它通过变压器时所产生的电磁现象与流过正序(或负序)电流时的情况大不一样。它与绕组的连接方式、磁路结构特点有关,因为三相绕组的连接方式能影响零序电流的流通情况,而磁路的结构能影响零序磁通的分布。

第一种情况:零序电流在一、二次绕组中都能流通,如变压器的一、二次绕组为YN接线或D接线。这种情况下,由于零序电流在一、二次绕组中都能流通,根据变压器磁动势平衡原理,则一、二次侧的零序磁动势互相抵消,与正序情况相同,同样铁芯内部也不会额外增加磁通。

第二种情况:零序电流只能在二次侧流通,如变压器的一次绕组为Y接线,二次绕组为d或yn接线。这种情况下,零序电流只能在二次侧流通,一、二次侧的零序磁动势不能互相抵消,在二次侧零序磁动势的作用下,便会在铁芯中产生零序磁通。零序磁通的大小与铁芯结构特点有关:①对三相变压器组,各相磁路独立,有零序磁通回路,当二次侧流过零序电流时,一次侧不会形成零序补偿磁动势,因此对零序电流而言,与变压器空载情况相同,这时变压器铁芯内部会额外增加一个零序磁通。②对三相芯式变压器,尽管二次侧的零序磁动势仍然得不到补偿,但由于三相磁路不独立,磁路不构成零序磁通的回路,当二次侧流过零序电流时,三相所产生的零序磁通被挤出铁芯,这时的零序磁通通过变压器油和油箱壁构成回路,对应的磁阻很大,故铁芯中零序磁通很小,可视为铁芯内部没有额外增加磁通。

1.5.3.3 不对称运行对变压器的影响

1. 不对称过载

当三相变压器带上三相不对称负载时,二次侧三相电流不对称,对应一次侧电流也不对称,即有的相电流大,有的相电流小。若带上容量较大的不对称负载,就有可能出现有的相过载,过载相绕组的发热会加剧。不对称程度越大,这种影响也越大。

2. 中性点漂移

对Y,yn0连接的变压器一次侧加三相对称电压空载运行时,二次侧的三相电动势(空载电压)也对称。这时二次绕组中只有正序电动势 $\dot{E}_{a1}$、$\dot{E}_{b1}$、$\dot{E}_{c1}$。其相量图如图1-49所示。由三个对称的线电动势组成电动势三角形△abc,相电动势星形的中点 O 是△abc 的重心。

当二次侧带上不对称负载时,根据对称分量法,可分解出正序、负序、零序电流。根据前面的分析,零序电流会在铁芯中产生额外的零序磁通,这是引起中性点漂移的根源。

零序磁通在各相二次绕组中感应的电动势为 $\dot{E}_{a0}=\dot{E}_{b0}=\dot{E}_{c0}=\dot{E}_0$,各相零序感应电动势在相位上滞后零序磁通90°,如图1-49所示。二次侧各相绕组的总电动势分别为 $\dot{E}_a=\dot{E}_{a1}+\dot{E}_0$,$\dot{E}_b=\dot{E}_{b1}+\dot{E}_0$,$\dot{E}_c=\dot{E}_{c1}+\dot{E}_0$,这三个线电动势组成电动势三角形△$a'b'c'$,这时相电动势的中点 O 不是△$a'b'c'$ 的重心。这种现象叫作电压的中性点漂移。

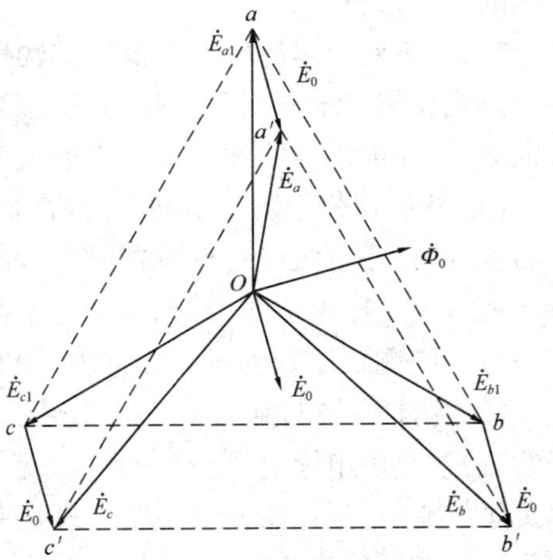

图1-49 Y,yn0不对称负载时中性点漂移

从图1-49可以看出,这时三个相电压不对称,比较△abc 和△$a'b'c'$ 可知,虽然不对称负载时相电动势不对称,但各边所代表的线电动势全是对称的。

从上面的分析可看出,产生中性点漂移是由于二次侧有零序电流,而一次侧没有零序电流,使得铁芯中额外多出了零序磁通而感应出零序电动势。中性点漂移的程度由零序磁通的大小而定,在三相变压器组中,由于零序电流能畅通,很小的零序电流便可产生较大的零序磁通和零序电动势,因此这种变压器带不对称负载时中性点漂移现象很严重,对照明负载影响很大,不能采用;对三相芯式变压器,由于零序磁通只能通过油和油箱壁闭合,相应磁阻大,零序磁通及零序电动势不大,随之中性点漂移也不大,可以正常运行。但为了尽量减少零序磁通在油箱壁中引起的涡流损耗,以及尽量减小相电压的变化,Y,yn0连接的三相芯式变压器在带不对称负载运行时,中线中的电流不得超过额定电流的25%。

当三相变压器采用YN,d方式、Y,d方式、YN,y方式、Y,y方式连接时,如果二次侧接有不对称负载,二次侧不会产生零序电流,这是因为二次侧零序电流流不通,因此不会出现中性点漂移现象,这也是这几种线圈连接法的优点之一。

1.5.4 变压器常见的故障

1.5.4.1 变压器的温升和绝缘寿命

变压器在运行过程中,温度的高低对其使用寿命有着非常重要的影响,要保证变压器的正常运行,必须随时监视其运行温度,并确保其运行温度在允许范围内。

变压器运行中存在铜损和铁损,这些损耗转变成热能,使铁芯和绕组发热,变压器的温度会升高。当变压器内部产生的热量与变压器散发出去的热量相等时,变压器的温度达到稳定的状态。

若变压器的温度超过允许值,则变压器的绝缘容易老化,当绝缘老化到一定程度时,在运行中受到振动便会使绝缘层破坏,绝缘的性能变差后,容易被高电压击穿而造成故障。因此,变压器正常运行时,不允许超过绝缘的允许温度。

为了使绝缘材料获得最经济的使用寿命,特按其在正常运行条件下容许的最高工作温度进行分级,其耐热等级分为:Y级—90 ℃;A级—105 ℃;E级—120 ℃;B级—130 ℃;F级—155 ℃;H级—180 ℃;C级—180 ℃以上。

我国电力变压器大部分采用A级绝缘,即绝缘材料为浸渍处理过的有机材料,如纸、木材、棉纱等。在变压器运行时的热量传播过程中,各部分的温度是不相同的,绕组的温度最高,其次是铁芯的温度,再次是绝缘油的温度,且上层油温高于下部油温。变压器运行中的允许温度是按上层油温来检查的,上层油温的允许值应遵守制造厂的规定。采用A级绝缘的变压器,在正常运行中,变压器绕组的极限温度为105 ℃,由于绕组的平均温度比油温高10 ℃,所以规定变压器上层油温最高不超过95 ℃,而在正常情况下,为了保护绝缘油不致过度氧化,上层油温应不超过85 ℃。

当变压器绝缘的工作温度超过允许值后,温度每升高8 ℃,其使用期限便减小一半,这就是过去沿用的8 ℃规则。因此,对变压器绕组的允许温度作出上述规定,以保证变压器具有经济上合理的使用期限。

1.5.4.2 变压器在非额定条件下的运行

变压器在运行过程中,若所有的运行参数都在铭牌所给定的额定参数范围之内,变压器的运行就是正常的。若其运行参数超出了额定参数所规定的范围,则变压器就进入了非正常运行状态,非正常运行状态对变压器会产生不良影响,甚至对变压器造成损坏。下面分析变压器运行过程中较常见的两种非额定条件下的运行。

1. 变压器在非额定电压下运行

变压器的铭牌上给定了变压器在运行过程中一、二次侧规定电压——额定电压,相关规程规定变压器运行中电压变动范围不得超过额定电压的±5%。变压器在实际运行过程中,由于电源电压的波动或分接开关挡位选择得不恰当,就有可能造成变压器电压偏离额定电压,电压的偏离对变压器及用户都会带来不良影响。

1)电压高于额定电压

电压高于额定电压是指由于电源的波动而使施加在变压器一次侧的电压高于额定电压,对于降压变压器,若电源电压本来就较高而又将分接开关调到绕组匝数最小的挡位也属于此种情况。

根据 $U_1 \approx E_1 = 4.44fN_1\Phi_m$ 可知,当一次侧电压 U_1 升高时,铁芯内磁通量 Φ_m 就会增加,随着电压的升高,铁芯的饱和程度相应增高,致使电压和磁通的波形发生严重畸变;空载电流也相应增大;同时电压波形中的高次谐波值也大大增加。由此对变压器产生的影响如下:

(1)由于铁芯中磁通 Φ_m 的增加,变压器铁芯的损耗增大,铁芯的发热增加容易使变压器过热,进而降低变压器的带负载能力。

(2)畸变的电动势波形中的高次谐波对用电设备也会产生危害,如使有的用电设备损耗增大,对某些电子设备的正常工作造成严重的干扰。

(3)高次谐波有可能在系统中造成谐波共振现象,并导致过电压,从而使系统中设备的绝缘损坏。

因此,运行电压增高对变压器和用户均不利,不论电压分接头在何位置,变压器的一次侧电压一般均不应超出额定电压的5%。

2)电压低于额定电压

电压低于额定电压指电源电压降低(对于降压变压器,若电源电压本来就较低而又将分接开关调到绕组匝数最大的挡位也属于此种情况)。

根据 $U_1 \approx E_1 = 4.44fN_1\Phi_m$ 可知,当一次侧电压 U_1 降低时,铁芯内磁通量 Φ_m 就会减小。由于磁通量的减小,铁芯的饱和程度降低,这时变压器的铁损和空载电流都会减小,一般这种情况对变压器不会有不良影响。但是电压太低,变压器二次侧电压就达不到电压质量的要求,影响用电设备的正常运行。

2. 过负载运行

变压器在运行中有一定的过负载能力,这个能力是指它在较短的时间内输出的最大容量能大于变压器的额定容量。变压器过负载能力分为正常情况下的过负载能力和事故情况下的过负载能力。变压器正常过负载能力可以经常使用,而事故过负载能力只允许在事故情况下使用。

1)变压器的正常过负载能力

变压器在正常运行时允许过负载,这是因为变压器在一昼夜内的负载有高峰和低谷,在低谷时,变压器在较低的温度下运行。在一年内,气温也在变化,冬季变压器周围冷却介质的温度较低。当负载轻、温度较低时,绝缘老化速度较正常慢,从而使变压器的使用寿命延长。在不影响变压器使用寿命的前提下,变压器可以带比额定容量大的负载运行一段时间,即变压器可以在高峰负载及冬季时过负载运行。在国家所制定的变压器运行规程中,对正常过负载作了规定。

(1)如果变压器的昼夜负载率 β(β = 24 h 的平均负载/最大负载)小于1,则在高峰负载期间变压器的允许过负载的持续时间可由图1-50中的曲线查得(其根据是绝缘的损坏率不超过每天的自然损坏率)。

如果缺乏负载率资料,也可根据过负载前变压器上层油温的温升,参照表1-1规定的数值，确定允许过负载倍数及允许的持续时间。

(2)在夏季(6—8月)，变压器按典型负载曲线，其最高负载低于额定容量时，每低1%，可以在冬季过负载1%，但以15%为限。

2)变压器的事故过负载能力

当电力系统或用户变电所发生事故时，为保证对重要设备的连续供电，变压器允许短时间过负载的能力，称为事故过负载能力。考虑到变压器事故过负载时，效率的高低、绝缘损坏率的增加问题已退居次要地位，更主要的是考虑保证不停电，保证人身和设备安全，避免造成更大的经济损失。这时，在确定过负载的倍数和允许时间时要让绝缘的使用寿命做一些牺牲。

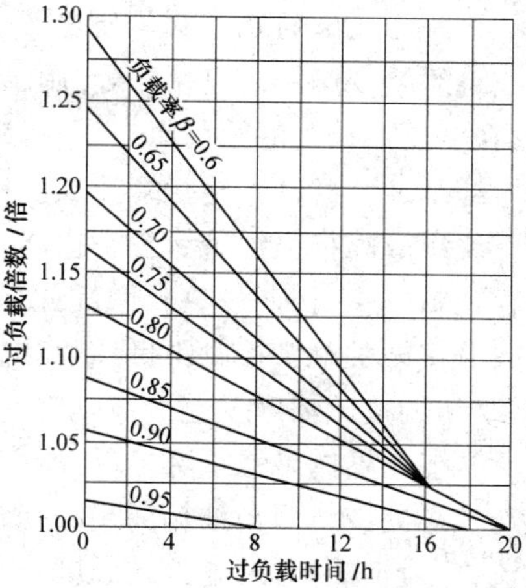

图1-50　允许负载曲线

表1-1　自然冷却或风冷油浸式电力变压器的过负载允许时间

过负载倍数/倍	过负载前上层油的温升					
	18 ℃	24 ℃	30 ℃	36 ℃	42 ℃	48 ℃
1.05	350 min	325 min	290 min	240 min	180 min	90 min
1.10	230 min	205 min	170 min	130 min	85 min	10 min
1.15	170 min	155 min	110 min	80 min	35 min	
1.20	125 min	100 min	75 min	45 min		
1.25	95 min	75 min	50 min	25 min		
1.30	70 min	50 min	30 min			
1.35	55 min	35 min	15 min			
1.40	40 min	25 min				
1.45	25 min	10 min				
1.50	15 min					

变压器事故过负载的能力和时间，应按制造厂的规定执行。如无制造厂资料，对于自然冷却和风冷的油浸式变压器，可参照表1-2规定的数值来过负载。

表1-2　自然冷却和风冷的油浸式变压器允许的事故过负载能力

过负载倍数/倍	1.3	1.45	1.6	1.75	2.0	2.4	3.0
允许持续时间/min	120	80	30	15	7.5	3.5	1.5

1.5.4.3　变压器常见故障及其处理

变压器是没有旋转部分的电气设备，因而在运行上是相当可靠的。只要做好经常性的维护工作，在运行中严密地加以监视，并按期进行大小检修，变压器的事故是可以消灭的。变压器事故主要发生在线圈、铁芯、套管、分接开关和油箱等部位。

1. 绕组故障的危害及其处理

绕组是变压器的电路部分,用于感应电动势和引导电流。为了保证绕组安全、正常运行,在变压器绕组的匝与匝之间、绕组与绕组之间、绕组与铁芯之间及绕组与油箱之间,都有电缆纸、绝缘纸筒、绝缘纸板及变压器油等材料使之保持相互绝缘。

绕组故障指绕组绝缘受到损坏。下列原因可能造成绕组绝缘损坏:①变压器在制造时存在缺陷;②长期过负载运行,使绕组温度过高而绝缘老化;③绕组绝缘受潮;④绕组接头或分接开关触头接触不良;⑤雷电波侵入使绕组过电压击穿绝缘;⑥变压器出口多次短路,绕组的机械强度变差。

若变压器的绝缘损坏,变压器在运行过程中就有可能发生绕组的匝间、层间、相间、绕组与铁芯间或绕组与油箱间绝缘损坏而引起的短路。一旦绕组发生短路,就会形成短路电流,相应形成电弧,电弧的温度达几千摄氏度甚至上万摄氏度,在这样的高温下,绕组的绝缘会受到进一步的损坏,短路故障会加剧,最终使绕组彻底损毁,甚至引起变压器爆炸、火灾等事故。

变压器内部是否发生短路故障,可通过仪表、保护及声音等进行判断:①一次侧电流增大;②油温、油面增高,变压器内部发出"咕嘟"声;③二次侧电压不稳定,忽高忽低;④防爆管或压力释放阀喷油;⑤轻重瓦斯保护、差动保护或电流速断保护等变压器的主保护动作,跳开变压器各侧断路器。

若经综合判定,确认绕组发生了故障,变压器就必须退出运行,应进行检查与修理后才能再运行。

2. 铁芯故障的危害及其处理

变压器在运行时,铁芯中通过的是交变磁场,为减小交变磁场所产生的涡流损耗,铁芯是用硅钢片叠装而成的,硅钢片的两面均涂以绝缘漆用以斩断涡流。

铁芯故障是指铁芯"发火"(铁芯局部温度极度升高)及铁芯接地线断线。变压器铁芯"发火"可能是由铁芯涡流所致的,或夹紧铁芯用的穿心螺丝与铁芯接触所致。此时差动保护装置不动作,在其逐渐发展的过程中,瓦斯保护装置也可能不动作。铁芯"发火"逐渐发展,引起油色逐渐发暗,靠近"发火"部分温度很快上升,使油的温度渐渐达到燃烧点的危险范围。在这种情况下,若不及时断开变压器就有可能发生火灾或爆炸。

变压器在运行中,铁芯以及固定铁芯的金属结构、零件、部件等,均处在强电场中,在电场作用下,它们具有较高的对地电位。如果铁芯不接地,它与接地夹件及油箱之间就会有电位差存在,在电位差的作用下会产生断续的放电现象。因此,必须将铁芯以及固定铁芯、绕组等的金属零部件可靠地接地,使其与油箱同处于地电位。

铁芯是否有故障,可通过声音、温度及油色进行判断。在负载正常的情况下,铁芯故障时噪声比平时大,音调异常,或响声性质特别及有其他不正常鸣音,铁芯接地线断开时会产生如放电般的劈裂声;温度会比正常情况高,时间长了会引起油的颜色变浑,这时可对油进行色谱分析判断。

若声响特大,而且很不均匀或有爆裂声,应停电检查、修理。

3. 套管故障的危害及其处理

绝缘套管不但作为引线的对地绝缘,还担负着固定引线的任务,因此绝缘套管必须具有相应的电气强度和足够的机械强度。

套管故障是指套管受到损坏。套管受到损坏的因素很多,归纳起来主要有以下两个方面:

(1)机械原因造成的损坏。如固定套管的铁制卡盘或铁角的紧固螺栓拧得过紧,且受力不均时,套管如稍受外力将造成损坏,或是搬运、安装过程中有碰撞造成损坏。

(2)电气损坏。套管有轻微的质量缺陷,如有轻微裂纹,在雨雪水浸入时发生闪络击穿;套管表面脏污,遇潮湿天气发生闪络或漏泄电流增大使套管局部发热引起炸裂;异物如小动物、树枝导体引起的端子放电,可能会灼伤套管表面瓷质。

瓷套管的损坏可能会造成短路故障,使故障扩大,一旦发现瓷套管有闪络或裂纹,就应停电进行处理,若有必要应更换套管。对瓷套管的表面应定期进行清扫。

4. 分接开关故障的危害及其处理

分接开关故障是指分接开关触头接触不良或分接开关不同相间短路。当运行中的变压器油箱内有“吱吱”的放电声,电流表随着响声发生摆动,或瓦斯保护发出信号时,可判断为分接开关故障。故障原因如下:

(1)分接开关触头弹簧压力不足,滚轮压力不均匀,使有效接触面积减小,以及表面银镀层严重磨损等,引起分接开关在运行中损坏。

(2)分接开关接触不良,引线连接和焊接不良,经受不起短路电流冲击而造成分接开关损坏。

(3)切换分接开关挡位时,分接开关分接头位置不对位,形成短路,引起分接开关烧坏。

(4)由于三相引线相间距离不够,或者使用的绝缘材料绝缘强度低,在过电压的情况下绝缘击穿,造成分接开关相间短路。

若发生了分接开关损坏,应停电检修。

5. 变压器油故障的危害及其处理

变压器油故障是指油质劣化,失去了绝缘作用,甚至导致变压器内部发生短路,造成变压器的损坏。变压器油油质劣化的原因如下:

(1)变压器油在运行中,有可能与空气相接触,空气中的水分和杂质溶入变压器油中,引起大量沉淀物的生成。

(2)在与空气接触的过程中,油被空气氧化,生成各种氧化物,这些氧化物具有酸性特点。

(3)变压器油在运行中,长期受温度、电场及化学复分解的作用也会劣化。特别是温度过高会加速油的劣化。

(4)变压器内部发生故障,如发生短路故障,使变压器油碳化。

在运行过程中应对变压器油的颜色进行观察,并应定期对变压器油进行取样试验。在一般情况下可进行下列项目的试验:①酸价;②电气绝缘强度;③闪点;④游离碳;⑤机械混合物;⑥水分;⑦水溶性酸和碱。

当变压器油混有水分和杂质时,可以用真空压力式滤油机滤去水分和杂质,使油净化,恢复油原有的性能。若油质低于变压器油试验标准规定,应予以换油。

小 结

(1)变压器空载合闸过程中可能会产生励磁涌流,这与合闸瞬间电源电压的初相位有关,当 $\alpha_0=0°$ 时励磁涌流最大,最大励磁涌流可达额定电流的5~8倍,空载合闸时的励磁涌流不会产生危害,主要是在变压器的保护设置中要避免误动作。

(2)变压器突然短路时,突然短路电流的冲击值会远大于稳态时的短路电流值,通常为稳态短路电流的1.2~1.8倍,可达额定电流的20~30倍。如此大的电流会产生极大的电磁力,对变压器的绕组及其他设备可能造成机械损坏。

(3)分析三相变压器的不对称运行常采用对称分量法。对称分量法就是将一组不对称的三相量分解成正序、负序和零序三组各自独立的对称量进行分析计算,然后把三组对称分量计算的结果叠加起来得出最终结果。变压器不对称运行时造成三相电压不对称的程度与变压器三相绕组的连接方式和铁芯结构特点有密切关系。对Y,yn连接的三相变压器带上不对称的三相负载:①若是变压器组,会产生严重的中性点漂移,因此三相变压器组不能采用Y,yn连接;②若是三相芯式变压器,铁芯中零序磁通很小,零序电动势就小,中性点漂移小,所以三相芯式变压器采用Y,yn连接。

(4)变压器绝缘材料的寿命与温度有着密切的关系,温度愈高则愈会加快变压器绝缘材料的老化速度。

在非额定电压下运行,对变压器和负载都会带来不利的影响,电压升高会给变压器和负载都带来不利的影响;电压降低对变压器不会产生不利影响,但对负载不利。变压器有一定的过负载能力,按照变压器运行规程的规定可在一定的时间内过负载运行。

对变压器的运行要定期进行巡视,及时发现故障,并对故障产生的原因进行判断并迅速处理,以保护变压器及其他设备的安全。

习 题

任务1.5在线习题

一、填空题

1. 变压器空载合闸过程中可能会产生________。

2. 分析三相变压器的不对称运行常采用____________方法。

3. 变压器绝缘材料的寿命与________有着密切的关系,温度愈____则会愈加快变压器绝缘材料的老化速度。

4. 由于铁芯中磁通 Φ_m 的增加,变压器铁芯的损耗______,铁芯的发热增加而容易使变压器过热,进而降低变压器的__________。

5. 变压器油故障是指__________,失去了________作用,甚至导致变压器内部发生短路,造成变压器的损坏。

二、判断题

1. 变压器运行中的允许温度是按下层油温来检查的，下层油温的允许值应遵守制造厂的规定。(　　)

2. 我国电力变压器大部分采用A级绝缘，即绝缘材料为浸渍处理过的有机材料。(　　)

3. 变压器的允许温度主要取决于绕组的绝缘材料。(　　)

4. 变压器正常运行时，上层油温一般不允许超过5 ℃。(　　)

5. 当散发的热量与产生的热量相等时，变压器各部件的温度达到稳定，不再升高。(　　)

三、选择题

1. 我国电力变压器大部分采用(　　)绝缘，即绝缘材料为浸渍处理过的有机材料。

A. A级　　B. B级　　C. C级　　D. D级

2. 变压器油的作用是(　　)。

A. 导电和冷却　　B. 绝缘和升温　　C. 导电和升温　　D. 绝缘和冷却

3. 油浸的温度计是测量其(　　)油温的。

A. 下层　　B. 上层　　C. 中层　　D. 不确定

4. 变压器可以在绝缘及寿命不受影响的前提下，在负载高峰及冬季时可(　　)过负载运行。

A. 严重　　B. 适当　　C. 不允许　　D. 不确定

5. 干式变压器绕组的最高允许温度应不大于(　　)℃。

A. 100　　B. 105　　C. 155　　D. 120

四、问答题

1. 什么是励磁涌流？形成励磁涌流的原因是什么？什么情况下励磁涌流最大？有多大？励磁涌流对变压器的运行可能会带来什么影响？

2. 在什么情况下会发生突然短路？短路电流最大？有多大？会带来什么危害？

3. 为什么电力变压器都采用圆形绕组？

4. 有一台三相变压器，$S_N=800$ kVA，$U_{1N}/U_{2N}=10$ kV/6.3 kV，采用Y，yn0连接，其短路阻抗$z_k^*=r_k^*+jx_k^*=0.014\ 3+j0.053$。试求：①高压绕组稳定短路电流及其倍数；②当$\alpha_0=0°$时发生突然短路，短路电流的最大值。

5. 为什么三相变压器组不宜采用Y，yn连接，而三相芯式变压器却可以用Y，yn连接？

6. 温度的高低对变压器的绝缘有何影响？什么是8 ℃规则？

7. 电源电压高于变压器额定电压时，会造成哪些危害？

8. 变压器正常及事故情况下，过载运行的规定是什么？

9. 变压器绕组绝缘损坏是由哪些原因造成的？变压器绕组发生层间或匝间短路时有哪些异常现象？

10. 变压器的铁芯为什么要一点接地？变压器铁芯绝缘损坏会造成什么后果？

11. 变压器绝缘套管损坏的原因有哪些？

12. 分接开关故障的原因有哪些?

13. 运行中的变压器油时间长了为什么会老化? 有什么办法可以延长变压器油的使用寿命?

任务1.6 其他变压器

【学习目标】

了解三绕组变压器的用途、结构及工作原理;了解自耦变压器的用途、结构特点、工作原理及功率传递特点;了解电压互感器、电流互感器的用途、结构特点、使用中的注意事项。

1.6.1 三绕组变压器

在电力系统中,常常需要把几个不同电压等级的系统相互联系起来,这时可采用一台三绕组变压器来取代两台双绕组变压器(见图1-51),这不仅在经济上是合理的,而且使发电厂、变电站的设备简单,维护方便,占地少,因此三绕组变压器在电力系统中得到了广泛使用。

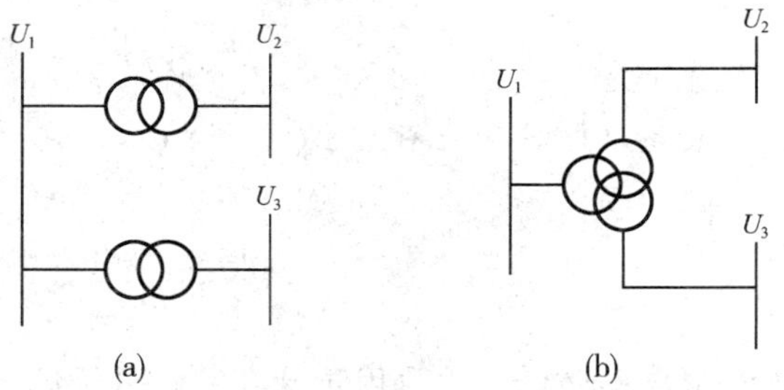

图1-51 三个电压等级系统的连接

1.6.1.1 结构特点

三绕组变压器的工作原理与双绕组变压器类同,但在结构上有它的特殊之处。

三绕组变压器的铁芯结构与双绕组变压器没有区别,一般也采用芯式结构。绕组的结构形式也与双绕组变压器相同,但每一相有三个线圈,对应于三个线圈有高、中、低三种电压等级。如把高压作为一次侧,中、低压作为二次侧,则为降压变压器;若把低压作为一次侧,高、中压作为二次侧,则为升压变压器。

三个绕组也同心地套在一个铁芯柱上。从绝缘上考虑,高压绕组放在最外层(这与双绕组变压器相同),至于中、低压绕组哪个在最里层,需从功率的传递情况及短路阻抗的合理性来确定。一般来说,相互传递功率多的两个线圈其耦合应紧密一些,应靠得近一点,这样漏磁通就少,短路阻抗可小些,以保证有较好的电压变化率,提高运行性能。例如,当三绕组变压器用在发电厂的升压场合时,功率传递方向是从低压绕组分别向高、中压侧传递,应将低压绕组放在中间,中压绕组放在内层,如图1-52(a)所示;当用在降压场合时,功率传递方向是从高压绕组分别向中、低压侧传递,应将中压绕组放在中间,低压绕组放在内层,如图 1-52(b)所示。

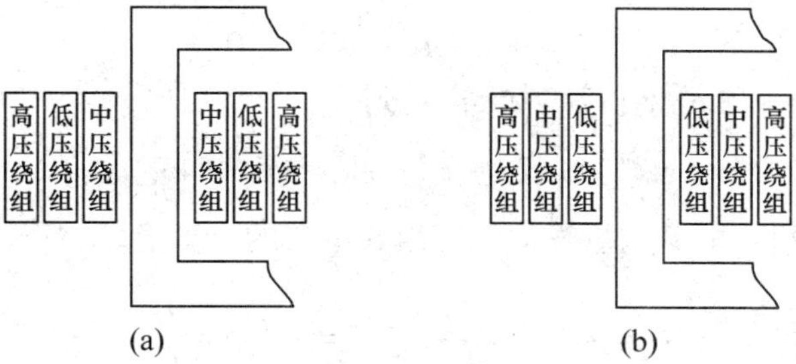

图 1-52　三绕组变压器的绕组排列

1.6.1.2　容量与连接组别

双绕组变压器,一、二次绕组容量相等,但三绕组变压器,各绕组的容量可以相等,也可以不相等。三绕组变压器铭牌上的额定容量,是指容量最大的那个绕组的容量。而另外两个绕组的容量,可以等于额定容量,也可以小于额定容量。将额定容量作为 100,三个绕组容量的搭配关系如表 1-3 所示。

表 1-3　三绕组容量

高压绕组	中压绕组	低压绕组
100	100	100
100	50	100
100	100	50

需要指出的是,表 1-3 中列出的各绕组容量间的搭配关系,并不是实际功率传递时的分配比例,而是指各绕组传递功率的能力。

根据国家标准规定,三相三绕组变压器的标准连接组别有 YN,yn0,d11 和 YN,yn0,y0 两种。

1.6.1.3　三绕组变压器的变比、磁动势方程式和等效电路

1. 变比

三绕组变压器因有三个绕组,所以有三个变比关系:

$$\left.\begin{aligned} k_{12} &= \frac{N_1}{N_2} = \frac{U_{1N}}{U_{2N}} \\ k_{13} &= \frac{N_1}{N_3} = \frac{U_{1N}}{U_{3N}} \\ k_{23} &= \frac{N_2}{N_3} = \frac{U_{2N}}{U_{3N}} \end{aligned}\right\} \tag{1-78}$$

式中　N_1、N_2、N_3 及 U_{1N}、U_{2N}、U_{3N} ——各绕组的匝数和额定相电压。

2. 磁动势方程式

三绕组变压器每个铁芯柱上有三个绕组,故主磁通 $\dot{\Phi}_m$ 是由 3 个绕组的合成磁动势所产生的,其磁动势平衡方程式为

$$N_1\dot{I}_1 + N_2\dot{I}_2 + N_3\dot{I}_3 = N_1\dot{I}_0$$

由于励磁电流 I_0 很小,可忽略不计,得

$$N_1\dot{I}_1 + N_2\dot{I}_2 + N_3\dot{I}_3 = 0$$

若把绕组 2 与绕组 3 分别折算到绕组 1,则

$$\dot{I}_1 + \dot{I}'_2 + \dot{I}'_3 = 0 \tag{1-79}$$

式中 $\dot{I}'_2$、$\dot{I}'_3$——绕组 2 电流的折算值和绕组 3 电流的折算值。

$$\dot{I}'_2 = \dot{I}_2\frac{N_2}{N_1} = \frac{\dot{I}_2}{k_{12}}, \quad \dot{I}'_3 = \dot{I}_3\frac{N_3}{N_1} = \frac{\dot{I}_3}{k_{13}}$$

3. 等效电路

与双绕组变压器相同,经折算后可得出变压器的等效电路。三绕组变压器的等效电路如图 1-53 所示。

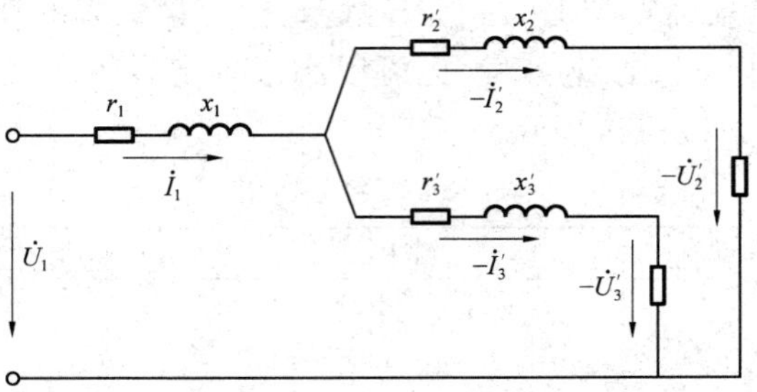

图 1-53 三绕组变压器的等效电路

在图 1-53 中的等效电路中, x_1、x'_2、x'_3 为各绕组的等值电抗,其中包括自感和与其他绕组间的互感,它不是单纯的漏电抗,这是和双绕组变压器等效电路中的漏电抗不同的地方。此外,由于与自感漏电抗和互感漏电抗相对应的自漏磁通和互漏磁通主要通过空气闭合,故等值电抗仍为常数。

1.6.2 自耦变压器

1.6.2.1 连接方式

普通双绕组变压器的一、二次绕组之间互相绝缘,它们之间只有磁的耦合,没有电的联系。如果把普通变压器的一、二次绕组合并在一起,如图 1-54 所示,就成为只有一个绕组的变压器,其中低压绕组是高压绕组的一部分,这种变压器叫作自耦变压器。这种变压器的高、低压绕组之间既有磁的联系,又有电的直接联系,如图 1-54(b)所示,其中 AB 段为串联线圈,匝数为 $N_1 - N_2$;BC 段为公共线圈(也为二次绕组),匝数为 N_2。

1.6.2.2 电压、电流与容量的关系

在双绕组变压器中,变压器的容量就等于一次绕组的容量或二次绕组的容量,这是因为变压器的功率全部是通过一、二次绕组间的电磁感应关系从一次侧传递到二次侧的,而在自耦变压器中却不是这样简单的关系。现分析如下:

当一次侧加上额定电压 U_{1N} 后,若忽略漏阻抗压降,则

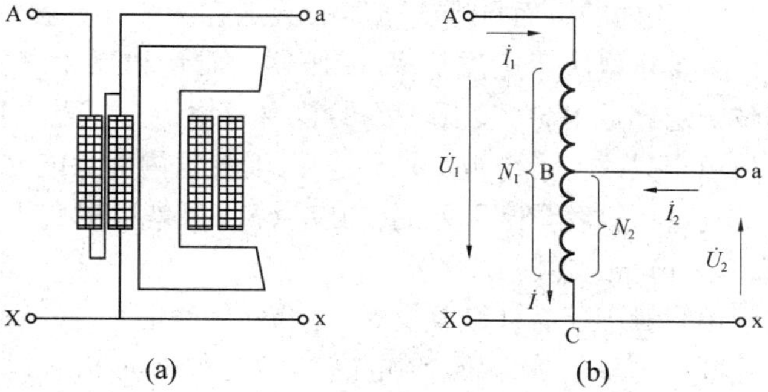

图1-54　自耦变压器

$$\frac{U_{1N}}{U_{2N}} \approx \frac{E_1}{E_2} = \frac{N_1}{N_2} = k_Z \tag{1-80}$$

式中　k_Z——自耦变压器的变比。

根据磁动势平衡关系，在有负载时，AB和BC两部分磁动势在忽略空载电流时应大小相等、方向相反，即

$$\dot{I}_1 N_1 + \dot{I}_2 N_2 = \dot{I}_0 N_1 \approx 0$$

或
$$\dot{I}_1 = -\dot{I}_2 (N_2/N_1) = -\dot{I}_2/k_Z \tag{1-81}$$

式(1-81)说明，一、二次侧电流的大小与其匝数成反比，但在相位上相差180°。

根据图1-54(b)所规定的正方向，在绕组公共部分BC中的电流为

$$\dot{I} = \dot{I}_1 + \dot{I}_2 = (-\dot{I}_2/k_Z) + \dot{I}_2 = \dot{I}_2(1 - 1/k_Z) \tag{1-82}$$

自耦变压器的容量为

$$S_{ZN} = U_{1N} I_{1N} = U_{2N} I_{2N} \tag{1-83}$$

绕组AB段的容量为

$$S_{AB} = U_{AB} I_{1N} = \left(U_{1N} \frac{N_1 - N_2}{N_1} \right) I_{1N} = S_{ZN} \left(1 - \frac{1}{k_Z} \right) \tag{1-84}$$

绕组BC段的容量为

$$S_{BC} = U_{BC} I = U_{2N} I_{2N} \left(1 - \frac{1}{k_Z} \right) = S_{ZN} \left(1 - \frac{1}{k_Z} \right) \tag{1-85}$$

若有一台普通的两绕组变压器，其一、二次绕组的匝数分别为 $N_{AB} = N_1 - N_2$ 和 $N_{BC} = N_2$，额定电压为 U_{AB} 和 U_{BC}，额定电流为 I_{1N} 和 I，则这台普通变压器的变比为

$$k = \frac{N_{AB}}{N_{BC}} = \frac{N_1 - N_2}{N_2} = k_Z - 1 \tag{1-86}$$

其额定容量为
$$S_N = U_{AB} I_{1N} = U_{BC} I = U_{2N} I \tag{1-87}$$

由式(1-84)和式(1-87)可得

$$S_{ZN} = \frac{k_Z}{k_Z - 1} S_N = S_N + \frac{1}{k_Z - 1} S_N \tag{1-88}$$

从上述可见，普通双绕组变压器的二次绕组电流等于输出电流，借助于电磁感应作用，由一次绕组传递到二次绕组的电磁功率和输出功率相等（忽略二次绕组损耗不计），

其额定容量和计算容量是相同的。而自耦变压器的额定容量和计算容量则不同,额定容量取决于输出功率,计算容量取决于电磁功率,变压器的质量和尺寸(耗材多少)由计算容量确定。因此,当将额定容量为 S_N、变比为 k 的普通双绕组变压器的两个绕组串联而改接成自耦变压器时,由于只改变了绕组的外部连接,变压器内部的电磁关系完全没有改变,所以两种情况下的绕组计算容量毫无差别,均应为 S_N;但是自耦变压器的额定容量为计算容量 S_N 的 $k_Z/(k_Z-1)$ 倍或 $(1+1/k)$ 倍。

式(1-88)说明,额定容量中仅有计算容量 S_N 这部分功率是通过电磁感应关系从一次侧传递到二次侧的,这部分功率就称为感应(电磁)功率;剩下的 $S_N/(k_Z-1)$ 这部分功率则是通过一、二次绕组之间的电联系直接传递的,称为传导功率。一、二次绕组间除磁的耦合外,还有电的联系,输出功率中有部分(或大部分)功率是从一次侧传导而来的,这是自耦变压器和普通双绕组变压器的根本差别。

由于 $k_Z/(k_Z-1)>1$,所以 $S_{ZN}>S_N$,与双绕组变压器比较,自耦变压器可以节省材料,变比 k_Z 越接近于1,传导功率所占的比例越大,感应功率(计算功率)所占的比例越小,其优越性就越显著。所以,自耦变压器适用于变比不大的场合,一般适用于变比 k_Z 在1.2~2.0的场合。

1.6.2.3 自耦变压器的优缺点及其应用场所

与普通双绕组变压器比较优缺点时,可将一台普通双绕组变压器改接成自耦变压器,并将它与原来作普通变压器运行时比较。

1. 自耦变压器的优点

(1)与相同容量双绕组变压器比较,自耦变压器用料省,体积小,造价低。

(2)由于用料省,铜损和铁损小,效率高。

(3)由于用料省,则体积小、质量轻,便于运输和安装。

2. 自耦变压器的缺点

(1)自耦变压器短路阻抗标幺值比普通变压器小,短路电流大,万一发生短路,对设备的冲击大,因此需采用相应的限制和保护措施。

(2)由于自耦变压器一、二次侧有电的直接联系,当高压侧过电压时,会引起低压侧过电压,因此继电保护及过压保护较复杂,高、低压侧都要装避雷器,且变压器中性点必须可靠接地。

3. 自耦变压器的应用场所

(1)用于变比小于2的电力系统。由于自耦变压器的上述优缺点,其在高电压、大容量而且电压等级相近的电力系统中应用愈来愈广泛。

(2)在实验室中用作调压器。

(3)用于某些场合异步电动机的降压启动。

1.6.2.4 自耦调压器

将自耦变压器的二次绕组做成匝数可调的,就成了自耦调压器。自耦调压器的外形及结构示意如图1-55所示。自耦调压器的绕组缠绕在环形铁芯上,二次侧分接头经滑动触头K引出,如图1-55(b)所示,通过手柄改变滑动触头K的位置,就改变了二次绕组匝数,达到调节输出电压 U_2 的目的。

自耦调压器可正接，也可反接，如图1-56所示。正常情况下，自耦调压器采用正接的接线方式，如图1-56(a)所示，当输入电压 $U_1=220$ V时，输出电压 U_2 可在0~250 V调节。正接是自耦调压器最常用的接线方式，但若电源电压波动太大，输出电压调节不到220 V，也可采用反接的接线方式，如图1-56(b)所示。

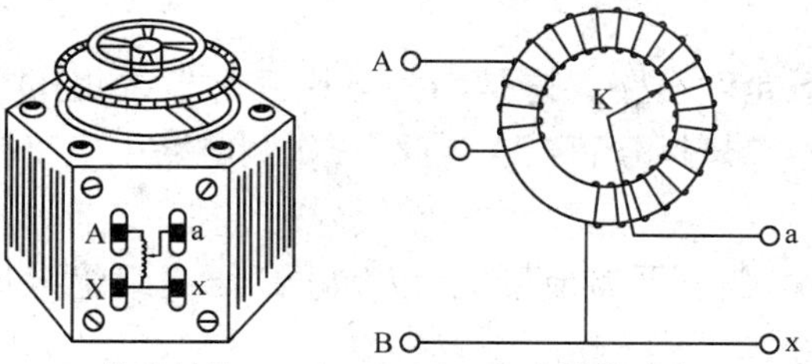

(a)外形结构　　(b)电路结构示意

图1-55　自耦调压器

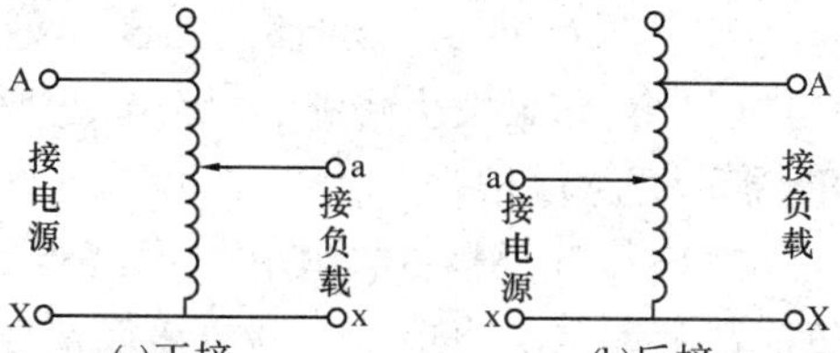

(a)正接　　(b)反接

图1-56　自耦调压器接线图

使用自耦调压器应注意：①不论是正接还是反接，从安全出发，必须将公共端X(x)接零线，A(a)端接火线；②不论是正接还是反接，在使用中必须防止输出(入)电流超出调压器的额定电流；③不论是正接还是反接，调压器停止使用时，应将电刷转至输出电压最小处(即正接时，电刷转至输出电压为零处；反接时，电刷转至正接使用的最大输出电压处)。

1.6.3　仪用互感器

仪用互感器是一种测量用的特殊变压器，分为电压互感器和电流互感器两种。

互感器的主要作用是：①为了工作人员的安全，把测量回路与高压电网分开；②将高电压、大电流转换成低电压、小电流，以便于测量。

1.6.3.1　电压互感器

电压互感器实质上就是一台降压变压器。它原边绕组匝数多，副边匝数少。原边接到被测的高压电路，副边接电压表、其他仪表或电器的电压线圈，如图1-57所示。由于仪表电压线圈的阻抗均很大，所以电压互感器的运行相当于变压器的空载状态。若电压互感器的高、低压绕组匝数分别为 N_1、N_2，则应有

$$\frac{U_1}{U_2}=\frac{E_1}{E_2}=\frac{N_1}{N_2}=k_u \tag{1-89}$$

或

$$U_1=k_uU_2$$

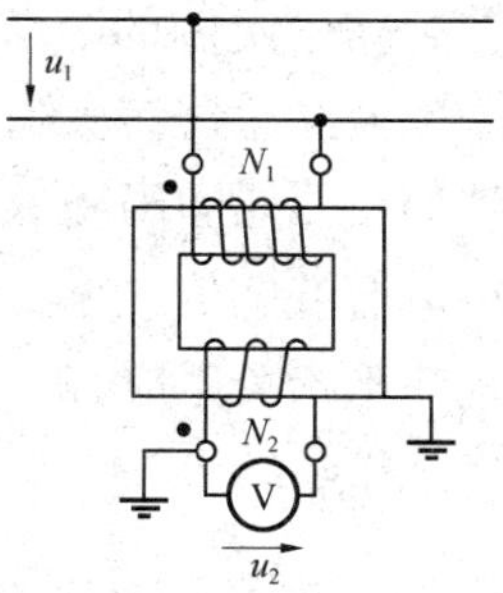

图1-57　电压互感器

式中　k_u——电压互感器的电压比，也为一、二次侧绕组匝数之比，k_u 为定值。

可见，利用电压互感器，可以将被测线路的高电压变换为低电压，通过电压表测量出二次侧电压，电压表上的读数 U_2 乘上其电压比，就是被测线路的电压 U_1 值。

电压互感器二次侧的额定电压规定为100 V，一次侧的额定电压为其规定的电压等级。实际应用中，电压表表面上的刻度是二次侧电压与变比的乘积，因而表面上指示的读数就是高压侧的实际电压值。

由于原、副绕组的漏阻抗存在，测量总存在一定的误差。按照误差的大小，电压互感

器的准确度共分为0.1、0.2、0.5、1、3五个等级。

为了减小其误差,应减小空载电流和一、二次绕组的漏抗,因此电压互感器的铁芯多用导磁率高的硅钢片制成,并使铁芯不饱和(铁芯磁通密度一般为0.6~0.8 T),且尽量减小磁路中的气隙。

使用电压互感器时,必须注意以下几点:

(1)电压互感器在运行时,二次侧绝对不允许短路。这是因为电压互感器绕组本身的阻抗很小,如果发生短路,短路电流会很大,会烧坏互感器。为此,二次侧电路中应串接熔断器作短路保护。

(2)电压互感器的铁芯和二次绕组的一端必须可靠地接地,以防止高压绕组绝缘损坏时,铁芯和二次绕组带上高电压而造成事故。

(3)电压互感器有一定的额定容量,使用时二次侧不宜接过多的仪表,以免影响互感器的精确度。

除双线圈的电压互感器外,在三相系统中还广泛应用三线圈的电压互感器。三线圈电压互感器有两个二次线圈:一个叫基本线圈,用来接各种测量仪表和电压继电器等;另一个叫辅助线圈,用它接成开口的三角形,引出两个端头,端头可接电压继电器,用来组成零序电压保护等。

1.6.3.2 电流互感器

电流互感器的工作原理、主要结构与普通双绕组变压器相似,也是由铁芯和一、二次绕组两个主要部分组成的。其不同点在于,电流互感器一次绕组的匝数很少,只有一匝到几匝,它的一次绕组串联在被测量电路中,流过被测量电流,如图1-58所示。电流互感器一次侧电流与普通变压器的一次侧电流不同,它与电流互感器二次侧的负载大小无关,只取决于被测线路电流的大小。电流互感器二次绕组的匝数比较多,与电流表或其他仪表或电器的电流线圈串联成闭合电路,由于这些线圈的阻抗都很小,所以电流互感器的二次侧近于短路状态。若忽略励磁电流,根据磁动势平衡关系应有

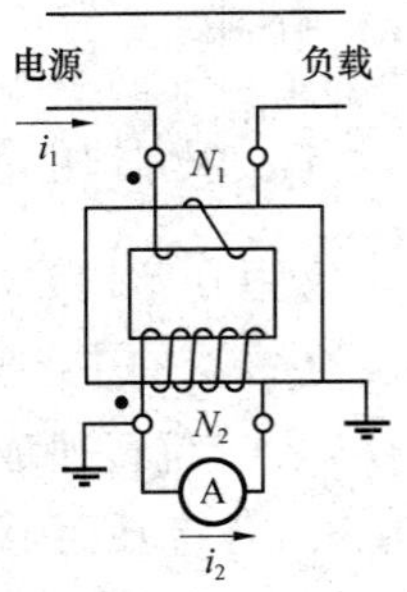

图1-58 电流互感

$$\dot{I}_1N_1+\dot{I}_2N_2\approx 0$$

即
$$\dot{I}_1=-(N_2/N_1)\dot{I}_2=-k_i\dot{I}_2 \quad 或 \quad I_1\approx k_iI_2 \tag{1-90}$$

式中 k_i——电流互感器的电流比,k_i为定值。

式(1-90)表明,在电流互感器中,二次侧电流与电流比的乘积等于一次侧电流。

电流互感器二次侧的额定电流通常为5 A,一次侧的额定电流为10~25 000 A。

在选择电流互感器时,必须按互感器的额定电压、一次侧额定电流、二次侧额定负载阻抗值及要求的准确度等级适当选取。若没有与主电路额定电流相符的电流互感器,应选取容量接近而稍大的。

电流互感器存在误差,其误差主要是由空载电流和一、二次绕组的漏阻抗及仪表的阻抗引起的。为了减小误差,铁芯也必须用导磁率高的硅钢片制成,尽量减小磁路气隙,减

小两个绕组之间的漏磁。

按照误差的大小,电流互感器的精度可分成0.1、0.2、0.5、1、3、10六个等级。

使用电流互感器时,必须注意以下几点:

(1)电流互感器在运行时,二次侧绝对不允许开路。由于二次绕组中电流的去磁作用,铁芯中合成磁动势是很小的,若二次侧开路,二次侧电流的去磁作用消失,而一次侧电流不变,全部安匝 I_1N_1 用于励磁,使铁芯中的磁通密度增大很多倍,磁路严重饱和,造成铁芯过热,同时很大的磁通将在绕组匝数多的二次绕组上产生过电压,危及人身安全或击穿绕组绝缘。

(2)铁芯及二次绕组的一端必须可靠接地,以防高压侵入,危及人身安全。

(3)电流互感器二次侧所接的仪表阻抗,不应超过互感器额定负载的欧姆值,否则二次电流减小,铁芯磁通和励磁电流增大,从而增大误差,降低电流互感器的精度。

小 结

(1)三绕组变压器的工作原理与双绕组变压器相同,适用于有3个电压等级网络连接的场合。对三绕组变压器同样可以利用基本方程式、等效电路和相量图对各电磁量进行分析。

(2)自耦变压器的结构特点是一、二次侧共用一个绕组,一、二次侧不仅有磁的联系,而且有电的联系,因此自耦变压器通过电磁功率和传导功率两种形式将电能从一次侧传递到二次侧。自耦变压器较同容量双绕组变压器节省材料、损耗小、体积小。

(3)电压互感器、电流互感器分别将高电压、大电流转换成低电压、小电流,以便于测量,并将高电压隔离。使用中的电压互感器二次侧不能短路、电流互感器二次侧不能开路,且二次侧的一端及铁芯必须可靠接地。

习 题

任务1.6在线习题

一、填空题

1. 在三绕组变压器中,最紧贴铁芯的是________。
2. 电流互感器是将一次侧的大电流转化成二次侧的________。
3. 电压互感器二次侧的额定电压规定为________。

二、判断题

1. 与相同容量双绕组变压器相比,自耦变压器用料省,体积小,造价低。(　　)
2. 电压互感器二次侧不能开路,否则绕组将被烧毁。(　　)
3. 电流互感器可分为单相式和三相式。(　　)
4. 运行中,电流互感器不允许开路。(　　)

三、选择题

1. 一台三线圈降压变压器,3 个线圈从外到里排布顺序是(　　)。
   A. 高、中、低
   B. 低、中、高
   C. 高、低、中
   D. 低、高、中
2. 电流互感器一次绕组匝数(　　)二次绕组的匝数。
   A. 小于　　B. 大于　　C. 等于　　D. 不确定
3. 电压互感器二次回路允许有(　　)接地点。
   A. 一个　　B. 两个　　C. 三个　　D. 不确定
4. 电流互感器的变流比为一次绕组的(　　)与二次绕组额定电流之比。
   A. 最大电流　　B. 最小电流　　C. 额定电流　　D. 负荷电流
5. 仪用互感器分(　　)两种。
   A. 电力变压器和电流互感器
   B. 电流互感器和电压互感器
   C. 特种互感器和电流互感器
   D. 特种互感器和电压互感器
6. 下列说法中,正确的是(　　)。
   A. 自耦变压器短路阻抗标幺值较小,故短路电流较大
   B. 自耦变压器短路阻抗标幺值较大,故短路电流较小
   C. 自耦变压器既有磁的耦合,又有电的联系,故短路电流较大
   D. 自耦变压器只有电的联系,故短路电流较大

四、问答题

1. 三绕组变压器应用于什么场合?三绕组变压器的三个绕组是如何排列的?
2. 三绕组变压器的标准组别有哪些?其三个线圈的容量关系如何?
3. 自耦变压器的结构有什么特点?
4. 自耦变压器较双绕组变压器有什么优点?在什么情况下使用最合适?
5. 自耦变压器的功率传递有什么特点?
6. 为什么要使用电压互感器、电流互感器?电压互感器与电流互感器的功能是什么?二者工作状态有什么不同?
7. 电压互感器与电流互感器在接线方式上有什么不同?为什么?
8. 为什么电压互感器与电流互感器在运行时二次侧都要求接地?
9. 使用电压互感器时须注意哪些事项?为什么在运行时严禁其二次侧短路?
10. 使用电流互感器时须注意哪些事项?为什么在运行时严禁其二次侧开路?

项目2 同步电机

【课程思政】

党的二十大报告提出,加快发展方式绿色转型,积极稳妥推进碳达峰碳中和,深入推进能源革命,加快规划建设新型能源体系。

能效是电机的一个重要指标,在实际工程设计中,一台电机的能效往往直接关系到整个系统的能源消耗和环境保护。因此,同学们要树立"碳中和"的宏伟目标,理解科技与社会的互动关系,明白科技人才的社会责任,树立正确的人生观和价值观,成为具有社会责任感和创新能力的优秀科技人才。

【教学要求】

理解同步发电机的工作原理、特性及运行方式、试验方法;掌握同步发电机的并列运行条件;了解同步发电机的异常运行。

【知识点】

同步发电机的工作原理和类型;交流电机的绕组及其电动势、磁动势;同步发电机的运行原理及运行特性;电枢反应;损耗和效率;准同步并列条件;功角特性;调相机。

【技能点】

能分析三相同步发电机的基本工作原理;能说出同步发电机的主要励磁方式;能分析同步发电机空载运行的电磁状况;能分析同步发电机准同步并列条件和功角特性。

同步电机属交流旋转电机,主要用作发电机,现代发电厂中所发出的交流电能几乎都是同步发电机产生的。对于有恒速要求的生产机械,可采用同步电动机作为动力,同步电机也可作为调相机用,向电力系统发出感性或容性无功功率,用于改善电力系统的功率因数及调整电网电压。同步电机无论用作发电机、电动机,还是用作调相机,其基本原理及结构是相同的,只是运行方式不同而已。

本项目主要讲授同步发电机的工作原理、特性、参数及运行方式、试验方法,在此基础上,简要介绍同步电动机和调相机的基本特点等知识。

任务2.1 同步发电机的基本工作原理和结构

【学习目标】

理解三相同步发电机基本工作原理。了解三相同步发电机基本结构形式和水轮发电机简单结构。掌握同步发电机型号和额定值。了解同步发电机的主要励磁方式和要求。

本节首先分析三相同步发电机的基本工作原理,然后分别介绍隐极式同步发电机和凸极式同步发电机的基本结构、类型和铭牌内容,并对同步发电机的主要励磁方式作简要介绍。

2.1.1 同步发电机的基本工作原理和类型

2.1.1.1 三相同步发电机的基本工作原理

同步发电机的基本结构由定子和转子两部分组成,同步发电机的工作原理如图 2-1 所示。发电机运行时固定不动的部分称为定子,而发电机旋转的部分称为转子,转子主要由磁极铁芯与励磁绕组组成,定子、转子之间留有空气隙。同步发电机在定子铁芯内圆均匀分布的槽中嵌放 A—X、B—Y、C—Z 三相对称绕组,当励磁绕组通以直流电流时,转子即建立恒定磁场,磁场由转子 N 极出来,经气隙、定子铁芯、气隙进入相邻 S 极,构成回路的主磁通。当原动机拖动转子旋转时,其定子绕组切割转子产生的旋转磁场而产生交流感应电动势。

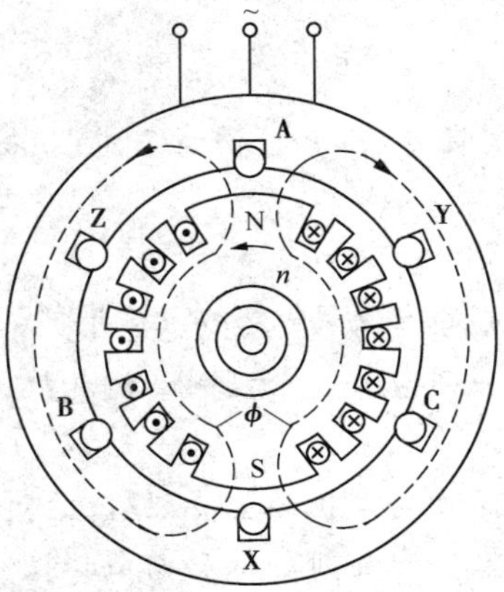

图 2-1 同步发电机的工作原理

码 2-1 动画:发电机的发展历程

码 2-2 动画:三相同步发电机的基本工作原理

如果转子磁极产生的气隙磁场的磁通密度沿气隙圆周按正弦规律分布,则三相绕组的感应电动势也按正弦规律变化。如图 2-1 中三相绕组的首端标记为逆时针 A→B→C,转子逆时针旋转,转子磁场依次切割定子电枢绕组的顺序为 A→B→C,故三相绕组感应电动势的相序应为 A→B→C,发电机三相绕组产生的幅值相等、相位彼此互差 120°电角度的三相对称感应电动势见式(2-1)。其电动势波形图如图 2-2 所示。

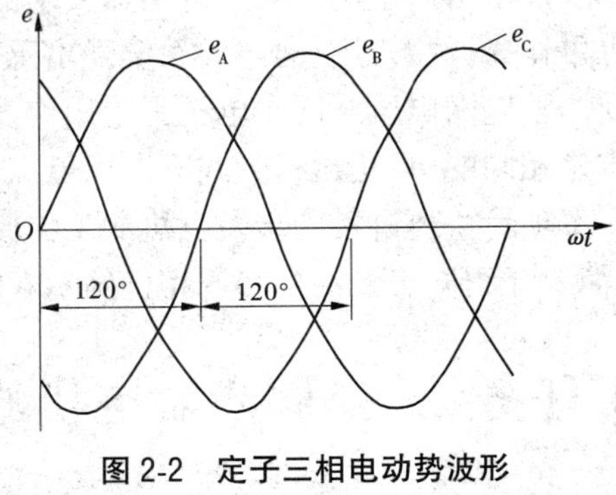

图 2-2 定子三相电动势波形

$$\left.\begin{aligned} e_A &= E_m \sin \omega t \\ e_B &= E_m \sin(\omega t - 120°) \\ e_C &= E_m \sin(\omega t + 120°) \end{aligned}\right\} \tag{2-1}$$

如发电机接通三相对称负载,则发电机向负载输出三相电流(向三相负载输出三相电功率)。这样,将原动机从转轴上输入的机械功率,通过发电机内的电磁相互作用,转换成从定子三相绕组向负载输出的三相电功率。

同步发电机绕组中的电动势频率与转子磁极对数和转速有着严格的关系,当转子为 1 对磁极时,转子转 1 周,绕组中的感应电动势就变化 1 个周期,当转子为 p 对磁极时,转子转 1 周,绕组感应电动势就变化 p 个周期。当转子每分钟的转速为 n,即每秒为 $\frac{n}{60}$ 时,那么定子电枢绕组感应电动势每秒变化 $\frac{pn}{60}$ 个周期,即该电动势的频率为

$$f=\frac{pn}{60} \tag{2-2}$$

式中　p——电机的磁极对数;

　　n——转子每分钟转数,r/min。

从式(2-2)可知,当发电机的磁极对数和转速一定时,定子绕组感应电动势的频率也一定。由于我国电力系统的标准频率为 50 Hz,所以同步电机的额定转速应为 $n=\frac{3\ 000}{p}$ r/min。经计算可知,2 极电机的转速为 3 000 r/min,4 极电机的转速为 1 500 r/min,依此类推。如汽轮发电机 $p=1$,则其额定转速 $n=3\ 000$ r/min;水轮发电机一般转速较低,则其磁极对数较多,如一台水轮机的额定转速 $n=125$ r/min,则被其拖动的发电机磁极对数 $p=24$。

2.1.1.2　同步发电机的类型

同步发电机的分类方法很多,根据同步发电机的运行方式和结构形式,常见的有以下几种分类方法:

(1)按原动机的类型不同,同步发电机分为汽轮发电机、水轮发电机、柴油发电机、风力发电机等。在电力系统中,使用最广泛的是汽轮发电机和水轮发电机。

(2)按转子结构不同,同步发电机分为凸极式同步发电机和隐极式同步发电机。凸极式转子上有明显的磁极,极弧表面下气隙小,而极间气隙大,因而气隙是不均匀的。而隐极式转子整体呈圆柱体,看不出明显的磁极,气隙是均匀的,如图 2-3 所示。汽轮发电机转速高,主要采用隐极式;水轮机属低速的原动机,为了安排较多的磁极,水轮发电机常做成凸极式。

(3)按安装方式不同,同步发电机分为立式和卧式。水轮发电机常为立式,而汽轮发电机常为卧式。

(4)按冷却介质不同,同步发电机分为空气冷却式、氢气冷却(又可分为内冷和外冷两种)式、水内冷式,以及水和氢气不同组合冷却式等。

2.1.1.3　同步发电机的铭牌

在同步发电机的外壳明显处都装有一块金属制成的铭牌,铭牌上标示有该发电机的有关情况,它是电机制造厂商用来向用户介绍该电机的特点和额定数据的标示牌,通常标有型号、额定值、绝缘等级等内容。铭牌上标示的容量、电压、电流都是额定值。所谓额定值,就是能保证电机正常连续运行的最大限值。当电机在额定数据规定的情况下运行时,

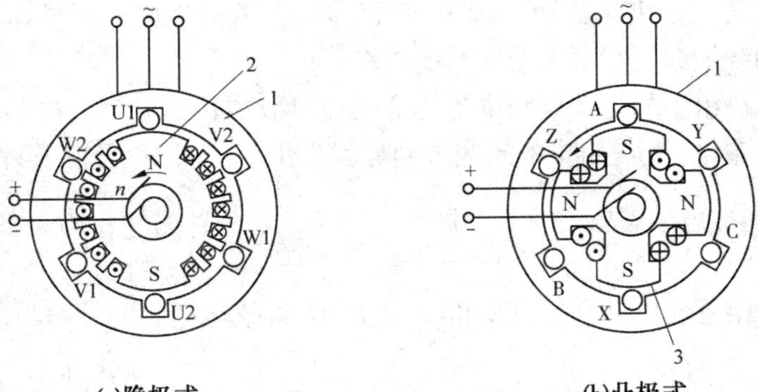

1—定子;2—隐极式转子;3—凸极式转子。

图 2-3　同步发电机的类型

发电机寿命可以达到设计的预期年限,效率也较高。

下面介绍铭牌上标示的主要内容。

1. 额定值

(1)额定功率 P_N(kW 或 MW)或额定容量 S_N(kVA):额定运行时输出功率的保证值。

(2)额定电压 U_N(V 或 kV):额定运行时定子三相线电压。

(3)额定电流 I_N(A):额定运行时定子的线电流。

(4)额定功率因数 $\cos\varphi_N$:额定运行时的功率因数,$\cos\varphi_N=P_N/S_N$。

上述几个额定值之间的关系为:$P_N=S_N\cos\varphi_N=\sqrt{3}U_NI_N\cos\varphi_N$。另外,铭牌上还标有发电机的额定频率 f_N、额定转速 n_N、额定励磁电压 U_{fN}、额定励磁电流 I_{fN}、额定效率 η_N 及绝缘等级等数据。

2. 型号

我国生产的发电机型号都是由汉语拼音大写字母与阿拉伯数字组成的。其中,汉语拼音字母,是从发电机全名称中选择代表发电机结构特点意义的汉字,取该汉字的第一个拼音字母组成。

如一台汽轮同步发电机型号为 QFSN-300-2,其意义为:QF—汽轮发电机;SN—发电机采用水内冷式,即水—氢—氢冷却方式;300—发电机的额定功率,单位是 MW;2—发电机的磁极个数,即为 2 极。

又如一台水轮发电机的型号为 TS-900/135-56,其意义为:T—同步;S—水轮发电机;900—定子铁芯外径,单位是 cm;135—定子铁芯长度,单位是 cm;56—磁极个数。

2.1.1.4　同步发电机的冷却方式

同步发电机运行时将产生各种损耗,这些损耗将转变成电机内部的热量,使发电机各部件发热,温度升高,电机中的一些绝缘部件的绝缘材料将加速老化,影响这些部件的可靠工作和使用寿命。所以,要采取适当的冷却方式,将运行电机中的热量及时散发出去,使发电机各部件的工作温度在允许范围内。

电机的冷却方式主要是指电机散热采用什么冷却介质和相应的流动路径。一种好的冷却方式应该是,以最小的流量达到最有效的冷却效果,同时消耗功率小,结构简单,造价低,运行安全可靠。

水轮发电机直径大、轴向长度短,冷却问题较容易解决。中小容量汽轮发电机单位体积发热量较小,解决冷却问题也较容易。对于大型汽轮发电机,因为直径小、轴向长度长,中部热量不易散出,解决冷却问题比较困难。

现代大型汽轮发电机冷却方式的改进,主要表现在以下几个方面:在冷却介质方面,用氢气、水来代替空气;对绕组的冷却由外冷(冷却介质不直接与导体接触)变为内冷(冷却介质直接与导体接触);冷却系统由与周围环境直接交换热量,变为与周围环境隔离,自成闭合循环系统。

目前在我国电力行业大量使用的30万kW和60万kW的汽轮发电机机组,很多采用水—氢—氢的组合冷却方式。

2.1.2 三相同步发电机的基本结构

电力系统中的电站广泛使用汽轮发电机和水轮发电机,其基本结构都包括定子和转子两大部分,下面分别作简单的介绍。

2.1.2.1 汽轮发电机的基本结构

图2-4所示为汽轮发电机的基本结构。汽轮发电机是火力发电厂、核能发电厂的主要发电设备,由汽轮机或燃气轮机作为原动机驱动发电。由于汽轮机或燃气轮机采用高转速运行时效率较高,所以汽轮发电机一般为2极,额定转速 $n_N = 3\ 000$ r/min,并且采用隐极式转子。但用在压水堆核能发电厂的大型汽轮发电机为了满足原动机的需要,则大多做成4极。隐极式转子呈圆柱形,细而长,定子、转子之间的气隙是均匀的。

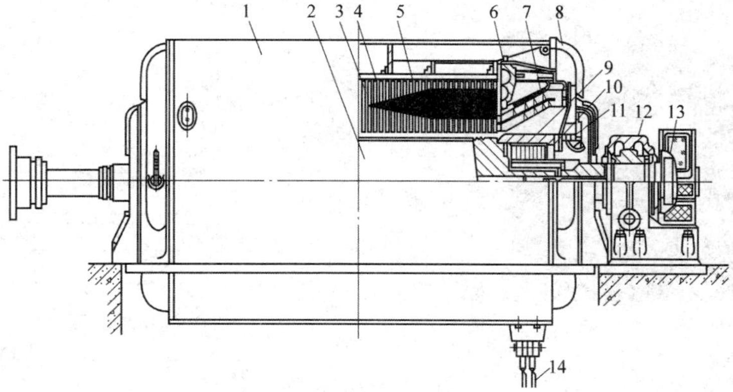

1—定子;2—转子;3—定子铁芯;4—定子铁芯的径向通风沟;5—定位筋;
6—定子压圈;7—定子绕组;8—端盖;9—转子护环;10—中心环;
11—离心式风扇;12—轴承;13—集电环;14—定子绕组电流引出线。

图2-4 汽轮发电机的基本结构

1. 定子

定子又称为电枢,主要由定子铁芯、定子绕组、机座、端盖、轴承等部件组成。它是同步发电机用以产生三相交流电动势,实现机电能量转换的重要部件。

1)定子铁芯

定子铁芯是构成电机磁回路和固定安放定子绕组的重要部件,要求它导磁性能好、损耗低、刚度好、振动小,在结构设计上还要考虑冷却的需要。

为减少铁芯损耗,定子铁芯由0.5 mm或0.35 mm厚的两面涂有绝缘漆膜的硅钢片叠成,沿轴向分成多段,每段厚30~60 mm。各段叠片间装有6~10 mm厚的通风槽片,以形成径向通风沟,使冷却气体能吹过铁芯的中间部分,使定子铁芯获得较好的冷却效果。当定子铁芯外圆直径大于1 m时,常将硅钢片冲成扇形,再将多片拼成一个整圆。

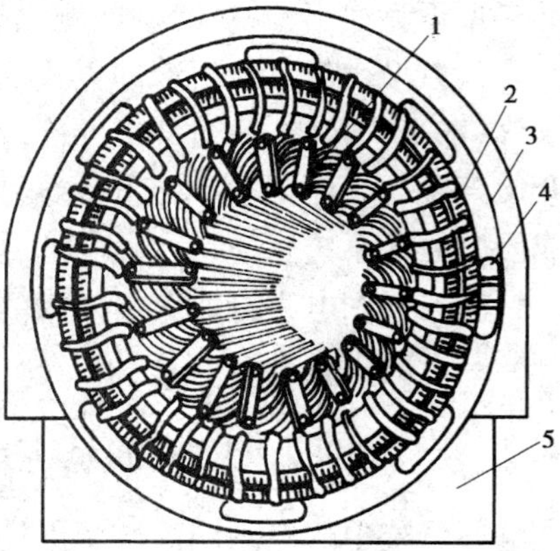

1—定子绕组;2—端部连接线;3—机壳;4—通风孔;5—机座。

图2-5 汽轮发电机的定子绕组部分

2)定子绕组

定子绕组又称为电枢绕组。它的作用是产生对称三相交流电动势和旋转磁场,向负载输出三相交流电流,实现机电能量的转换,如图2-5所示。定子绕组由多个线圈连接组成,每个线圈又是用多股绝缘的铜导线绕制成型后外包以绝缘而成的,如图2-6所示。线圈的直线部分嵌入铁芯槽内并用槽楔固定,端部用支架固定,以防止因突然短路产生的巨大电磁力引起线圈端部的变形。大中型发电机由于尺寸大,定子线圈常做成半匝式,即由两个线棒组成。

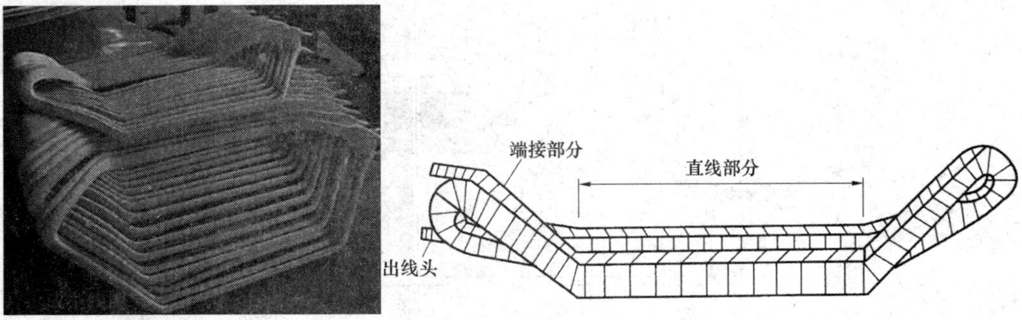

(a)实物　　(b)结构

图2-6 定子线圈

3)机座

机座是电机的外壳,用来支撑和固定定子铁芯和端盖,一般由钢板拼焊而成。机座与铁芯外圆之间留有空间,加上隔板形成风道,以利于电机的冷却。为降低定子铁芯的振动向机座传递,大型汽轮发电机在定子铁芯和机座间还加装有隔振系统。

此外,定子还包括端盖、轴承、冷却器等。

2. 转子

转子包括转子铁芯、励磁绕组、阻尼绕组、护环、中心环、集电环和风扇等主要部件,如图2-7所示。

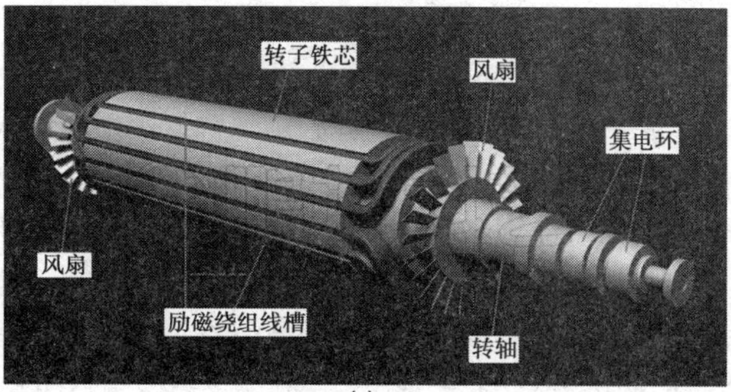

(a)

(b)

图 2-7 汽轮发电机的转子示意图

(1)转子铁芯。它通常与转轴锻造成一体,要求锻件的机械强度高、磁化性能好,常使用含有镍、铬、铂、钒的优质合金钢材料。转子铁芯的一部分作为磁极,加工出若干个槽,在槽中嵌放励磁绕组。转子表面约占圆周长 1/3 的部分不开槽,称大齿,即主磁极。转子铁芯槽的排列有两种方式,即辐射形排列、平行排列,如图 2-8 所示。

(2)励磁绕组。它采用分布绕组,由若干个同心式线圈串联构成,如图 2-9 所示。励磁线圈放置在转子铁芯槽内,用不导磁高强度的硬铝或铝青铜槽楔固定。绕组的两端引出,连接到集电环上。

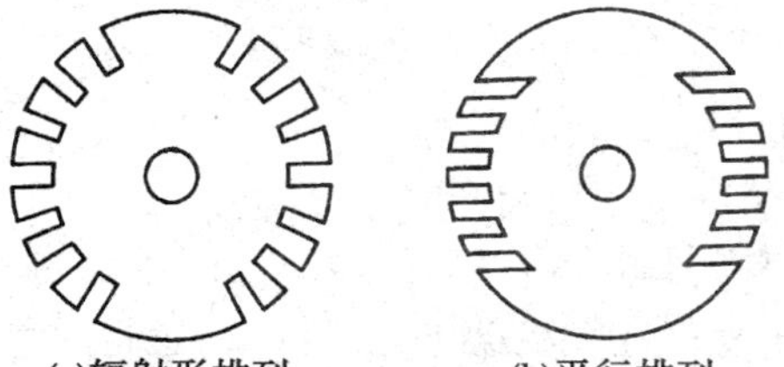
(a)辐射形排列　(b)平行排列

图 2-8 汽轮发电机转子槽

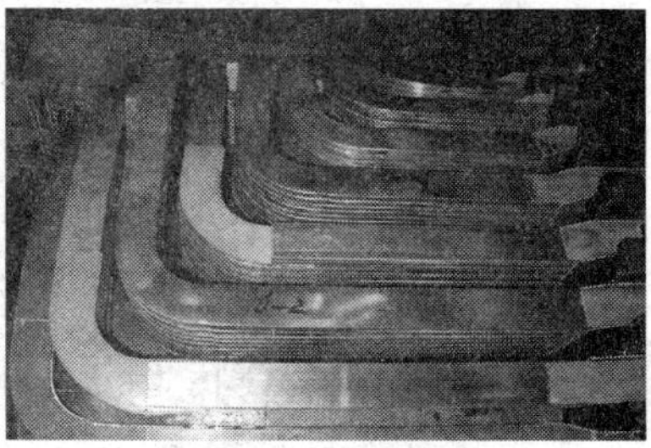

图 2-9 汽轮发电机励磁绕组

(3)阻尼绕组。某些大型汽轮发电机转子上装有阻尼绕组,它是一种短路绕组。有的发电机采用专门制作的阻尼条。阻尼绕组的作用是提高发电机承担不对称负载的能力和抑制振荡,当同步发电机正常稳定运行时,阻尼绕组不起任何作用。

(4)护环和中心环。由于汽轮发电机转速高,励磁绕组端部受到很大的离心力,于是采用护环和中心环来固定。护环又称套箍,属于发电机转子的紧固件,是一个圆环形的钢套,它把励磁绕组端部套紧。中心环是一个圆盘形的环,用来支撑护环,防止励磁绕组端部的轴向位移。

(5)集电环。它又称滑环,分为正负两个,热套在轴上,与轴一起旋转,且与轴绝缘。通过静止的正负极性的电刷与滑环接触把直流电流引入到励磁绕组中。滑环可以布置在电机的一端,也可以布置在两端。

(6)风扇。汽轮发电机的转子细长,通风冷却比较困难。在转子的两端装有轴流式或离心式风扇,用以改善冷却条件。

2.1.2.2 水轮发电机的基本结构

水轮发电机与汽轮发电机的基本工作原理相同,但在结构上有很多的区别。由于水轮机的转速低,为了获得额定频率,发电机的极数就很多,发电机的转子直径则需加大,在容量一定的情况下,发电机转子的长度可缩短,故水轮发电机的转子长度 L 与定子内径 D 之比为 0.07~0.225,使得整个电机呈扁盘状,它的安装结构形式通常由水轮机的形式确定。例如,冲击式水轮机驱动的发电机多采用卧式结构,一般用于小容量的同步发电机;反击式水轮机驱动的大中容量的发电机则多采用立式结构;贯流式水轮机驱动的发电机则采用灯泡结构;在抽水蓄能电站中,由混流式或斜流式水轮机驱动的发电机通常采用立式结构。下面以立式水轮发电机为例介绍其基本结构。

立式水轮发电机由于是立式结构,其转子部分必须支撑在一个推力轴承上。根据推力轴承安装的位置不同,立式水轮发电机又可分为悬式和伞式两种,如图 2-10 所示。

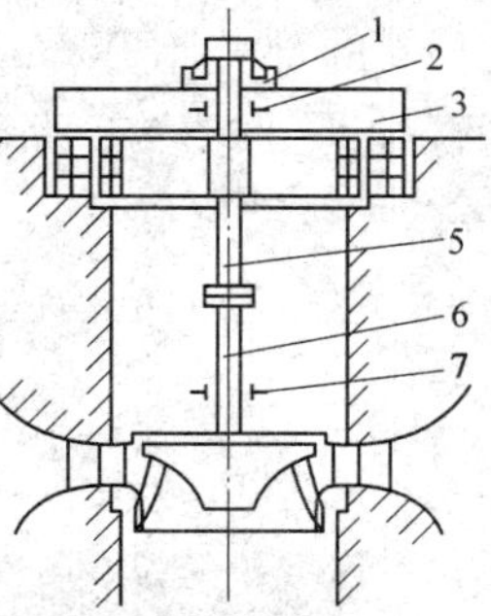

(a)悬式

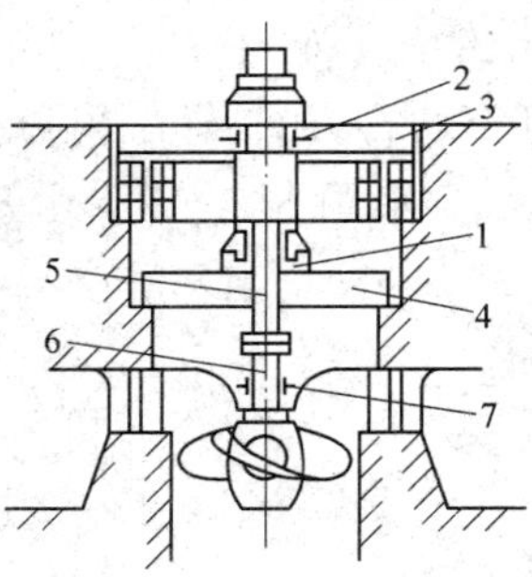

(b)伞式

1—推力轴承;2—上导轴承;3—上机架;4—下机架;
5—发电机转轴;6—水轮机转轴;7—水轮机下导轴承。

图 2-10 立式水轮发电机示意图

悬式的推力轴承装在转子的上部,整个转子悬吊在上机架上,这种结构运行时稳定性好,通常用于转速较高(150 r/min 以上)的发电机。伞式的推力轴承装在转子的下部,整个转子形同被撑起的伞,这种结构运行时稳定性较差,但它布置紧凑,整个机组高度小,通常用于转速较低(125 r/min 以下)的发电机。

立式水轮发电机主要由定子、转子、机架、推力轴承等部件组成,其结构如图 2-11 所示。

1. 定子

定子主要由定子机座、定子铁芯、定子绕组组成。图 2-12 所示为水轮发电机定子结构示意图。

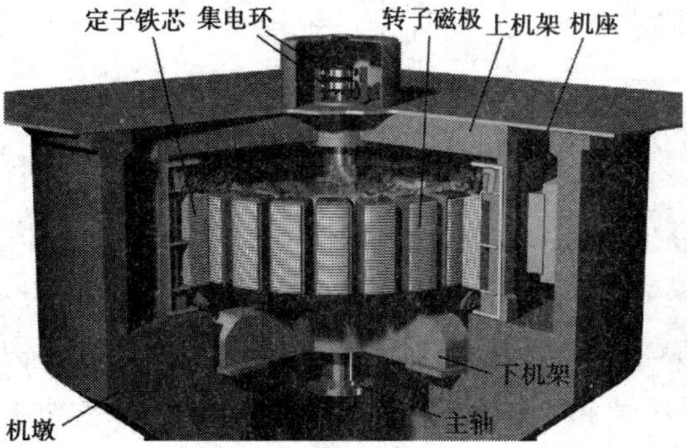

图 2-11　全伞立式水轮发电机结构示意图

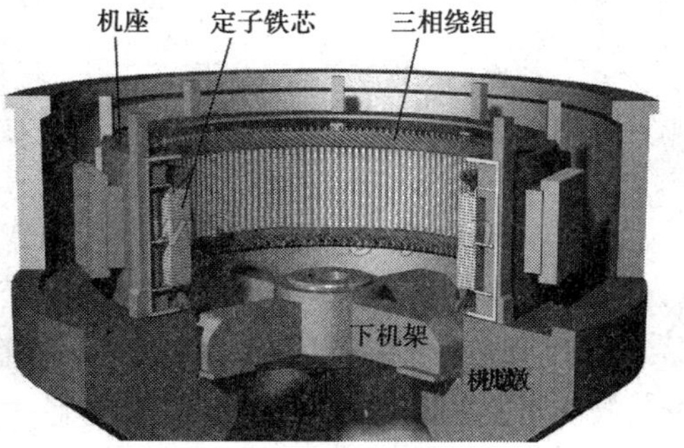

图 2-12　水轮发电机定子结构示意图

(1)定子机座。用来固定定子铁芯,在悬式机组中,它又是支撑整个机组转动部分的重要部件,此外,它还构成冷却风路的一部分。小容量机组采用整体圆形机座,大中容量机组当机座直径大于 4 m 时分成若干瓣,安装时再拼接成一体。

(2)定子铁芯。基本结构与汽轮发电机相同,大中容量的水轮发电机定子铁芯一般由 0.35~0.5 mm 厚的扇形硅钢片叠装而成,扇形硅钢片内圆周开有嵌放线圈的槽,外圆周有固定用的鸽尾槽,以便将扇形硅钢片固定在机座的鸽尾筋上,如图 2-13 所示。在叠装扇形硅钢片时,每隔 30~80 mm 就留有 10 mm 左右的通风沟,铁芯两端放置压板,用双头螺杆拉紧而成为一个整体。整个铁芯固定在机座内圆周的定位筋上。定子铁芯用来嵌放定子绕组,并构成电机磁路的一部分。

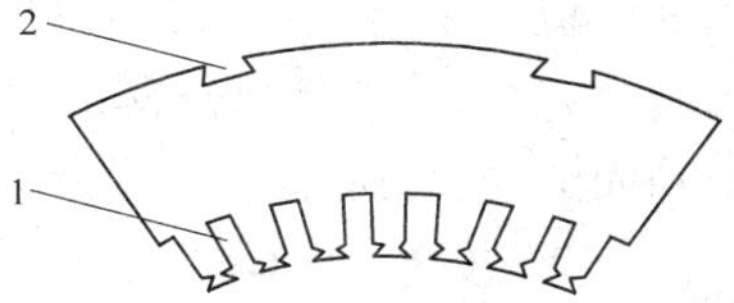

1—嵌线槽;2—鸽尾槽。

图 2-13　扇形硅钢片

(3)定子绕组。放在定子铁芯内圆周的槽内,并用槽楔压紧,绕组端部用绑绳固定在端框上。

2. 转子

转子主要由转子磁极、励磁绕组、转子磁轭、转子支架和转轴,以及阻尼绕组等组成。图 2-14 所示为水轮发电机转子结构示意图。

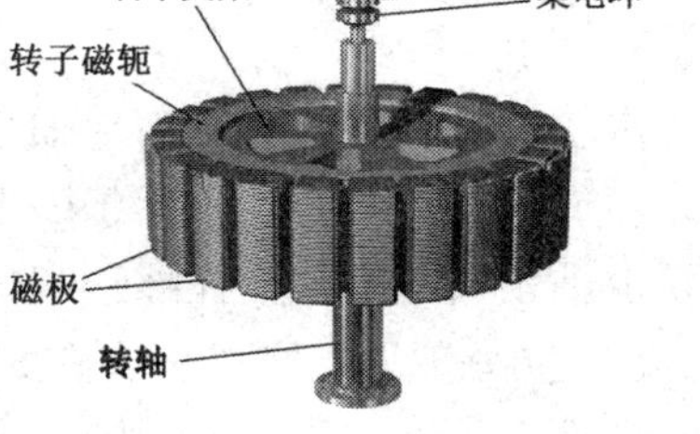

图 2-14　水轮发电机转子结构示意图

(1)转子磁极。它一般用 1~1.5 mm 厚的钢板冲片叠成,在磁极的两端加上磁极压板,用拉紧螺杆紧固成整体,并用 T 尾与磁轭的 T 尾槽连接,如图 2-15 所示。磁极分为极身和极靴两部分。极身较窄,用来套装励磁绕组并形成磁路;极靴两边伸出极身之外的部分称为极尖,极靴的曲面称为极弧,极弧与定子铁芯内圆周之间的间隙即为气隙,极靴既能固定励磁绕组、阻尼绕组,又能改善气隙主磁场的分布。磁极都是成对出现的,并沿着圆周按 N、S 的极性交错排列。

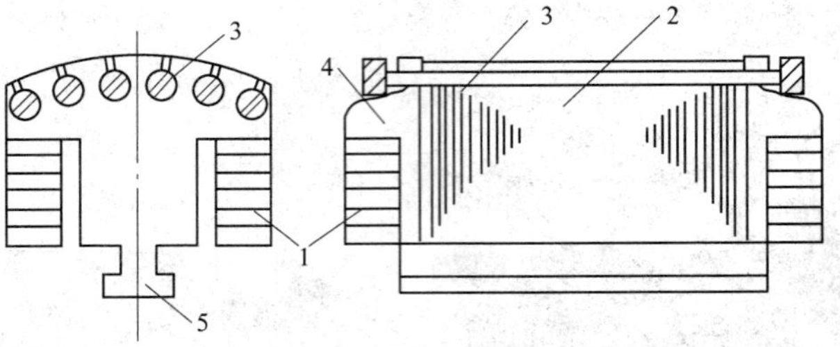

1—励磁绕组;2—磁极铁芯;3—阻尼绕组;4—磁极压板;5—T 尾。

图 2-15 凸极发电机的磁极铁芯

(2)励磁绕组。它多采用绝缘扁铜线在线模上绕制而成,后经浸渍热压处理,套在磁极的极身上。励磁绕组中通以直流电流,产生极性和大小都不变的恒定磁场,在原动机的拖动下旋转,切割定子电枢绕组而使定子绕组感应电动势。

(3)转子磁轭。转子磁轭是用来固定磁极的,同时也是电机磁路的一部分。大中型发电机转子磁轭用 2~5 mm 厚钢板冲成扇形片交错叠成整圆,每隔 4~5 cm 留一道通风沟,最后用拉紧螺杆固定成一个整体。小型发电机的磁轭常用整块钢板冲片叠成或铸钢制成。磁轭外圆周开有 T 尾槽,磁极铁芯的 T 尾就是挂接在 T 尾槽中得到固定的,如图 2-16 所示。

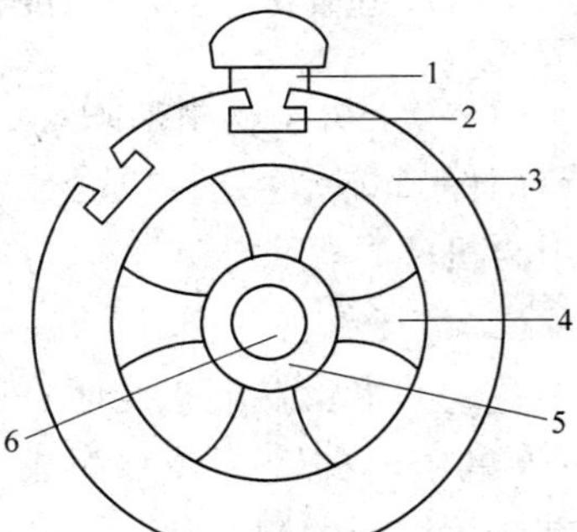

1—磁极;2—T 尾;3—磁轭;
4—轮辐;5—轮毂;6—转轴。

图 2-16 凸极发电机转子结构

(4)转子支架。其作用是将磁轭与转轴连接起来,通常由轮毂和轮辐组成,轮毂固定在转轴上,磁轭固定在轮辐上,如图 2-16 所示。

(5)转轴。它通过接收机械能驱动转子旋转,一般采用高强度的钢锻造而成,而大中型发电机采用空心转轴。

(6)阻尼绕组。它是极靴上插入极靴孔内的裸铜条用端部铜环焊接成的鼠笼形绕组。阻尼绕组可以减小并列运行时发电机转子的振荡幅值。

3. 轴承

水轮发电机的轴承分为导轴承和推力轴承两种。

(1)导轴承。其作用是约束机组轴线位移和防止轴摆动,主要承受径向力。导轴承主要由轴领、导轴瓦、支柱螺钉和托板组成。

(2)推力轴承。它可承受立式水轮发电机组转动部分的全部重力及水轮机转轮上的轴向水推力。大容量机组的轴向水推力负荷可达数千吨,所以推力轴承是水轮发电机制造上最困难的关键部件。推力轴承由推力头、镜板、推力瓦和轴承座等构成,整个推力轴承装在一个盛有润滑油的密闭油槽内,油不仅起润滑作用,也起冷却作用,冷却器是热油的散热装置。

4. 机架

机架是立式水轮发电机安装轴承或放置制动器、励磁机等装置的支承部件，它由中心体和支臂组成。根据承载性质的不同，机架可分为负载机架和非负载机架两种。装设推力轴承的机架称为负载机架；非负载机架只用来放置导轴承、励磁机、制动器等装置，主要承受导轴承传来的径向力，有的还要承受制动器顶起转子时的轴向力和制动时的制动力矩。

2.1.3　三相同步发电机的励磁方式

同步发电机运行时必须在转子绕组中通入直流电流建立磁场，这个电流就叫励磁电流。我们把供给励磁电流的电源及其附属设备（励磁调节器、灭磁装置）统称为励磁系统。

励磁系统是同步发电机的一个重要部分。同步发电机正常运行时，为了调节电压及并列运行发电机的无功功率分配，需要有一个操作方便、工作可靠、维护简单的励磁系统。当水轮发电机组因故障甩负荷时，发电机的电压会过分升高，为防止事故继续扩大，励磁系统应能尽快地将发电机的励磁电流减到尽量小的程度，即所谓的灭磁。当电力系统发生短路故障或其他原因使电机端电压严重下降时，励磁系统应能迅速增大励磁电流，以增大发电机的电动势，进而提高发电机的端电压，即所谓的强行励磁。

目前，常用的励磁系统可分为两大类：一类是直流励磁机励磁系统；另一类是交流励磁机励磁系统。但无论是哪种励磁系统，都应该满足以下基本要求：

（1）在负载的可能变化范围内，励磁系统的容量应能保证调节的需要，且在整个工作范围内，调整应是稳定的。

（2）当发电机组因故障甩负荷而电压升高时，励磁系统能快速、安全地灭磁。

（3）当电力系统有故障，发电机电压下降时，励磁系统应能迅速提高励磁到顶值，并要求励磁顶值大，励磁上升速度快。

（4）励磁系统的电源应尽量不受电力系统故障的影响。

（5）励磁系统本身工作应简单可靠。

下面对励磁系统作简单的介绍。

2.1.3.1　直流励磁机励磁系统

直流励磁机励磁系统是目前中小型水轮发电机和汽轮发电机普遍使用的一种励磁系统。图 2-17 所示为直流励磁机供给同步发电机励磁电流的原理电路，直流励磁机与同步发电机同轴。

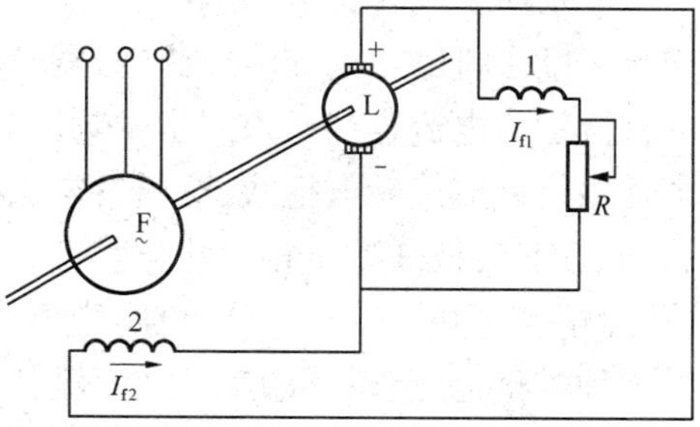

F—同步发电机；L—直流发电机；
R—磁场可变电阻；1—直流励磁机的励磁绕组；
2—同步发电机的转子励磁绕组。

图 2-17　直流励磁机励磁系统

通过改变可变电阻的大小，可以改变直流励磁机电枢电动势的大小，从而调节送入同步发电机转子励磁绕组的励磁电流大小，进而改变同步发电机励磁磁场的大小。这种励磁方式的特点是整个系统比较简单，励磁机只和原动机有关,而与外部电力系统无直接联系,当电力系统发生故障时不会影响励磁系统的正常运行。

现代同步发电机容量越来越大,所需要的励磁容量也不断增大,直流励磁机容量愈大,换向就愈困难。因此,目前大容量的同步发电机一般采用交流励磁机硅整流励磁系统。

2.1.3.2 交流励磁机励磁系统

大容量同步发电机普遍采用交流励磁机励磁系统,在这种励磁系统中,同步发电机的励磁机也是一台交流发电机,其输出电流经大功率硅整流器整流后供给发电机的励磁绕组。其中,硅整流器可以是静止的,也可以是旋转的,因此可分为以下两种。

1. *交流励磁机静止整流器励磁系统*

图2-18所示为同步发电机由交流励磁机静止整流器励磁的系统。同步发电机的直流励磁电流由静止整流器供给,与同步发电机同轴的交流主励磁机是静止整流器的交流电源。主励磁机的直流励磁电流由与其同轴的一台交流副励磁机发出的交流电流经三相可控硅整流器整流后供给,交流副励磁机的直流励磁电流由自励恒压装置供给,或做成永磁式。此励磁系统的优点是交流励磁机没有换向器,没有直流励磁机的换向火花问题,所以运行较为可靠,维护较为方便。其缺点是经静止整流器送出的直流电流须经集电装置(电刷与滑环)才能引入旋转的励磁绕组,对大容量的同步发电机,集电装置的制造会遇到一定的困难。

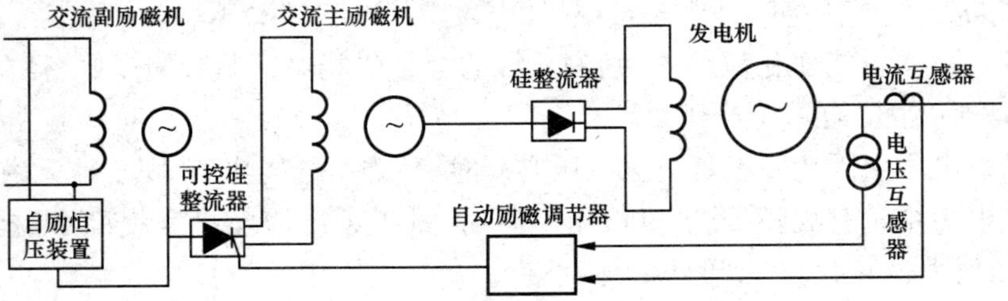

图2-18 同步发电机由交流励磁机静止整流器励磁的系统

2. *交流励磁机旋转整流器励磁系统*

交流励磁机旋转整流器励磁系统是一种新型的励磁系统,它是将与同步发电机同轴的交流主励磁机输出的交流电流送至安装在机组转动部分的硅整流器,经硅整流器整流后的直流励磁电流直接送入同步发电机的转子励磁绕组,其原理电路如图2-19所示。交流主励磁机做成旋转电枢式,这样发电机的励磁绕组、整流器、交流主励磁机的电枢都在同一轴上旋转,彼此处于相对静止状态。因此,可以直接固定连接,不需要电刷、滑环等部件,消除了动接触,所以旋转整流励磁也称无刷励磁。

这种省略电刷、滑环的旋转式交流整流励磁系统,有较高的励磁可靠性,操作也方便。虽然它的硅整流装置检修时必须停机,但是每个整流管都备有能随时自动切换的备用管,同时硅整流管的完好情况可以随时用可调频的闪光灯照射观察,故硅整流装置的寿命较高。

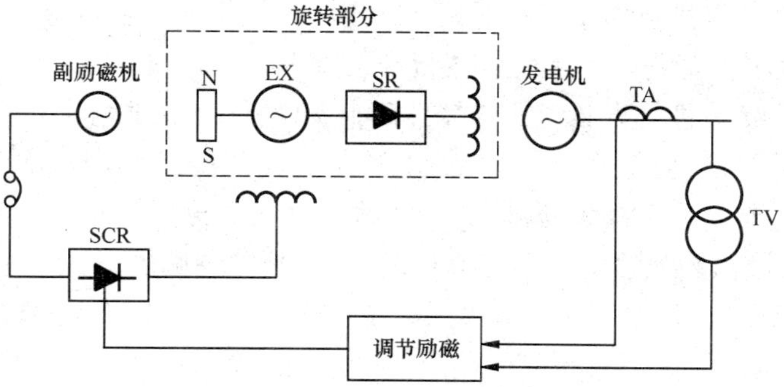

图 2-19 交流励磁机旋转整流器励磁系统

2.1.3.3 自励式励磁系统

前面介绍的几种励磁均属于他励方式,即励磁功率是由专门的励磁机供给的。若从同步发电机所发出的功率中取出一部分供本身所需的励磁,这就属于自励方式。

1. 自励式静止整流励磁

自励式静止整流励磁方式的原理如图 2-20 所示。同步发电机的励磁电流由整流变压器取自发电机的输出端,经三相可控硅整流为直流后送入发电机的励磁绕组。这种励磁系统接线和结构较简单,在正常运行时性能较好,反应速度也快。但电力系统发生短路故障时,电压严重下降,给励磁系统的工作带来困难,故在自动励磁调节器中,应装设不受地端电压影响的电源装置或低电压触发装置。目前不少发电机采用这种励磁方式。

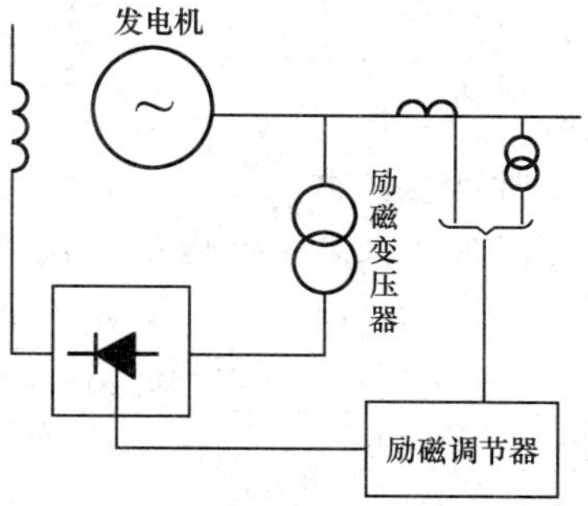

图 2-20 自励式静止整流励磁的原理

2. 三次谐波励磁

三次谐波励磁是一种属于自励方式的励磁系统,发展历史不长。它是在同步发电机的定子槽内放置一套在电气上与电枢绕组没有联系的三次谐波绕组,利用发电机气隙磁场的三次谐波在该绕组中感应电动势,经整流后作为励磁电源,向发电机转子送入励磁电流。

由于这种励磁方式的励磁电源取自气隙磁场的三次谐波,当发电机开始转动时,如果电机的磁路不存在剩磁,则三次谐波绕组就不会感应电动势,励磁电流也无从产生,因此需要一组蓄电池作为起励之用。

小　结

(1)同步发电机是根据电磁感应定律这一基本原理工作的,在电力系统运行的同步发电机的转速 n 和电力系统的频率 f 之间保持有严格不变的关系,即当电力系统频率 f 一定时,同步发电机的转速 $n=\dfrac{60f}{p}$ 为一恒定值,同步发电机的转速和磁极对数成反比。

(2)同步发电机主要由定子和转子两大部分构成,转子的主要部件是磁极铁芯和励磁绕组,定子的主要部件是定子铁芯和电枢绕组。

(3)现代同步发电机主要类型是隐极式同步发电机(汽轮发电机)和凸极式同步发电机(水轮发电机)。

(4)励磁方式有直流励磁机励磁、交流励磁机静止整流器励磁、交流励磁机旋转整流器励磁、自励式静止整流励磁、三次谐波励磁。

任务2.1在线习题

习　题

一、填空题

1. 同步电机按原动机划分,可分为________发电机、________发电机和其他原动机带动的发电机。

2. 同步电机转子铁芯一般选用________、________的优质合金钢,经锻压后再经机加工而成。

3. 同步电机由________和________两部分组成,定子、转子之间有________。

4. 同步电机定子绕组里交流电势的频率f取决于电机的__________和________,即f=________ Hz,该式中转速n的单位是__________。

5. 当电机的__________和________一定时,交流电势的频率也是一定的。

6. 若同步电机为一对磁极,其转速必定是__________。

7. 旋转磁极式按照磁极的形状又可分为__________和__________两类。

8. __________发电机一般都是隐极式转子,__________发电机一般都是凸极式转子。

9. 同步电机定子铁芯起着________和__________的重要作用。

10. 同步发电机额定电压是指发电机在________运行时,定子三相绕组间的________电压。

11. 同步发电机额定电流是指发电机在__________时流过定子绕组的__________电流。

二、判断题

1. 同步发电机是一种将机械能转换为电能的旋转电机。(　　)

2. 同步发电机的定子绕组与转子绕组之间没有直接的联系。(　　)

3. 同步发电机的转速和其输出频率是同步的,因此得名“同步”。(　　)

4. 同步发电机的转子磁场是由定子电流产生的。(　　)

5. 同步发电机可以用于驱动电动机,实现电能和机械能的相互转换。(　　)

三、选择题

1. 同步电机定子绕组里交流电势的频率f取决于电机的磁极对数p和转子的转速n,即$f=pn/60$ Hz,该式中转速n的单位是(　　)。

A. 弧度/s　　B. 弧度/min　　C. r/s　　D. r/min

2. 若电机为一对磁极，其同步转速必定是3 000 r/min，两对磁极转速是(　　)。

A. 1 000 r/min　　B. 1 500 r/min　　C. 2 000r/min　　D. 其他

3. 水轮机的转速一般都较低，与其同轴连接的发电机的转速也很低，因而使得发电机的磁极对数(　　)、直径(　　)。

A. 少，大　　B. 少，小　　C. 多，大　　D. 多，小

4. 同步电机旋转磁极式按照磁极的形状可分为(　　)。

A. 定子和转子　　B. 电枢和铁芯　　C. 隐极式和凸极式　　D. 悬吊式和伞式

5. 额定转速为300 r/min的同步发电机，其转子是(　　)。

A. 10极　　B. 20极　　C. 30极　　D. 40极

6. 同步电机是一种旋转电机，主要用作(　　)。

A. 发电机　　B. 电动机　　C. 调相机　　D. 补偿机

四、问答题

1. 同步发电机主要由哪两大部分构成？各部分又主要由哪些部件构成？各部件起何作用？

2. 汽轮发电机为什么宜做成隐极式？而水轮发电机为什么宜做成凸极式？

3. 为什么现代同步发电机都做成旋转磁极式？

4. 同步发电机的铭牌上主要标有哪些额定值？

5. 同步发电机有哪些励磁方式？

6. 同步发电机的频率、极数、转速之间有何关系？试求：

(1) 水轮发电机 $f=50$ Hz，$2p=40$，n 为多少？

(2) 水轮发电机 $f=50$ Hz，$n=500$ r/min，$2p$ 为多少？

任务2.2　交流电机的绕组及其电动势和磁动势

【学习目标】

了解交流绕组基本概念和构成原理。掌握交流绕组相电动势波形、频率及大小，理解短距系数和分布系数的物理意义及其对电动势波形的影响。了解交流绕组磁动势的时空概念，理解单相磁动势性质，重点掌握三相基波合成磁动势性质和特点。

旋转电机一般由定子和转子两部分组成，同步电机的定子铁芯槽中安放有三相对称交流绕组，一般称作电枢，转子上有直流励磁绕组建立起的主磁场；异步电机的定子铁芯同样也安放有结构相同的三相交流绕组，用以产生交流励磁的主磁场，转子上有三相或多相绕组。

定子铁芯槽中的三相交流绕组在气隙圆周空间是按互差120°电角度对称分布的，在气隙旋转磁场的切割作用下，定子绕组感应三相交流电动势。定子绕组的构成方法对电

动势的波形及其大小有直接影响,因此研究感应电动势前先要了解三相交流电机定子绕组的构成。

本节先介绍交流绕组的构成方法,再分析交流绕组中感应电动势波形及其有效值的计算方法,以及交流绕组磁动势的性质、特点等。

2.2.1 交流绕组的结构

交流绕组是按一定规律排列和连接的线圈的总称。交流电机的三相定子绕组是电机机电能量转换的主要部件,通过它必须产生一个极数、大小、波形均满足要求的磁场;同时在定子绕组中能够感应出频率、大小和波形及其对称性均符合要求的电动势。

交流电机绕组种类很多。按相数,交流电机绕组可分为单相绕组、两相绕组、三相绕组及多相绕组。按铁芯槽内的线圈有效边层数,交流电机绕组可分为单层绕组和双层绕组。按绕组端接部分的形状,单层绕组又可分为等元件式、同心式、链式和交叉式等,双层绕组又可分为叠绕组和波绕组。按每极每相所占的槽数是整数还是分数,又有整数槽绕组和分数槽绕组之分。

单层绕组一般用于小型异步电动机定子中,双层叠绕组一般用于汽轮发电机及大中型异步电动机的定子中,双层波绕组一般用于水轮发电机的定子和绕线式异步电动机转子中。

不论何种类型的绕组,构成绕组的原则是相同的。

在具体分析绕组排列和连接方法之前,应先明确绕组的一些基本概念及三相绕组的构成原则。

2.2.1.1 交流绕组的基本概念及名词术语

1. 线圈

线圈是构成绕组的基本元件,所以又称绕组元件。线圈有单匝的,也有多匝的。但在画绕组图时,为使其图形简明,通常以单匝表示一个线圈,线圈有叠绕组线圈和波绕组线圈之分,如图2-21所示。将绕制成型的线圈嵌入铁芯槽内,沿铁芯槽放置的线圈两个直线部分称为线圈的有效边,在槽外用于连接两个有效边的部分称为端接线,也称为线圈的端部。

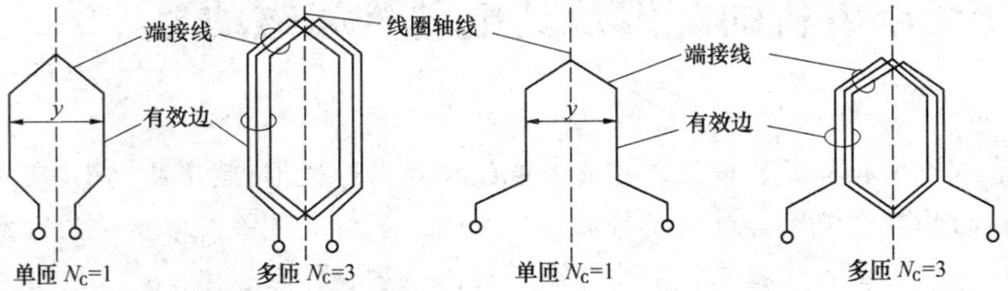

(a)叠绕组线圈　(b)波绕组线圈

图2-21　叠绕组线圈和波绕组线圈形状图

码2-3　动画:交流电机的绕组基本概念

2. 极距 τ

沿定子铁芯内圆每个磁极所占有的空间圆弧距离称为极距,即

$$\tau = \frac{\pi D}{2p} \tag{2-3}$$

式中　D——定子铁芯内径;

p——磁极对数，$2p$ 为磁极数。

通常极距 τ 也可用每一磁极所占的定子槽数来表示，若定子铁芯槽数为 Z，则

$$\tau=\frac{Z}{2p} \tag{2-4}$$

3. 线圈节距 y

线圈的两个有效边之间的跨距称为线圈的节距 y。节距一般用线圈所跨过的槽数来表示。为了使每个线圈获得较大的电动势，节距 y 应等于或接近极距 τ。$y=\tau$ 的绕组称为整距绕组，整距绕组感应电动势最大，但不能削弱高次谐波。$y<\tau$ 的绕组称为短距绕组，短距绕组感应电动势略小于整距绕组，但能在一定程度上削弱高次谐波。

4. 电角度

电机气隙圆周的几何空间角度是 360°，称为机械角度。然而此圆内可安放 p 对磁极，从电磁角度看，如果磁场在空间按正弦波分布，导体每切割一对磁极时，导体中感应的电动势就交变了一个周期，即经过 360°相角。也就是说，一对磁极所对应的空间是 360°电角度。当电机有 p 对磁极时，那么电机定子内圆空间对应的电角度为 $p\times360°$，故有

$$\text{电角度}=p\times\text{机械角度} \tag{2-5}$$

5. 槽距角 α

相邻两槽间相距的电角度称为槽距角，因定子槽均匀分布在定子铁芯内圆周上，因此：

$$\alpha=\frac{p\times360°}{Z} \tag{2-6}$$

6. 每极每相槽数 q

每相绕组在每一个磁极下所对应占有的槽数，称为每极每相槽数，用字母 q 表示，即

$$q=\frac{Z}{2pm} \tag{2-7}$$

式中　m——相数。

q 值为整数时，称为整数槽绕组；q 值为分数时，称为分数槽绕组。

7. 极相组（也称线圈组）

将每个磁极下属于同一相的 q 个线圈依次首尾串联起来所构成的线圈组称为极相组。电机有 $2p$ 个磁极时，双层绕组的每相有 $2p$ 个线圈组，单层绕组的每相有 p 个线圈组。图 2-22 表示 $q=3$ 所构成的极相组。

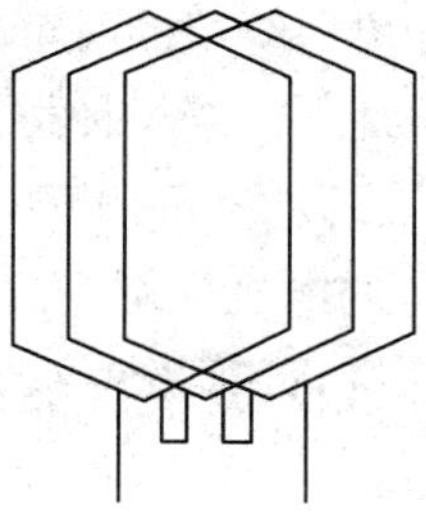

图 2-22　极相组（$q=3$）

8. 相带

每相绕组在每个磁极下连续占用的电角度称为绕组的相带。由于每个磁极对应的空间电角度为 180°，被三相绕组平分，则每相绕组在每个磁极下连续占用的电角度为 60°，称为 60°相带，整台电机每对磁极下就可划分成 6 个相带，即 U1→W2→V1→U2→W1→V2 相带，如图 2-23 所示。交流电机的绕组基本都采用 60°相带。

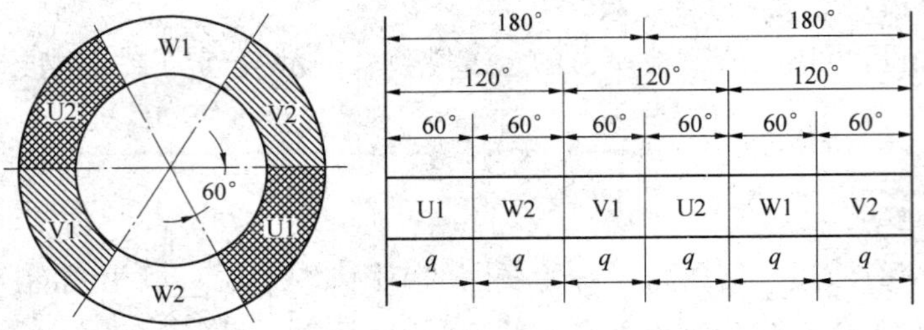

(a)圆周分配 (b)展开图

图 2-23 60°相带布置情况

2.2.1.2 三相交流绕组的构成原则

交流绕组也称电枢绕组,一台电机的电枢绕组是由许多相同形状的线圈按一定的规律连接而成的。三相交流绕组应满足以下基本要求:

(1)三相绕组的基波电动势和磁动势应对称(大小相等,相位互差120°电角度,三相绕组的电阻和电抗值相同)。

(2)在导体数一定的条件下,力求获得尽可能大的基波电动势和磁动势,尽可能减少谐波,以使电动势波形和磁动势波形接近正弦波形。因此,交流绕组构成时,线圈的两个有效边应相距180°电角度,线圈的组成和线圈之间的连接应遵循电动势相加的原则,以获得尽可能大的绕组电动势和磁动势。

码 2-4 动画:电机绕组构造

(3)绕组使用铜(铝)量少,以节约材料,结构上要保持足够绝缘性能、机械强度,散热条件满足要求,且制造工艺简单,维修方便。

满足上述构成原则的三相绕组,即为三相对称绕组。交变磁场只有在三相对称绕组中才能感应产生对称的三相电动势。

2.2.1.3 三相单层绕组

单层绕组的每个槽内只放置一个线圈有效边,整台电机的线圈总数等于槽数的一半。单层绕组的绕组种类很多,下面以等元件绕组为例分析单层绕组的构成方式。

现以一台三相单层绕组,磁极对数 $p=2$,槽数 $Z=24$,每相支路数 $2a=1$,节距 $y=6$(槽)的电机为例,说明绕组的排列及其连接步骤。

(1)计算极距 τ、每极每相槽数 q、槽距角 α。计算得

$$\tau=\frac{Z}{2p}=\frac{24}{4}=6(\text{槽})$$

$$q=\frac{Z}{2pm}=\frac{24}{2\times2\times3}=2$$

$$\alpha=\frac{p\times360^\circ}{Z}=\frac{2\times360^\circ}{24}=30^\circ(\text{电角度})$$

(2)将电机槽依次编号,按60°相带排列法,将各相带所包含的槽填入表2-1内,并画出展开图,见图2-24(a)。

相带划分还可根据槽电动势星形图。先画出槽电动势星形图(见图2-25),由于槽距

角为 30°,按 60°相带划分,每个相带含有两个槽,依次按 U1→W2→V1→U2→W1→V2 顺序标明相带。如图 2-25 所示,结果与表 2-1 分槽相同。

表 2-1 按单层 60°相带排列

第一对极区	相带	U1	W2	V1	U2	W1	V2
	槽号	1、2	3、4	5、6	7、8	9、10	11、12
第二对极区	相带	U1	W2	V1	U2	W1	V2
	槽号	13、14	15、16	17、18	19、20	21、22	23、24

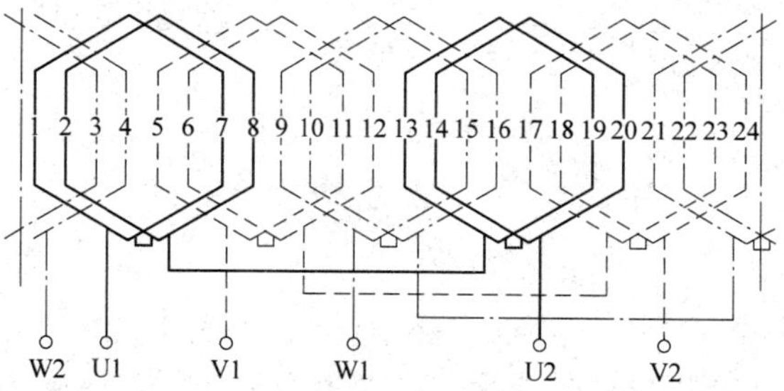

(a)等元件绕组

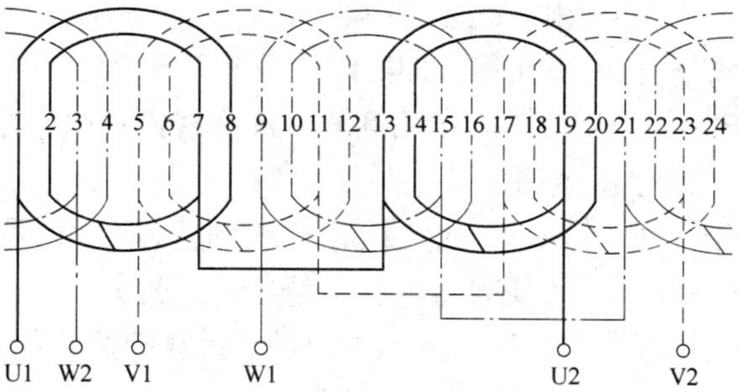

(b)同心式绕组

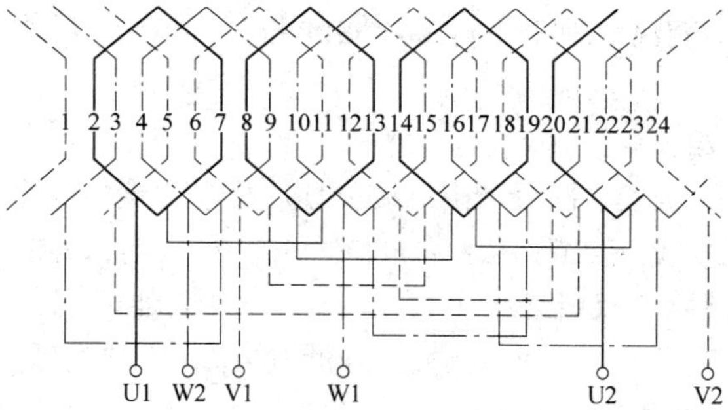

(c)链式绕组

图 2-24 三相单层绕组

(3)组成线圈,连接成极相组。根据线圈两有效边连接时相距一个极距的要求,第一对极极面下 U 相所属的 1、7 线圈边和 2、8 线圈边,分别连接成两个线圈;然后将这两个线圈顺向串联,组成一个极相组。按照同样的办法,将第二对极极面下 U 相所属的 13、19 线圈边也和 14、20 线圈边连接成 U 相在第二对极极面下的另外两个线圈,同样顺向串联

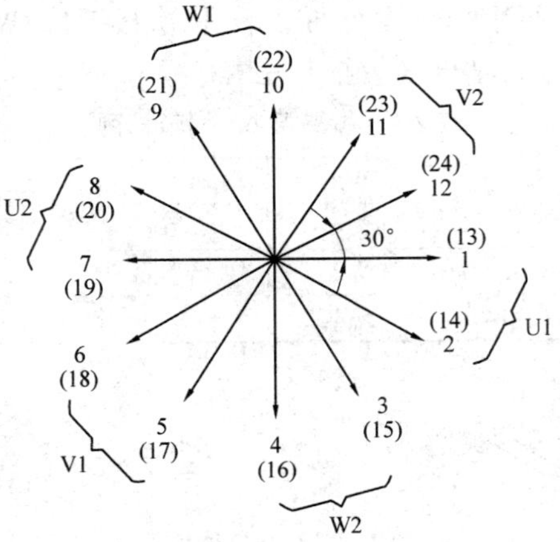

图 2-25　60°相带的槽电动势星形图

组成另一个极相组。

(4)根据每相支路数 $2a=1$ 的要求,将两对磁极极面下的两个极相组,顺向串联接成 U 相绕组。即第一个极相组尾端连接第二个极相组的首端,称此为“首接尾、尾接首”的连接规律。

(5)根据三相绕组对称的原则,V、W 两相绕组的连接方法与 U 相相同,但三相绕组在空间的布置要依次互差 120°电角度,如果 U 相绕组以 1 号槽线圈边引出线作为首端,那么 V 相和 W 相绕组就应分别以 5 号槽内和 9 号槽内线圈边引出线作为首端,如图 2-24(a)所示。同心式、链式绕组的展开图分别见图 2-24(b)、(c),以供对比。比较以上 3 种绕法可知,对每相而言,3 种绕法的每相绕组具有相同的槽号,只是端部连接的形式、节距、线圈连接的先后顺序不同。无论是等元件式绕组,还是同心式、链式绕组,其节距 y 从形式上来看,可能有长距、短距或整距;但从每相电动势计算的角度看,三种绕组的每相电动势的大小都是相同的,均为 $y=\tau$ 的整距绕组。单层绕组每相绕组的极相组数等于极对数。

单层绕组的主要优点是:单层嵌线方便,提高了生产效率,没有层间绝缘,槽的利用率较高;其主要缺点是:不能灵活地采用短距线圈削弱高次谐波,对改善电动势和磁动势波形不利。

2.2.1.4　三相双层绕组

双层绕组的每个槽内放置上、下两层的线圈边,每个线圈的一个有效边放置在某一槽的上层,另一有效边则放置在相隔节距为 y 的另一槽的下层,如图 2-26 所示。整台电机的线圈总数等于定子槽数。双层绕组所有线圈尺寸相同,便于绕制,端接部分排列整齐,利于散热,且机械强度高。在之后电动势和磁动势的单元中将会看出,合理选择绕组的节距 y 可改善绕组电动势和磁动势的波形。

双层绕组的构成原则和步骤与单层绕组基本相同,根据双层绕组线圈的形状和端部连接线的连接方式不同,可分为双层叠绕组和双层波绕组两种,如图 2-27 所示。

1. 三相双层叠绕组

现以一台三相双层叠绕组,极对数 $p=2$,槽数 $Z=24$,支路数 $2a=1$,节距 $y_1=5$(槽)的短距绕组电机为例,说明绕组的排列及其连接步骤。

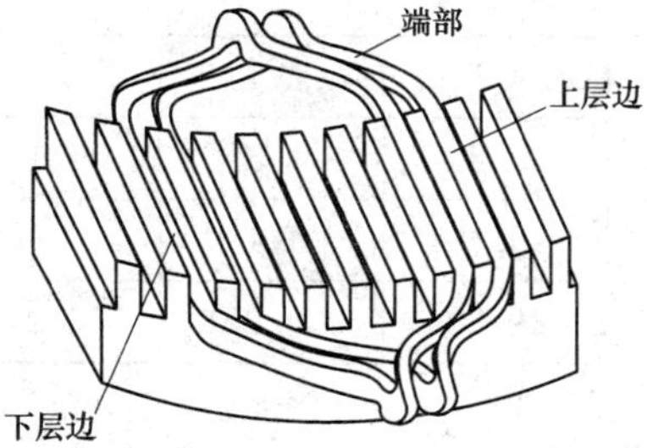

图 2-26 双层绕组的嵌线

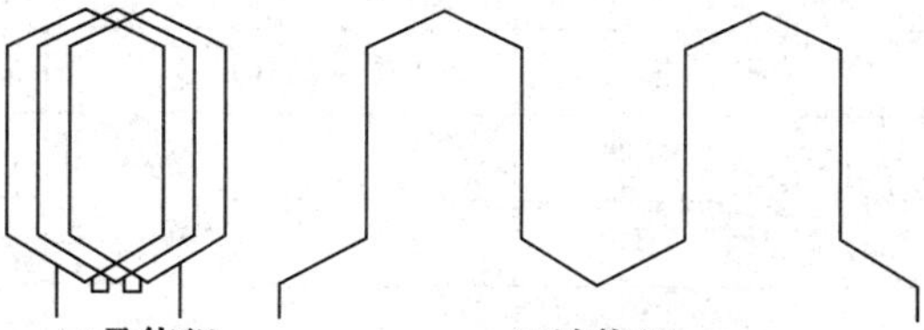

(a)叠绕组 (b)波绕组

图 2-27 叠绕组和波绕组

(1)计算参数:极距 τ、每极每相槽数 q、槽距角 α。

$$\tau = \frac{Z}{2p} = \frac{24}{4} = 6(\text{槽})$$

$$q = \frac{Z}{2pm} = \frac{24}{2 \times 2 \times 3} = 2$$

$$\alpha = \frac{p \times 360^\circ}{Z} = \frac{2 \times 360^\circ}{24} = 30^\circ(\text{电角度})$$

(2)画展开图。将每个槽内两线圈边(上层边用实线表示,下层边用虚线表示)画出并编号,如图 2-28 所示。按每极每相槽数 q 划分相带(见表 2-2)。

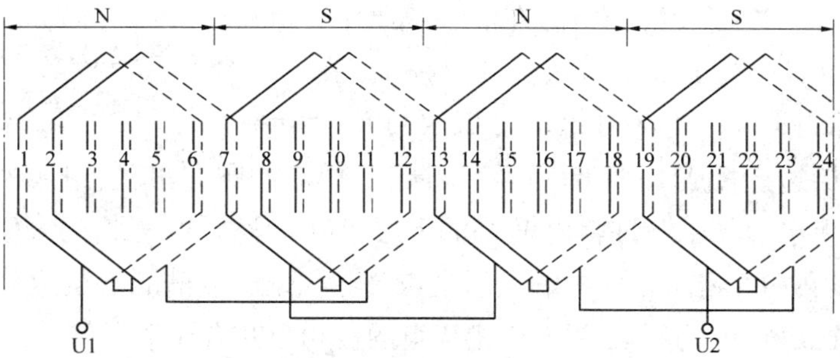

(a)U 相展开图

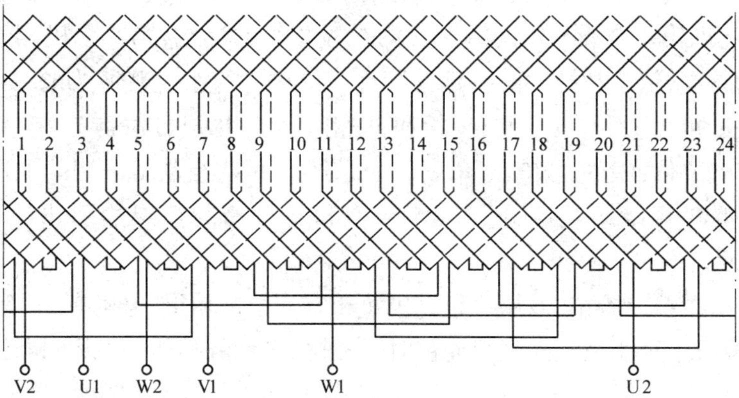

(b)三相展开图

图 2-28 三相 24 槽双层短距叠绕组展开图

表 2-2 按双层 60°相带排列

第一对极区	相带	U1	W2	V1	U2	W1	V2
	槽号	1、2	3、4	5、6	7、8	9、10	11、12
第二对极区	相带	U1	W2	V1	U2	W1	V2
	槽号	13、14	15、16	17、18	19、20	21、22	23、24

以 U 相为例,由于每极每相槽数 $q=2$,故每极下 U 相应占有 2 槽,该电机为 4 极,U 相共计应占有 8 槽。为了获得最大的电动势,在第一对极的 N 极区确定 1 号槽、2 号槽为 U1 相带,在 S 极区则应选定与 1 号槽、2 号槽相距 180°电角度的 7 号槽、8 号槽为 U2 相带;同理,第二对极 13 号槽、14 号槽为 U1 相带,19 号槽、20 号槽为 U2 相带。

划分相带还可应用槽电动势相量星形图,如图 2-29 所示。根据 q 值(本例 $q=2$),依次按 U1→W2→V1→U2→W1→V2 顺序标明相带。顺便指出,在双层绕组里,槽电动势相量星形图的每一个电动势相量,既可看成是槽内上层线圈边的电动势相量,也可看成是一个线圈的电动势相量,而在单层绕组中星形图只能表示槽电动势。

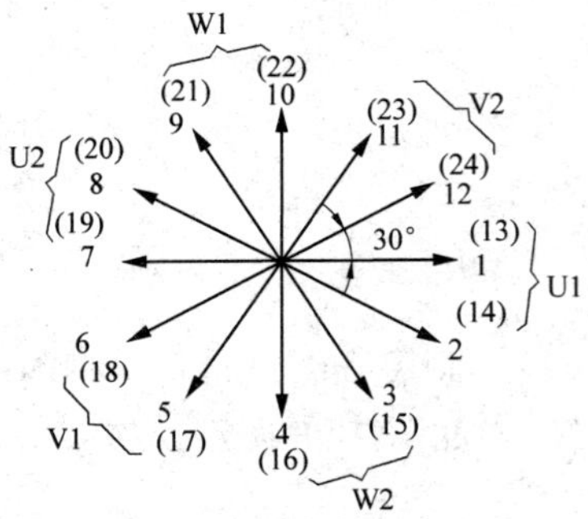

图 2-29 三相双层绕组电动势相量星形图

(3)组成线圈,连接成极相组。在双层绕组中,线圈的两有效边的距离取决于所选定的节距 y。在本例中,$y=5$ 槽,即 1 号槽、2 号槽的上层边与 6 号槽、7 号槽的下层边连接成 U 相带的两个线圈,并把它们顺向串联,组成极相组。同理,7 号槽、8 号槽的上层边与 12 号槽、13 号槽的下层边,13 号槽、14 号槽的上层边与 18 号槽、19 号槽的下层边,19 号槽、20 号槽的上层边与 24 号槽、1 号槽的下层边分别依次连接成 U 相其余的三个极相组。这样,属于 U 相绕组的极相组共有 4 个。

(4)根据每相支路数 $2a=1$ 的要求,按照电动势相加的原则,将四个极相组反向串联构成 U 相绕组,即第一个极相组尾端连接第二极相组的尾端,第二个极相组首端连接第三个极相组的首端,依次类推,称此为“首接首、尾接尾”的连接规律,如图 2-28(a)所示。

(5)根据三相绕组对称的原则,V 相和 W 相绕组的构成方法与 U 相相同,但三相绕组在空间的布置要依次互差 120°电角度。如果把 U 相绕组从 1 号槽的上层边引出线作为首端,V 相和 W 相绕组就应分别从 5 号槽和 9 号槽的上层边引出线作为首端,如图 2-28(b)所示。

从上述分析中可以看出,双层绕组每极每相有一个极相组,电机有 $2p$ 个极,每相绕组就有 $2p$ 个极相组。每相绕组极相组连接时,应遵循电动势相加的原则,再按支路 $2a$ 的要求,可以串联,也可以并联组成一相绕组。这一点与单层绕组是相同的。

另外,在生产实践中,常用表示双层绕组线圈组之间连线的圆形接线图(或称绕组简图)来指导极相组间的接线。上述双层叠绕组简图如图 2-30 所示。由于连接成极相组的

q 个线圈是顺向串联的,电动势方向相同,即可用一段圆弧表示一个极相组,箭头方向规定为极相组感应电动势的正方向(仅表示同一相各极相组电动势方向的相对关系)。这样,U1、V1、W1 相带的箭头为同一方向,而分别相距一个极距的 U2、V2、W2 相带应为反方向。

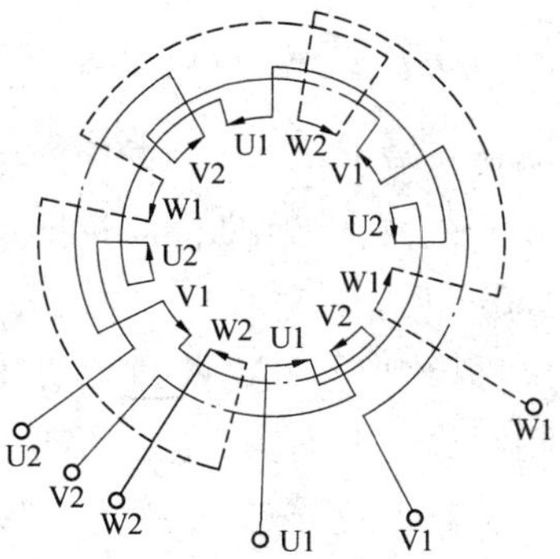

图 2-30 三相双层叠绕组简图 ($p=2,2a=1$)

2. 三相双层波绕组

双层波绕组的相带划分和槽号的分布与双层叠绕组相同,它们的差别在于线圈端部形状和线圈之间连接顺序不同,现说明如下。

如图 2-31 所示,波绕组节距有以下几个:

(1)第一节距 y_1:线圈的两个有效边之间的距离。其与叠绕组的意义相同。

(2)第二节距 y_2:线圈的下层有效边与其紧连的下一个线圈的上层有效边之间的距离。

(3)合成节距 y:两个紧随相连线圈的上层有效边(或下层有效边)之间的距离。

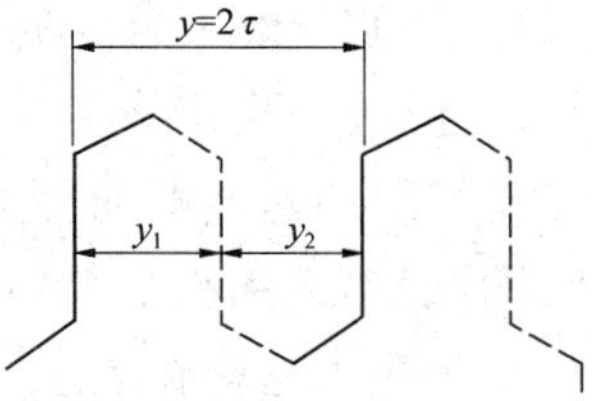

图 2-31 波绕组节距

上述几个节距之间的关系有 $y=y_1+y_2$,为使线圈获得最大的电动势,两个紧随相连的线圈应处在同极性下磁极的位置上。因此,合成节距 y 要满足:

$$y=y_1+y_2=2mq=Z/p(\text{槽})$$

三相四极 24 槽双层波绕组 U 相展开图如图 2-32 所示。

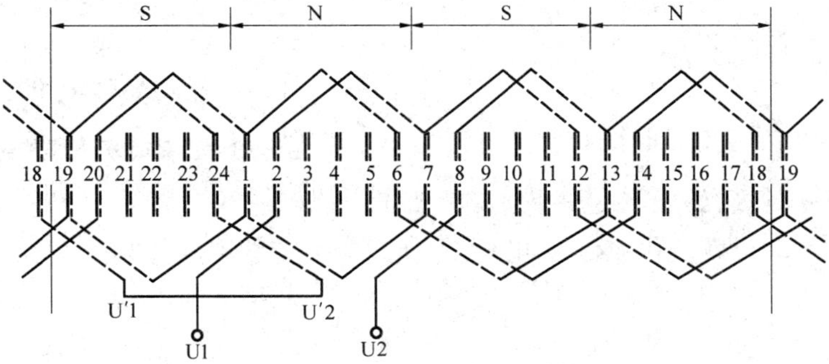

图 2-32 三相四极 24 槽双层波绕组 U 相展开图($2a=1$)

波绕组的优点是可以减少线圈之间的连接线,通常水轮发电机的定子绕组及绕线式异步电动机的转子绕组采用波绕组。

总之,双层绕组的主要优点是,线圈尺寸相同,便于生产,端部排列整齐,机械强度高,可灵活地选择线圈的节距,改善电动势和磁动势的波形,双层绕组一般适用于 10 kW 以上的交流电机。

2.2.2 交流绕组的电动势

码 2-5 微课:交流绕组的电动势

一台交流电机,对其定子绕组感应电动势是有一定要求的。如对同步发电机,它作为供电的电源,对它的三相绕组感应电动势有大小、波形、频率及三相对称的要求。三相绕组电动势对称的问题在 2.1 节已解决,即结构上只要做到三相绕组匝数相同,并对称分布,就能感应出三相对称的电动势。但严格地说,交流电机的气隙磁场沿定子铁芯内圆周是非正弦分布的,用傅里叶级数可分解为基波(正弦波)和一系列高次谐波。实际上,总可以采取措施使电机的气隙磁场基本接近正弦分布,或者说气隙磁场主要是正弦分布的基波磁场,谐波分量很小,因此可先分析正弦磁场下的感应电动势。本节主要讨论在正弦波磁场下绕组电动势的计算方法。

2.2.2.1 正弦磁场下绕组的电动势

从前述可知,交流绕组是由许多同样的线圈按一定规律连接而成的。为了便于理解,讨论交流绕组的基波电动势可以先从分析线圈的一根导体的电动势开始,再按单匝线圈、多匝线圈、线圈组和相绕组的顺序依次分析讨论。

1. 线圈导体电动势 E_{dt}

图 2-33 表示一台二极的同步发电机,转子直流励磁磁通密度 B 沿电机气隙空间按正弦波规律分布,并在原动机的拖动下以 n 的转速逆时针旋转,定子铁芯槽中的线圈导体 U1 或 U2 切割旋转的转子励磁磁场而产生的交变感应电动势为

$$e = Blv$$

其感应电动势频率为

$$f = \frac{n}{60} \quad (\text{Hz})$$

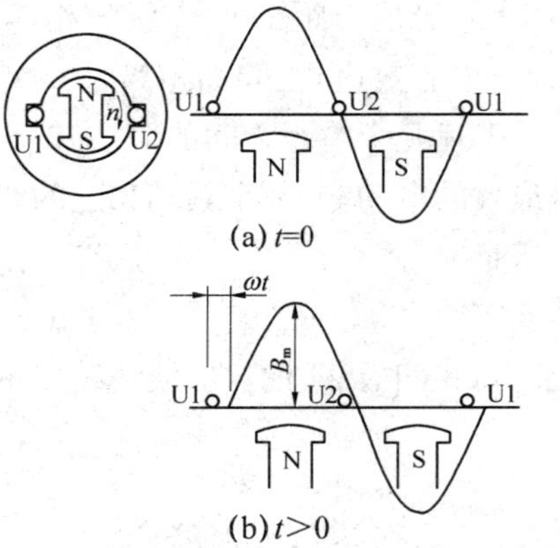

图 2-33 正弦磁场下导体感应电动势

若电机有 p 对极,转子转过一周(360°机械角),导体中的电动势就变化 $p\times360°$ 电角度,所以导体中的电动势频率为

$$f = \frac{pn}{60} \quad (\text{Hz}) \tag{2-8}$$

因气隙磁场为正弦分布,即

$$B_x = B_m \sin \alpha$$

式中 B_m——气隙磁通密度的幅值;

α——距原点 x 的电角度。

而

$$\alpha = \frac{\pi}{\tau}x = \frac{\pi}{\tau}vt = \frac{\pi}{\tau}\cdot\frac{2p\tau n}{60}\cdot t = 2\pi\frac{pn}{60}\cdot t = 2\pi ft = \omega t$$

则导体中的感应电动势为

$$e = B_x lv = B_m lv\sin\omega t = E_m\sin\omega t \tag{2-9}$$

式(2-9)说明,若磁场为正弦分布,导体电动势的波形也为正弦波,那么一根导体正弦感应电动势的有效值为

$$E_{t1} = \frac{E_m}{\sqrt{2}} = \frac{B_m lv}{\sqrt{2}} = \frac{1}{\sqrt{2}}\frac{\pi}{2}B_{av}\cdot lv = \frac{1}{\sqrt{2}}\frac{\pi}{2}B_{av}\cdot l\cdot\frac{n\cdot 2p\tau}{60} = 2.22f\Phi_1 \tag{2-10}$$

式中　B_{av}——每极平均磁通密度;

　　Φ_1——每极基波磁通量。

2. 线圈电动势 E_{C1}

1) 整距线匝(单匝)电动势 $E_{t(y1=\tau)}$

如图 2-34(a)所示,对于节距 $y_1=\tau$ 的整距线匝,若两根导体相隔 180°电角度,则两根导体的电动势有 180°的相位差。从图 2-34(b)中可推导出:

$$\dot{E}_t = \dot{E}_{t1} - \dot{E}_{t1}' = 2\dot{E}_{t1}$$

因此,整距线匝电动势有效值为

$$E_t = 2E_{t1} = 4.44f\Phi_1 \tag{2-11}$$

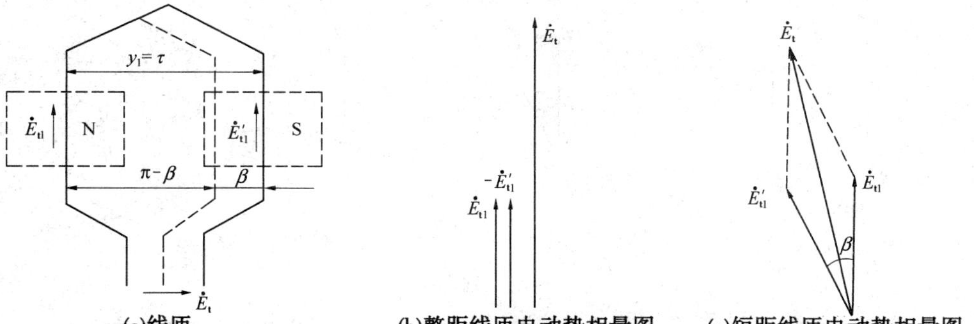

(a)线匝　(b)整距线匝电动势相量图　(c)短距线匝电动势相量图

图 2-34　线匝及电动势相量图

2) 短距线匝电动势 $E_{t(y_1<\tau)}$

由于节距 $y_1<\tau$ 即两根导体相隔的电角度小于 180°电角度,则短距线匝所缩短的电角度是 $\beta = \frac{\tau - y_1}{\tau}\times 180°$,从图 2-34(c)可得

$$E_{t(y_1<\tau)} = 2E_{t1}\cos\frac{\beta}{2} \tag{2-12}$$

故短距线匝电动势要比整距线匝小,若短距线匝基波电动势与该线匝整距时的基波电动势之比为 k_{y1} 则

$$k_{y1} = \frac{E_{t(y_1<\tau)}}{E_{t(y_1=\tau)}} = \cos\frac{\beta}{2} = \sin\left(\frac{y_1}{\tau}\times 90°\right) \tag{2-13}$$

式中　k_{y1}——基波短距系数,且 $k_{y1}<1$。它表示因线匝短距,线匝电动势比整距时减少的折扣系数。

从上面的分析可以看出,短距线匝电动势是两根导体的矢量和,而整距线匝电动势是两根导体的代数和。

因此,短距线匝基波电动势有效值为

$$E_{t(y_1<\tau)} = 4.44f k_{y_1} \Phi_1 \tag{2-14}$$

3) 线圈电动势 E_{C1}

由上面分析可知,对于 N_C 匝数的短距线圈,其电动势应为线匝电动势的 N_C 倍,即

$$E_{C1} = 4.44f N_C k_{y_1} \Phi_1 \tag{2-15}$$

3. 线圈组电动势 E_{q_1}

由交流绕组构成规律知道,无论是单层绕组,还是双层绕组,总是将属于同一相带范围内的 q 个线圈串联成线圈组。q 个线圈分布放置在相邻的 q 个槽中,它们在空间依次相距 α 电角度,从图 2-35 可以看出,线圈组电动势 E_q 等于 q 个线圈电动势的相量和。设 $q=3$,则

$$\dot{E}_{q_1(q>1)} = \dot{E}_{C1} + \dot{E}'_{C1} + \dot{E}''_{C1}$$

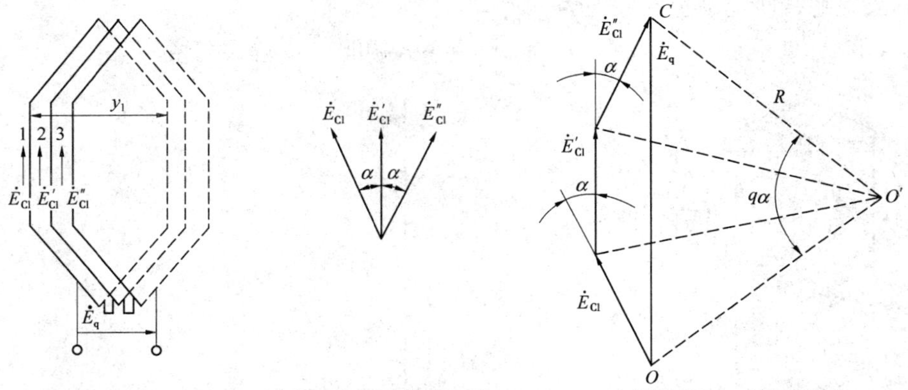

(a)线圈组 (b)线圈电动势相量 (c)线圈组电动势相量和

图 2-35 $q=3$ 的线圈组及电动势相量图

由于 q 个线圈电动势大小相等,依次差 α 电角度,因此 q 个相量相加,构成正多边形的一部分。设 R 为该正多边形外接圆的半径,由几何原理可知线圈电动势为

$$E_{C1} = 2R\sin\frac{\alpha}{2}$$

当 q 个线圈分布放置时,线圈组电动势 $E_q = 2R\sin\frac{q\alpha}{2}$,而将 q 个线圈集中放置时,则线圈组电动势为

$$E'_q = qE_{C1} = 2qR\sin\frac{\alpha}{2}$$

若将 q 个线圈分布放置时线圈组电动势与 q 个线圈集中放置时的电动势之比称为绕组基波分布系数 k_{q1},则

$$k_{q_1}=\frac{E_q}{E'_q}=\frac{2R\sin\frac{q\alpha}{2}}{2qR\sin\frac{\alpha}{2}}=\frac{\sin\frac{q\alpha}{2}}{q\sin\frac{\alpha}{2}} \tag{2-16}$$

基波分布系数 $k_{q1}<1$,因为线圈分布放置时,线圈组电动势是 q 个线圈电动势的相量和,而集中放置时线圈组电动势是 q 个线圈电动势的代数和,它表示分布放置的线圈组电动势对应于集中放置的线圈组电动势所打的折扣。这样就有

$$E_q=E'_q k_{q1}=qE_{C1}k_{q1}=4.44f\Phi_1 qN_C k_{y1}k_{q1}=4.44fqN_C k_{w1}\Phi_1 \tag{2-17}$$

式中　k_{w1}——基波绕组系数,$k_{w1}=k_{y1}\times k_{q1}$。

4. 相电动势 E_{Φ_1} 和线电动势 E_l

对于双层绕组,若电机有 p 对极,则每相有 $2p$ 个线圈组,根据需要可串联或并联组成 $2a$ 条支路,因此绕组基波相电动势为

$$E_{\Phi_1}=\frac{2p}{2a}E_q=4.44f\Phi_1 k_{w1}\frac{2pqN_C}{2a}=4.44fk_{w1}N\Phi_1 \tag{2-18}$$

式中　N——双层绕组每相每条支路的串联匝数,$N=\frac{2pqN_C}{2a}$。

对于单层绕组,若电机有 p 对极,则每相有 p 个线圈组,根据需要可串联或并联组成 $2a$ 条支路,因此相电动势为

$$E_{\Phi_1}=\frac{p}{2a}E_q=4.44f\Phi_1 k_{w1}\frac{pqN_C}{2a}=4.44fk_{w1}N\Phi_1 \tag{2-19}$$

式中　N——单层绕组每相每条支路的串联匝数,$N=\frac{pqN_C}{2a}$。

上述分析说明,同步发电机在额定频率下运行时,其相电动势的大小与转子的每极磁通量成正比。若要调节同步发电机的电压,可以调节转子的励磁电流,即改变转子每极磁通量 Φ_1。

需要说明的是,这里讨论的是正弦磁场下绕组的电动势,所以式(2-19)是相绕组的基波电动势,频率是基波频率,磁通量是基波的磁通量,绕组系数是基波的绕组系数。

三相交流电机的绕组一般为 Y 形或△形接法(发电机均为 Y 形接法,电动机为 Y 形或△形接法)。

对三相 Y 形接法,线电动势 $E_l=\sqrt{3}E_\Phi$;

对三相△形接法,线电动势 $E_l=E_\Phi$。

【例 2-1】 有一台三相同步发电机,$Z=36$ 槽,$f=50$ Hz,$p=2$ 对极,线圈节距 $y_1=\frac{8}{9}\tau$,每个线圈的匝数 $N_C=9$ 匝,定子采用双层短距叠绕组,三相 Y 形接法,$2a=1$,每极磁通量 $\Phi_1=1.016\times10^{-2}$Wb,试求:①电机的额定转速 n_N 是多少?②该发电机的相绕组电动势 E_{Φ_1} 是多少?③该发电机的线电动势 E_l 是多少?

解:(1)额定转速:$n_N=\frac{60f}{p}=\frac{60\times50}{2}=1\ 500(\text{r/min})$

极距：$\tau = \frac{Z}{2p} = \frac{36}{2 \times 2} = 9$(槽)

槽距角：$\alpha = \frac{p \times 360°}{Z} = \frac{2 \times 360°}{36} = 20°$

每极每相槽数：$q = \frac{Z}{2pm} = \frac{36}{2 \times 2 \times 3} = 3$(槽)

短距系数：$k_{y1} = \sin(\frac{y_1}{\tau} \times 90°) = \sin(\frac{8}{9} \times 90°) = 0.9848$

分布系数：$k_{q1} = \frac{\sin\frac{q\alpha}{2}}{q\sin\frac{\alpha}{2}} = \frac{\sin\frac{3 \times 20°}{2}}{3 \times \sin\frac{20°}{2}} = 0.9598$

绕组系数：$k_{w1} = k_{y1} \times k_{q1} = 0.9848 \times 0.9598 = 0.9452$

(2)相电动势：

$$E_{\Phi_1} = 4.44f\frac{2pqN_C}{2a}k_{w1}\Phi_1$$

$$= 4.44 \times 50 \times 1.016 \times 10^{-2} \times \frac{2 \times 2 \times 3 \times 9}{1} \times 0.9452 = 230.2(\mathrm{V})$$

(3)线电动势：

$$E_1 = \sqrt{3}E_{\Phi_1} = \sqrt{3} \times 230.2 = 400(\mathrm{V})$$

2.2.2.2 高次谐波电动势及削弱方法

1. 非正弦磁场的分析

实际中，要做到电机沿定子铁芯内圆的气隙磁场完全按正弦规律分布是很难的，只能做到近似按正弦规律分布，也就是说，还有极少量的高次谐波(3次及以上谐波统称为高次谐波)。下面讨论气隙磁场非正弦规律分布引起的高次谐波电动势问题。

现以凸极同步发电机为例，图2-36所示为一对磁极下的气隙磁通密度分布，沿气隙圆周的分布一般视为平顶波，应用傅里叶级数，可分解为基波和一系列的高次谐波。即

$$B_\delta = B_{1m}\cos\frac{\pi}{\tau}x + B_{3m}\cos\frac{3\pi}{\tau}x + B_{5m}\cos\frac{5\pi}{\tau}x + B_{7m}\cos\frac{7\pi}{\tau}x + \cdots + B_{vm}\cos\frac{v\pi}{\tau}x + \cdots \tag{2-20}$$

式中　v——谐波次数(v=1、3、5、7、…)。

由图2-36可知，v次谐波磁场的极对数p应是基波的v倍，槽距电角度也是基波的v倍，而极距为基波的$1/v$，但谐波磁场转速n_v仍是转子转速n，所以v次谐波磁场的频率f_v是基波频率的v倍，即

$$p_v = vp,\ \tau_v = \tau/v,\ f_v = vf$$

那么对于相绕组的v次谐波电动势，其表达式应为

$$E_{\Phi v} = 4.44f_v k_{wv} N\Phi_v \tag{2-21}$$

式中　k_{wv}——v次谐波绕组系数，$k_{wv} = k_{yv}k_{qv}$，其中k_{yv}为v次谐波短距系数，k_{qv}为v次谐波分布系数。

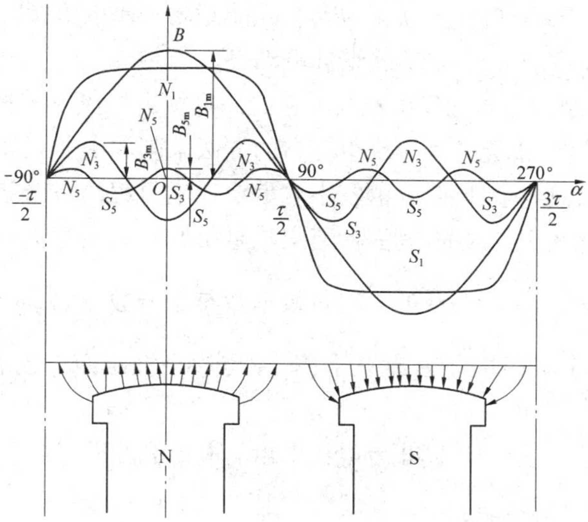

图 2-36 一对磁极下的气隙磁通密度分解图

由于谐波磁场的存在,会在电枢绕组中感应高次谐波电动势。谐波电动势在很多方面会产生危害,如影响电器设备的性能,引起附加损耗、产生噪声、对通信造成干扰等。因此,必须对高次谐波电动势采取措施加以削弱或消除,特别是对影响较大的 3、5、7 次谐波,应作为削弱或消除的重点。

2. 高次谐波电动势削弱方法

为了改善电动势的波形,必须设法削弱高次谐波电动势,特别是影响较大的 3、5、7 次谐波电动势,常用的方法有如下几种:

(1)转子方面改善主极(励磁)磁场分布。对凸极式同步发电机,采用非均匀气隙,可通过优化主磁极的极靴外形削弱高次谐波电动势,最大气隙 δ_{max} 与最小气隙 δ_{min} 之比一般取值为 1.5~2.0,极靴宽度 b_p 与极距 τ 之比在 0.70~0.75。对隐极同步发电机,可通过改善励磁绕组的分布范围来削弱高次谐波电动势,每极范围内安放励磁绕组部分与极距之比一般取值为 0.70~0.80。实践表明,当采取上述措施后,同步电机主极磁场的波形就比较接近正弦波形。

(2)将三相绕组接成 Y 形,可消除线电动势中的 3 次及其倍数的奇次谐波。

在相电动势中,各相的三次谐波电动势大小相等、相位相同。采用 Y 形接法时,线电动势中的三次谐波电动势互相抵消。同理,也不存在 3 的倍数的奇次谐波电动势。

当三相绕组采用△形接法时,由于三相的 3 次谐波电动势同相位、同大小,就会在闭合的三角形回路内产生环流,可以分析得出线电压中不会出现 3 次谐波。同理,也不会出现 3 的倍数次谐波。但当采用△形接法时,由于闭合回路中的 3 次谐波环流引起附加损耗,使电机效率降低、温升增加,所以同步发电机一般采用 Y 形接法。

(3)采用短距绕组来削弱谐波电动势。只要合理地选择线圈节距,使某次谐波的短距系数等于或接近于零,就可消除或削弱该次谐波电动势。如要消除 5 次谐波电动势,则取 $y=\frac{4}{5}\tau$。

(4)采用分布式绕组来削弱谐波电动势。适当地增加每极每相槽数 q,就可使某次谐波的分布系数接近于零,从而削弱该次谐波电动势。

(5)采用分数槽绕组。水轮发电机及低速交流电机由于极数较多,极距相对较小,每极每相槽数 q 就较小,不能充分利用绕组分布的方法来削弱由非正弦分布的磁场所感应的电动势中的高次谐波分量,同时 q 值较小时齿槽效应引起的齿谐波电动势次数较低而数值较大。为解决上述两方面的问题,低速交流电机通常采用每极每相槽数 q 为分数的方法。所谓分数槽绕组,是指一相的平均每极槽数是个分数,例如 $q = 2\frac{1}{2}$,即表示每两个极距中,各相在一个极距内各占有三个槽,在另一个极距内只占有两个槽,在此不作赘述。

由于采取了上述措施,所以同步发电机发出的电动势波形可近似视为正弦波。

2.2.3 交流绕组的磁动势

码 2-6 微课:交流绕组的磁动势

在同步电机中,当定子三相绕组流过交流电流时将建立起定子旋转磁动势,它对电机能量转换和运行性能都有很大影响。下文讨论定子磁动势的分布规律及特点。

2.2.3.1 单相脉动磁动势

与讨论相绕组中感应电动势相似,先讨论线圈磁动势、线圈组磁动势,最后讨论一相绕组的磁动势。

1. 整距线圈的磁动势

如图 2-37 所示,一台两极同步电机,假设其定子、转子之间的气隙均匀,铁芯中磁阻为零。

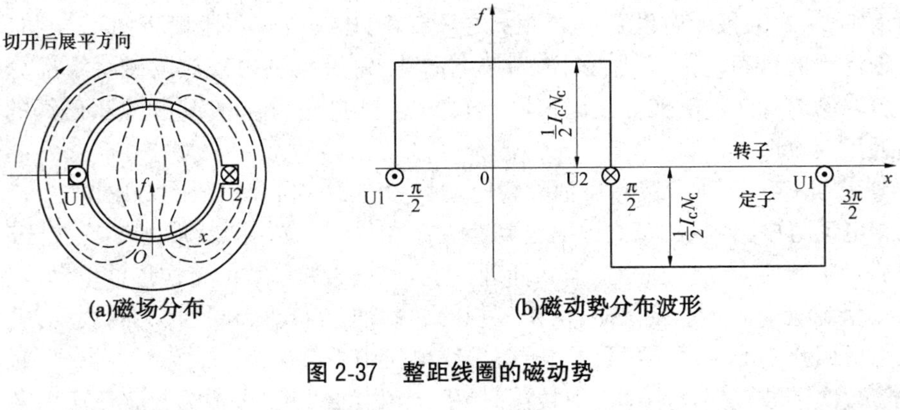

图 2-37 整距线圈的磁动势

定子铁芯内有一个匝数为 N_C 的整距线圈,图 2-37 所示瞬间线圈中流过的交流电流最大值为 $\sqrt{2}I_C$,并从 U2 端流入,U1 端流出。载流线圈建立起两极磁场,如图 2-37(a)中虚线所示。对定子来说,从定子内圆周表面穿出的磁场为 N 极,穿入定子内圆周表面的磁场为 S 极。由于电机结构对称,所以这个磁场的分布是对称于线圈轴线的。

根据全电流定律可知,闭合磁路的磁动势等于该磁路所包围的全部安匝数。所以,

图 2-37(a)所示磁路的磁动势应等于 $\sqrt{2}I_C N_C$ 。因假设铁芯的磁阻不计,则线圈的磁动势全部作用在两个气隙上,又因气隙均匀,则作用在每个气隙上的磁动势应等于线圈磁动势的一半,即 $\frac{1}{2}\sqrt{2}I_C N_C$ 。这个磁动势被称为气隙磁动势。

为了分析和作图方便,可把气隙沿圆周展开成直线,并放在直角坐标系中。定子内圆展开的直线为横坐标,表示沿气隙圆周方向的距离;U1、U2 线圈的轴线为纵坐标,坐标原点选在线圈轴线与定子内圆表面展开直线的正交处。假设电流从尾端 U2 流入,从首端 U1 流出为正方向,磁动势从定子到转子规定为正,从转子到定子规定为负,则可用图 2-37(b)所示曲线表示整距线圈磁动势沿气隙的空间分布。即整距线圈磁动势在气隙中的分布是一个矩形波,其最大振幅为 $F_{Cm} = \frac{1}{2}\sqrt{2}I_C N_C$,宽度为一个线圈的宽度。

以上所述是线圈中电流达到最大值的情况。实际上,线圈中的电流是交变的,设 $i = \sqrt{2}I_C\cos\omega t$,则线圈磁动势的振幅为

$$f_C = \frac{1}{2}\sqrt{2}I_C N_C\cos\omega t \tag{2-22}$$

式(2-22)表明,当线圈中电流交变时,线圈磁动势在空间上沿气隙的分布仍是矩形波,且轴线固定不动,但其幅值随时间按余弦规律变化。也就是说,整个磁动势波不能移动只能脉动,脉动的频率即电流的频率。图 2-38 所示为不同瞬间的矩形脉动磁动势波形。

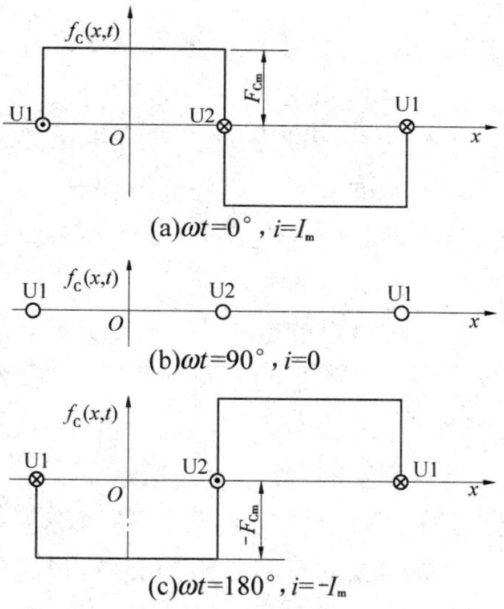

图 2-38　不同瞬间的矩形脉动磁动势波形

线圈磁动势沿气隙分布的周期性矩形波,可用傅里叶级数分解为基波和一系列高次谐波。高次谐波磁动势与高次谐波电动势一样,在电机设计制造时要采取措施予以消除和削弱,在电机运行中起主要作用的是基波磁动势,为简化起见,本节只分析基波磁动势。

对于在空间上按矩形波分布的脉动磁动势,可根据傅里叶级数分解为基波和一系列奇次谐波。基波磁动势的幅值应为矩形波幅值的 $\frac{4}{\pi}$ 倍,则基波磁动势的表达式为

$$f_{C1} = \frac{4}{\pi}\frac{1}{2}\sqrt{2}I_C N_C\cos\omega t\cdot\cos\frac{\pi}{\tau}x = 0.9I_C N_C\cos\omega t\cdot\cos\frac{\pi}{\tau}x \tag{2-23}$$

式(2-23)中 x 指距原点 x 处的空间距离。由于同步电机的线圈一般都是短距的,考虑到短距线圈对磁动势的削弱作用,则短距线圈的基波磁动势为

$$f_{C1} = 0.9I_C N_C k_{y1} \cos \omega t \cdot \cos \frac{\pi}{\tau}x \tag{2-24}$$

式中　k_{y1}——基波磁动势的短距系数,它的计算方法和物理意义与感应电动势的短距系数相同。

综上所述,线圈基波磁动势的特点为:磁动势沿电枢表面按余弦规律分布,其幅值随时间按余弦规律在正、负最大值之间脉动。

2. 线圈组的磁动势

在计算线圈组的磁动势时,要注意到线圈组的匝数。单层绕组的一个线圈组的匝数等于 qN_C,双层绕组的一个线圈组的匝数应包括上下两层线圈的匝数,即等于 $2qN_C$。将上述匝数代入线圈基波磁动势最大幅值公式 $0.9I_C N_C k_{y1}$,再考虑分布式线圈对磁动势的削弱作用,则

单层线圈组基波磁动势为

$$f_{q1} = 0.9I_C qN_C k_{y1} k_{q1} \cos \omega t \cdot \cos \frac{\pi}{\tau}x = 0.9I_C qN_C k_{w1} \cos \omega t \cdot \cos \frac{\pi}{\tau}x \tag{2-25}$$

双层线圈组基波磁动势为

$$f_{q1} = 0.9I_C 2qN_C k_{y1} k_{q1} \cos \omega t \cdot \cos \frac{\pi}{\tau}x = 0.9I_C 2qN_C k_{w1} \cos \omega t \cdot \cos \frac{\pi}{\tau}x \tag{2-26}$$

式中　k_{q1}——基波磁动势的分布系数,它的计算方法和物理意义与感应电动势的分布系数相同;

k_{w1}——基波磁动势的绕组系数,$k_{w1} = k_{q1} k_{y1}$。

同步电机采用了短距绕组和分布式线圈以后,虽然使基波磁动势的幅值有所减小,但因此能改善磁动势的波形,在此不再叙述。

3. 单相绕组的磁动势

在一对磁极的电机中,双层绕组有两个线圈组,单层绕组有一个线圈组。事实上,双层绕组两个线圈组的磁动势就是一相绕组的磁动势;单层绕组一相绕组的磁动势就是每对磁极下一个线圈组的磁动势。这是因为一相绕组的磁动势,并不是组成每相绕组的所有线圈组产生的合成,而是指这个绕组在一对磁极下的线圈组所产生的合成磁动势。其原因是在多对磁极的电机中,每对磁极有两个线圈组(双层)或一个线圈组(单层),但各对磁极下的磁动势和磁阻构成各自独立的分支磁路,电机若有 p 对磁极就有 p 条并联的对称分支磁路。因此,不论磁极对数多少,对于双层绕组,一相绕组的磁动势等于两个线圈组的磁动势;对于单层绕组,一相绕组的磁动势等于一个线圈组的磁动势。

为使公式便于实际应用,一相绕组的磁动势常用相电流 I 和每相每支路串联匝数 N 来表示。若某相绕组的支路数为 $2a$,线圈中流过的电流为 $\frac{I}{2a}$,在双层绕组中每相有 $2p$ 个线圈,每相串联匝数为

$$N = \frac{2pqN_C}{2a} \tag{2-27}$$

则

$$2qN_C = \frac{2a}{p}N$$

在单层绕组中，每相有 p 个线圈，每相串联匝数为

$$N=\frac{pqN_C}{2a} \tag{2-28}$$

则
$$qN_C=\frac{2a}{p}N$$

将式(2-27)和式(2-28)代入式(2-25)和式(2-26)，便可得到单相绕组基波磁动势公式为

$$\begin{aligned} f_{\Phi_1} &= 0.9I_C\frac{2a}{p}Nk_{w1}\cos\omega t\cdot\cos\frac{\pi}{\tau}x=0.9\frac{Nk_{w1}}{p}I\cos\omega t\cdot\cos\frac{\pi}{\tau}x \\ &= F_{\Phi_1}\cos\omega t\cdot\cos\frac{\pi}{\tau}x(\text{安匝/对极}) \end{aligned} \tag{2-29}$$

式中　F_{Φ_1}——相绕组脉动磁势的幅值，$F_{\Phi_1}=0.9\frac{Nk_{w1}}{p}I$。

综合上面的分析，可得如下结论：

(1)单相绕组产生的基波磁动势是一个脉动磁动势。它在空间中按余弦规律分布，其位置固定不变；各点的磁动势大小又随时间按余弦规律脉动，脉动频率为电流的频率。

(2)单相脉动磁动势即是一对极下一相线圈组的磁动势，双层绕组一对极下含有两个线圈组，单层绕组一对极下只有一个线圈组。

(3)单相脉动基波磁动势的最大幅值为 $0.9\frac{Nk_{w1}}{p}I$，其幅值位置在相绕组的轴线上。

2.2.3.2　三相基波旋转磁动势

由于电机定子绕组是三相对称绕组，它们结构相同，只是各相绕组的轴线在空间互差120°电角度，当它们流过三相对称交流电流时，三相对称绕组联合产生的磁动势是一旋转磁动势。

1. 数学分析法

现将坐标原点($x=0$)选在 U 相绕组的轴线上，设三相电流为

$$i_U=\sqrt{2}I\cos\omega t$$
$$i_V=\sqrt{2}I\cos(\omega t-120°)$$
$$i_W=\sqrt{2}I\cos(\omega t+120°)$$

那么，根据前面讨论的单相磁动势表示式，定子 U、V、W 三相对称绕组的基波磁动势则可表示为

$$f_{U1}=F_{\Phi_1}\cos\omega t\cdot\cos\frac{\pi}{\tau}x$$

$$f_{V1}=F_{\Phi_1}\cos(\omega t-120°)\cdot\cos(\frac{\pi}{\tau}x-120°)$$

$$f_{W1}=F_{\Phi_1}\cos(\omega t+120°)\cdot\cos(\frac{\pi}{\tau}x+120°)$$

利用三角公式将各相磁动势进行分解：

$$f_{U1}=\frac{1}{2}F_{\Phi_1}\cos(\omega t-\frac{\pi}{\tau}x)+\frac{1}{2}F_{\Phi_1}\cos(\omega t+\frac{\pi}{\tau}x) \tag{2-30}$$

$$f_{V1}=\frac{1}{2}F_{\Phi_1}\cos(\omega t-\frac{\pi}{\tau}x)+\frac{1}{2}F_{\Phi_1}\cos(\omega t+\frac{\pi}{\tau}x-240^\circ) \tag{2-31}$$

$$f_{W1}=\frac{1}{2}F_{\Phi_1}\cos(\omega t-\frac{\pi}{\tau}x)+\frac{1}{2}F_{\Phi_1}\cos(\omega t+\frac{\pi}{\tau}x-120^\circ) \tag{2-32}$$

将式(2-30)、式(2-31)、式(2-32)相加可知,三式中的第一项一样,即三相的正转分量在任何时候空间位置相同。而第二项互差120°,即三相的反转分量在任何时候相互抵消,其和为0,于是得到三相合成磁动势基波为

$$f_1=f_{U1}+f_{V1}+f_{W1}=\frac{3}{2}F_{\Phi_1}\cos(\omega t-\frac{\pi}{\tau}x)=F_1\cos(\omega t-\frac{\pi}{\tau}x) \tag{2-33}$$

三相合成磁动势基波幅值为 F_1,其表示为

$$F_1=\frac{3}{2}F_{\Phi_1}=\frac{3}{2}\cdot\frac{4}{\pi}\cdot\frac{\sqrt{2}}{2}\frac{Nk_{w1}}{p}\cdot I=1.35\frac{Nk_{w1}}{p}\cdot I \tag{2-34}$$

即三相合成磁动势幅值,是一相脉动磁动势幅值 $F_{\Phi 1}$ 的 $\frac{3}{2}$ 倍。当电机制成之后,F_1 大小正比于通入的相电流 I 的大小,若电流不变,则幅值是恒定值。

$f_1=F_1\cos(\omega t-\frac{\pi}{\tau}x)$ 是一个行波表示式,因此三相合成磁场是一旋转磁场,它是时间 t 和空间 x 的函数。随着时间的推移,此余弦分布的磁动势波幅值大小和波形不变,朝着 x 的正方向行进。若以空间矢量表示此旋转磁动势,矢量端点的轨迹为圆形,故称为圆形旋转磁动势。

使用$f_1=F_1\cos(\omega t-\frac{\pi}{\tau}x)$ 的解析式,可以判定旋转磁动势的转速、转向和正幅值瞬时所在位置。

当 $\omega t=0$ 时(U 相电流有最大值时刻),在 $x=0$ 处,$f_1=F_1$,即起始时刻三相磁动势正幅值在 U 相轴线处;当 $\omega t=120°$时(即 V 相电流有最大值时刻)观察幅值,即令

$$f_1=F_1\cos(\omega t-\frac{\pi}{\tau}x)=F_1$$

$$\cos(\omega t-\frac{\pi}{\tau}x)=1$$

所以

$$\frac{\pi}{\tau}x=\omega t=120^\circ$$

表示此时刻三相磁动势幅值到达 V 相绕组轴线处。同理可证明,当 $\omega t=240°$ 时,$\frac{\pi}{\tau}x=\omega t=240°$,即三相磁动势幅值到达 W 相绕组轴线处。以上分析再次论证了前述结论:当某相电流达最大值时,三相磁动势的正幅值到达该相绕组轴线处。因此,当改变通入三相绕组的电流相序时,例如改为 U→W→V,则可以改变旋转磁动势的旋转方向。

2. 图解分析法

三相基波合成磁动势还可用较为直观的图解法来分析。

图 2-39 为三相对称交流电流的波形。三相对称绕组在电机定子中采用三个集中线圈表示,如图 2-40 所示。为了便于分析,假定某瞬间电流为正值时,电流从绕组的末端流入,首端流出;某瞬间电流为负值时,则从绕组的首端流入,末端流出。电流流入绕组用⊗表示,流出绕组用⊙表示。

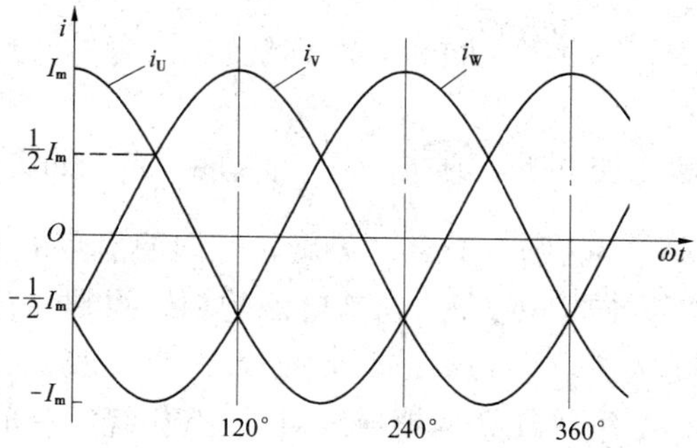

图 2-39 三相对称交流电流

前面已述,每相交流电流所产生脉动基波磁动势的大小与电流成正比,其方向可用右手螺旋定则确定。每相基波磁动势的幅值位置均处在该相绕组的轴线上。

由图 2-39 可知,当 $\omega t=0$ 时,$i_U=I_m, i_V=i_W=-\frac{1}{2}I_m$。U 相基波磁动势向量 $\vec{F}_U$ 幅值为最大,等于 $F_{\Phi 1}$,V、W 相基波磁动势的幅值等于 $-\frac{1}{2}F_{\Phi_1}$,如图 2-40(a)所示。此时,U 相电流达到最大值,三相基波合成磁动势 $\vec{F}_1$ 的幅值恰好处在 U 相绕组的轴线上,将各相磁动势向量相加,其幅值 $F_1=\frac{3}{2}F_{\Phi 1}$。

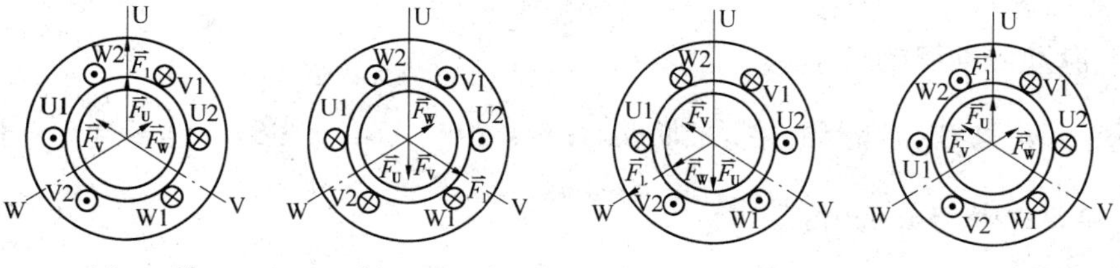

图 2-40 三相合成磁动势的图解

按同样的方法,继续分析 $\omega t=120°$、$\omega t=240°$、$\omega t=360°$ 几个瞬间时的情况。当 $\omega t=120°$时,V 相电流达到最大值,三相基波合成磁动势 $\vec{F}_1$ 旋转到 V 相绕组的轴线上,如图 2-40(b)所示;当 $\omega t=240°$时,W 相电流达到最大值,三相基波合成磁动势 $\vec{F}_1$ 旋转到 W 相绕组的轴线上,如图 2-40(c)所示。当 $\omega t=360°$时,U 相电流又达到最大值,基波合成磁动势 $\vec{F}_1$ 旋转到 U 相绕组的轴线上,如图 2-40(d)所示。从图 2-40 可知,无论任一瞬时,基波合成磁动势的幅值 $F_1=\frac{3}{2}F_{\Phi_1}$ 始终保持不变,同时电流变化每一个周期,基波合成磁动势 $\vec{F}_1$ 相应地在空间旋转了 360°电角度。对于一对极电机,基波合成磁动势 $\vec{F}_1$ 也在空间旋转了 360°机械角度,即旋转了一周。对于 p 对极的电机,则基波合成磁动势 $\vec{F}_1$ 在空

间旋转了 $\frac{360°}{p}$ 机械角度,即旋转 $\frac{1}{p}$ 周。因此,p 对极的电机,当电流变化 f Hz 时,旋转磁动势在空间的转速 $n_1=\frac{f}{p}(\mathrm{r/s})=\frac{60f}{p}(\mathrm{r/min})$,即为同步转速。图 2-40 中,电流的相序为 U→V→W,则合成磁动势旋转方向便沿着 U 相绕组轴线→V 相绕组轴线→W 相绕组轴线的正方向旋转,即从超前电流的相绕组轴线转向滞后电流的相绕组轴线。不难理解,若要改变电机定子旋转磁动势的转向,只要改变三相交流电流的相序,即把三相电源接到电机三相绕组的任意两根导线对调,三相绕组中的电流相序就将改变为 U→W→V,旋转磁动势随之改变为反向旋转。

综合上述分析,三相绕组产生的磁动势具有以下特征:

(1)三相对称绕组产生的磁动势是一旋转磁动势,其幅值 $F_1=\frac{3}{2}F_{\Phi_1}=1.35\frac{Nk_{w1}}{p}\cdot I$,即为一相绕组磁动势幅值的 $\frac{3}{2}$ 倍,当电流 I 恒定时,其幅值也有恒定值。

(2)当某相电流达最大值时,三相磁动势的幅值也转到该相绕组的轴线上。

(3)其转速为同步转速 $n_1=\frac{60f}{p}(\mathrm{r/min})$。

(4)旋转磁动势的转向取决于电流的相序。当电流的相序为 U→V→W→U 时,三相磁动势的转向也为 U→V→W→U;当电流的相序为 U→W→V→U 时,三相磁动势的转向也为 U→W→V→U。

2.2.3.3 脉动磁动势的分解

根据三角函数积化和差的关系,即 $\cos\alpha\cos\beta=\frac{1}{2}\cos(\alpha-\beta)+\frac{1}{2}\cos(\alpha+\beta)$,可将相绕组的脉动磁动势分解为:

$$\begin{aligned}f_{\Phi_1}&=F_{\Phi_1}\cos\omega t\cdot\cos\frac{\pi}{\tau}x=\frac{1}{2}F_{\Phi_1}\cos(\omega t-\frac{\pi}{\tau}x)+\frac{1}{2}F_{\Phi_1}\cos(\omega t+\frac{\pi}{\tau}x)\\&=f^{(+)}+f^{(-)}\end{aligned}\tag{2-35}$$

式中 $f^{(+)}$——正转磁动势分量,$f^{(+)}=\frac{1}{2}F_{\Phi_1}\cos(\omega t-\frac{\pi}{\tau}x)$;

$f^{(-)}$——反转磁动势分量,$f^{(-)}=\frac{1}{2}F_{\Phi_1}\cos(\omega t+\frac{\pi}{\tau}x)$。

由式(2-35)可知,单相交流绕组所产生的脉动磁动势可以分解为两个大小相等、转速相同,但转向相反的旋转磁动势,每一旋转磁动势的幅值是脉动磁动势最大幅值的一半,每一旋转磁动势的转速为同步转速 n_1,它取决于电机的磁极对数 p 和电流的频率 f,即 $n_1=\frac{60f}{p}(\mathrm{r/min})$。当脉动磁动势的幅值达到最大时,两个旋转磁动势向量恰好与脉动磁动势的向量同向。

小 结

(1) 交流电机的绕组是由许多个相同线圈按一定规律连接而成的。线圈主要有叠绕组线圈和波绕组线圈两种。三相绕组构成的原则是力求获得最大的基波电动势和磁动势，并尽可能地削弱高次谐波电动势和磁动势，保证三相电动势对称，同时应考虑节省材料和工艺简便。

(2) 交流绕组电动势的大小及波形与气隙磁场的大小和分布、绕组的排列及连接方式有密切关系。

(3) 交流电机的绕组相电动势的基波有效值为 $E_{\Phi_1} = 4.44fk_{w1}N\Phi_1$。

(4) 削弱高次谐波电动势的措施主要有：改善主极(励磁)磁场的分布，采用短距线圈、分布式绕组和三相绕组采用 Y 接法，使得发电机绕组所感应的电动势的波形基本上为正弦波。

(5) 单相交流绕组所产生的磁动势是脉动磁动势，可以分解为两个大小相等、转速相同，但转向相反的旋转磁动势。每一旋转磁动势的幅值是脉动磁动势最大幅值的一半。每一旋转磁动势的转速为同步转速 n_1。

(6) 三相绕组产生的磁动势是一个旋转磁动势，其幅值为 $F_1 = \frac{3}{2}F_{\Phi_1} = 1.35\frac{Nk_{w1}}{p} \cdot I$，即为单相绕组磁动势幅值的 $\frac{3}{2}$ 倍，当电流 I 恒定时，其幅值也恒定；当某相电流达最大值时，三相合成磁动势的幅值也转到该相绕组的轴线上；其转速为同步转速 $n_1 = \frac{60f}{p}$ (r/min)；其转向由电流的相序决定。

(7) 交流电机采用短距线圈和分布式绕组，能很大程度地削弱高次谐波电动势和高次谐波磁动势，改善电机的电动势波形和磁动势波形，从而改善电机的运行性能。

习 题

任务 2.2 在线习题

一、填空题

1. 同步电机按每极下每一相所占的槽数等于整数或分数，绕组可分为______绕组和______绕组。

2. ____________________称为极距，极距也可用每个______下______所占有的定子槽数来表示。若定子铁芯总槽数为 Z，则极距 τ=______。

3. 一个线圈的两个线圈边沿圆周相隔的定子槽数，称为线圈的________。

4. ________________________称为每极每相槽数，用 q 表示，q=______；$q=1$ 时称为______绕组，当 $q>1$ 时称为______绕组。

5. 双层绕组的最大优点是______________。

二、判断题

1. 交流电机的定子绕组产生的电动势是正弦波。(　　)
2. 交流电机的转子绕组产生的电动势是正弦波。(　　)
3. 交流电机的定子绕组产生的磁动势是正弦波。(　　)
4. 交流电机的转子绕组产生的磁动势是正弦波。(　　)
5. 交流电机的电动势和磁动势都是正弦波。(　　)
6. 交流电机的电动势和磁动势都是方波。(　　)

三、选择题

1. 电机圆周在几何上占有角度360°,称为机械角。p 对磁极的电机,在360°几何空间范围内有 p 个周期,即有(　　)度电角度。

A. $360/p$　　B. $360p$　　C. 360　　D. 其他

2. 隐极电机气隙是(　　)。

A. 均匀　　B. 不均匀　　C. 不一定　　D. 其他

3. 对称的三相绕组内流过对称的三相正弦电流时,三相合成磁势的基波是一个在空间按正弦分布、幅值恒定的旋转磁势波,其幅值为每相脉振磁势幅值的(　　)。

A. 1/2　　B. 1 倍　　C. 3/2 倍　　D. 其他

4. 交流电机中的电角度与机械角度之间的关系为(　　)。

A. 电角度总是等于机械角度

B. 电角度等于磁极对数乘以机械角度

C. 电角度等于机械角度除以磁极对数

D. 电角度与机械角度之间无任何关系

5. 一台三相六极异步电动机的电角度为(　　)。

A. 360°　　B. 720°　　C. 1 080°　　D. 480°

6. 一台二极24槽单层绕组的三相异步电动机,其每极每相的槽数 q 的数值为(　　)。

A. 2 槽　　B. 4 槽　　C. 6 槽　　D. 8 槽

四、问答题

1. 短距系数和分布系数的物理含义是什么?采用短距线圈和分布式绕组,对绕组的电动势和磁动势有何影响?

2. 试说明一相交流绕组基波感应电动势的频率、波形及大小与哪些因素有关。

3. 有一台三相汽轮同步发电机,额定频率 $f=50$ Hz,转子磁极对数 $p=1$,定子槽数 $Z=54$,线圈节距 $y=22$ 槽,匝数 $N_C=1$,绕组为三相双层短距叠绕组,采用 Y 接法,每相的支路数 $2a=1$,该发电机空载运行时磁通量 $\Phi_1=0.994\ 5$ Wb,试求:相绕组电动势的基波有效值 E_{Φ_1}。

4. 有一台水轮同步发电机,$f=50$ Hz,$n_N=1\ 000$ r/min,采用短距双层分布式绕组,

$q=3$，线圈节距 $y=\frac{5}{6}\tau$，每相串联匝数 $N=72$ 匝，每相的支路数 $2a=1$，三相Y接法，磁通量 $\Phi_1=8.9\times10^{-3}$ Wb，试求：电机的极对数 p、定子槽数 Z、相电动势 E_{Φ_1}。

5. 试比较单相交流绕组与三相交流绕组产生的磁动势的特点。

6. 国产三相汽轮发电机，额定功率 $P_N=6\ 000$ kW，极对数 $p=1$，$f=50$ Hz，额定电压 $U_N=6.3$ kV，Y接法，$\cos\varphi_N=0.8$（滞后），$Z=36$，双层短距绕组，线圈节距 $y=15$ 槽，线圈匝数为 $N_C=2$，每相有两条支路即 $2a=2$。试求额定运行时：

（1）相绕组所产生的基波磁动势的幅值。

（2）三相基波磁动势的幅值、转速。

任务2.3 同步发电机的运行原理及运行特性

【学习目标】

理解同步发电机空载运行的电磁状况，掌握同步发电机对称负载时的电枢反应概念和机电能量转换。理解同步发电机同步电抗的物理意义，掌握同步发电机电动势方程、相量图及运行特性。理解同步发电机主要损耗的构成和效率。

发电机带对称负载稳定运行的状态称作对称运行。它是同步发电机最基本、最经常的运行方式。本节介绍单台同步发电机带对称负载运行时的基本电磁关系，并得出电动势方程、等效电路和相量图。通过对同步发电机对称运行状态的分析，可以认识同步发电机运行时的内部电磁过程，并对发电机运行的基本规律和特性有所了解，在此基础上还可以进一步分析发电机的其他运行方式。本节是同步发电机的重点内容之一，应予以足够的重视。

2.3.1 同步发电机的空载运行与空载特性

同步发电机转子通入直流励磁电流 I_f，建立转子主磁场（也称励磁磁场），并由原动机拖动转子旋转到额定转速，定子三相对称绕组开路时的运行状态，称为空载运行。这时电机定子电枢电流为零，故电机气隙中只有转子励磁旋转磁场 $\vec{F}_f$（也称主极磁场）。

图2-41表示一台凸极同步发电机的空载磁路。图2-41中转子励磁磁动势 F_f（$F_f=I_fN_f$）产生的磁通可分成两部分，一部分是同时和定子、转子绕组交链的磁通，称为励磁磁通 $\dot{\Phi}_0$，也称主磁通；另一部分是只和转子励磁绕组本身交链而不和定子绕组交链，不起定子、转子间能量交换作用的主极漏磁通 $\dot{\Phi}_{f\sigma}$。当转子由原动机拖动到额定转速 n_N，转子主磁通（励磁磁通）$\dot{\Phi}_0$ 将在气隙中旋转，从而使定子三相绕组分别切割主磁通感应出三相对称电动势，也称励磁电动势。

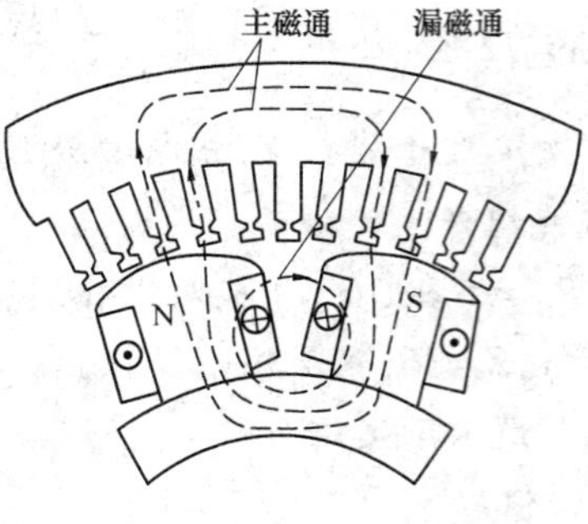

图 2-41　凸极同步发电机的空载磁路

码 2-7　微课:同步电机空载运行

每相励磁电动势大小为

$$E_0 = 4.44 f k_{w1} N \Phi_0 \tag{2-36}$$

电动势频率为

$$f = \frac{p n_N}{60}$$

当原动机转速恒定时,f 为恒定值,改变转子励磁电流 I_f 大小,就相应改变了励磁磁通 Φ_0 的大小,因而每相感应电动势 E_0 大小也随之改变。因此,可以测得不同 I_f 时的 E_0,可做出关系曲线 $E_0 = f(I_f)$ 。该曲线表示了在额定转速下,发电机空载电动势 E_0 与励磁电流 I_f 之间的函数关系,称为发电机的空载特性,如图 2-42 所示。

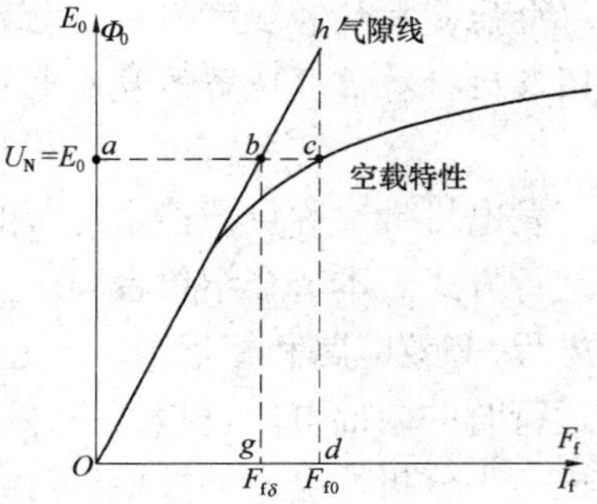

图 2-42　同步发电机的空载特性

因为 $E_0 \propto \Phi_0$, $I_f \propto F_f$,所以将空载特性坐标改换比例尺就可得到 $\Phi_0 = f(F_f)$ 的关系曲线,称为发电机的磁化曲线,即当发电机转子励磁磁动势 F_f 改变时,气隙中励磁磁通 Φ_0 大小的变化规律。由图 2-42 可见,当磁通 Φ_0 较小时,磁路中的铁磁部分未饱和,因而铁磁部分所消耗的磁动势很小,此时励磁磁动势 F_f 绝大部分消耗在气隙中,曲线下部呈直线,其延长线 Oh 称为气隙线。Oh 表示在电机磁路不饱和的情况下,气隙励磁磁通 $\dot{\Phi}_0$ 大小随励磁磁动势 F_f 大小变化的规律。然而,当主磁通 Φ_0 较大时,在电机闭合磁路中铁磁部分会出现饱和,铁磁部分所消耗的磁动势较大, Φ_0 将不再随 F_f 值成正比例增大,故空载特性逐渐弯曲,呈现“饱和”现象。为充分利用铁磁材料,一般在设计电机时,使空载电动势 $E_0 = U_N$ 时的 F_{f0} 处在空载特性曲线的转弯处,如图 2-42 中的 c 点,此时电机转子的励磁磁动势 $F_{f0}=I_{f0} \cdot N_f=\overline{ac}$,消耗在气隙中的部分为 $F_{f\delta}=\overline{ab}=I_{f\delta} \cdot N_f$,定义电机磁路的饱和系数 K_μ 为

$$K_\mu = \frac{\overline{ac}}{\overline{ab}} = \frac{F_{f0}}{F_{f\delta}} = \frac{I_{f0}}{I_{f\delta}} = \frac{\overline{dh}}{\overline{dc}} > 1 \tag{2-37}$$

通常 $K_\mu = 1.1 \sim 1.25$。从图 2-42 中可看出,要获得同样的电动势 $E_0 = U_N$,若磁路不饱和,只需 $F_{f\delta}$;若磁路饱和,则需 F_{f0},其中($F_{f0} - F_{f\delta}$)消耗在铁磁部分。磁路越饱和,铁

磁部分消耗的磁动势也就越大。

由前文可知，电机的空载特性实质上反映了电机磁路的磁饱和状况，是由电机磁路特性决定的。故空载特性所反映的 $E_0=f(I_f)$ 或 $\Phi_0=f(F_f)$ 函数关系，不仅适用于空载，也适用于发电机负载运行的情况。空载特性是发电机的一个基本特性，对已制成的电机，可通过做空载试验来求取，试验时应注意励磁电流 I_f 的调节只能单向进行，否则铁磁物质的磁滞作用会使试验数据产生误差。

实践中采用标幺值表示的空载特性（$I_f^*=I_{f\delta}/I_{f0}$，$E_0^*=E_0/U_N$），可以与标准空载特性相比较，以判断电机磁路饱和程度是否适当。设计电机时，其标幺值表示的空载特性应与标准空载特性相近。表 2-3 为同步发电机标准的空载特性。

表 2-3　同步发电机标准的空载特性

I_f^*	0.5	1.0	1.5	2.0	2.5	3.0	3.5
$U_0^*=E_0^*$	0.58	1.0	1.21	1.33	1.40	1.46	1.51

2.3.2　对称负载时的电枢反应及电磁转矩

2.3.2.1　电枢反应的概念

码 2-8　微课：同步发电机负载运行（一）

码 2-9　微课：同步发电机负载运行（二）

当同步发电机空载运行时，气隙中只有以机械方式随转子旋转的主极磁场即励磁磁场 $\vec{F}_f$，并在定子三相绕组中感应出三相感应电动势，称为励磁电动势 $\dot{E}_0$，当定子电枢绕组连接三相对称负载后，电枢绕组将有三相对称电流流过。由 2.2 节可知，定子三相电枢绕组此时产生的三相合成磁动势也是一个以同步转速旋转的旋转磁场——电枢磁场 $\vec{F}_a$，并且与励磁旋转磁场“同步”。因此，发电机负载运行时，气隙的磁场就由励磁磁场与电枢磁场二者合成，此合成气隙磁场与原空载时的励磁磁场已大不一样，从而使发电机的电动势、端电压都相对于空载时发生了改变。这种电枢磁场对励磁磁场的影响或作用现象，称为电枢反应现象。那么，同步电机负载时，其电枢磁动势基波对励磁磁动势基波的影响，称为电枢反应。同步发电机电枢反应的性质（对发电机运行的影响），与电枢磁动势基波和励磁磁动势基波的大小及其空间相对位置有关。

由于空载时励磁磁动势基波 $\vec{F}_f$ 产生励磁磁通 $\dot{\Phi}_0$ 使定子绕组感应电动势 $\dot{E}_0$，而电枢磁动势基波 $\vec{F}_a$ 是由定子电流 $\dot{I}$ 建立的。可以证明，同步电机电枢反应性质本来取决于电枢磁动势基波 $\vec{F}_a$ 和励磁磁动势基波 $\vec{F}_f$ 在空间上的相对位置，而在一定条件下取决于励磁电动势 $\dot{E}_0$ 与定子电枢电流 $\dot{I}$（相电流）在时间上的相位差 ψ 角，ψ 角我们称之为同步电机内功率因数角。ψ 角大小与发电机的内阻抗及外加负载性质即功率因数角 φ 有关,主要取决于负载性质。所带负载性质不同时,$\dot{E}_0$ 与 $\dot{I}$ 之间的相位差 ψ 角也不同,电枢反应对电机运行的影响即电枢反应的性质就不同。

下面在分析不同 ψ 角的电枢反应时,假设电枢绕组相电流和电动势的正方向为绕组的"相尾端进,相首端出",磁动势正方向与电流方向符合右手螺旋定则,为简单起见,每一相绕组都用一个整距集中线圈等效表示,转子磁动势和电枢磁动势只考虑基波,并且为图示清晰起见,以具有一对磁极的凸极式同步发电机为例。

2.3.2.2 不同 ψ 时的电枢反应

1. $\psi=0°$时($\dot{I}$ 与 $\dot{E}_0$ 同相位)

图 2-43 是一台凸极式同步发电机的原理图。$\psi=0°$时,同步发电机定子电枢电流 $\dot{I}$ 和励磁电动势 $\dot{E}_0$ 同相位,当转子旋转到如图 2-43(a)位置瞬间,U 相励磁相电动势为最大值,这时转子磁极轴线(d 轴)超前 U 相轴线 90°。我们取时轴与 U 相绕组轴线重合,此时,三相电动势的相量如图 2-43(b)所示。再根据内功率因数角 $\psi=0°$,在相量图上 $\dot{I}$ 与 $\dot{E}_0$ 同相,将 $\dot{I}_U$、$\dot{I}_V$、$\dot{I}_W$ 画在相量图上,此时 $i_U=I_m$、$i_V=-\dfrac{I_m}{2}$、$i_W=-\dfrac{I_m}{2}$。由于 U 相达到最大值,从三相绕组产生的磁动势的特征可知,此时 $\vec{F}_a$ 应落在 U 相轴线,它滞后转子磁极轴线(d 轴)90°电角度(或者说,$\vec{F}_a$ 滞后转子励磁磁动势 $\vec{F}_f$ (90°+ψ)电角度,注意此时$\psi=0°$),而与转子交轴(q 轴)重合,工程上称之为交轴电枢反应。

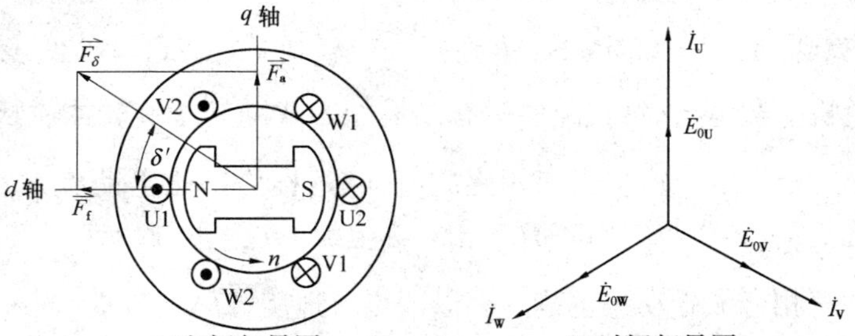

(a)空间矢量图 (b)时间相量图

图 2-43 $\psi=0°$时的电枢反应

当 $\psi=0°$时,通常可近似认为定子电流(负载电流)是有功电流,它产生的电枢磁动势是交轴电枢磁动势。而电枢磁动势与转子励磁绕组中的励磁电流产生电磁力 f_1、f_2,电磁力 f_1、f_2 的方向可用左手定则确定,如图 2-44 所示,这时 f_1 和 f_2 将产生与发电机转子旋转方向相反的电磁制动转矩,对发电机转子旋转起阻碍(制动)作用,使发电机的转速趋于下降,发电机的频率趋于下降。那么要想维持发电机保持同步运行,就必须相应地增大水轮机的进水量或汽轮机的进汽量。

2. $\psi=90°$时($\dot{I}$ 滞后 $\dot{E}_0$ 90°相位)

图 2-45 画出了 $\dot{I}$ 滞后 $\dot{E}_0$ 90°相位时的情况,这时定子三相励磁电动势和电枢电流的

相量图如图 2-45(a)所示,三相电流的方向见图 2-45(a)。由图 2-45 中可见,此时电枢磁动势 $\vec{F}_a$ 的轴线滞后转子励磁磁动势 $\vec{F}_f$ 180°电角度(或者说,$\vec{F}_a$ 滞后转子励磁磁动势 $\vec{F}_f$ (90°+ψ)电角度,注意此时 $\psi=90°$),即 $\vec{F}_a$ 与 $\vec{F}_f$ 的方向相反,起到去磁的作用,使得气隙磁场减弱。因为此时 $\vec{F}_a$ 位于转子的直轴(d 轴),所以也称之为直轴去磁电枢反应。直轴去磁电枢反应使发电机的气隙磁场削弱,发电机的机端电压趋于下降,要维持发电机电压不变,就应该增大发电机的励磁电流 I_f。

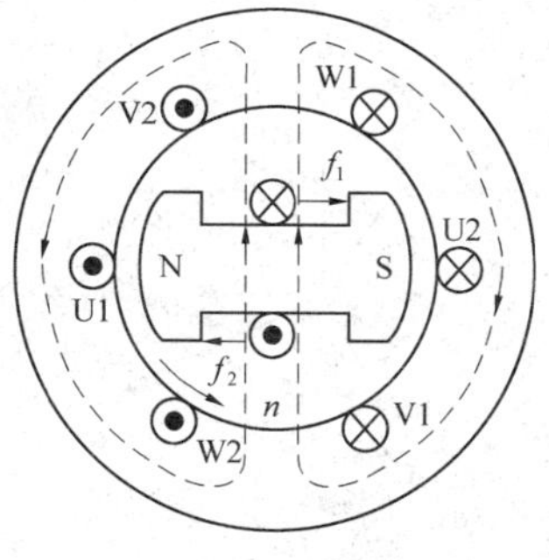

图 2-44　交轴电枢磁场与转子电流的作用

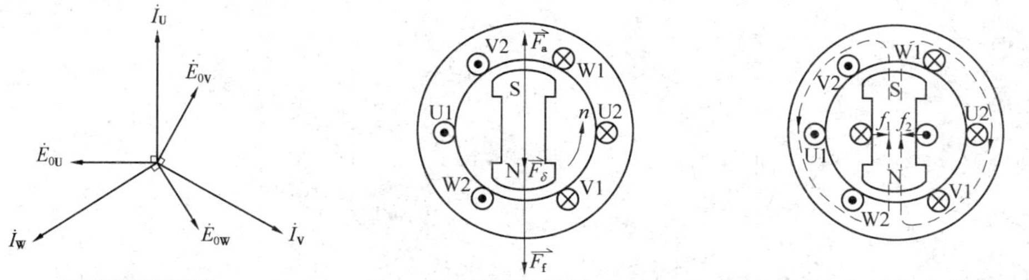

(a)时间相量图　(b)空间矢量图　(c)直轴去磁电枢磁场与转子电流的作用

图 2-45　$\psi=90°$时的电枢反应

使发电机 $\psi=90°$的负载电流主要是感性无功电流,而从图 2-45(c)中可知,此情况下电枢磁场对转子电流产生的电磁力不形成有效电磁转矩,即直轴电枢反应对发电机转速不会产生影响。

3. $\psi=-90°$时($\dot{I}$ 超前 $\dot{E}_0$90°相位)

图 2-46 画出了 $\dot{I}$ 超前 $\dot{E}_0$90°相位时的情况,这时定子三相励磁电动势和电枢电流的相量图如图 2-46(a)所示,三相电流的方向见图 2-46(a)。由图 2-46 中可见,此时电枢磁动势 $\vec{F}_a$ 的轴线与转子励磁磁动势 $\vec{F}_f$ 轴线重合[或者说,$\vec{F}_a$ 滞后转子励磁磁动势 $\vec{F}_f$ (90°+ψ),注意此时 $\psi=-90°$],此时 $\vec{F}_a$ 与 $\vec{F}_f$ 的方向相同,起到助磁的作用,使得气隙磁场增强。由于此时 $\vec{F}_a$ 位于转子的直轴(d 轴),所以也称之为直轴电枢反应,即直轴助磁电枢反应。

当 $\psi=-90°$时,负载电流是容性无功电流,由图 2-46(c)可知,该电枢磁场对转子电流产生的电磁力不会形成有效电磁转矩,对发电机频率也不会产生影响。

4. $0°<\psi<90°$时

当 $0°<\psi<90°$时,负载为一般性的感性负载。同样以 U 相励磁电动势达到最大时的情况来分析。此时的定子三相励磁电动势和电枢电流的相量图如图 2-47(a)所示。我们可将每相的电流分解为两个分量,一个是与励磁电动势 $\dot{E}_0$ 同相位的 $\dot{I}_q$(交轴分量),另一个是滞后 $\dot{E}_0$90°的 $\dot{I}_d$(直轴分量),即

$$\dot{I}=\dot{I}_q+\dot{I}_d \tag{2-38}$$

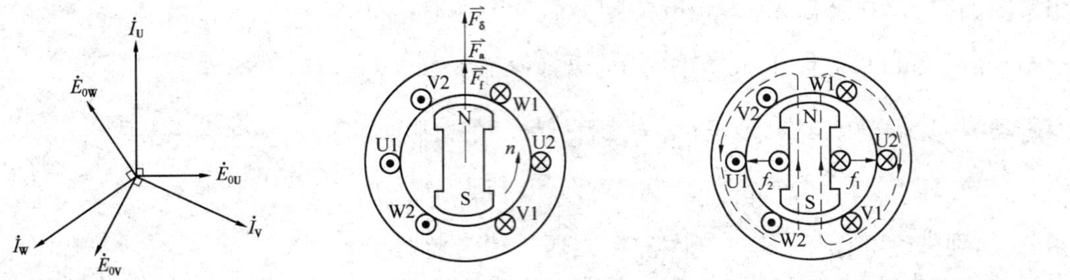

(a)时间相量图　(b)空间矢量图　(c)直轴助磁电枢磁场与转子电流的作用

图 2-46　$\psi=-90°$时的电枢反应

$$I_q = I\cos\psi \tag{2-39}$$

$$I_d = I\sin\psi \tag{2-40}$$

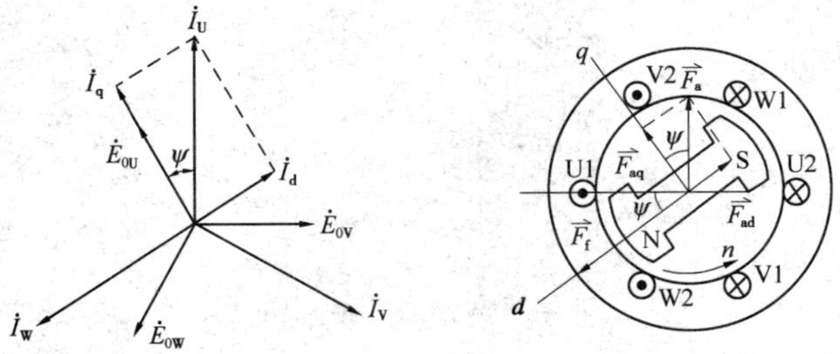

(a)时间相量图　(b)空间矢量图

图 2-47　$0°<\psi<90°$时的电枢反应

三相的交轴分量 $\dot{I}_{Uq}$、$\dot{I}_{Vq}$、$\dot{I}_{Wq}$ 产生交轴分量的电枢磁动势 $\vec{F}_{aq}$，三相的直轴分量 $\dot{I}_{Ud}$、$\dot{I}_{Vd}$、$\dot{I}_{Wd}$ 产生直轴分量的电枢磁动势 $\vec{F}_{ad}$，如图 2-47(b)所示，即

$$\vec{F}_a = \vec{F}_{aq} + \vec{F}_{ad} \tag{2-41}$$

其中：

$$F_{aq} = F_a\cos\psi \tag{2-42}$$

$$F_{ad} = F_a\sin\psi \tag{2-43}$$

$\vec{F}_a$ 滞后 $\vec{F}_f$ $(90°+\psi)$ 电角度。

因此，当 $0°<\psi<90°$时，同步发电机的电枢反应既有交轴电枢反应，又有直轴电枢反应，将导致发电机的转速和机端电压发生改变，故应同时调节发电机励磁电流和原动机的输入功率，以保持发电机电压和频率的稳定。

2.3.3　同步发电机的电动势方程式和相量图

本小节将讨论同步发电机对称稳定运行时的电动势方程式和相量图。对称运行时，发电机三相定子绕组电动势、电压和电流都是对称的，一相的情况具有代表性。因此，分析过程中，发电机电动势、电压、电流和阻抗等都用一相值，电动势方程式、相量图和等效电路都表示一相的情况。

为使问题简化，分析时不考虑发电机磁路饱和的影响，因而可以应用叠加原理，即可以认为各种磁动势分别单独产生相应的磁通，并在电枢绕组中感应出相应的电动势。由于隐极同步发电机和凸极同步发电机的磁路结构不同，它们的电动势方程式和相量图也不相同，以下将分别进行讨论。

2.3.3.1 隐极同步发电机的电动势方程式和相量图

1. 隐极同步发电机的电动势方程式

同步发电机在负载运行时气隙中存在着两个旋转磁动势，转子励磁磁动势和定子电枢磁动势。不计磁路饱和的影响，根据叠加原理，可以认为是转子励磁电流 I_f 产生的励磁基波磁动势 $\vec{F}_{f1}$ 及其产生的主极磁通 $\dot{\Phi}_0$ 单独感应出励磁电动势 $\dot{E}_0$；电枢电流 $\dot{I}$(三相)产生的电枢磁动势 $\vec{F}_a$ 及其产生的电枢反应主磁通 $\dot{\Phi}_a$ 单独感应出电枢反应主电动势 $\dot{E}_a$；而电枢电流 $\dot{I}$ 产生的电枢漏磁通 $\dot{\Phi}_\sigma$ 单独感应出漏电动势 $\dot{E}_\sigma$。

每相绕组中感应的上述电动势与每相的电压 $\dot{U}$ 及绕组电阻压降 $\dot{I}r_a$ 相平衡，其关系表示如下：

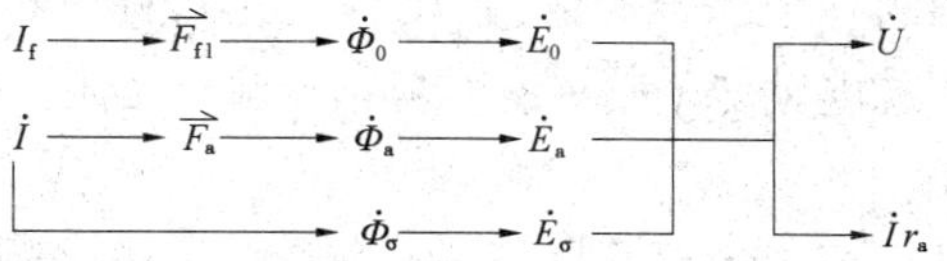

图2-48所示为同步发电机相绕组中各物理量规定的正方向，根据基尔霍夫第二定律，并考虑三相对称，便可得出发电机一相绕组的电动势平衡方程式为

$$\dot{E}_0 + \dot{E}_a + \dot{E}_\sigma = \dot{U} + \dot{I}r_a \tag{2-44}$$

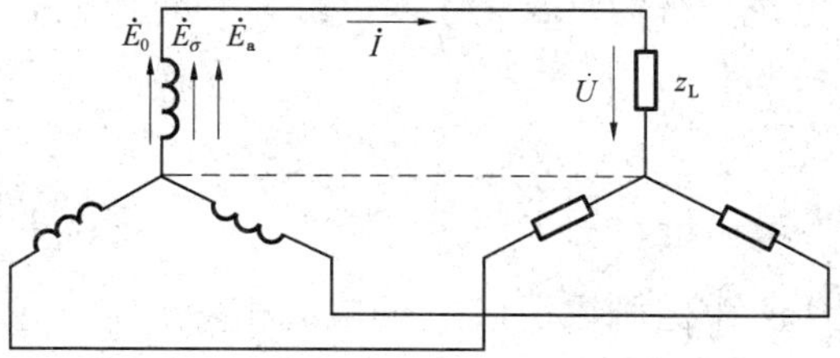

图2-48 同步发电机相绕组中各物理量规定的正方向

一般电枢绕组的电阻 r_a 很小，忽略电枢绕组电阻压降 $\dot{I}r_a$ 的电动势平衡方程式为

$$\dot{E}_0 + \dot{E}_a + \dot{E}_\sigma = \dot{U} \tag{2-45}$$

式中　$E_a = 4.44 f_1 N k_{w1} \Phi_a$。

在不计磁路饱和时，$F_a \propto \Phi_a$，而 $I \propto F_a$，所以 $I \propto E_a$。如果将每相感应的电枢反应电动势 E_a 与电枢电流 I 之比用 x_a 表示，则有

$$\frac{E_a}{I} = x_a \tag{2-46}$$

式中　x_a——同步发电机电枢反应电抗。

电枢反应电抗是表征电枢磁场对各相绕组影响的一个参数，与磁路的特性有关。

在相位关系上，$\dot{E}_a$ 落后 $\dot{\Phi}_a$ 90°电角度，而 $\dot{\Phi}_a$ 与 $\vec{F}_a$ 或 $\dot{I}$ 近似同相位，故 $\dot{E}_a$ 落后 $\dot{I}$ 90°

电角度,则 $\dot{E}_a$ 可以表示为

$$\dot{E}_a = -j\dot{I}x_a \tag{2-47}$$

同理,定子电枢绕组漏磁感应电动势可以表示为

$$\dot{E}_\sigma = -j\dot{I}x_\sigma \tag{2-48}$$

式中　x_σ——电枢漏磁电抗,简称电枢漏抗,$x_\sigma = \dfrac{E_\sigma}{I}$。

电枢漏抗也是表征电枢漏磁场对各相绕组影响的一个参数,为一常数。

将式(2-47)、式(2-48)代入式(2-45)可得

$$\dot{E}_0 = \dot{U} + j\dot{I}x_a + j\dot{I}x_\sigma = \dot{U} + j\dot{I}(x_a + x_\sigma) = \dot{U} + j\dot{I}x_t \tag{2-49}$$

式中　x_t——隐极同步发电机的同步电抗,$x_t = \dfrac{E_a + E_\sigma}{I} = x_a + x_\sigma$。

同步电抗等于电枢反应电抗和电枢绕组漏抗之和。同步电抗是表征电枢磁场和漏磁场对发电机每相绕组影响的一个综合参数,其反映三相对称电枢电流所产生的全部磁通在定子一相绕组中感应的总电动势($E_a + E_\sigma$)与相电流 I 之比,其大小反映单位电枢电流产生电枢磁场的强弱。

同步电抗是同步发电机的一个重要参数,它的大小直接影响发电机的运行特性和在大电网中并列运行的稳定性。

2. 隐极同步发电机的等值电路

根据式(2-49)可以做出隐极同步发电机的等值电路(忽略电枢电阻),如图 2-49 所示。它表示隐极同步发电机可视为具有一个内电抗 x_t(同步电抗)的电源。

3. 隐极同步发电机的相量图

其作图步骤如下:

(1)选电压 $\dot{U}$ 作为参考相量。

(2)根据负载功率因数角 φ,画出滞后 $\dot{U}$ 的电流相量 $\dot{I}$。

(3)在电压相量 $\dot{U}$ 端点作超前 $\dot{I}$ 90°的同步电抗压降 $j\dot{I}x_t$。

(4)电压 $\dot{U}$ 与同步电抗压降 $j\dot{I}x_t$ 相量之和,便是电动势相量 $\dot{I}_0$。

图 2-50 中,$\dot{U}$ 与 $\dot{I}$ 之间的夹角 φ 为功率因数角;$\dot{E}_0$ 与 $\dot{I}$ 之间的夹角 ψ 为内功率因数角;$\dot{E}_0$ 与 $\dot{U}$ 之间的夹角 δ 则称为功角。

由图 2-50 可知,当同步发电机带感性负载时,其 $U<E_0$,这是因为其带感性负载时,电枢反应产生去磁作用,使端电压降低。

2.3.3.2　凸极同步发电机的电动势方程式和相量图

凸极同步发电机的磁路与隐极同步发电机相比更复杂,但前面已经分析过,对于凸极同步发电机,可以采用所谓的“双反应理论”将电枢反应磁动势 $\vec{F}_a$ 分解为直轴分量 $\vec{F}_{ad}$ 和交轴分量 $\vec{F}_{aq}$,它们分别在直轴和交轴磁路上建立各自的磁场 $\dot{\Phi}_{ad}$ 和 $\dot{\Phi}_{aq}$。

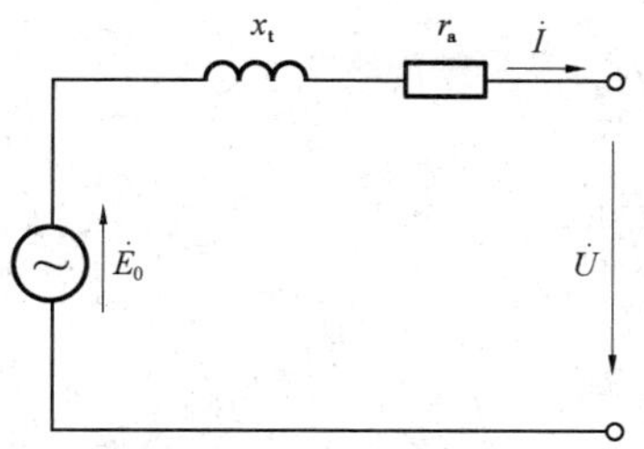

图 2-49　不计饱和时隐极同步发电机的等值电路

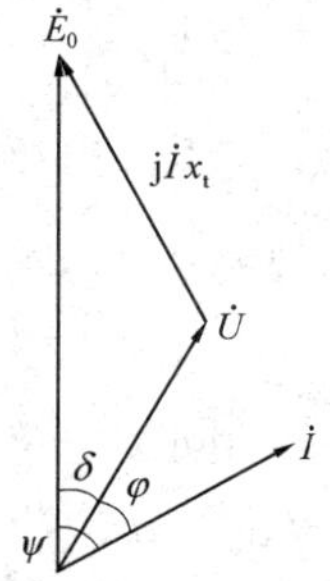

图 2-50　不计饱和时隐极同步发电机带感性负载时的简化相量图

直轴磁路的磁阻比交轴磁路的磁阻小得多，这是因为交轴气隙很大，故正常运行时交轴磁路处于不饱和的状态，而直轴磁路的情况与隐极同步发电机的主磁路相似。

1. 凸极同步发电机的电动势方程式

对凸极同步发电机按同样理论，可分别讨论励磁磁动势 $\vec{F}_f$ 和电枢反应磁动势 $\vec{F}_{ad}$、$\vec{F}_{aq}$ 单独作用时产生的磁通和每一相电动势，同时也注意到漏磁场的作用。这样，将电枢电流 $\dot{I}$ 分解为 $\dot{I}_q$ 和 $\dot{I}_d$，凸极同步发电机的各有关电磁物理量之间的关系如下：

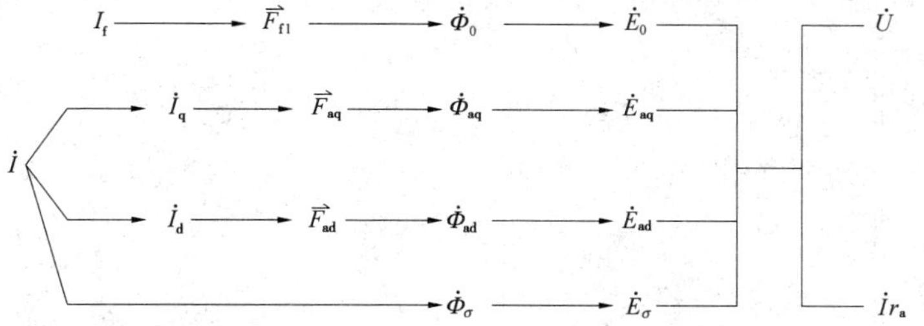

其中　$\dot{\Phi}_{aq}$——电枢反应交轴主磁通；

$\dot{E}_{aq}$——电枢反应交轴电动势；

$\dot{\Phi}_{ad}$——电枢反应直轴主磁通；

$\dot{E}_{ad}$——电枢反应直轴电动势。

则凸极同步发电机电动势平衡方程为

$$\dot{E}_0 + \dot{E}_{aq} + \dot{E}_{ad} + \dot{E}_\sigma = \dot{U} + \dot{I}r_a \tag{2-50}$$

令

$$\frac{E_{aq}}{I_q} = x_{aq}\text{，且 } \dot{E}_{aq} = -j\dot{I}_q x_{aq} \tag{2-51}$$

式中　x_{aq}——凸极同步发电机的交轴电枢反应电抗。

同理，令

$$\frac{E_{ad}}{I_d} = x_{ad}\text{，且 } \dot{E}_{ad} = -j\dot{I}_d x_{ad} \tag{2-52}$$

式中　x_{ad}——凸极同步发电机的直轴电枢反应电抗。

将式(2-51)、式(2-52)代入式(2-50)，且忽略绕组电阻 r_a，凸极同步发电机的电动势方程式为

$$\begin{aligned}\dot{E}_0 &= \dot{U} + \mathrm{j}\dot{I}_q x_{aq} + \mathrm{j}\dot{I}_d x_{ad} + \mathrm{j}\dot{I} x_\sigma \\ &= \dot{U} + \mathrm{j}\dot{I}_q x_{aq} + \mathrm{j}\dot{I}_d x_{ad} + \mathrm{j}(\dot{I}_q + \dot{I}_d) x_\sigma \\ &= \dot{U} + \mathrm{j}\dot{I}_q (x_{aq} + x_\sigma) + \mathrm{j}\dot{I}_d (x_{ad} + x_\sigma) \\ &= \dot{U} + \mathrm{j}\dot{I}_q x_q + \mathrm{j}\dot{I}_d x_d \end{aligned} \tag{2-53}$$

式中 x_q——交轴同步电抗，$x_q = x_{aq} + x_\sigma$；

x_d——直轴同步电抗，$x_d = x_{ad} + x_\sigma$。

凸极同步发电机的同步电抗的标幺值 $x_d^* > x_q^*$，一般 $x_q^* \approx 0.6x_d^*$。隐极电机可看成是凸极电机的一种特例，即有 $x_d^* = x_q^* = x_t^*$。

据式(2-53)可做出凸极同步发电机带感性负载时的相量图(忽略定子电阻 r_a)，如图2-51所示。

实际上，内功率因数角 ψ 无法测量，因而无法将 $\dot{I}$ 分解为 $\dot{I}_q$ 和 $\dot{I}_d$，电动势相量图也就无法完成。为确定 ψ 角，可在图2-51所示相量中，通过 $\dot{U}$ 的端点 D 作 $\dot{I}$ 的垂线，该垂线交相量 $\dot{E}_0$ 于 N 点，得线段 $\overline{DN}$，可以看出 $\overline{DN}$ 与相量 $\mathrm{j}\dot{I}_q x_q$ 的夹角就为 ψ，如图2-52所示。于是有

$$\overline{DN} = \frac{I_q x_q}{\cos\psi} = I x_q$$

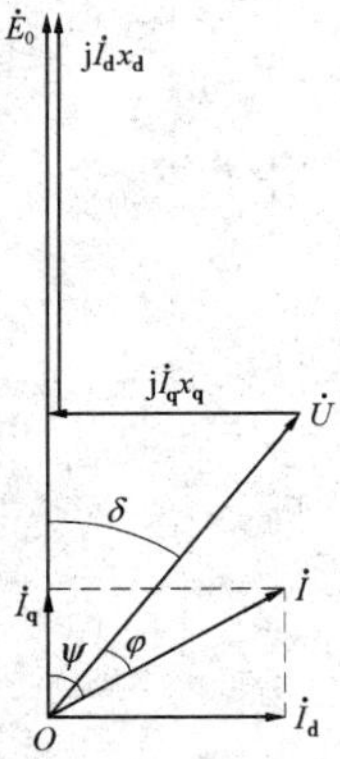

图2-51 凸极同步发电机的简化相量图

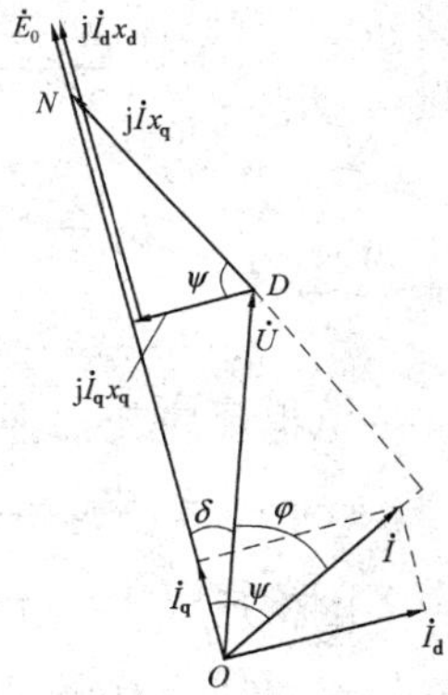

图2-52 凸极同步发电机相量图的绘制

可得 ψ 角的计算公式(忽略定子电阻 r_a)为

$$\psi = \arctan\frac{I x_q + U\sin\varphi}{U\cos\varphi} \tag{2-54}$$

此外，从图2-52可得励磁电动势 E_0 的计算式为

$$E_0 = U\cos(\psi - \varphi) + I_d x_d \tag{2-55}$$

2. 不计磁路饱和时凸极同步发电机的相量图

其作图步骤如下：

(1)以端电压 $\dot{U}$ 作为参考相量，先做出电压相量 $\dot{U}$。

(2)根据负载功率因数 φ 角,画出电流相量 $\dot{I}$ 。

(3)在相量 $\dot{U}$ 端点画出超前 $\dot{I}$ 90°的相量 $j\dot{I}x_q$,把相量 $j\dot{I}x_q$ 端点 N 与原点 O 连接并延长就可确定 $\dot{E}_0$ 的方向,即 $\dot{E}_0$ 的位置应在 $\overline{ON}$ 延长线上,ψ 角便可确定。

(4)按 ψ 角将 $\dot{I}$ 分解为 $\dot{I}_q$ 和 $\dot{I}_d$。

(5)由 $\dot{U}$ 顶端做出相量 $j\dot{I}_qx_q$,并从 $j\dot{I}_qx_q$ 顶端画出超前 $\dot{I}_d$90°的相量 $j\dot{I}_dx_d$。

(6)连接原点 O 和相量 $j\dot{I}_dx_d$ 的顶端,即可得 $\dot{E}_0$。

【例 2-2】 一台水轮发电机,定子三相绕组 Y 接法,额定电压 $U_N=10.5$ kV,额定电流 $I_N=165$ A,$\cos\varphi_N=0.8$(滞后),已知 $x_d^*=1.0$, $x_q^*=0.6$,$r_a=0$。试求:额定负载运行时的 ψ、I_d、I_q、E_0(不计饱和影响)。

解: $\psi=\arctan\dfrac{I^*x_q^*+U^*\sin\varphi}{U^*\cos\varphi}=\arctan\dfrac{1\times0.6+1\times0.6}{1\times0.8}=56.31°$

$I_q^*=I^*\cos\psi=1\times\cos56.31°=0.5547$

$I_d^*=I^*\sin\psi=1\times\sin56.31°=0.8321$

$I_q=I_q^*I_N=0.5547\times165=91.53(\text{A})$

$I_d=I_d^*I_N=0.8321\times165=137.3(\text{A})$

$E_0^*=U^*\cos(\psi-\varphi_N)+I_d^*x_d^*=1\times\cos(56.31°-36.87°)+0.8321\times1=1.775$

$E_0=E_0^*U_N=1.775\times10.5/\sqrt{3}=10.76(\text{kV})$

2.3.4 同步发电机的运行特性

同步发电机的运行特性,是指在一定条件下发电机两个电气量之间的函数关系。同步发电机的运行特性主要有空载特性、短路特性、外特性和调整特性,其中空载特性已在 2.3.1 节作了介绍,下面介绍同步发电机的其他几个特性。

2.3.4.1 短路特性和短路比

1. 短路特性

短路特性是指保持同步发电机在额定转速下运行,将定子三相绕组出线端持续稳态短路时,定子绕组的相电流 I_k(稳态短路电流)与转子励磁电流 I_f 的关系,即 $n=n_N$、$U=0$ 条件下,$I_k=f(I_f)$。短路特性是同步发电机的又一项基本特性。一台已制造好的同步发电机,求取它的同步电抗 x_d、短路比 K_C 及其他一些参数,都可在已知的短路特性的基础上进行。短路特性可通过同步发电机的短路试验方法来求取,求取短路特性的试验称为短路试验。根据《旋转电机定额和性能》(GB/T 755—2019),短路试验既是电机型式试验的一个项目,也是电机检查的一个项目。因此,无论是制造好的新电机,或是大修后的电机,都必须做短路试验。

图 2-53 为同步发电机的短路试验接线原理图,试验时,先将三相绕组的出线端通过低阻抗的导线短接。驱动转子保持额定转速不变,调节励磁电流 I_f,使定子短路电流从 0 开始逐渐增大,直到短路电流为额定电流的 1.25 倍。记取不同短路电流时的 I_k 和对应

的励磁电流 I_f,作出短路特性 $I_k=f(I_f)$,如图 2-54 中的直线 3 所示。

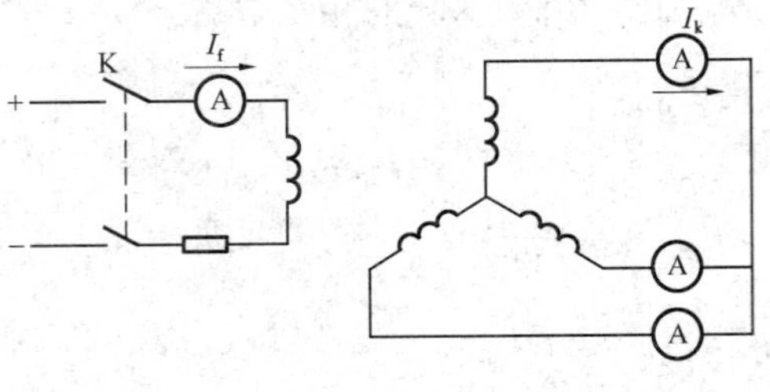

图 2-53　同步发电机的短路试验原理接线

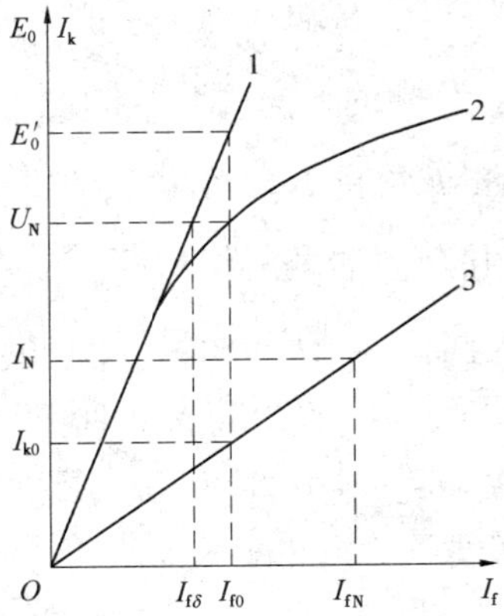

1—不饱和的空载特性;2—空载特性;3—短路特性。

图 2-54　同步发电机的短路特性

短路特性 $I_k=f(I_f)$ 为一条直线是因为短路时端电压 $U=0$,限制短路电流的是发电机的内部阻抗。由于定子绕组的电阻 r_a 远小于同步电抗 x_d,所以发电机短路时可以认为是一个纯电感性电路。短路电流 $\dot{I}_k$ 滞后 $\dot{E}_0 90°$,即 $\psi=90°$,故短路电流为直轴分量,即 $\dot{I}_k=\dot{I}_d$,此时的电枢磁动势是起强去磁作用的直轴磁动势,使气隙合成磁动势很小,所产生的气隙磁通也很小,磁路处于不饱和状态,因此短路特性 $I_k=f(I_f)$ 为一条直线。无论是隐极机还是凸极机,电动势方程式为

$$\dot{E}_0=\mathrm{j}\dot{I}x_d \tag{2-56}$$

式(2-56)说明,短路时,励磁电动势 $\dot{E}_0$ 仅与短路电流在直轴同步电抗 x_d 上的电压降相平衡。

2. 利用不饱和空载特性和短路特性求 x_d 的不饱和值

当发电机三相短路试验时,短路电流近似为纯感性的,产生去磁性质的电枢反应,磁路处于不饱和状态,对应的发电机同步电抗是不饱和电抗,故求 x_d 的不饱和值时,励磁电动势 E_0' 应从不饱和空载特性上查取,见图 2-54 中直线 1,则有

$$x_d=\frac{E_0'}{I_k} \tag{2-57}$$

因 x_d 的值是在发电机的磁路不饱和状态下求得的,故为不饱和值。

3. 短路比 K_C 的确定

短路比是空载时建立额定电压所需的励磁电流 I_{f0} 与短路时产生短路电流为额定电流所需的励磁电流 I_{fN} 比值。如图 2-54 所示,短路比用 K_C 表示,则

$$K_C=\frac{I_{f0}}{I_{fN}}=\frac{I_{k0}}{I_N} \tag{2-58}$$

由式(2-57)得 $I_{k0}=\dfrac{E_0'}{x_d}$,代入式(2-58),得

$$K_C = \frac{E'_0/x_d}{I_N} = \frac{E'_0/U_N}{\frac{I_N x_d}{U_N}} = K_\mu \frac{1}{x_d^*} \tag{2-59}$$

式(2-59)表明:短路比 K_C 等于 x_d 值的标幺值的倒数乘以饱和系数 K_μ。短路比 K_C 是影响同步发电机技术经济指标好坏的一个重要参数。其大小对电机的影响如下:

(1)影响电机的尺寸和造价。短路比大,即 x_d^* 小,意味着气隙大,要在电枢绕组中产生一定的励磁电动势,则励磁绕组的安匝数势必增加,导致电机的用铜量、尺寸和造价都增加。

(2)影响电机运行性能的好坏。短路比大,即 x_d^* 小,发电机具有较大的过载能力,运行稳定性较好; x_d^* 小,负载电流在 x_d 上的压降小,负载变化时引起发电机端电压波动的幅度较小;但 x_d^* 小,发电机短路时的短路电流则较大。

因此,设计合理的同步发电机,其短路比 K_C 数值的选用要兼顾到制造成本和运行性能两个方面。国产的汽轮发电机 K_C = 0.47~0.63,水轮发电机 K_C = 0.8~1.3。

2.3.4.2　同步发电机的外特性

1. 外特性

外特性用以表示同步发电机电压的稳定性,是指发电机保持额定转速,转子励磁电流 I_f 不变和负载功率因数不变时,发电机的端电压 U 与负载电流 I 之间的关系,即 $n=n_N$、I_f = 常数、$\cos\varphi$ = 常数时,$U=f(I)$ 曲线。不同的负载功率因数有不同的外特性,如图2-55所示。从图2-55中可以看出,在带纯电阻负载且 $\cos\varphi=1$ 和带感性负载且 $\cos\varphi=0.8$(滞后)时,外特性曲线都是下降的。这是因为这两种情况时电机内部的电枢反应都有去磁的作用,随负载电流 I 的增大,电枢磁场增大,去磁作用也增强;同时定子绕组的电阻和漏电抗压降随负载电流 I 的增大而增大,致使发电机的端电压下降。但带容性负载且 $\cos\varphi=0.8$(超前)时,由于电枢反应有助磁作用,一般随负载电流 I 的增大,端电压 U 是升高的,并可知在不同的功率因数下,额定负载时为了都能得到 $U=U_N$,感性负载需要较大的励磁电流,而容性负载的励磁电流则较小。

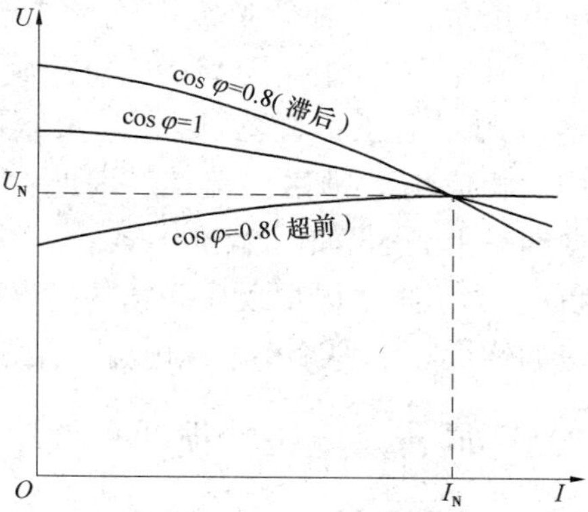

图2-55　同步发电机的外特性

2. 电压变化率

外特性曲线表明了发电机端电压随负载的变化情况,而电压变化率则用于定量表示发电机端电压的波动程度。

电压变化率是指单独运行的同步发电机,保持额定转速和励磁电流(额定负载时维持额定电压的励磁电流)不变,发电机从额定负载变为空载,端电压的变化量与额定电压的比值,用百分数表示,即

$$\Delta U = \frac{E_0 - U_N}{U_N} \times 100\% \tag{2-60}$$

电压变化率是表征同步发电机运行性能的数据之一,现代的同步发电机多数装有快速自动调压装置,因此 ΔU 允许大些。但为了防止突然甩负荷时电压上升过高而危及绕组绝缘,最好 $\Delta U<50\%$,一般汽轮发电机的 ΔU 为 30%~48%,水轮发电机的 ΔU 为 18%~30%。

3. 同步发电机的调整特性

从外特性曲线可知,当负载发生变化时,发电机的端电压也随之变化,对电力用户来说,总希望电压是稳定的。因此,为了保持发电机电压不变,必须随负载的变化相应调节励磁电流。

调整特性就是指发电机保持额定转速不变、端电压和负载的功率因数不变时,励磁电流 I_f 与负载电流 I 的关系,即 $n=n_N$、$U=U_N$、$\cos\varphi$=常数时,$I_f=f(I)$ 曲线,如图 2-56 所示。

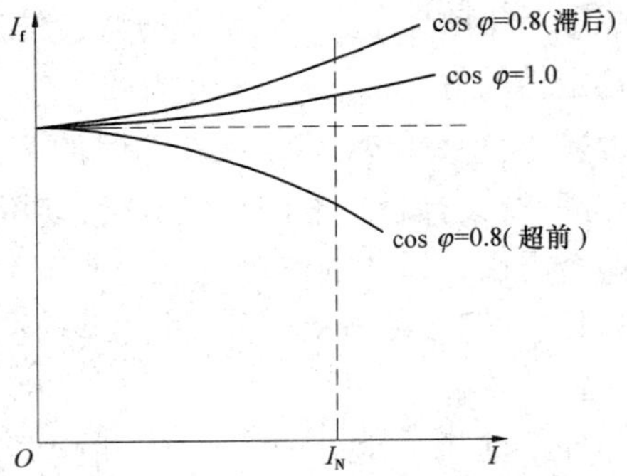

图 2-56 同步发电机的调整特性

图 2-56 中反映了对应于不同负载功率因数有不同的调整特性曲线。对于纯电阻性和感性负载,为了补偿负载电流形成电枢反应的去磁作用、绕组电阻和漏电抗压降,保持发电机的端电压不变,就必须随负载电流 I 的增大相应增大励磁电流 I_f。因此,调整特性曲线是上升的,如图 2-56 中 $\cos\varphi=1.0$ 和 $\cos\varphi=0.8$(滞后)时的曲线所示。而对于容性负载,为了抵消电枢反应磁场的助磁作用,保持发电机的端电压不变,一般就应随负载电流的增大相应地减小励磁电流 I_f,因此它的调整特性曲线是下降的。

2.3.5 同步发电机的损耗和效率

2.3.5.1 损耗的种类

同步发电机是能量转换的电气设备,它在将机械能转换为电能的过程中,要消耗一部分功率,这部分功率称为损耗。损耗不仅消耗了有用的电能,降低了发电机的效率,而且各种损耗最终都转变为热能,使电机温度升高,影响电机的出力。因此,在设计制造时要考虑尽量减少损耗,运行中应注意电机的冷却问题。各种损耗简介如下:

(1)机械损耗 p_{mec},指转动部分摩擦,如轴承、电刷与集电环摩擦,冷却风与定转子表面摩擦等引起的损耗。机械损耗占总损耗的 30%~50%。

(2)定子铁损耗 p_{Fe},指主磁通在定子铁芯中引起的铁损耗。

(3)定子铜损耗 p_{Cu},指三相电流流过定子绕组时,绕组电阻引起的铜损耗。

(4)励磁损耗 p_{Cuf},指整个励磁回路中的所有损耗,如同轴励磁机,还包括励磁机的损耗。

(5)附加损耗 p_D,主要是定子漏磁通和定子、转子磁场的高次谐波所引起的损耗。

2.3.5.2 效率

同步发电机输入的功率 P_1 扣除上述的总损耗 $\sum p$ 后,就是输出的电功率 P_2。因此,同步发电机的效率为

$$\eta = \frac{P_2}{P_1} \times 100\% = \frac{P_2}{P_2 + \sum p} \times 100\% \tag{2-61}$$

式中　$\sum p$——总损耗，$\sum p = p_{mec} + p_{Fe} + p_{Cu} + p_{Cuf} + p_D$。

效率是同步发电机运行性能的重要数据之一，反映发电机运行的经济性。现代大型汽轮发电机 $\eta = 94\% \sim 97.8\%$，大型水轮发电机 $\eta = 96\% \sim 98.5\%$，中小型发电机的效率比上述数据小些。

小　结

(1) 同步发电机带对称负载时，电枢磁场的基波对主极磁场的基波的作用称为电枢反应，电枢反应的性质主要取决于负载的性质和大小。

(2) 同步电抗包括定子漏电抗和电枢反应电抗。定子漏电抗代表电枢漏磁场的作用，而电枢反应电抗则代表电枢反应磁场的影响作用。对于凸极同步发电机，由于交轴和直轴的磁阻不同，同样数值的电枢磁动势，作用于交轴和直轴产生的电枢反应磁通是不同的，故有交轴同步电抗和直轴同步电抗之分。对于隐极同步发电机，气隙是均匀的，所以交轴同步电抗和直轴同步电抗相等。

(3) 同步发电机的电动势方程式是描述电机各物理量之间相互关系的一种表达形式。相量图是根据各种磁动势单独产生各自的磁通及电动势，利用叠加原理做出的，由于不计磁路饱和情况，其计算结果误差较大，因此主要用作定性分析。

(4) 电枢反应的存在是同步发电机实现机电能量转换的关键。

当 $\psi = 0°$ 时，电枢反应是交磁性质的，发电机输出有功功率，输出有功电流对发电机转子会形成制动的电磁转矩。发电机输出有功功率越大，对发电机转子形成的制动电磁转矩也越大，为保持发电机的频率恒定，则向发电机输入的机械功率也应越大，此过程将输入的机械功率转换为输出的有功功率以达到功率平衡。

当 $\psi = 90°$ 时，电枢反应是直轴感性去磁性质的，为维持发电机的端电压恒定，需增加直流励磁电流，此时发电机输出感性的无功功率。发电机输出感性的无功功率越大，直流励磁电流增加也越大。

当 $\psi = -90°$ 时，电枢反应是直轴助磁性质的，为维持发电机的端电压，需减小直流励磁电流，此时发电机输出容性的无功功率。发电机输出容性的无功功率越大，直流励磁电流减少也越多。

当 $0° < \psi < 90°$ 时，同步发电机的电枢反应既有交轴电枢反应，又有直轴电枢反应，将导致发电机的转速和机端电压发生改变。

(5) 与同步发电机运行关系较密切的特性有外特性和调整特性。外特性 $U = f(I)$ 反映了负载功率因数不变、励磁电流不变时端电压随负载电流变化的规律，即发电机的电压稳定性。调整特性 $I_f = f(I)$ 则反映负载功率因数不变、保持端电压恒定时励磁电流随负载电流变化的规律。

习　题

任务2.3在线习题

一、填空题

1. 同步发电机运行特性是指在一定条件下,发电机的两个量之间的函数关系,它有__________、__________、________和_____________特性。

2. 空载特性是指同步发电机保持额定转速,______开路情况下,______与______的关系曲线。

3. 短路特性是指同步发电机保持额定转速,电枢绕组三相端点直接短路时的________与__________的关系。

4. 同步电机外特性是指同步发电机保持额定转速,__________、功率因数为常数的条件下__________随__________的改变而变化的关系。

二、判断题

1. 同步发电机是通过转子和定子之间的相对运动产生电动势的。(　　)

2. 同步发电机在运行时,转子的转速与定子的转速相同。(　　)

3. 同步发电机转子通常采用交流励磁。(　　)

4. 同步发电机的空载特性是指发电机在额定转速下,空载运行时,其输出电压与励磁电流之间的关系。(　　)

5. 同步发电机的短路特性是指发电机在额定转速下,当定子绕组短路时,其定子电流与转子电流之间的关系。(　　)

6. 同步发电机的负载特性是指发电机在额定转速下,当负载运行时,其输出电压与负载电流之间的关系。(　　)

7. 同步发电机的外特性是指发电机在额定转速下,当负载阻抗角为0°时,其输出功率与转速之间的关系。(　　)

8. 同步发电机的调整特性是指发电机在额定转速下,负载阻抗角不为0°时,其输出功率与转速之间的关系。(　　)

三、选择题

1. 同步电机(　　)是指同步发电机保持额定转速,电枢绕组开路情况下,空载电动势与励磁电流的关系曲线。

A. 空载特性　　B. 短路特性　　C. 外特性　　D. 调整特性

2. 定子三相绕组通过三相对称电流产生的旋转磁场的转向取决于(　　)。

A. 所加电压的大小　　B. 绕组中电流的大小

C. 绕组中电流频率的大小　　D. 绕组中电流的相序

3. 同步电机损耗包括(　　)。

A. 铜损耗　　B. 铁损耗

C. 铜损耗和铁损耗　　D. 铜损耗、铁损耗和机械损耗

4. 凸极式同步发电机的交轴同步电抗 x_q 与直轴同步电抗 x_d 的关系是(　　)。

A. $x_q > x_d$　　B. $x_q = x_d$　　C. $x_q < x_d$　　D. $x_q \approx x_d$

5. 同步发电机的电枢反应,当 $\Psi=0°$ 时为______轴电枢反应;当 $\Psi=90°$ 时为______轴电枢反应。当 $\Psi=90°$ 时,起________作用;当 $\Psi=-90°$ 时,起______作用。下列选项中,正确的是(　　)。

A. 交;直;助磁;去磁　　B. 交;直;去磁;助磁

C. 直;交;助磁;去磁　　D. 直;交;去磁;助磁

四、问答题

1. 为什么同步发电机的电枢磁动势 $\vec{F}_a$ 的转速 n_1 总是与转子转速 n 相同?

2. 解释同步电机的"同步"的含义。

3. 何谓同步发电机的电枢反应?电枢反应的性质与什么因素有关?

4. 什么是同步电抗?它的物理意义是什么?试分析下面几种情况对同步电抗的影响:①电枢绕组匝数增加;②铁芯饱和程度增加;③气隙减小;④励磁绕组匝数增加。

5. 为什么隐极同步发电机只有一个同步电抗 x_t,而凸极同步发电机有交轴同步电抗 x_q 和直轴同步电抗 x_d 之分呢?

6. 试写出隐极同步发电机的电动势方程式($r_a=0$),并分别做出带纯电阻负载时和带纯感性负载时的相量图。

7. 为什么同步发电机带感性负载且 $\cos\varphi=0.8$(滞后)时,外特性曲线是下降的,调整特性曲线是上升的?而带容性负载且 $\cos\varphi=0.8$(超前)时,外特性曲线是上升的,调整特性曲线是下降的?

8. 若同步电机定子上加三相对称的恒定电压,转子不加励磁以同步转速旋转和将转子抽出,这两种情况下,定子的电流哪种情况大?为什么?

9. 改变同步发电机短路比的大小会产生哪些影响?

10. 一台汽轮发电机 $U_N=10\ 500$ V,Y 接法,每相同步电抗 $x_t=10.4\ \Omega$,忽略电枢绕组的电阻,试求额定负载且 $\cos\varphi=0.8$(滞后)时的 E_0、γ、d 和 ΔU。

11. 有一台 $P_N=300\ 000$ kW,$U_N=18\ 000$ V,Y 接法,$\cos\varphi_N=0.8$(滞后)的汽轮发电机,已知 $x_t^*=2.28$,电枢电阻略去不计,试求额定负载下的励磁电动势 E_0 和 δ_N。

12. 有一台水轮发电机 $P_N=72\ 500$ kW、$U_N=10\ 500$ V,Y 接法,$\cos\varphi_N=0.8$(滞后),参数为 $x_q=0.949\ 3\ \Omega$,$x_d=1.528\ \Omega$,电枢电阻略去不计,试求额定负载下的励磁电动势 E_0 以及 I_q、I_d、ψ 和 δ_N。

13. 一台水轮发电机,$x_q^*=0.554$,$x_d^*=0.854$,电枢电阻略去不计,$\cos\varphi_N=0.8$(滞后)。试求额定负载下的励磁电动势 E_0^*、E_0 以及 δ_N 和 ΔU。

任务 2.4 同步发电机的并列运行

【学习目标】

掌握同步发电机准同步并列条件;掌握同步发电机并列运行时有功功率功角特性及有功功率的调节和静态稳定概念;掌握同步发电机并列运行时无功功率功角特性及无功功率的调节规律;了解同步发电机的调相运行及调相机。

现代电力网都是将许多不同类型发电厂中的发电机组并列运行的。采用多台发电机并列运行,有利于发电厂根据负荷的变化来调整投入并列运行机组的台数,这不仅可以提高机组的运行效率,减少机组的备用容量,而且能提高整个电力系统的稳定性、经济性和可靠性。

由许多不同类型发电厂的发电机组并列运行所构成的强大电力系统共同向用户供电,当系统中某个负荷变化,或改变系统内某台发电机运行状态时,对系统的电压及频率影响都极小,即系统的电压和频率可视为常数,这样的系统在理论上可称为"无穷大电网",如图 2-57 所示。

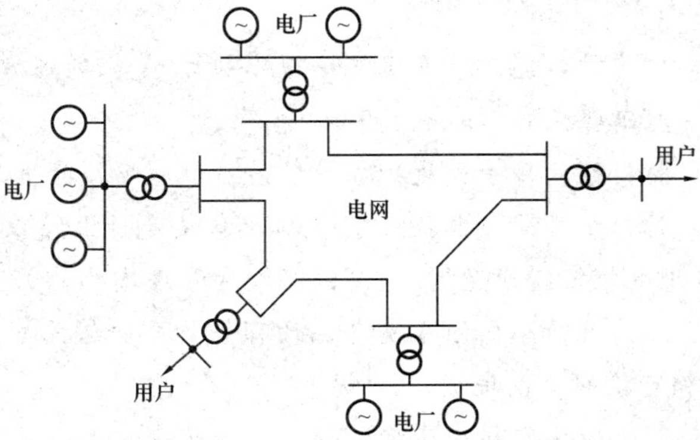

图 2-57 电力系统示意图

同步发电机投入电力系统并列运行,必须具备一定的条件,否则可能造成严重的后果。本节先讨论同步发电机的并列条件和方法,然后分析运行时有功功率和无功功率调节过程的电磁关系,以及静态稳定等问题。

2.4.1 同步发电机并列运行的方法和条件

将同步发电机与电网并列运行时,为了避免产生冲击电流和并网后能稳定运行,合闸时,发电机需要满足一定的并列条件。根据待并发电机励磁情况的不同,并列的方法和条件也不同。目前,并列的方法有两种,一种是准同步法,另一种是自同步法。现代同步发电机在正常时一般均采用准同步法。

2.4.1.1 准同步法

1. 准同步法并列的条件

采用准同步法并列的待并发电机首先应在空载励磁状态下工作,然后调节发电机使其满足如下条件方可并入电力系统,并列条件是:

(1) 待并发电机的端电压 U_F 与系统电压 U 大小相等,即 $U_F = U$。

(2) 待并发电机电压与系统电压的相位相同。

(3) 待并发电机的频率 f_F 与系统频率 f 相等,即 $f_F = f$。

(4) 待并发电机电压相序与系统电压相序相同。

上述条件中，条件(4)必须满足，因为相序不同而并网，则相当于相间短路，是绝对不允许的。而发电机电压相序取决于发电机的旋转方向，制造厂在发电机出厂前已作明确规定，并在发电机的出线端标明了相序，只要在安装时或大修后符合规定要求，条件(4)就容易满足。因此，实际运行中，只要调节发电机使其满足前 3 个条件即可。准同步法并列适用于系统正常情况下采用。

2. 条件不满足时并列

1) 待并发电机的电压 U_F 与系统电压 U 大小不等

现以隐极电机为例，如图 2-58(a)所示。合闸前，待并发电机的电压等于其励磁电动势，即 $\dot{U}_F = \dot{E}_0$，当 $U_F \neq U$ 时，则在并列开关 K 两端存在着电压差 $\Delta\dot{U} = \dot{U}_F - \dot{U}$。合闸瞬时，在此电压差 $\Delta\dot{U}$ 的作用下，发电机与系统构成的回路中将产生冲击电流。假定系统为无穷大电网（U=常数、f=常数，综合阻抗为零），根据图 2-58 所示电压、电流的正方向，冲击电流为

$$\dot{I}_h = \frac{\Delta\dot{U}}{jx''_d} = \frac{\dot{U}_F - \dot{U}}{jx''_d} \tag{2-62}$$

式中　x''_d——发电机合闸过渡过程中的次暂态电抗，且 $x''_d \leqslant x_d$。

根据隐极电机的电动势方程式 $\dot{E}_0 = \dot{U} + j\dot{I}_h x''_d$，可做出相量图，如图 2-58(b)所示。$\dot{I}_h$ 滞后系统电压 $\dot{U}$ 90°为无功性质的。由于 x''_d 很小，即使 ΔU 较小，也会产生很大的冲击电流，将对发电机定子绕组产生很大的电磁作用力，可能使定子绕组的端部受到损坏。

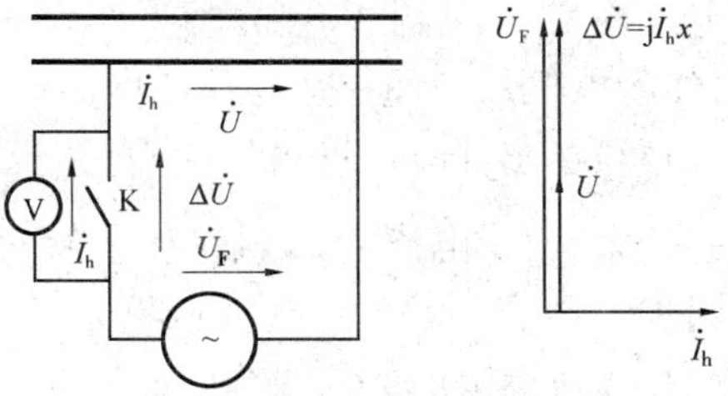

(a) 并列单线图　　(b) 相量图

图 2-58　$U_F \neq U$ 时的并列

2) 待并发电机电压相位与系统电压的相位不同

此时在发电机与系统所构成的回路中，因电压相位的不同而产生电压差 $\Delta\dot{U} = \dot{U}_F - \dot{U}$，在并列合闸时，同样会产生冲击电流 $\dot{I}_h$，如图 2-59 所示。且 $\dot{U}_F$ 和 $\dot{U}$ 相位差为 180°时 ΔU 最大，冲击电流也最大，为额定电流的 20~30 倍，巨大的冲击电磁力将损坏发电机。

3) 待并发电机的频率 f_F 与系统频率 f 不等

由于频率不等，则 $\dot{U}_F$ 和 $\dot{U}$ 两相量旋转的角速度也不同，两相量出现相对运动，若以系统电压 $\dot{U}$ 作为参考相量，则 $\dot{U}_F$ 相量将以 $\Delta\omega = \omega_F - \omega$ 的角速度旋转，两相量之间的相位差 α 在 0°~360°变化，$\Delta\dot{U}$ 的值忽大忽小，在(0~2)U 变化，这个变化的电压称为拍振电压。在拍振电压的作用下将产生大小和相位都不断变化的拍振电流 $\dot{I}_h$，$\dot{I}_h$ 的有功分量与转子磁场作用所

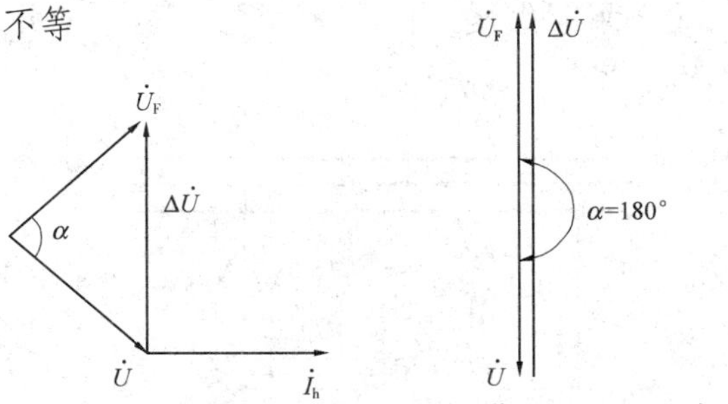

(a) 相位差 α <180° 时　　(b) 相位差 α =180° 时

图 2-59　电压相位不同时并列

产生的电磁转矩也时大时小,将导致发电机发生振动。

实际运行中,并列前待并发电机与系统频率相差一般是很小的,合闸后,缓慢变化的电压差 $\Delta\dot{U}$ 及其产生的电流 $\dot{I}_h$ 使同步发电机利用自身具有的"自整步"作用这一特性,将发电机拉入与系统同步。同步发电机的"自整步"作用介绍如下:

(1)当 $f_F>f$ 时,说明输入的机械功率稍大,此时 $\omega_F>\omega$,如图2-60(a)所示,$\dot{U}_F$ 超前 $\dot{U}$,$\dot{I}_h$ 与 $\dot{U}_F$ 相位差小于90°,发电机输出有功功率,电流有功分量对发电机产生制动的电磁转矩,使发电机减速而逐步拉入与系统同步。

(2)当 $f_F<f$ 时,说明输入的机械功率稍小,此时 $\omega_F<\omega$,如图2-60(b)所示,$\dot{U}_F$ 滞后 $\dot{U}$,$\dot{I}_h$ 与 $\dot{U}_F$ 相位差大于90°,发电机吸收有功功率,此时电流有功分量对发电机产生驱动的电磁转矩,使发电机加速而拉入与系统同步。

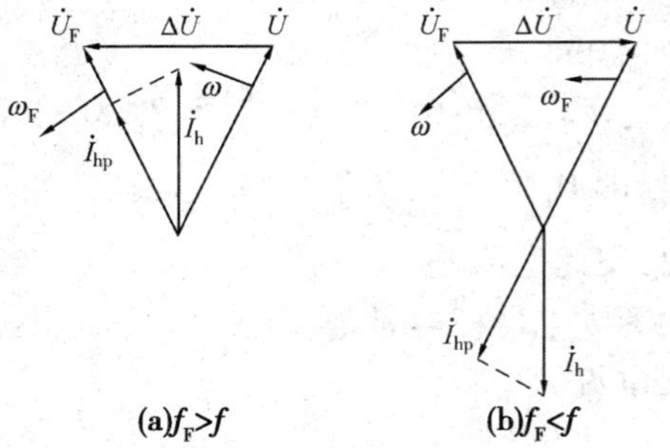

图2-60 "自整步"作用

必须指出:同步发电机的"自整步"作用只有在频率相接近时才能发挥作用,若频率相差较大,由于电流 $\dot{I}_h$ 及其产生的转矩变化太快及转子惯性作用,就可能无法将转子拉入同步。

3. 准同步法的并列操作

准同步法是在仪表的监视下,通过自动或半自动方式调节待并发电机的电压和频率,使之符合与系统并列的条件时的并列操作。其原理接线如图2-61所示。

系统电压和待并发电机电压分别由电压表 V_1 和 V_2 监视,调节待并发电机励磁电流,使其电压与系统电压相同。系统频率和待并发电机频率分别由频率表 Hz_1 和 Hz_2 监视,调节待并发电机频率即原动机转速,使其接近系统的频率。准同步法并列的(2)、(3)条件可由同步表S(见图2-62)监视,同步表表盘有一红线刻度。同步表的指针向快的方向旋转时,表明待并发电机频率高于系统频率,此时应减小原动机转速,反之亦然。并列操作时,调节待并发电机励磁电流和转速,使仪表 V_1 和 V_2、Hz_1 和 Hz_2 的读数相同,同步表S的指针转动缓慢,当指针转至红线时,表明并列条件已全部满足,应迅速合闸,完成并列操作。

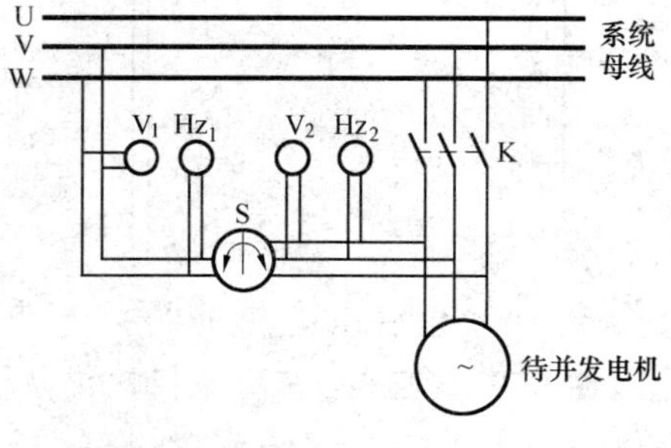

图2-61 准同步法并列原理接线图

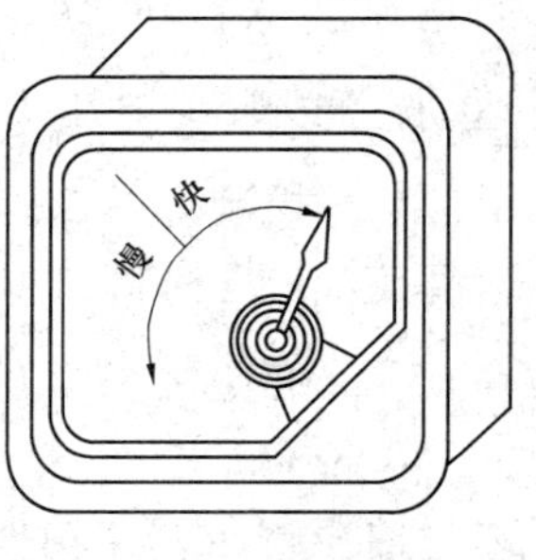

图2-62 同步表外形

这一操作过程，包括各量的调节及并列断路器的合闸均由运行人员手动完成，称手动准同期。也可用一套自动装置来完成，则称自动准同期。

2.4.1.2　**自同步法**

准同步法并列虽然可避免过大的冲击电流，但操作过程复杂，要求有较高的准确性，需要较长的时间进行调整。当电力系统发生故障时，系统电压和频率均处在变化状态，采用准同步法并列较为困难。此时，可采用自同步法将发电机并入系统。

用自同步法进行并列操作，首先要验证发电机的相序是否与电力系统相序相同。然后先将发电机的转子励磁绕组经灭磁电阻 R 闭合，一般灭磁电阻的值约为励磁绕组电阻值的10倍。灭磁电阻的作用在于避免合闸时定子绕组的冲击电流产生的定子磁场在转子励磁绕组中感应出高电动势而形成的大电流，起限流作用。接线如图2-63所示。并列操作时，在发电机不加励磁的情况下，调节发电机的转速接近同步转速，合上并列断路器，并迅速加上直流励磁，此时依靠发电机"自整步"作用将发电机拉入与系统同步。

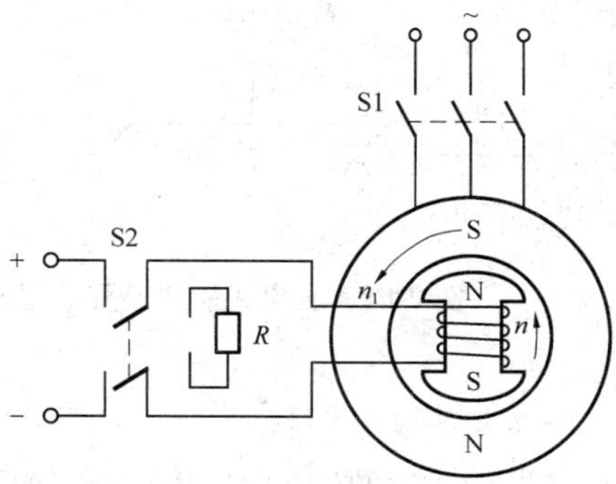

图2-63　自同步法并列原理接线图

另外，采用自同步法并列操作投入电力系统时，发电机转子励磁绕组也不能开路，以免合闸时励磁绕组产生的高电压击穿绕组绝缘。

自同步法并列操作简单迅速，不需增加复杂设备，但投入系统的瞬间，发电机定子绕组会产生较大冲击电流，故一般只用于系统故障时的并列操作。

2.4.2　并列运行时有功功率的调节和静态稳定

同步发电机并入系统后，就应向系统输送有功功率和无功功率，系统的有功功率不足时，系统的频率将会下降。下面分析并入系统后的发电机有功功率的调节原理。

2.4.2.1　**有功功率的调节**

1. 功率平衡和转矩平衡

1) 功率平衡方程式

原动机从轴上输入给发电机的机械功率 P_1，扣除发电机的机械损耗 p_{mec}、铁耗 p_{Fe} 和励磁损耗 p_{Cuf} 后，其余的通过气隙磁场电磁感应作用转换为定子三相绕组中的电磁功率 P_M，电磁功率 P_M 扣除定子绕组的铜耗 p_{Cu} 便得到发电机输出的电功率 P_2。其能量转换过程如图2-64所示，则

$$P_M = P_1 - (p_{mec} + p_{Fe} + p_{Cuf}) = P_1 - p_0$$

$$P_1 = p_0 + P_M \tag{2-63}$$

式中　p_0——空载损耗，$p_0 = p_{mec} + p_{Fe} + p_{Cuf}$，发电机空载运行时就已存在。

$$P_2 = P_M - p_{Cu}$$

因定子绕组的电阻很小，一般可略去绕组的铜耗 p_{Cu}，则有

$$P_M \approx P_2 = mUI\cos\varphi$$

码 2-10　微课:同步发电机的功率

码 2-11　微课:并网同步发电机的有功调节及静态稳定

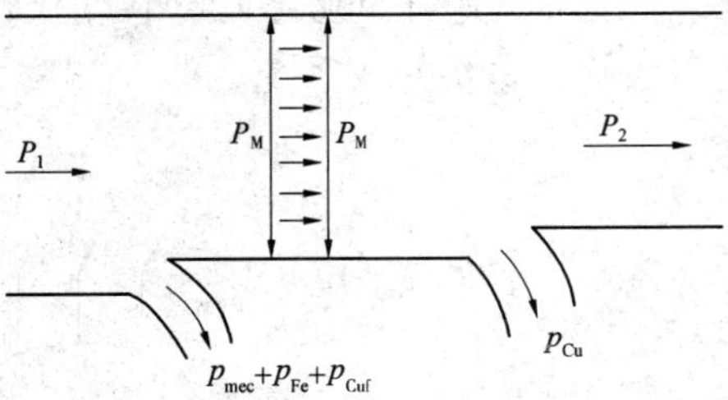

图 2-64　发电机能量流程示意图

2) 转矩平衡方程式

将式(2-63)两边同除以转子角速度 ω,得到发电机转矩平衡方程式为

$$\frac{P_1}{\omega}=\frac{p_0}{\omega}+\frac{P_M}{\omega}$$

$$T_1=T_0+T \tag{2-64}$$

式中　T_1——原动转矩(驱动性质);

T_0——空载转矩(制动性质);

T——电磁转矩(制动性质)。

2. 功角特性

由凸极式同步发电机的简化相量图 2-51 可知,$\varphi=\psi-\delta$,因此

$$\begin{aligned}P_M\approx P_2&=mUI\cos\varphi=mUI\cos(\psi-\delta)\\&=mUI\cos\psi\cos\delta+mUI\sin\psi\sin\delta\\&=mUI_q\cos\delta+mUI_d\sin\delta\end{aligned} \tag{2-65}$$

由相量图 2-51 可知,$I_q x_q=U\sin\delta$,则

$$I_q=\frac{U\sin\delta}{x_q} \tag{2-66}$$

$$I_d x_d=E_0-U\cos\delta$$

则

$$I_d=\frac{E_0-U\cos\delta}{x_d} \tag{2-67}$$

将式(2-66)、式(2-67)代入式(2-65),并整理得凸极同步发电机的有功功率功角特性方程式为

$$P_M=m\frac{E_0U}{x_d}\sin\delta+m\frac{U^2}{2}\left(\frac{1}{x_q}-\frac{1}{x_d}\right)\sin2\delta=P'_M+P''_M \tag{2-68}$$

式中　P'_M——基本电磁功率,$P'_M=m\dfrac{E_0U}{x_d}\sin\delta$;

P''_M——附加电磁功率，$P''_M = m\frac{U^2}{2}(\frac{1}{x_q}-\frac{1}{x_d})\sin 2\delta$。

附加电磁功率与励磁电流无关，它是由于交轴与直轴磁路的磁阻不同（$x_q \neq x_d$）而引起的，故也称磁阻功率。

而对于隐极发电机，因 $x_q = x_d = x_t$，故只有基本电磁功率，功角特性方程式为

$$P_M = m\frac{E_0 U}{x_t}\sin\delta = f(\delta) \tag{2-69}$$

凸极同步发电机的功角特性 $P_M = f(\delta)$，如图 2-65 所示，隐极同步发电机的功角特性曲线如图 2-66 所示。

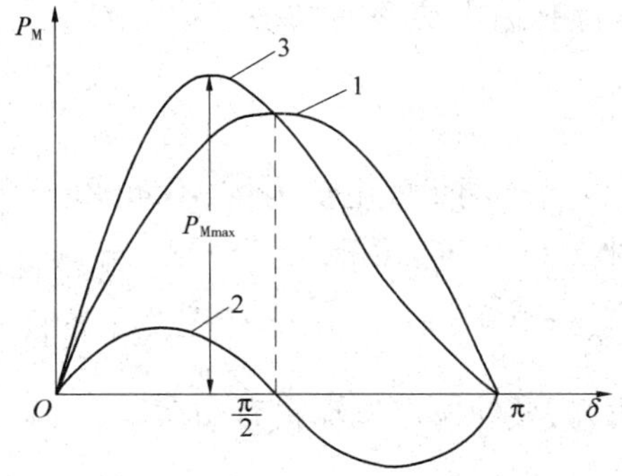

1—基本电磁功率；2—附加电磁功率；3—功角特性。

图 2-65 凸极同步发电机的功角特性曲线

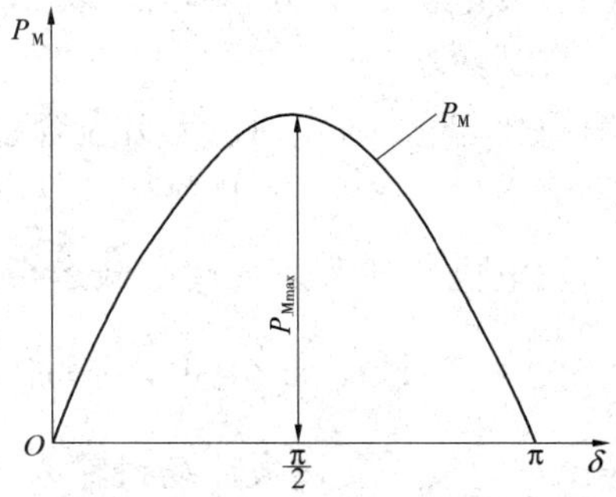

图 2-66 隐极同步发电机的功角特性曲线

现以隐极同步发电机为例来进一步分析功角特性。当发电机与系统并列运行时，系统电压 U 是恒定的，若励磁电流不变，则励磁电动势也是不变的，因此其电磁功率（即近似发出的有功功率）是功角 δ 的正弦函数。

（1）当功角在 $0<\delta<90°$ 时，电磁功率随 δ 的增大而增大。

（2）当功角 $\delta = 90°$ 时，电磁功率为最大，即为 P_{Mmax}，此值称发电机功率极限值，说明发电机并列运行时，其输出功率是有限的，并不会随着输入功率的增大而无限增大。

（3）当功角在 $90°<\delta<180°$ 时，电磁功率随 δ 的增大而减小。

（4）当功角 $\delta = 180°$ 时，电磁功率为 0。

（5）当功角 $\delta>180°$ 时，电磁功率由正值变为负值，说明发电机不再向系统输出有功功率，反而向系统吸收有功功率，即由发电机状态变为电动机状态。

功角 δ 有双重的物理意义：一是励磁电动势 $\dot{E}_0$ 和端电压 $\dot{U}$ 两个时间相量之间的夹角；二是励磁磁动势 $\vec{F}_{f1}$ 和合成等效磁动势 $\vec{F}_\delta$ 两个空间矢量之间的夹角（由于 $\dot{\Phi}_0$ 对应于 $\vec{F}_{f1}$，$\dot{\Phi}_\delta$ 对应于 $\vec{F}_\delta$），$\vec{F}_{f1}$ 超前 $\dot{E}_0$ 90°，端电压 $\dot{U}$ 与合成等效磁动势 $\vec{F}_\delta$ 相对应，同样 $\vec{F}_\delta$ 超前 $\dot{U}$ 90°。因此，它们有如图 2-67（a）所示的关系。功角 δ 的存在使得转子磁极和合成等效磁极间的通过气隙的磁力线被扭斜了，产生了磁拉力，这些磁力线像弹簧一样有弹性地将两磁极联系在一起，如图 2-67（b）所示。在励磁电流不变时，功角 δ 愈大，则磁拉力也愈大，相应的电磁功率和电磁转矩也愈大。

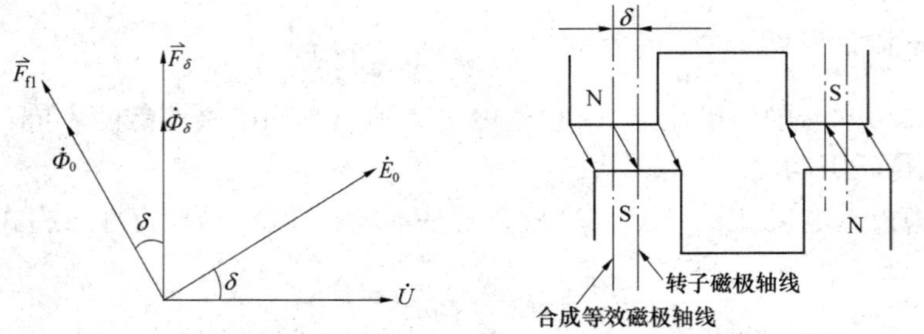

(a) 时空矢量、相量图　　(b) 功角空间示意

图 2-67　功角的含义

从以上分析可以看出,功角 δ 是研究同步发电机并列运行的一个重要物理量,它不仅反映了转子主磁极的空间位置,也决定着并列运行时输出功率的大小。功角的变化势必引起同步发电机有功功率和无功功率的变化。

3. 有功功率的调节

为简化起见,以并列在无穷大容量电力系统的隐极同步发电机为例,不考虑磁路饱和及定子绕组电阻的影响,且保持励磁电流不变,来分析有功功率的调节过程。

当发电机并列于系统作空载运行时,$\dot{E}_0=\dot{U}$、$\delta=0$、$P_2=P_M=0$,运行在功角特性的 0° 处,见图 2-68(a)、(c)。由式 $P_M=m\dfrac{E_0U}{x_t}\sin\delta$ 可知,要使发电机输出有功功率 P_2,就必须使 $\delta\neq 0°$。这就需要增大原动机输入的机械功率(增大汽门或水门),这时原动机的驱动转矩大于发电机的空载制动转矩,于是转子开始加速,主磁极的位置就逐渐开始超前气隙合成等效磁极轴线,故 $\dot{E}_0$ 将超前 $\dot{U}$ 一个功角 δ,电压差 $\Delta\dot{U}$ 将产生输出的定子电流 $\dot{I}$,如图 2-68(b)所示。显然,随功角 δ 的增大,电磁功率 P_M(输出的有功功率 P_2)随之增大,对应制动性质的电磁转矩也随之增大,当电磁制动转矩增大到与驱动转矩相等时,转子就停止加速。这样,发电机输入功率和输出功率达到一个新的平衡状态,便在功角特性曲线上新的运行点稳定运行,如图 2-68(c)所示功角特性曲线上的 A 点。

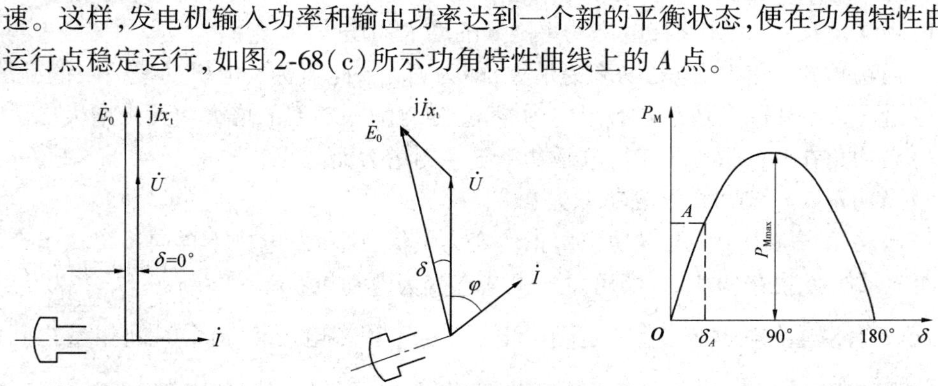

(a) 空载运行时相量图　　(b) 负载运行时相量图　　(c) 有功调节后的 A 点运行

图 2-68　并列运行的发电机有功功率的调节

由此可见,要调节与系统并列运行的发电机输出的有功功率,应调节原动机输入的机械功率来改变发电机的功角,使输出功率改变。还需指出,并不是无限制地增大原动机输入的机械功率,发电机的输出功率都会相应增大,这是因为发电机有一个极限功率

(P_{Mmax}),而该极限功率取决于励磁电流和发电机同步电抗的大小。

2.4.2.2 静态稳定

并列在系统运行的同步发电机,经常会受到来自系统或原动机方面的某些微小而短暂的干扰,导致发电机功率的波动,同步发电机能否在干扰消失后恢复到原来稳定运行的状态,就是同步发电机的静态稳定问题。如果能恢复到原来的运行状态,则发电机处在"静态稳定"状态,否则,处在"静态不稳定"状态。

为使分析问题简便,略去空载损耗,即假设 $P_1=P_M$。仍以隐极发电机为例,发电机原稳定运行在 a 点,对应的功角为 δ_a,此时对应的电磁功率 P_{Ma} 与输入的机械功率相平衡,如图 2-69 所示。由于某种原因,原动机输入的功率瞬间增加了 ΔP_1,则功角将从 δ_a 增大到 $\delta_c=\delta_a+\Delta\delta$,相应电磁功率增加 ΔP_M,发电机工作点移到 c,电磁功率为 P_{Mc}。当干扰很快消失($\Delta P_1=0$)时,发电机的功角仍为 δ_c,发电机的电磁功率 P_{Mc} 大于输入的功率 P_1,使转子减速,功角又由 δ_c 回到 δ_a,输出功率与输入功率得到平衡,发电机重新稳定运行在 a 点。

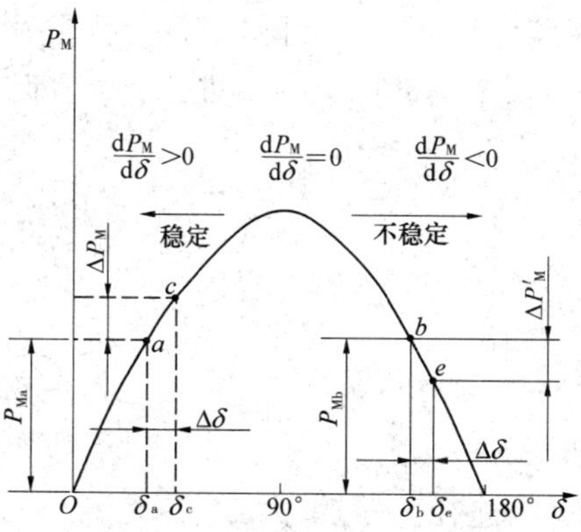

图 2-69 同步发电机静态稳定分析

而若发电机原先在 b 点运行,此时输出功率与输入功率平衡,即 $P_1=P_{Mb}$,由于某种原因,原动机输入的功率瞬间增加了 ΔP_1,则功角将从 δ_b 增大到 $\delta_e=\delta_b+\Delta\delta$,电磁功率反而减小了 $\Delta P'_M$,此时的电磁功率 P_{Me} 小于输入的功率$P_1+\Delta P_1$,即使干扰很快消失,仍有电磁功率 P_{Me} 小于输入的功率 P_1,使转子加速。功角 δ 继续增大,电磁功率 P_M 将进一步减小,输出功率与输入功率得不到平衡,所以发电机在 b 点无法稳定运行,最终导致转子主磁极与气隙合成等效磁极失去同步。这种现象称发电机"失步"。

综上所述,从功角特性曲线上可看出,凡运行在电磁功率随功角增大而增大的部分(曲线上升部分),发电机的运行是静态稳定的,此状态用数学式表示为

$$\frac{dP_M}{d\delta}>0 \tag{2-70}$$

也就是同步发电机静态稳定的条件。

反之,电磁功率随功角增大而减小的部分(即曲线下降部分),即 $\frac{dP_M}{d\delta}<0$,发电机的运行是静态不稳定的。并可知,$\frac{dP_M}{d\delta}=0$ 处,就是同步发电机的静态稳定极限。

显然,$\frac{dP_M}{d\delta}$ 所具有的大小及其正、负数值,表征了发电机抗扰动保持静态稳定的能力,我们把它称为比整步功率,用 P_{syn} 表示。隐极同步发电机的比整步功率为

$$P_{syn}=\frac{dP_M}{d\delta}=\frac{dm\dfrac{E_0U}{x_t}\sin\delta}{d\delta}=m\frac{E_0U}{x_t}\cos\delta \qquad (2\text{-}71)$$

式(2-71)说明功角 δ 愈小,比整步功率愈大,发电机的稳定性愈好。

可见,功角在 $0<\delta<90°$ 区域,发电机是静态稳定的,$\delta>90°$ 是静态不稳定的。因此,发电机正常运行时能发出多大的功率,不但要考虑发电机本身温升的限制,而且要考虑发电机的稳定性要求。实际运行中,要求发电机的功率极限值 P_{Mmax} 比额定功率 P_N 大一定的倍数,这个倍数称为静态过载能力,即

$$K_m=\frac{P_{Mmax}}{P_N}=\frac{m\dfrac{E_0U}{x_t}}{m\dfrac{E_0U}{x_t}\sin\delta_N}=\frac{1}{\sin\delta_N} \qquad (2\text{-}72)$$

一般要求 $K_m=1.7\sim3$,与此对应的发电机额定运行时的功角 $\delta_N=25°\sim35°$。从以上分析可知,K_m 愈大,发电机的稳定性愈好,但是,K_m 值提高,额定功角 δ_N 必须减小,而减小 δ_N 的途径:一是增大 E_0,二是减小同步电抗 x_t。前者须增大励磁电流,引起励磁绕组的温升提高;后者须加大气隙,导致励磁安匝数的增加,电机尺寸加大,电机造价也随之提高。因此,根据发电机运行提出的要求,设计制造发电机时应综合考虑。

【例 2-3】 有一台凸极同步发电机,数据如下:$S_N=8\ 750$ kVA,$\cos\varphi_N=0.8$(滞后),Y 接法,$U_N=11$ kV,每相同步电抗 $x_q=9$ W,$x_d=17$ W,定子绕组电阻略去不计。试求:①同步电抗的标幺值;②该机在额定运行时的功角 δ_N 及励磁电动势 E_0;③该机的最大电磁功率 P_{Mmax}、过载能力 K_m 及产生最大功率时的 δ。

解:(1)额定电流:$I_N=\dfrac{S_N}{\sqrt{3}U_N}=\dfrac{8\ 750\times10^3}{\sqrt{3}\times11\times10^3}=459.3(\text{A})$

阻抗基值:$Z_N=\dfrac{U_{N\varphi}}{I_N}=\dfrac{11\times10^3/\sqrt{3}}{459.3}=13.83(\Omega)$

同步电抗的标幺值:$x_q^*=\dfrac{x_q}{Z_N}=\dfrac{9}{13.83}=0.651$

$$x_d^*=\frac{x_d}{Z_N}=\frac{17}{13.83}=1.229$$

(2)$\psi=\arctan\dfrac{I^*x_q^*+U^*\sin\varphi}{U\cos\varphi}=\arctan\dfrac{1\times0.651+1\times0.6}{1\times0.8}=57.4°$

$\delta_N=\psi-\varphi_N=57.4°-36.9°=20.5°$

$E_0=U_{N\varphi}\cos\delta_N+I_dx_d=\dfrac{11\times10^3}{\sqrt{3}}\times\cos20.5°+459.3\times\sin57.4°\times17=12\ 530(\text{V})$

$E_0^*=\dfrac{E_0}{U_{N\varphi}}=\dfrac{12\ 530}{11\times10^3/\sqrt{3}}=1.973$

(3) $P_M^* = \frac{E_0^* U^*}{x_d^*}\sin\delta + \frac{U^{*2}}{2}(\frac{1}{x_q^*} - \frac{1}{x_d^*})\sin 2\delta$

$= \frac{1.973 \times 1}{1.229}\sin\delta + \frac{1}{2} \times (\frac{1}{0.651} - \frac{1}{1.229})\sin 2\delta = 1.605\sin\delta + 0.3612\sin 2\delta$

令 $\frac{dP_M^*}{d\delta} = 0$，则有

$$\frac{dP_M^*}{d\delta} = 1.605\cos\delta + 0.7224\cos 2\delta = 1.445\cos^2\delta + 1.605\cos\delta - 0.7224 = 0$$

$$\cos\delta = \frac{-1.605 \pm \sqrt{1.605^2 + 4 \times 1.445 \times 0.7224}}{2 \times 1.445} = \frac{-1.605 \pm 2.598}{2.89}$$

发电机运行时：$0<\delta<90°$，$0<\cos\delta<1$，故分子应取正号，于是有

$\cos\delta = \frac{0.993}{2.89} = 0.3436$，得 $\delta=69.9°$，代入 P_M^*，则

$$P_{Mmax}^* = \frac{E_0^* U^*}{x_d^*}\sin\delta + \frac{U^{*2}}{2}(\frac{1}{x_q^*} - \frac{1}{x_d^*})\sin 2\delta$$

$$= \frac{1.973 \times 1}{1.229}\sin\delta + \frac{1^2}{2} \times (\frac{1}{0.651} - \frac{1}{1.229})\sin 2\delta = 1.605\sin\delta + 0.3612\sin 2\delta$$

$$= 1.605\sin 69.9° + 0.3612\sin(2\times 69.9°) = 1.745$$

因此，最大电磁功率为

$$P_{Mmax} = P_{Mmax}^* \times S_N = 1.745 \times 8750 = 15269\ (kW)$$

该发电机的过载能力：

$$K_m = \frac{P_{Mmax}}{P_N} = \frac{15269}{8750 \times 0.8} = 2.181$$

2.4.3 并列运行时无功功率的调节和 U 形曲线

电力系统中的负荷包括有功功率和无功功率，因此当同步发电机与系统并列运行时，不但要向系统供给有功功率，而且要向系统供给无功功率。系统的无功功率（均指感性）不足时，会导致系统电压的下降。

为简便起见，仍以隐极同步发电机为例，并忽略定子绕组的电阻，说明并列运行时发电机无功功率的调节。

2.4.3.1 无功功率的功角特性（也称无功特性）

同步发电机输出的无功功率为

$$Q = mUI\sin\varphi \tag{2-73}$$

图 2-70 为隐极发电机不计定子绕组电阻时的相量图。由图 2-70 可见

$$Ix_t\sin\varphi = E_0\cos\delta - U = mUI\sin\varphi$$

或

$$I\sin\varphi = \frac{E_0\cos\delta - U}{x_t} \tag{2-74}$$

将式(2-74)代入式(2-73)得

$$Q = m\frac{E_0 U}{x_t}\cos\delta - m\frac{U^2}{x_t} \tag{2-75}$$

式(2-75)即为隐极同步发电机并列运行时无功功率的功角特性。无功功率 Q 与功角 δ 的关系为 $Q=f(\delta)$，如图 2-71 所示。为便于比较，图 2-71 中还画出了有功功角特性 $P_M=f(\delta)$ 曲线。

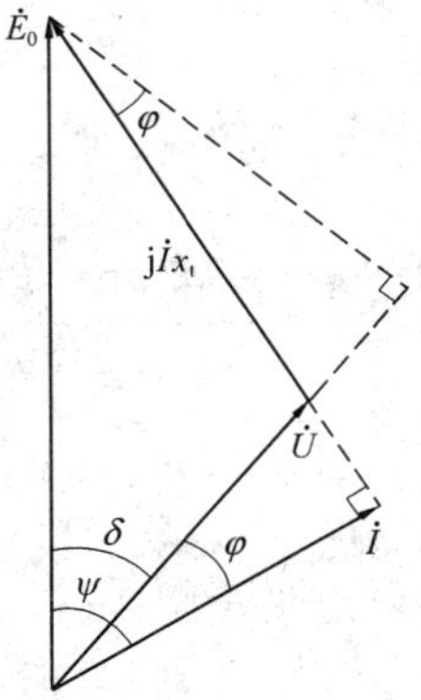

图 2-70　隐极发电机不计定子绕组电阻时的相量图

码 2-12　微课：并网同步发电机的无功调节

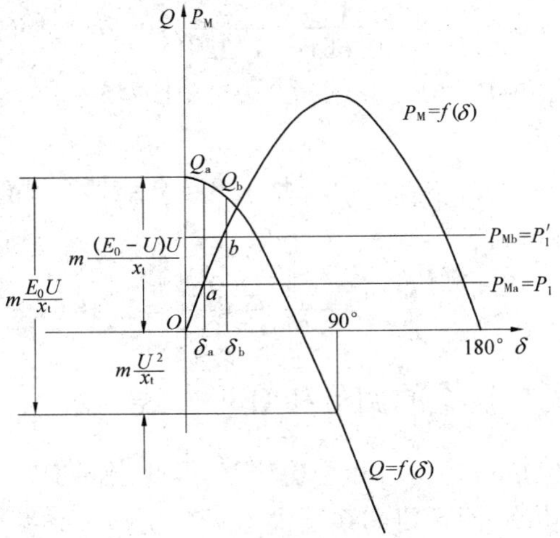

图 2-71　隐极发电机的有功功率和无功功率的功角特性

由图 2-71 可以看出，当励磁电流保持不变时，有功功率的调节会引起无功功率变化。如发电机原运行在功角特性的 a 点，此时的功角为 δ_a，输出的电磁功率 P_{Ma} 与输入功率 P_1 相平衡，且此时输出的无功功率为 Q_a。现输入功率增大为 P_1'，功角增大为 δ_b，输出的电磁功率相应增大为 P_{Mb}，与 P_1' 平衡，然而，输出的无功功率减小为 Q_b。由此可见，保持励磁电流不变，输出的有功功率增大时，会引起输出的无功功率减小；输出的有功功率减小时，会引起输出的无功功率增大。

2.4.3.2　无功功率的调节

从能量守恒的观点来看，同步发电机与电力系统并列运行，如果仅调节无功功率，是不需要改变原动机的输入功率的。从无功功角特性公式(2-75)可知，只要调节励磁电流改变励磁电动势，就能改变同步发电机发出的无功功率的大小和性质。

1. 有功输出为 0 时无功功率的调节

隐极同步发电机不计定子绕组电阻时的电动势平衡方程式为

$$\dot{E}_0 = \dot{U} + \mathrm{j}\dot{I}x_t$$

（1）当发电机并列于系统作空载运行时，$\dot{E}_0 = \dot{U}$，$\dot{I} = 0$。

（2）如图 2-72（a）所示。输出的有功功率 $P=0$，输出的无功功率 $Q=0$，这时励磁电流为 I_{f0}，称为正常励磁状态。

（3）在正常励磁的基础上，增大励磁电流为 $I_{f1}>I_{f0}$，励磁电动势 E_0 增大，电枢绕组向系统输出感性的无功电流，也即向系统输出感性的无功功率，此时的励磁称过励状态，如图 2-72（b）示。

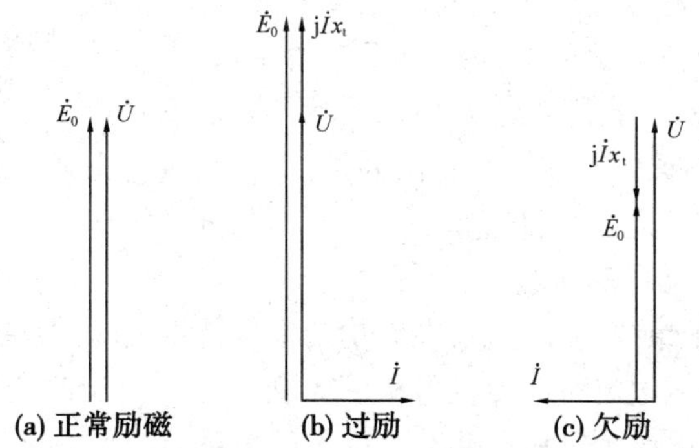

图 2-72 $P=0$ 时无功功率的调节

从电磁角度解释，即发电机并列于无穷大系统，电压是恒定的，则要求发电机的气隙合成磁场也恒定，因此过励时，发电机只有发出感性的无功电流起去磁作用，才能维持气隙合成磁场的恒定。可见，过励越多，则发出的感性电流越大，即向系统发出的感性无功功率也越大。

（4）在正常励磁的基础上，减小励磁电流，$I_{f2}<I_{f0}$，励磁电动势 E_0 也减小，电枢绕组向系统输出容性的无功电流，也即向系统输出容性的无功功率，此时的励磁称欠励状态，如图 2-72（c）所示。

同样，从电磁角度解释为：励磁电流减小，会使气隙合成磁场减小，发电机并列于无穷大系统，电压是恒定的，则要求发电机的气隙合成磁场也恒定。因此，欠励时，发电机只有发出容性的无功电流起助磁作用，才能维持气隙合成磁场的恒定。可见，欠励越多，则发出的容性电流越大，即向系统发出的容性无功功率越大。

综上所述，可以得出，发电机不带负载（$P=0$）情况下，正常励磁时，输出电流 $I=0$ 为最小；过励时输出感性无功电流，过励越多，则发出的感性电流也越大；欠励时输出容性无功电流，欠励越多，则发出的容性电流也越大。

应指出的是，在欠励状态下，发电机向系统发出的容性无功功率，即向系统吸收感性无功功率，增加了系统感性无功的负担，同时会降低发电机的静态稳定性，因此同步发电机一般不运行在欠励状态。

2. 带有功负载时无功功率的调节

如图 2-73 所示，设发电机原运行在功角特性的 $P_2=f(\delta)$ 的 a 点，此时的功角为 δ_a，输出的有功功率 P_a 与输入的机械功率 P_1 相平衡，相应输出的无功功率为 Q_a。现维持原动机输入功率不变，而只增大励磁电流，励磁电动势 E_0 随之增大，有功特性和无功特性的幅值随之增大，如图 2-73 中的特性曲线 $P_2'=f(\delta)$ 和 $Q'=f(\delta)$，发电机的功角将从 δ_a 减小到 δ_b，对应有功功率 $P_b=P_1$，但输出的无功功率增大为 $Q_b>Q_a$；反之亦然。

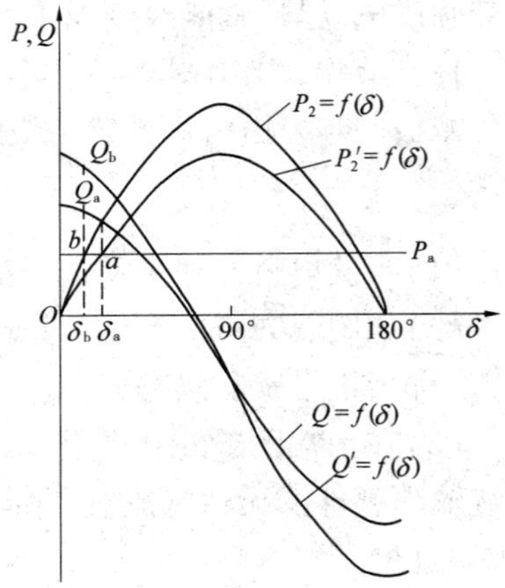

图 2-73 励磁电流改变时的有功、无功功角特性

上述说明，当调节无功功率时，对有功功率不会产生影响，这是符合能量守恒的。但调节无功功率将改变发电机的功率极限值和功角大小，从而影响发电机并列运行的静态稳定性。必须指出的是，增大励磁电流可提高发电机的稳定性，所以一般同步发电机都运行在过励状态。

2.4.3.3 同步发电机的 U 形曲线

以上分析了并列于系统的发电机，在有功功率保持不变时，改变励磁电流可实现无功功率的调节，即改变励磁电流可改变发电机的无功电流。由于改变同步发电机无功功率时，发电机输出的定子电流 I 随励磁电流 I_f 变化的关系曲线形似字母“U”，故称同步发电机的 U 形曲线。

下面以隐极发电机为例，不计定子绕组电阻，保持有功功率输出不变，分析定子电流随励磁电流变化而变化的情况，如图 2-74 所示。

因为

$$P_M \approx P_2 = mUI\cos\varphi = 常数$$

$$P_M = m\frac{E_0U}{x_t}\sin\delta = 常数$$

则

$$\left.\begin{aligned} I\cos\varphi &= 常数 \\ E_0\sin\delta &= 常数 \end{aligned}\right\} \tag{2-76}$$

式(2-76)表明，无论励磁电流如何变化，定子电流 $\dot{I}$ 在 $\dot{U}$ 坐标上的投影不变，则 $\dot{I}$ 的端点轨迹必须在 B—B' 上；电动势 $\dot{E}_0$ 的端点轨迹必须在 A—A' 上。图 2-74 中画出了 4 种不同励磁电流时的情况，现分别讨论如下：

(1) 当励磁电流 $I_f=I_{f1}$ 时，相应的电动势为 $\dot{E}_{01}$，此时的 $\dot{I}_1$ 与 $\dot{U}$ 同相位，即 $\cos\varphi=1$，定子电流只有有功分量，且其值最小。此状态下的励磁称正常励磁，发电机只输出有功功率。

(2) 增大励磁电流，使 $I_{f2}>I_{f1}$，则 $E_{02}>E_{01}$，功率因数变为滞后，定子电流 $\dot{I}_2$ 除有功分量 $I_2\cos\varphi_2$ 不变外，还增加了一个滞后的无功分量 $I_2\sin\varphi_2$，即在输出有功功率不变的同时还向系统输出感性无功功率。此状态下的励磁称过励。显然，过励较正常励磁时的功角减小了,这将提高发电机运行的静态稳定。当然,增加感性无功功率的输出,将受励磁电流和定子电流的限制,均不得超过额定值。

(3)减小励磁电流,使 $I_{f3}<I_{f1}$,则 $E_{03}<E_{01}$,功率因数变为超前,定子电流 $\dot{I}_3$ 除有功分量 $I_3\cos\varphi_3$ 不变外,还增加一个超前的无功分量 $I_3\sin\varphi_3$,即发电机在输出有功功率不变的同时,还向系统发出容性的无功功率(向系统吸收感性无功功率)。此状态下的励磁称欠励。显然,欠励较正常励磁时的功角增大了,使发电机的静态稳定性变差。

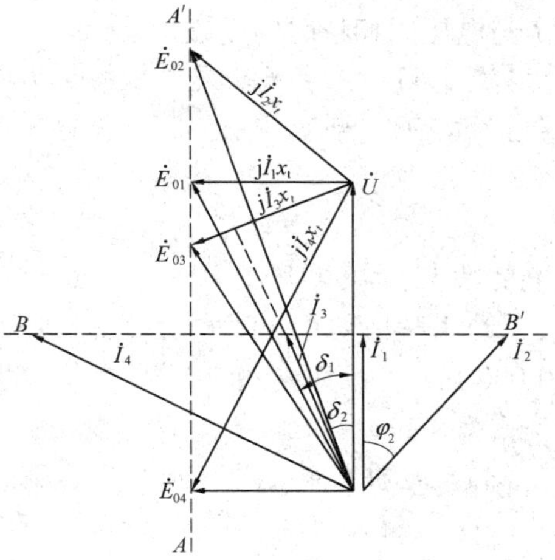

图 2-74 P=常数、调节励磁时相量图

(4)当励磁电流减小为 I_{f4},使 $\dot{E}_0$ 与 $\dot{U}$ 的功角 $\delta=90°$ 时,发电机处于静态稳定的极限,此时,如果发电机励磁电流继续减小,则发电机将进入不稳定区,使电机失去同步。

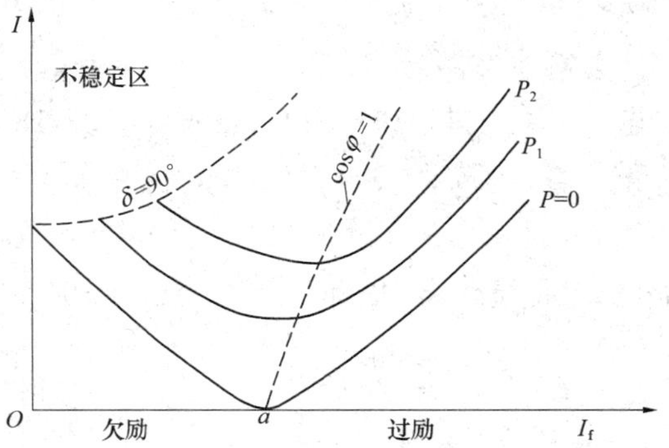

图 2-75 同步发电机的 U 形曲线

从图 2-74 可知,对应给定的有功功率,$\cos\varphi=1$ 时,定子电流为最小值,调节励磁电流,都将使定子电流增大。把定子电流 I 随励磁电流 I_f 变化的关系绘成曲线,可得图 2-75 所示的 U 形曲线。对应于不同的有功功率,有不同的 U 形曲线。有功功率愈大,曲线愈往上移。各条曲线的最低点为 $\cos\varphi=1$ 时的情况,连接各条 U 形曲线的最低点得一略往右倾斜的曲线,曲线向右倾斜的原因是:当有功功率增大时,会引起无功功率的变化,要保持 $\cos\varphi=1$,必须相应增加一些励磁电流。在这条曲线的右方,发电机处于过励状态,功率因数是滞后的,发电机向系统发出感性的无功功率;在曲线的左方,发电机处于欠励状态,功率因数是超前的,发电机向系统发出容性的无功功率(向系统吸收感性的无功功率)。

在 U 形曲线左上方还有一不稳定区,发电机在该区域内将不能保持静态稳定。这是因为对于一定的有功功率输出时,励磁电流有一最小的限值,此时,发电机运行于 $\delta=90°$,电磁功率 P_M 为功率极限值 $P_{Mmax}=m\dfrac{E_0U}{x_t}$,如果再减小励磁电流,发电机的功率极限值将小于原动机输入的机械功率,发电机将因功率得不到平衡而被加速,导致失步。为了维持发电机的稳定运行,对应不同的有功功率输出,励磁电流就有不同的最小限值,输出的有功功率愈大,最小励磁电流的限值也愈大。现代的同步发电机额定运行时,励磁电流的额定值都定在过励状态,一般额定功率因数在 0.8~0.85(滞后)。

最后必须指出的是,正常励磁并不是指励磁电流某一个固定值,而是指输出的定子电

流 $\dot{I}$ 与电压同相位时的励磁。

【例 2-4】 一台汽轮发电机的铭牌如下:$P_N=300\ 000$ kW,$U_N=18\ 000$ V,$\cos\varphi=0.85$(滞后),定子绕组 Y 接法。已知发电机的同步电抗 $x_t^*=2.28$,用准同步法将发电机并列于系统。试求:

(1)并列后,增加转子励磁电流,使发电机带上 $50\%I_N$,问此电流是何性质的?输出的有功功率、无功功率是多少?画出此时的相量图;

(2)保持问题(1)时的励磁电流不变,增大原动机输入的机械功率,使发电机带上 120 000 kW 有功负载,求此时发电机输出的无功功率 Q、定子电流 I 及发电机此时运行的功率因数 $\cos\varphi$,并画出此时的相量图;

(3)发电机在额定状态运行时的励磁电动势 E_0、功角 δ_N 及过载能力 K_m。

解:(1)增大励磁电流,此时 E_0 上升,$E_0>U$,此时的相量图如图 2-76 所示,发电机向系统输出感性的无功电流。此时 $\varphi=90°$,$\delta=0°$,该发电机的额定电流为

$$I_N=\frac{P_N}{\sqrt{3}U_N\cos\varphi_N}=\frac{300\ 000\times10^3}{\sqrt{3}\times18\ 000\times\cos31.89°}=11\ 321(\text{A})$$

此时输出有功功率:$P=\sqrt{3}UI\cos\varphi=\sqrt{3}\times18\ 000\times5\ 661\times\cos90°=0$

输出无功功率:$Q=\sqrt{3}UI\sin\varphi=\sqrt{3}\times18\ 000\times5\ 661\times\sin90°=176\ 500(\text{kvar})$

由相量图知:$\dot{E}_0^*=\dot{U}^*+\text{j}\dot{I}^*x_t^*=1+0.5\times2.28=2.14$

(2)当励磁电流不变时,E_0 不变,增大发电机输入转矩 T_1 使发电机带上有功负载,于是 $\dot{E}_0$ 的相位往前移,超前 $\dot{U}$ 一个功角 δ,相量图如图 2-77 所示。

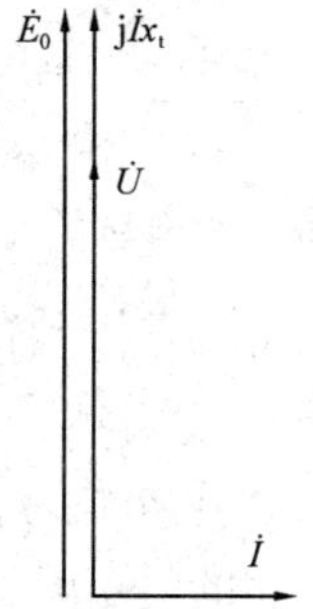

图 2-76 增大励磁电流发电机输出感性无功功率相量图

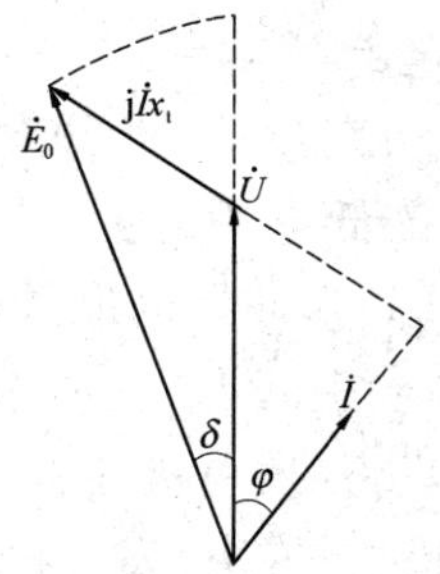

图 2-77 增大 T_1 发电机带感性负载时的相量图

据题意,$P_M=P_2=120\ 000$ kW。

即
$$P_M^*=\frac{P_M}{S_N}=\frac{120\ 000}{300\ 000/0.85}=0.34$$

据
$$P_M^*=\frac{E_0^*U^*}{x_t^*}\sin\delta$$

得
$$\delta=\arcsin\frac{P_M^*}{\frac{E_0^*U^*}{x_t^*}}=\arcsin\frac{0.34}{\frac{2.14\times1}{2.28}}=21.24°$$

$$Q^* = \frac{E_0^* U^*}{x_t^*}\cos\delta - \frac{U^{*2}}{x_t^*} = \frac{2.14\times 1}{2.28}\cos 21.24^\circ - \frac{1^2}{2.28} = 0.4362$$

则此时输出的无功功率为

$$Q = Q^* S_N = 0.4362 \times 300\,000/0.85 = 154\,000(\text{kvar})$$

较原来的 176 500 kvar 小。

定子电流标幺值:

$$I^* = S^* = \sqrt{P_M^{*2} + Q^{*2}} = \sqrt{0.34^2 + 0.4362^2} = 0.5531$$

定子电流实际值:$I=I^* I_N=0.5531\times 11\,321=6\,262(\text{A})$

此时的功率因数: $\cos\varphi = \frac{P^*}{S^*} = \frac{0.34}{0.5531} = 0.6147$

(3)当发电机额定运行时,$\cos\varphi_N=0.85$,故 $\varphi_N=31.79^\circ$。

以电压 $\dot{U}$ 作为参考相量,即 $\dot{U}=1\angle 0^\circ$,则 $\dot{I}=1\angle -31.79^\circ$,有

$$\dot{E}_0^* = \dot{U}^* + \mathrm{j}\dot{I}^* x_t^* = 1 + \mathrm{j}(1\angle -31.79^\circ)\times 2.28 = 2.926\angle 41.36^\circ$$

即额定功角 $\delta_N=41.36^\circ$。

$$E_0 = E_0^* U_{N\varphi} = 2.926 \times \frac{18\,000}{\sqrt{3}} = 30\,410(\text{V})$$

过载能力为

$$K_m = \frac{1}{\sin\delta_N} = \frac{1}{\sin 41.36^\circ} = 1.513$$

2.4.4　调相运行与调相机

在电力系统中,70%~80%的电能消耗于异步电动机,用于转换成机械能来拖动生产机械,且系统中还要用到许多的变压器进行升压和降压,它们运行时都需要吸收感性的无功功率。如果仅靠同步发电机在向电力系统输送有功功率的同时,再供给一定的感性无功功率,往往不能满足系统中感性无功功率的需求。因此,系统中还必须有能专门提供无功功率的电源,如电容器组、同步电动机或调相机。

同步电机和其他电机一样具有可逆性,可作为发电机运行,也可作为电动机运行。作为发电机运行时,除向电力系统输送有功功率外,还可向系统输送或吸收感性的无功功率;作为电动机运行时,除向电力系统吸收有功功率外,还可向系统输送或吸收感性的无功功率。

下面以隐极同步电机介绍其可逆原理。

2.4.4.1　同步电机的可逆原理

若同步发电机已并列于电力系统,在向系统输出有功功率和感性的无功功率时,前述已知,转子磁极轴线超前合成等效磁极轴线一个正值的功角 δ($\dot{E}_0$ 超前 $\dot{U}$ 时 δ 为正),这时转子磁极拖着合成等效磁极同步旋转。发电机产生的电磁功率和电磁转矩(制动性质)为正值,电磁转矩与原动机的驱动转矩相平衡,将原动机输入的机械功率转换为有功功率输向电力系统,如图 2-78(a)所示。

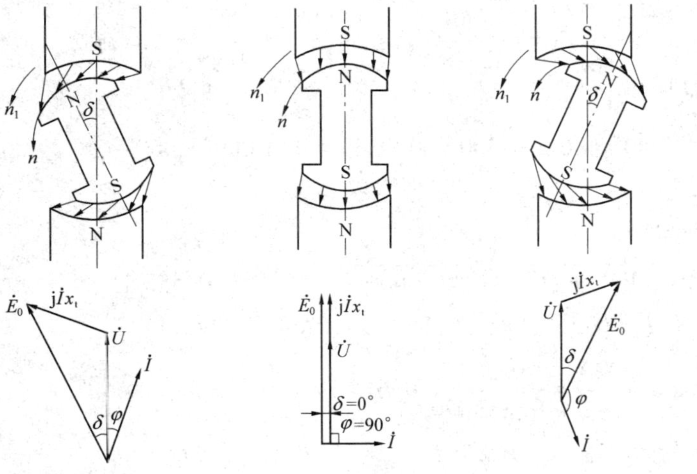

(a) 发电机状态，$\delta>0°$　(b) 空载状态，$\delta=0°$　(c) 电动机状态，$\delta<0°$

图 2-78　同步电机运行状态示意图

码 2-13　动画：三相同步电机的可逆原理

若减小原动机输入的机械功率，功角和电磁功率均将减小，输出给系统的有功功率也随之减小。当原动机输入的机械功率减小到仅能抵偿发电机空载运行时的空载损耗时，发电机的功角和相应的电磁功率等于 0，如图 2-78(b)所示。此时，发电机不再向系统输出有功功率而处于空载运行状态。

若进一步减小原动机输入的机械功率，将原动机的进汽阀门或进水阀门关闭，转子磁极将落后气隙合成等效磁极，这时功角变为负值(但很小)，输出的电磁功率 $P_M=m\dfrac{E_0U}{x_t}\sin\delta$ 或 $P_2=mUI\cos\varphi$ 变为负值(此时 $\varphi>90°$)，说明电机开始从系统吸收少量有功功率来维持空载运行所需要的空载损耗，发电机的电磁转矩变为驱动性质，驱动转子跟上同步。此时，发电机已过渡为空载运行的电动机。如果在轴上加上机械负载，则由机械负载产生的制动转矩使电机的转子磁极更为落后，功角的绝对值将增大，如图 2-78(c)所示，发电机将向系统吸收更多的有功功率并产生更大的驱动电磁转矩，以平衡电动机输出的机械功率和机械负载的制动转矩，使转子跟上并保持同步运转，此状态即为同步电机的电动机负载运行状态。

同步电动机无论是在空载运行状态，还是在负载运行状态，改变转子的励磁电流，除其向系统吸收的有功功率不变外，还能改变其向系统输出的无功功率。过励时向系统输出感性的无功功率，欠励时向系统输出容性的无功功率即吸收感性的无功功率。因此，同步电动机应运行在过励状态，使它向系统输出感性的无功功率，来满足系统感性无功功率的需求。

由以上分析可知，同步电机有下列几种运行状态：

(1) 当 $0°<\delta<90°$ 时，同步电机运行于发电机状态，在向电力系统输送有功功率的同时调节励磁电流，还可向系统输送感性或容性的无功功率。

(2) 当 $\delta=0°$ 时，同步电机运行于发电机空载状态，调节励磁电流，只向系统输送感性或容性的无功功率。

(3) 当$-90° < \delta < 0°$时，同步电机运行于电动机状态，在向系统吸收有功功率的同时调节励磁电流，也可向系统输送感性或容性的无功功率。

2.4.4.2　调相运行及调相机

并列在电力系统中，无论是不输出有功功率的同步发电机，还是不带机械负载的同步电动机，仅调节其励磁电流，使其仅向系统输出无功功率的运行方式，均属调相运行。仍以隐极电机为例，用其关联方向下的电动势平衡方程式来说明其调相情况。

(1) 当$\dot{E}_0 = \dot{U}$时，据$\dot{U} = \dot{E}_0 + j\dot{I}x_t$可知，$\dot{I} = 0, \delta = 0°$，电磁功率$P_M = 0$，此时调相机的励磁为正常励磁。相量图如图 2-79(a)所示。

(2) 当增大励磁电流时，励磁电动势$E_0 > U$，定子电流$\dot{I}$超前$\dot{U}$ 90°相位，相量图如图 2-79(b)所示。调相机向电力系统输出感性的无功功率，此时调相机的励磁为过励。

(3) 当在正常励磁的基础上减小励磁电流时，则$E_0 < U$，定子电流$\dot{I}$滞后$\dot{U}$ 90°相位，相量图如图 2-79(c)所示。调相机向电力系统输出容性的无功功率，或调相机向电力系统吸收感性的无功功率，此时调相机的励磁为欠励。

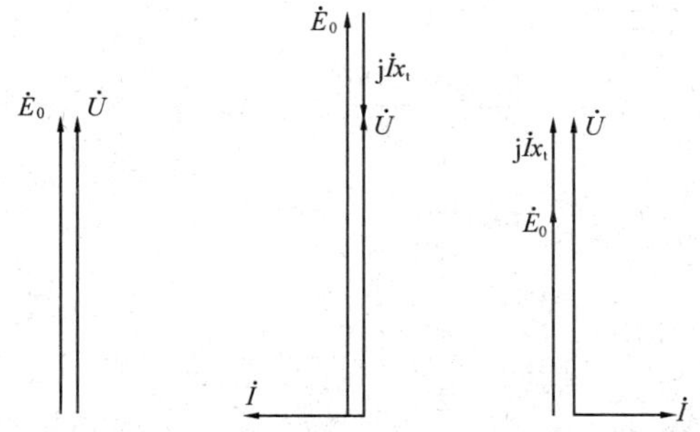

(a) 正常励磁　　(b) 过励　　(c) 欠励

图 2-79　调相运行时的相量图

因电力系统对感性的无功功率的需求量较大，故同步电机作调相运行时，主要运行在过励状态。只有电力系统在轻负载下，由于高电压长距离输电线路分布电容的影响，电压偏高时，才能让调相机运行在欠励状态，以维持系统电压的稳定。

在丰水期，为了充分利用水资源，让水轮发电机多发有功功率，而让靠近负载中心的火力发电厂的部分汽轮发电机作调相运行；在枯水期，电力系统的有功功率主要由火力发电厂的汽轮发电机输送，而让水力发电厂的一些水轮发电机作调相运行。同步电机作调相运行时克服空载损耗所需的功率，可由原动机提供，也可由电力系统供给。由系统提供时发电机的功角为很小的负值。

专用作调相运行的调相机，因不带机械负载，转轴较细，且没有过载能力的要求，气隙可设计得小些，故同步电抗x_t较大，一般$x_t^* \geqslant 2$，为节省材料，提高转速，转子上装有阻尼绕组，作异步启动用。

【例 2-5】　某工厂经一输电线路供电，该工厂的负载为$P = 2\ 000$ kW，$\cos\varphi = 0.7$(滞后)。现该厂新添置一台机械设备，采用同步电动机拖动，且让其处于过励运行，该同步电动机功率为$P_D = 500$ kW，$\cos\varphi_{ND} = 0.8$(超前)，问该同步电动机投入运行后，该输电线路的功率因数是多少?

解:未装同步电动机时:

$$S=\frac{P}{\cos\varphi}=\frac{2\ 000}{0.7}=2\ 857(\mathrm{kVA})$$

$$Q=\sqrt{S^2-P^2}=\sqrt{2\ 857^2-2\ 000^2}=2\ 040(\mathrm{kvar})$$

同步电动机的容量:

$$S_{\mathrm{D}}=\frac{P_{\mathrm{D}}}{\cos\varphi_{\mathrm{ND}}}=\frac{500}{0.8}=625(\mathrm{kVA})$$

$$Q_{\mathrm{D}}=\sqrt{S_{\mathrm{D}}^2-P_{\mathrm{D}}^2}=\sqrt{625^2-500^2}=375(\mathrm{kvar})$$

同步电动机投入运行后输送总有功功率:

$$P'=P+P_{\mathrm{D}}=2\ 000+500=2\ 500(\mathrm{kW})$$

输送总无功功率:$Q'=Q-Q_{\mathrm{D}}=2\ 040-375=1\ 665(\mathrm{kvar})$

则 $$S'=\sqrt{P'^2+Q'^2}=\sqrt{2\ 500^2+1\ 665^2}=3\ 004(\mathrm{kVA})$$

工厂输电线路的功率因数为

$$\cos'\varphi=\frac{P'}{S'}=\frac{2\ 500}{3\ 004}=0.832\ 2\ (\text{滞后})$$

小　结

(1)同步发电机并列运行可提高电网供电可靠性,提高电能质量,并且能在很大区域进行电能的调剂,充分利用自然资源,从而使整个电力系统达到经济运行状态。

(2)发电机投入并列运行的方法有两种:准同步法和自同步法。系统正常情况下采用准同步法;自同步法并列会在系统与发电机之间的回路中产生冲击电流,只有在电力系统故障的情况下才采用。特别应注意的是,发电机的自整步作用只有在频率差不大时才能将转子牵入同步;若相序不同而并网,则相当于相间短路,是绝对不允许的。

(3)有功功角特性反映了同步发电机的有功功率与电机内各物理量之间的关系。功角δ既是电动势$\dot{E}_0$与电压$\dot{U}$相量之间的时间相位差,又是转子磁极轴线与气隙合成等效磁极轴线之间的空间夹角。隐极同步发电机在发电机状态下运行,当功角$\delta<90°$时,同步发电机是静态稳定的。发电机并列于电力系统运行时,其静态稳定与比整步功率和过载能力有关,即与发电机励磁电流、发电机的同步电抗及所带有功功率的情况有关。

掌握功角特性的目的不是计算电磁功率,而是研究发电机的稳定运行问题,因为限制发电机输出功率水平的主要原因之一就是它的稳定性问题。

(4)并列于无穷大容量的电力系统运行的同步发电机,若要调节它输出的有功功率,就必须改变其原动机输入的机械功率,从而改变功角,使它按有功功角特性关系输出有功功率。在调节有功功率的同时,发电机无功功率的输出也会随之改变。

(5)当同步发电机输出的有功功率不变时,调节励磁电流,只能调节发电机输出的无功功率。正常励磁时,发电机只输出有功功率;过励时,输出感性的无功功率;欠励时,输出容性的无功功率。在调节无功功率的同时,有功功率不发生变化。U 形曲线反映定子电流随励磁电流变化的关系,输出的有功功率不同时,对应有不同的 U 形曲线。

(6) 同步电机作为发电机运行时,向系统输出有功功率,$\delta>0°$,改变励磁电流,还可改变无功功率的输出;作为电动机运行时,向系统吸取有功功率,$\delta<0°$,改变励磁电流,还可改变向系统吸取的无功功率;作为调相机运行时,$\delta\approx0°$,只向系统输出感性无功功率或容性无功功率。

习　题

任务 2.4 在线习题

一、填空题

1. 同步发电机的并联运行可以更合理地利用动力资源和发电设备,增加供电的______和______,提高供电质量。

2. 将发电机与电网并列所进行的操作称为并列操作,也叫"并网"。并列方法有两种:__________并列法和__________并列法。

3. 同步电机无功功率的改变,必须依赖__________的调节。

4. 发电机的极限功率应比它的额定功率大一定的倍数,这个倍数称为__________。

5. 在频率和端电压恒定的条件下,同步发电机的运行状态由它的原动机__________和__________所决定。

6. 与无穷大电网并联运行的发电机,调节其励磁电流的大小,不仅能改变无功功率的__________,且能改变无功功率的__________。

7. 衡量电能质量的两个重要指标是________和________。

8. 同步调相机只要调节其励磁电流,就能灵活地调节其输出无功功率的大小和性质,它在系统里起着两个作用:①____________________;②____________________。

9. 同步电机是根据__________原理而工作的一种旋转交流电机,它既可作为__________使用,又可作为__________使用,还可作为__________使用,但主要用作__________。

10. 同步发电机并入电网应具备 4 个条件:①________________________________;②________________________________;③________________________________;④________________________________。

11. 发电机的电压是通过调节发电机的__________,发电机的频率通过调节原动机的__________。

12. 发电机处于过励运行状态时,向电网输送________性无功功率,发电机处于欠励状态时,向电网输送________性无功功率。

13. 调节无功功率就是调节__________,__________(会,不会)影响有功功率,__________(会,不会)影响静态稳定度。

14. 调节同步发电机的有功功率就是调节____________________,__________(会,不会)影响无功功率。

15. 同步发电机在正常励磁时,发电机只送出__________,过励时送出__________,欠励时送出__________。

二、判断题

1. 并网运行时,调节有功功率输出时,其无功功率输出会改变。(　　)
2. 同步调相机的作用是改善电网功率因数。(　　)
3. 同步发电机并列运行时,必须满足相序、电压、频率和相位相同4个条件。(　　)

三、选择题

1. 同步发电机运行时,其转子励磁绕组(　　)感应转子电动势。

A. 会　　B. 不会　　C. 不一定会　　D. 可能会,和负载性质有关

2. 调节发电机的电压是通过调节发电机的(　　)。

A. 原动机的转速　　B. 励磁电流

C. 电枢电流　　D. 其他

3. 一台 $\cos\varphi=0.85$ 滞后的隐极同步发电机,与电网并联运行于额定负载附近,若维持有功功率不变,增加励磁电流时,功率角______,输出的无功功率__________,功率因数__________。

A. 变大;变小;变高　　B. 变小;变小;变高

C. 变大;变大;变低　　D. 变小;变大;变低

4. 同步发电机的并列运行条件是(　　)。

A. 电压有效值相等、相位一致、频率一致、相序相同

B. 电流有效值相等、相位一致、频率一致、相序相同

C. 电压有效值相等、相位一致、频率不一致、相序相同

D. 电压有效值相等、相位一致、频率一致、相序不同

5. 同步发电机投入并联运行的过程叫(　　)。

A. 并联运行　　B. 并列运行

C. 整步运行　　D. 投入并联

6. 同步发电机并列运行的优点是(　　)。

A. 提高供电可靠性和电能质量

B. 节约设备投资

C. 便于实现自动控制和远程控制

D. 减小对环境的污染

7. 两台同步发电机投入并联运行前,为了确保并列运行的顺利进行,需要进行(　　)操作。

A. 检查发电机的控制电路是否正常工作

B. 检查发电机的保护装置是否正常工作

C. 进行同步并列操作,使两台发电机的频率、电压大小和相位保持一致

D. 进行自同步并列操作,使两台发电机的频率、电压大小和相位保持一致

四、问答题

1. 用准同步法将同步发电机并列电力系统时，应满足哪些条件？条件不满足时会产生什么问题？

2. 功角 δ 是电角度还是机械角度？说明功角 δ 的双重物理含义。

3. 什么是正常励磁、过励、欠励？同步发电机一般运行在什么励磁状态下？为什么？

4. 试比较下列情况下同步发电机的静态稳定性：①正常励磁、过励、欠励；②轻载运行和满载运行。

5. 试述 φ、ψ、δ 三个角度各代表什么意义？同步电机的运行状态与哪个角有关？

6. 并列在电力系统的同步电机从发电机状态向电动机状态过渡时，功角 δ、电流 I 和电磁转矩的大小和方向有何变化？

7. 为改善供电功率因数而增设调相机，在用户较近和较远两种情况下，调相机应装设在何处比较合适？为什么？

8. 有一台水轮发电机，$P_N = 72\ 500$ kW，$U_N = 13\ 800$ V，$\cos\varphi_N = 0.85$（滞后），Y 接法，已知此发电机的 $x_q = 1.3$ W，$x_\delta = 2.0$ W，略去定子电阻不计，并列于无穷大容量的电力系统上。试求：①该发电机的同步电抗标幺值；②发电机额定运行时的 ψ_N、δ_N 和励磁电动势 E_0；③发电机的最大电磁功率 P_{Mmax} 及过载能力 K_m。

9. 图 2-80 为隐极同步发电机的 U 形曲线，试画出图中各点对应的相量图，并指出其运行状态。

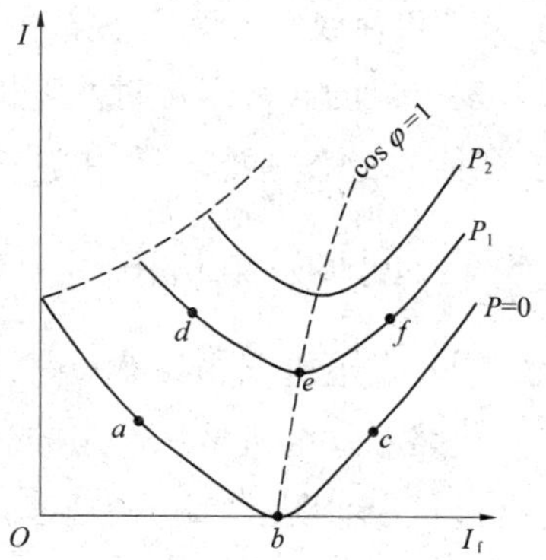

图 2-80　习题 9 图

10. 有一汽轮发电机并列在无穷大容量的电力系统中运行，额定负载时 $\delta_N = 20°$，因输电线路发生短路故障，系统电压降为 60% U_N，若原动机输入功率不变。问：①此时 δ 为多少？②若要使 δ 保持在 25°左右，应加大励磁电流使 E_0 上升为原来的多少倍？

11. 一台水轮发电机 $P_N = 3\ 200$ kW，$U_N = 6\ 300$ V，$\cos\varphi_N = 0.8$（滞后），$n_N = 300$ r/min，$x_q = 6$ W，$x_d = 9$ W，此发电机与无穷大电力系统并列运行，忽略定子绕组电阻。试求：①该机在额定运行时的 δ_N 和励磁电动势 E_0；②发电机的最大电磁功率 $P_{M\max}$ 及过载能力 K_m，此时的比整步功率 P_{syn}；③若保持励磁电流不变，调节原动机的输出机械功率，使发电机输入系统的有功功率为 $P = 2\ 000$ kW，此时的 δ 为多少？$\cos\varphi$ 为多少？比整步功率 P_{syn} 为多少？

12. 某电厂经 35 kV 输电线路，长 30 km，供给某工厂 20 000 kVA 功率（见图 2-81），功率因数 $\cos\varphi = 0.707$（滞后），受电端变压器电压为 35 kV/10 kV，每千米线路电阻为 0.17 Ω。试求：①没有调相机时输电线路的电流及功率损耗；②若用户端装设一台调相机，使功率因数提高到 0.9（滞后），求此时调相机容量（不计调相机本身有功损耗），以及补偿后线路的功率损耗为多少？

图 2-81　习题 12 图

任务 2.5　同步发电机的异常运行

【学习目标】

理解次暂态电抗和暂态电抗的概念；了解定子三相绕组突然短路时电流对发电机及电力系统的影响；了解同步发电机不对称运行时各序电动势方程式、序电抗概念、序等效电路，以及不对称运行对同步发电机的影响；了解同步发电机失磁、进相和振荡运行时的电磁现象；了解同步发电机常见故障。

同步发电机正常运行时，各相物理量不仅对称，且在额定值范围内。而同步发电机异常运行时，其有些物理量的大小或超过额定值，或三相严重不对称，例如不对称运行、无励磁运行、振荡等均属于异常运行或故障。出现异常运行的原因是多方面的，诸如发电机合闸、跳闸、突加负荷或甩负荷、短路故障、负荷不对称、励磁断线等，都会使发电机出现异常状况。

发电机的异常运行对发电机本身和电力系统的影响很大，发电机异常运行发生的过程，往往由稳态到暂态，再由暂态过渡到另一稳态的过程。

2.5.1　同步发电机三相突然短路

同步发电机三相突然短路，指发电机在原来正常稳定运行的情况下，出线端发生三相突然短路。发电机将从原来的一个稳态状态过渡到另一稳态短路状态。一般需经历"次暂态过程(有阻尼绕组)→暂态过程→稳态运行"。

同步发电机在正常稳态运行时，电枢磁场是一个恒幅、恒速的旋转磁场，它与发电机转子同速、同向旋转，与转子无相对运动，不会在励磁绕组和阻尼绕组中感应电动势和电流。但在突然短路时，定子电流及相应的电枢磁场都将发生变化，在转子的励磁绕组和阻尼绕组中就会感应电动势和电流，转子各绕组感应的电流将建立各自的磁场，反过来又影响电枢磁场。这种定子、转子绕组之间的相互影响，致使短路的过程中定子电枢绕组的电抗减小，从而导致定子电流剧增。

2.5.1.1　突然短路时定子绕组电抗的变化

1. 稳态电抗 x_d

三相突然短路电流有一个变化的过程，即由突然短路时的最大值逐渐衰减到稳态短路时的短路电流值。由于隐极发电机的电动势方程式 $\dot{E}_0 = \dot{U} + \mathrm{j}\dot{I}x_t$，短路时 $\dot{U} = 0$，则方程式为

$$\dot{E}_0 = \mathrm{j}\dot{I}x_t \tag{2-77}$$

因而稳态短路电流为

$$\dot{I}_k = -\mathrm{j}\frac{\dot{E}_0}{x_t} \tag{2-78}$$

稳态短路时的相量图如图 2-82 所示。由图 2-82 可知,稳态短路时的定子电流 $\dot{I}_k$ 滞后 $\dot{E}_0$ 90°相位,由电枢反应知识可知,此时的电枢反应磁通 ϕ_{ad} 起去磁作用,它与转子励磁磁通 ϕ_0 方向相反,其磁通的分布如图 2-83 所示。由图 2-83 可知,电枢反应磁通 x_{ad} 经转子铁芯闭合所遇到的磁阻较小,相应的电枢反应电抗 x_{ad} 较大,即 $x_d = x_{ad} + x_\sigma$ 较大,说明三相稳态短路电流受到较大的电枢反应电抗 x_{ad} 和定子漏电抗 x_σ 的限制,稳态短路电流并不大(但仍为额定电流的数倍,需视 $\dot{E}_0$ 情况而定)。

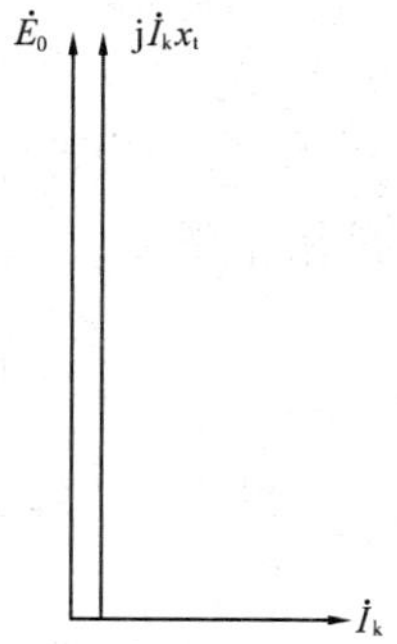

图 2-82　稳态短路时的相量图

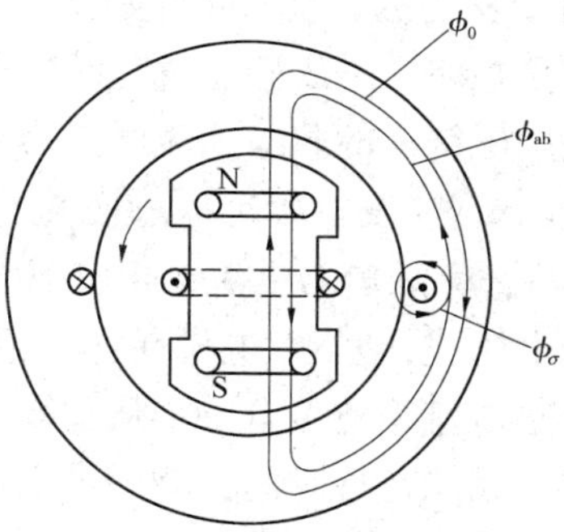

图 2-83　稳态短路时磁通的情况

2. 次暂态电抗 x''_d

在突然短路发生前,为了分析问题,简单起见,设发电机原运行于空载,励磁绕组和阻尼绕组仅交链励磁磁通 ϕ_0。发生突然短路后,阻尼绕组和励磁绕组都具有电感的线圈,而电感线圈交链的磁通是不能突变的。因此,突然短路电流产生的电枢反应磁通 ϕ_{ad} 受到阻尼绕组和励磁绕组中感应电流的反磁通的抵制,而被排挤到阻尼绕组和励磁绕组外侧的漏磁路径通过,如图 2-84 所示。由于此时 ϕ_{ad} 所经的磁阻比稳态短路时磁阻大得多,因此相对应的电抗 x''_{ad} 比稳态短路时 ϕ_{ad} 小得多,定子漏电抗 x_σ 虽没有变化,但此时的 $x''_d = x''_{ad} + x_\sigma$ 比 x_d 小得多。所以,此时的短路电流很大,其值可达额定电流的 10~20 倍。同步发电机在突然短路后的次暂态过程时的这个电 抗 x''_d,称为直轴次暂态电 抗。

3. 暂态电抗 x'_d

由于同步发电机的各个绕组都有电阻,阻尼绕组和励磁绕组中的感应电流都要衰减为 0(阻尼绕组衰减为 0,因无能量维持;励磁绕组衰减为 I_f,由励磁电源提供)。阻尼绕组匝数少,电感很小,感应电流衰减很快;励磁绕组匝数多,感应电流衰减较慢。可认为阻尼绕组的感应电流衰减到零时(0.03~0.1 s),励磁绕组中的感应电流才开始衰减。所以,电枢反应磁通 ϕ_{ad} 可穿过阻尼绕组的瞬间,仍被排挤在励磁绕组外侧的漏磁路,发电机进入暂态过程,如图 2-85 所示。此时电枢反应磁通 ϕ_{ad} 经过的磁阻明显小于次暂态时的磁阻,因此相对应的电抗 x'_{ad} 比 x''_{ad} 大,此时的 $x'_d = x'_{ad} + x_\sigma$,也较次暂态时的 x''_d 大些。

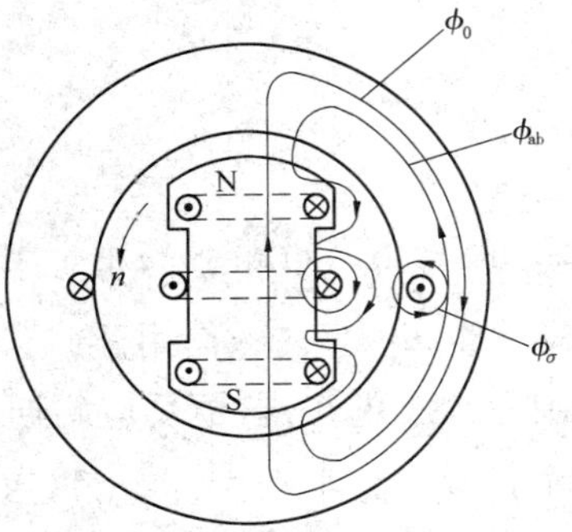

图 2-84 次暂态时的磁通情况

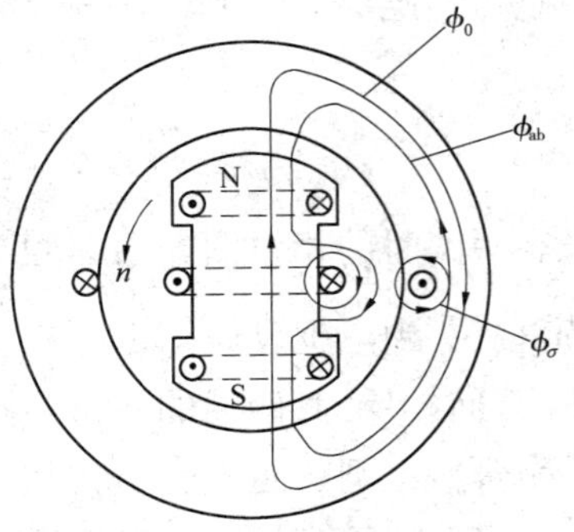

图 2-85 暂态时的磁通情况

同步发电机在突然短路后进入暂态过程时的电抗 x'_d 称为直轴暂态电抗。同步发电机在突然短路后进入暂态过程时短路电流虽有所减小,但仍很大。

当励磁绕组的感应电流衰减为 0 时(注意:即衰减到 I_f),电枢反应磁通 ϕ_{ad} 可穿过励磁绕组的瞬间,发电机进入稳态短路,这时发电机的电抗就是正常运行的直轴同步电抗 $x_d = x_{ad} + x_\sigma$,突然短路电流也相应减小到稳态短路电流值。

综上所述,同步发电机在突然短路发生后,定子绕组的电抗有一个从小变大的过程,因此短路电流相应也有一个从大变小的过程。次暂态电抗 x''_d 最小,暂态电抗 x'_d 稍大,但它们都比稳态运行时的直轴同步电抗 x_d 小得多。

2.5.1.2 突然短路电流

三相突然短路初始瞬间,由于定子各相绕组交链励磁磁通的数值不同,各相绕组的突然短路电流的大小也不同。现以转子磁极的轴线与 U 相绕组轴线重合的瞬间,如图 2-86 所示,来讨论发电机发生三相突然短路时的短路电流。

当 $t=0, \alpha_0 = 0°$(α 为转子磁极的轴线超前 U 相绕组轴线的角度)时,发电机发生三相突然短路。此瞬间定子各相绕组交链的励磁磁通为

$$\left.\begin{aligned} \phi_{U0} &= \Phi_m \cos(\omega t + \alpha_0) \\ \phi_{V0} &= \Phi_m \cos(\omega t + \alpha_0 - 120°) \\ \phi_{W0} &= \Phi_m \cos(\omega t + \alpha_0 + 120°) \end{aligned}\right\} \tag{2-79}$$

式中 ϕ_m——定子相绕组所交链磁通的最大值。

显然,此时 U 相绕组所交链磁通为 $\phi_{U0}(0) = \Phi_m$。随后,$t>0$,转子继续旋转,由转子励磁磁动势产生的交链定子各相绕组的磁通将随转子位置改变而改变,各相磁通如图 2-87 所示。可知,短路发生后,由于转子继续旋转,企图破坏定子各相绕组的初始磁通,而定子各相绕组都是具有电感线圈的,其磁通是不能突变的,因此各相的短路电流中必定有一交流分量,即 $i_{kU\sim}$、$i_{kV\sim}$、$i_{kW\sim}$,由它们产生定子旋转磁场,抵消继续旋转的转子交变磁场;还有一直流分量,即 i_{kU-}、i_{kV-}、i_{kW-},由它们共同产生定子恒定磁场。显然,如果假设突然短路前发电机空载,则突然短路电流的直流分量和交流分量幅值大小相等、方向相反,以维持短路初始瞬间各相的磁通不变。因短路瞬间 U 相绕组的交链磁通达最大

值，为简化和便于理解突然短路时的暂态过程，我们仅以 U 相为例来分析 U 相的短路电流表达式。图 2-88 中，短路发生后，转子继续旋转，将使 U 相绕组的交链磁通按 ϕ_{U0} 的规律变化，而三相交流分量的电流产生的电枢磁动势使 U 相绕组产生 $\phi_{U\sim}$ 去抵消 ϕ_{U0}，三相直流分量的电流产生的恒定电枢磁动势使 U 相绕组产生 ϕ_{U-} 来维持短路初始瞬间的磁通 $\phi_{U0}(0)$ 不变。

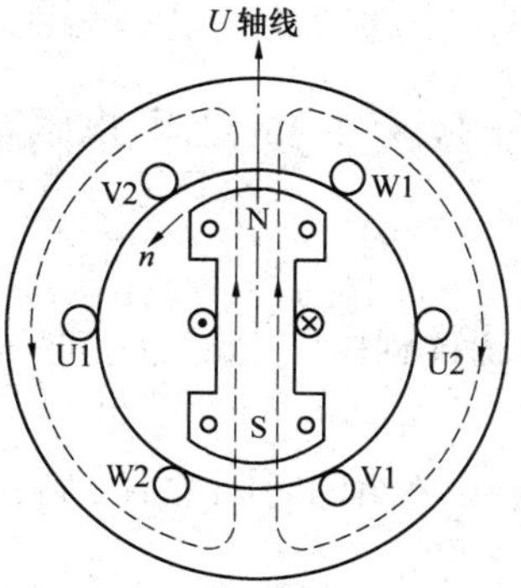

图 2-86 当 $\alpha=0°$ 时突然短路转子位置

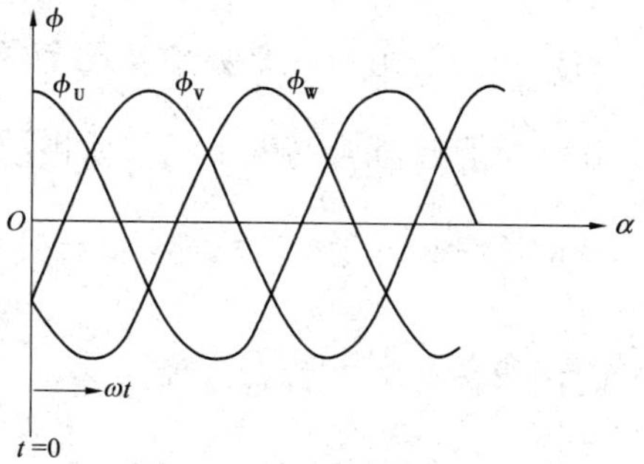

图 2-87 定子各相绕组磁通

因此，U 相的短路电流表达式为

$$i_{kU\sim}+i_{kU-}=-\sqrt{2}\frac{E_0}{x''_d}\cos(\omega t+\alpha_0)+\sqrt{2}\frac{E_0}{x''_d}\cos\alpha_0$$

$$=-\sqrt{2}\left[\left(\frac{E_0}{x''_d}-\frac{E_0}{x'_d}\right)+\left(\frac{E_0}{x'_d}-\frac{E_0}{x_d}\right)+\frac{E_0}{x_d}\right]\cos(\omega t+\alpha_0)+\sqrt{2}\frac{E_0}{x''_d}\cos\alpha_0 \tag{2-80}$$

由式(2-80)和图 2-89 可知，不考虑电流的衰减，当 $\alpha_0=0°$ 发生短路后 $\omega t=\pi$ 时（即过了 0.01 s），短路电流将达最大值，其值为

$$i_{kmax}=2\sqrt{2}\times\frac{E_0}{x''_d} \tag{2-81}$$

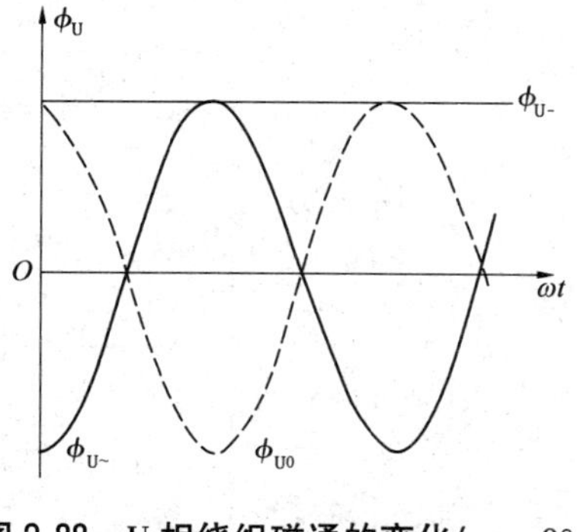

图 2-88 U 相绕组磁通的变化（$\alpha_0=0°$）

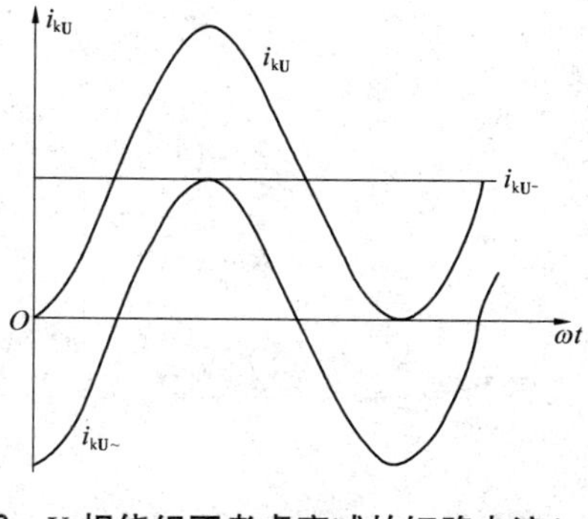

图 2-89 U 相绕组不考虑衰减的短路电流（$\alpha_0=0°$）

如果 $E_0^*=U_N^*=1$，取 $x''^*_d=0.127$，则短路电流的最大值（也称冲击值）为

$$i_{kmax} = 2\sqrt{2}\frac{E_0^*}{x''^*_d} = 2\sqrt{2} \times \frac{1}{0.127} = 22.27 \tag{2-82}$$

式(2-82)说明发电机发生突然短路后的 0.01 s,短路电流的冲击值可达额定电流的 22.27 倍。实际上由于衰减,通常只有额定电流的 20 倍左右。国家标准规定,同步发电机能承受 105%额定电压下三相突然短路电流的冲击。

由于各绕组电阻的存在都会消耗能量,因此短路电流的直流分量是会逐渐衰减的。衰减的快慢与绕组时间常数 $T = \frac{L}{r}$ 有关,式中的电阻 r 是该绕组的电阻,电感 L 是该绕组与其他绕组有磁耦合情况下的等效电感。

从前面分析知道,定子绕组交流分量电流在次暂态过程由 $\frac{E_0}{x''_d}$ 变到 $\frac{E_0}{x'_d}$ 取决于阻尼绕组的时间常数 T''_d;在暂态过程由 $\frac{E_0}{x'_d}$ 变到 $\frac{E_0}{x_d}$ 取决于励磁绕组的时间常数 T'_d;定子绕组直流分量电流的衰减取决于定子绕组的时间常数 T_d;$\frac{E_0}{x_d}$ 是稳态短路电流,它由励磁电流感应而产生,是不会衰减的。图 2-90 反映了电流衰减的情况。若考虑衰减,由式(2-80)可知,U 相短路电流的表达式为

$$i_{kU} = -\sqrt{2}\left[\left(\frac{E_0}{x''_d} - \frac{E_0}{x'_d}\right)e^{-\frac{t}{T''_d}} + \left(\frac{E_0}{x'_d} - \frac{E_0}{x_d}\right)e^{-\frac{t}{T'_d}} + \frac{E_0}{x_d}\right]\cos(\omega t + \alpha_0) + \sqrt{2}\frac{E_0}{x''_d}\cos\alpha_0 e^{-\frac{t}{T_d}} \tag{2-83}$$

i_{kV}、i_{kW} 在此不予列出。

2.5.1.3 突然短路对发电机的影响

1. 冲击电流的电磁力

当突然短路发生时,总有一相的磁通接近最大值,所以该相的冲击电流幅值最大可达 $20I_N$ 左右,将产生很大的冲击电磁力,对绕组的端部造成破坏。定子绕组端部将受到以下几个电磁力的作用,如图 2-91 所示。

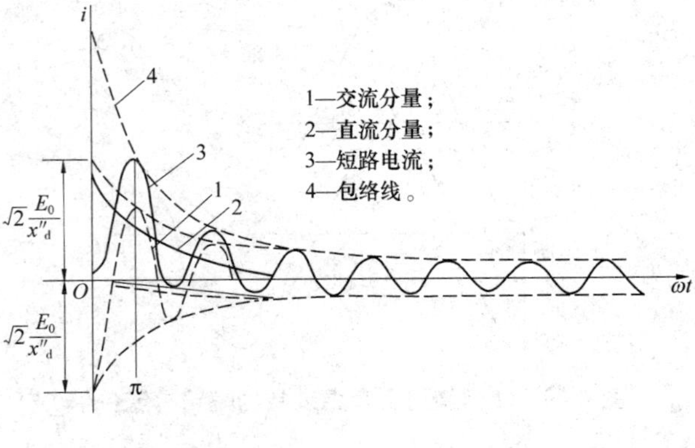

图 2-90 当 $\alpha_0=0°$、$\phi_U(0)=\Phi_m$ 时 U 相短路电流

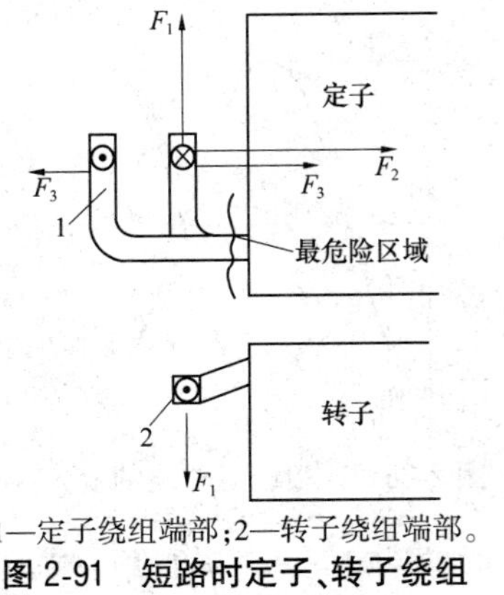

1—定子绕组端部;2—转子绕组端部。

图 2-91 短路时定子、转子绕组端部受力分析

(1)定子绕组端部与转子绕组端部间的斥力 F_1。

(2)定子绕组端部与定子铁芯间的吸力 F_2。

(3)相邻定子绕组端部之间的作用力 F_3,相邻导体中电流方向相同为吸力,方向相反为斥力。

2. 突然短路的电磁转矩

电磁转矩按其形成的原因可分为两类:一类是短路后供定子绕组和转子各绕组中(感应电流)电阻有功损耗所产生的单向冲击力矩,对发电机来说,它是阻力矩;另一类是定子短路电流所建立的静止磁场与转子主极磁场相互作用引起的交变力矩,此力矩对转子时而制动、时而驱动,可能引起电机的振动。

3. 绕组发热

突然短路时各绕组都出现较大的电流,铜耗按电流 I 的平方关系增大,从而使发电机温升增加,然而短路电流衰减很快,绕组温升增加并不多。

2.5.1.4 突然短路电流对电力系统的影响

1. 破坏电力系统运行的稳定性

线路上发生突然短路时,由于电压降低(短路点电压降至0),发电机的功率很难输出,而原动机的拖动转矩暂时降不下来,导致发电机转子转速升高,甚至失去同步,破坏了系统的稳定性。

2. 产生过电压

如果短路是不对称的,那么发电机的三相线、相电压也将出现严重的不对称,其中一相的电压可以达到额定电压的两倍左右,这将影响电力系统中的各种电器的正常运行。

3. 对通信线路产生高频干扰

当短路不对称时,定子绕组中的电流将产生一系列高次谐波分量,这些高频电流在输电线路上通过将产生高频电磁场,并对附近通信线路产生干扰作用,不过当故障切除后,干扰就立即停止。

2.5.2 同步发电机不对称运行

前面所讨论的大多数为对称稳定运行时的问题。三相同步发电机是根据在对称负载下运行来设计制造的,因而在使用中应尽力做到让发电机在对称的情况下运行。但在某些非正常运行条件下,有些电量或大小超过额定值或三相严重不对称,如容量较大的单相负载的投入或切除,输电线路的单相或两相短路,断路器或隔离开关一相未合上,以及发电机、变压器、供电线路一相断线等,都将造成发电机的不对称运行,从而带来不良影响,因此有必要对不对称运行有所了解。

2.5.2.1 不对称运行的分析

当发电机在不对称运行时,其定子电流和电压均变得不对称。应用对称分量法将不对称的三相系统分解为三组对称的正序、负序、零序分量,各分量都是对称的独立系统,然后分别根据三个相序电动势、电流和阻抗列出各序电动势方程式,最后根据叠加原理求得不对称系统的各物理量。为此,首先要搞清各相序电动势、相序电抗(因电阻较小可忽略)的物理概念。

1. 相序电动势

转子励磁磁场按规定的方向旋转,在定子绕组中感应的三相励磁电动势定为正序,故正序电动势就是正常运行时的励磁电动势,即空载电动势 E_0。由于发电机不存在反转的转子励磁磁场,所以不会有负序空载电动势,也不会有零序空载电动势。

2. 相序电抗

相序电抗包括正序电抗、负序电抗、零序电抗,均属于同步发电机不对称运行时的内阻抗。由于各序电阻相对很小,下面讨论各序阻抗时可不予考虑。

(1)正序电抗 x_+。正序电流流过定子绕组时遇到的电抗即为正序电抗。由于正序电流流过定子绕组时产生的旋转磁场与转子同速同向旋转,在空间与转子相对静止,不会在转子绕组中感应电动势,所以正序电抗就是发电机正常运行时的同步电抗,即 $x_+=x_t$。

(2)负序电抗 x_-。负序电流流过定子绕组时遇到的电抗即为负序电抗。三相负序电流流过定子绕组时,除产生负序漏磁场外,还产生反向旋转的负序电枢磁场。

负序漏磁场与正序电流流过定子绕组时产生的漏磁场完全一样,因而漏电抗也完全一样,即 $x_{\sigma-}=x_{\sigma+}=x_\sigma$。

负序电枢磁场的转速也为同步转速,但其转向与转子的转向相反,以两倍同步转速切割转子上的励磁绕组和阻尼绕组,而感应出两倍频率的电动势和电流,励磁绕组和阻尼绕组的感应电流会建立反磁动势,将负序磁通排斥到励磁绕组和阻尼绕组的漏磁路去通过,这与突然短路时转子方面对电枢反应磁动势的作用相类似,因而负序磁场所遇到的磁阻增大。在凸极发电机中,交轴磁阻和直轴磁阻不同,负序磁场与交轴重合时为交轴负序电抗 $x_{q-}=x_\sigma+x_{aq-}$;负序磁场与直轴重合时为直轴负序电抗 $x_{d-}=x_\sigma+x_{ad-}$,因而负序电抗值是变化的,一般取它们的平均值作为负序电抗值,即

$$x_-=\frac{x_{q-}+x_{d-}}{2}$$

(3)零序电抗 x_0。零序电流流过定子绕组时所遇到的电抗即为零序电抗。由于各相零序电流大小相等、相位相同,流过三相绕组时,三相零序电流在空间互差 120°,它们互相抵消不形成旋转磁场。所以,零序电流只产生定子漏磁场,故零序电抗实质上为一漏电抗。零序电抗的数值与绕组节距有关。对于单层和双层整距绕组,任一瞬间每个槽内线圈边中电流方向总是相同的,如图 2-92(a)所示,故零序电抗等于正序漏电抗。对于双层短距绕组,有一些槽的上、下层线圈边属于不同相,它们流过的电流大小相等、方向相反,这些槽的零序漏磁通互相抵消,如图 2-92(b)所示,所以零序电抗小于正序漏电抗,即 $x_0<x_\sigma$。

3. 相序电动势方程式和等值电路

对任意一相,各序电动势方程式为

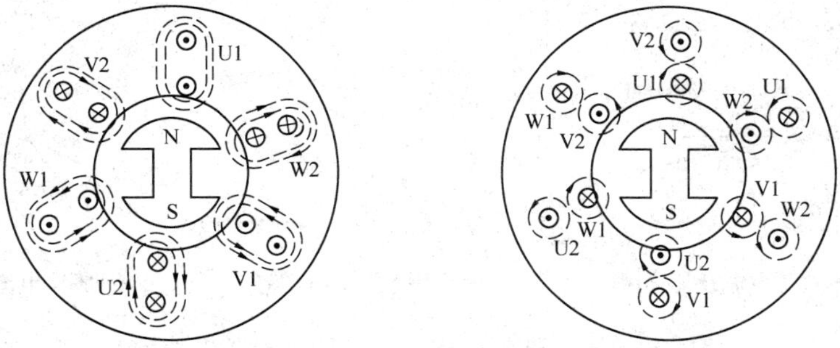

(a) 整距绕组　　(b) 短距绕组

图 2-92　零序电流的漏磁通分布示意图

$$
\left.\begin{aligned}
\dot{E}_0 &= \dot{U}_+ + \mathrm{j}\dot{I}_+ x_+ \\
0 &= \dot{U}_- + \mathrm{j}\dot{I}_- x_- \\
0 &= \dot{U}_0 + \mathrm{j}\dot{I}_0 x_0
\end{aligned}\right\} \tag{2-84}
$$

式(2-84)中,已忽略定子绕组的电阻。根据式(2-84),可得各序等值电路,如图 2-93 所示。

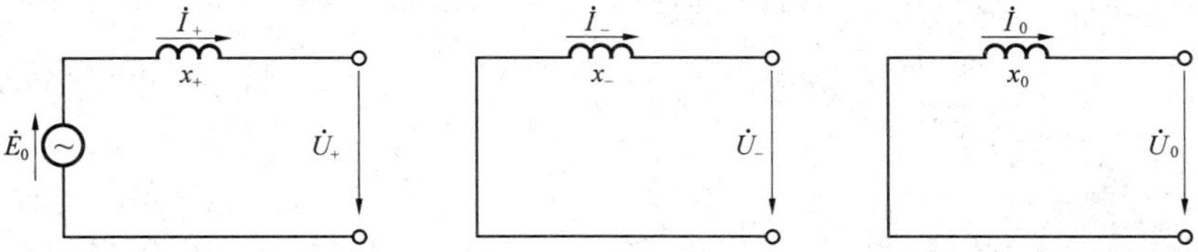

(a) 正序等值电路　　(b) 负序等值电路　　(c) 零序等值电路

图 2-93　同步发电机各序等值电路

2.5.2.2　不对称运行对发电机和电力系统的影响

不对称运行对发电机的影响主要有引起发电机端电压不对称、引起发电机振动和转子表面发热。

1. 引起发电机端电压不对称

现以中性点不接地的隐极发电机为例分析如下。

从对称分量法知,各相电压 $\dot{U} = \dot{U}_+ + \dot{U}_- + \dot{U}_0$,从式(2-84)可得三相电压为

$$
\left.\begin{aligned}
\dot{U}_{\mathrm{U}} &= \dot{E}_{0\mathrm{U}} - \mathrm{j}\dot{I}_{\mathrm{U}+} x_+ - \mathrm{j}\dot{I}_{\mathrm{U}-} x_- - \mathrm{j}\dot{I}_{\mathrm{U}0} x_0 \\
\dot{U}_{\mathrm{V}} &= \dot{E}_{0\mathrm{V}} - \mathrm{j}\dot{I}_{\mathrm{V}+} x_+ - \mathrm{j}\dot{I}_{\mathrm{V}-} x_- - \mathrm{j}\dot{I}_{\mathrm{V}0} x_0 \\
\dot{U}_{\mathrm{W}} &= \dot{E}_{0\mathrm{W}} - \mathrm{j}\dot{I}_{\mathrm{W}+} x_+ - \mathrm{j}\dot{I}_{\mathrm{W}-} x_- - \mathrm{j}\dot{I}_{\mathrm{W}0} x_0
\end{aligned}\right\} \tag{2-85}
$$

由于中性点不接地,电流中不存在零序分量,各相电流、各序电流及其产生的电动势,如图 2-94 所示。

因此,式(2-85)可改写成:

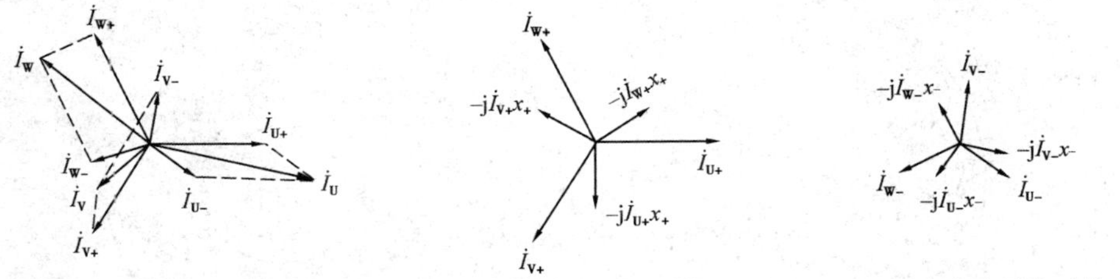

(a) 三相不对称电流及其分量　　(b) 正序电流及电动势　　(c) 零序电流及电动势

图 2-94　不对称电流的对称分量及产生的电动势

$$
\left.\begin{aligned}
\dot{U}_U &= \dot{E}_{0U} - j\dot{I}_{U+}x_+ - j\dot{I}_{U-}x_- \\
\dot{U}_V &= \dot{E}_{0V} - j\dot{I}_{V+}x_+ - j\dot{I}_{V-}x_- \\
\dot{U}_W &= \dot{E}_{0W} - j\dot{I}_{W+}x_+ - j\dot{I}_{W-}x_-
\end{aligned}\right\} \tag{2-86}
$$

根据式(2-86)可做出发电机不对称运行时的相量图,如图 2-95 所示。此外,同时可做出不对称运行时的相电压 $\dot{U}_U$ 、$\dot{U}_V$、$\dot{U}_W$ 和线电压 $\dot{U}_{UV}$、$\dot{U}_{VW}$、$\dot{U}_{WU}$ 的相量图,如图 2-96 所示。从图 2-96 中可知,三相的相电压和线电压都出现不对称的情况。显然,造成电压不对称的原因是负序电流的存在,致使发电机存在负序电抗压降 $j\dot{I}_-x_-$ 。

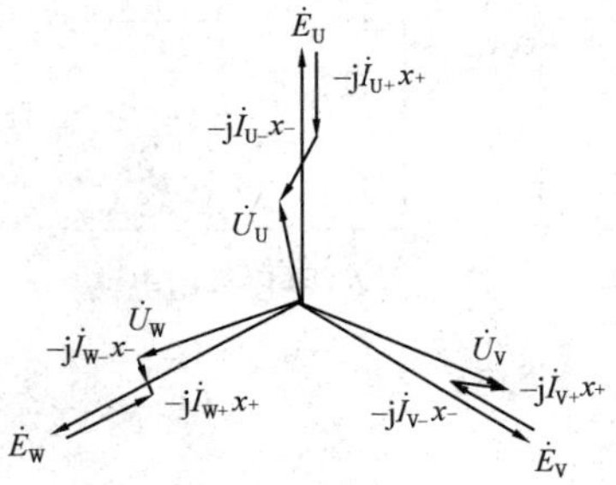

图 2-95　同步发电机不对称运行时的相量图

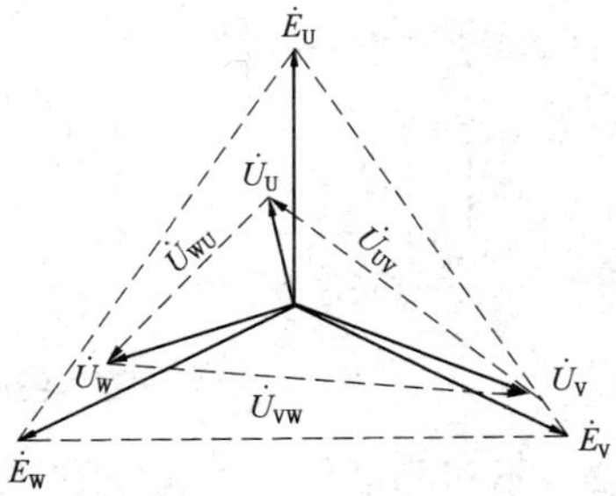

图 2-96　电动势、电压相量图

电压的不对称度,以负序电压占额定电压的百分值表示,或者以三相电流之差占额定电流的百分值表示。如果这个值太大,作为负载的异步电动机、照明等电气设备将不能正常工作,甚至被破坏。

2. 引起转子表面发热

当发电机不对称运行时,负序电流产生的负序旋转磁场以两倍的同步转速扫过转子,在转子铁芯中感应出两倍工频的电流。因频率较高,趋肤效应较强,在转子的表面形成环流,如图 2-97 所示。环流流经齿、护环与转子本体搭接的区域,这些地方接触电阻较大,将产生局部过热。另外,负序磁场在励磁绕组和阻尼绕组中也要感应倍频的电流,使附加铜耗增加。这些都造成转子温升的提高,这在汽轮发电机中较为突出,温升的上升影响同步发电机的出力。

3. 引起发电机振动

不对称运行时的负序磁场相对转子以两倍同步转速旋转,与转子的正序励磁磁场相

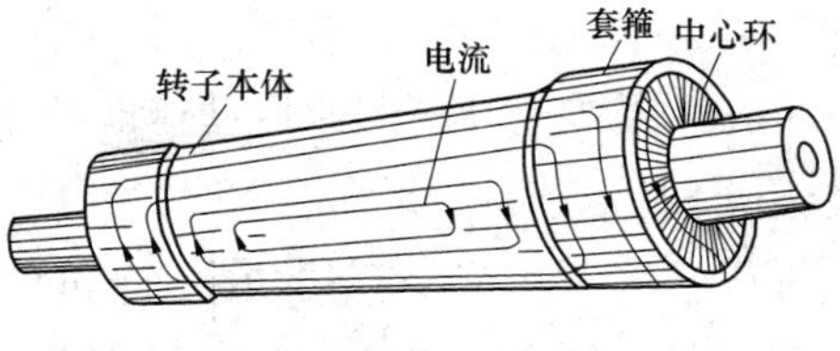

图 2-97 负序磁场引起的转子表面环流

互作用，在转子上产生 100 Hz 的交变附加电磁转矩，引起机组的振动并产生噪声。凸极发电机由于直轴和交轴磁阻的不同，交变的附加电磁转矩作用使机组振动更为严重。

4. 对电力系统的影响

不对称运行导致电力系统三相电压不对称，电网上的各种电气设备将运行在非额定值下，电气设备极易受到损害，特别是异步电动机的气隙中也产生负序旋转磁场，从而降低出力，并引起过热；同时同步发电机的负序磁场在定子绕组中产生一系列高次谐波电流，这将对附近的通信线路产生影响。

同步发电机要减少不对称运行的不良影响，就必须尽量削弱负序磁场的作用。为此在发电机转子极面上装设阻尼绕组，该绕组电阻小，漏抗小，又装置在极靴表面，负序磁场将在该绕组中感应很强的电流，其形成的磁场对负序磁场起去磁作用，能有效地削弱负序磁场，同时，还能对励磁绕组起到屏蔽的作用。另外，阻尼绕组的存在，使发电机的负序电抗变小，使得不对称运行引起的电压不对称度也减小，从而进一步改善了不对称运行带来的不良影响。

按照运行规程的规定，汽轮发电机不对称度的允许值由发热条件决定，水轮发电机不对称度的允许值则由振动的条件决定。国家标准规定，若每相电流均不超过额定值，汽轮发电机不对称度≤8%，水轮发电机不对称度≤12%，发电机应能长期工作。

2.5.3 同步发电机的失磁运行

同步发电机正常运行时，转子上有由励磁绕组通以直流电流所形成的励磁磁场。但由于某种原因（如励磁回路断路），使励磁磁场消失而继续运行的方式，称为发电机的失磁运行。

2.5.3.1 失磁的物理过程

同步发电机在正常运行时，原动机输入的驱动转矩和电磁转矩相平衡。失磁时，转子磁场逐渐衰减，电磁转矩逐渐减小。而当电磁转矩小于驱动转矩时，出现过剩转矩。该过剩转矩使电机转速升高，脱出同步。在此同时，电枢绕组从电网吸收无功功率，以维持气隙磁场。由于转子与定子磁场有了相对速度，即有了转差率 s（$s=\frac{n_1-n}{n_1}$，其中 n_1 为定子磁场的同步速度，n 为转子转速），就在励磁绕组、阻尼绕组、转子表面等处感应出频率与转差率相应的交变电流。这个电流和定子磁场作用产生另一种电磁转矩，即异步转矩。此异步转矩是制动性质的。在这种情况下，原动转矩就在克服异步转矩的过程中做功，使机械能转变为电能,因而发电机得以继续向电网送出有功功率。因为异步转矩随转差率的增大而增大(在一定范围内),而原动机又因转速升高调速器动作而减小输给发电机的机械功率,所以当驱动转矩和异步转矩相等时,达到新的平衡。此时,发电机处于异步运行状态。

在无励磁运行状态下,发电机能送出多少有功功率,这和它的异步转矩特性(转矩和转差的关系),以及原动机调速特性有关。如果在很小的转差下就能产生较大的异步转矩,这样发电机就能送出较大的有功功率;若在很大的转差下才能产生不大的异步转矩,此时要想得到较大异步转矩,则很有可能转子转速升得过高,影响发电机安全,发电机便不能再带更多有功负载。

根据试验报道,一般转子外冷的汽轮发电机,无励磁运行时可带50%~60%额定功率;水内冷转子的发电机可带40%~50%的额定功率。调相机在无励磁运行时,因有反应转矩和剩磁产生的同步转矩作用,甚至可能保持同步运行。至于水轮发电机,由于凸极式结构所产生的异步力矩小,可否在无励磁情况下带负载运行,还须试验确定。

2.5.3.2 无励磁运行时发电机的表计现象

发电机控制盘上有用以监视电机运行的各种表计。发电机失磁后,表计指示的变化反映电机内部电磁关系的变化。无励磁时的表计指示情况如下:

(1)转子电流表的指示等于0或接近于0。转子电流(励磁电流)表有无指示,和励磁回路情况及失磁原因有关。若励磁回路断开,转子电流表指示为0;若励磁绕组经灭磁电阻或励磁机电枢绕组闭路,电流表就可能有指示。但由于该电流为交流,直流电流表只指示很小的数值(接近于0)。

(2)定子电流表的指示升高并摆动。升高是由既送出有功功率又吸收很大的无功功率造成的。电流表的摆动是由力矩的变化引起的。发电机在异步运行时,转子上感应出交流电流。该电流产生脉动磁场。脉动磁场又可以分解为两个向相反方向旋转的磁场。其中一个负向旋转磁场以相对于转子 sn_1 的转速逆转子转向旋转,与定子磁场相对静止。它与定子磁场作用,对转子产生制动作用的异步力矩。另一个正向旋转磁场以相对于转子 sn_1 的转速顺转子转向旋转,与定子磁场的相对速度为 $2sn_1$。它与定子磁场作用,产生交变的异步力矩。由于电流与力矩成正比,所以力矩的变化引起定子电流的脉动。其脉动频率为 $2sf$。在 t s内,定子电流表针摆动的次数 $N_d = 2sft$。摆动的幅度与励磁回路电阻的大小及转子构造等因素有关。

(3)有功电力表的指示降低并摆动。有功功率和力矩直接有关。发电机失磁时,转速升高,调速器自动将汽门或导水翼开度关小。这样,主力矩减小,输出有功功率减小,故有功电力表指示降低。其摆动原因与定子电流的摆动原因一样。

(4)发电机的母线电压表的指示降低并摆动。因发电机失磁后,需向系统吸收感性的无功电流来建立定子磁场,电流大,线路的压降增大,导致母线电压降低。电压表指示摆动是由电流摆动引起的。

(5)功率因数表指示进相(超前),无功表指示为负值。同步发电机在正常运行时,一般都运行于滞后情况，即向系统输出有功功率和感性的无功功率来满足系统的需要。失磁后，发电机需向系统吸收感性的无功功率用于励磁。

2.5.3.3　失磁运行的不良影响

(1)对发电机的影响。发电机失磁后变为异步运行，定子磁场在转子表面及阻尼绕组和励磁绕组(若为短接)中产生的差频电流，将引起附加温升。另外，定子电流增大，使定子绕组损耗增大，这都使发电机的温度升高。

(2)对系统的影响。对系统的影响主要是使系统的电压下降，因发电机失磁后，不但不向系统输出感性无功功率，反而向系统吸取感性无功功率，势必造成系统的感性无功功率不足，尤其是大容量的发电机，引起系统电压降低较多。还可能引起其他发电机过电流，降低其他发电机的输送功率的极限，容易导致系统失去稳定。

2.5.3.4　发电机失磁后的处理方法

对不允许失磁运行的发电机应立即从系统解列。对允许失磁运行的发电机应降低有功功率的输出，且注意定子电流不超过额定值，发电机的温升不超出允许值，在规定无励磁运行的允许时间内，仍无法恢复励磁时，应将发电机从系统解列。

2.5.4　同步发电机的振荡

当同步发电机正常稳定运行时，相对静止地合成等效磁场与转子磁场之间依靠磁力线弹性联系。当负载增加时，功角 δ 将增大，这相当于把磁力线拉长；当负载减少时，功角 δ 将减小，这相当于磁力线缩短。当负载突然改变时，由于磁力线的弹性作用，δ 角不能立即达到新的稳定值，而要经过多次周期性的往复摆动才能稳定下来，这种周期性的往复摆动称为同步发电机的振荡。在振荡时，随着功角的往复摆动，发电机的定子电流、电压、功率以及转矩也将发生周期性的变化，而不再是恒值。振荡现象有时会导致发电机失去同步。因此，研究同步发电机的振荡具有重要的意义。

2.5.4.1　振荡现象

当发电机并列在大容量电力系统上稳定运行时，其输入功率与电机损耗及输出功率相平衡，原动机输入驱动转矩与电磁转矩相平衡。此时，电机的功角 δ 有一确定的数值。在发电机运行过程中，假如其输入或输出功率发生了变化，则发电机应由原来的稳定运行状态转入到另一个新的稳定运行状态，而功角 δ 的值也必然作相应的改变，但由于发电机组的转动系统具有一定的惯性，因此其功角 δ 的变化不可能从原来的稳定运行状态所对应的功角 δ，立即变到与新的稳定运行状态相对应的功角 δ，而是围绕着新的功角 δ_1 多次往复摆动之后才能渐趋稳定。如图 2-98 所示，振荡过程中功角 δ 最大达到 $\delta_1+\Delta\delta$，最小为 $\delta_1-\Delta\delta$。

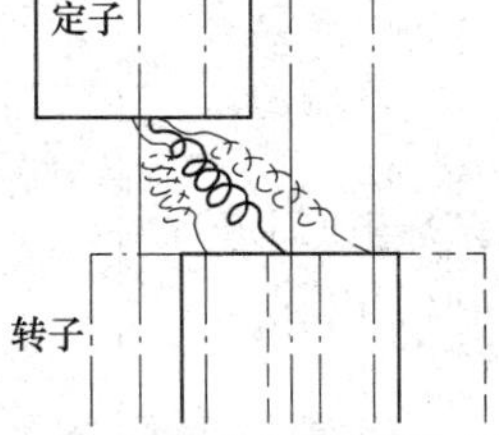

图 2-98　同步发电机振荡的物理模型

当同步发电机输入或输出功率改变时，振荡可能发生两种情况:一种是由于存在阻尼作用,振荡幅值将逐渐衰减,最后转子磁极在新的平衡状态下与气隙磁场同步稳定运行,称为同步振荡;另一种是功角 δ 的摆动越来越大,直至脱出稳定范围,使发电机失去同步,称为非同步振荡。

发电机受到较大的干扰后,经过短暂的振荡恢复并保持稳定的同步运行,称为同步发电机的动态稳定,否则为动态不稳定。

2.5.4.2 发电机出现振荡失去同步时各物理量的变化及防止振荡的措施

当发电机产生同步振荡时,转子磁场与定子磁场并不同步,功角 δ 忽大忽小,这将引起定子电流、电压和功率周期性变化,励磁电流在正常值附近有微小的波动。如果振荡发展导致电机事故,将出现定子电流、电压和有功负荷大幅度摆动,转子电流也有较大幅度的摆动。同时发电机发出不是恒速转动的声音变化,并与表盘上指针的摆动频率相对应。

当发电机振荡失去同步时,应通过增加励磁电流和减少发电机的有功负载来消除,这都是有助于恢复同步的有效措施。

在发电机转子上装设阻尼绕组,对抑制发电机的振荡是较为有效的。因为振荡时阻尼绕组中的感应电流与定子磁场所产生的阻尼转矩是阻碍转子摆动的。

当采取恢复同步的措施后,仍不能抑制住振荡时,为使发电机免遭持续过电流的损害,应在 2 min 之内将发电机与系统解列。

2.5.5 同步发电机常见故障

同步发电机的故障原因是多方面的,但主要是由于制造上的缺陷、安装和检修质量不良、绝缘老化、运行人员的误操作、大气过电压和操作过电压,以及外部短路所造成的。较常见的故障有转子绕组故障、定子绕组故障、定子铁芯故障,以及冷却系统故障等。同步发电机常见故障、原因和处理方法如表 2-4 所示。

表 2-4 同步发电机常见故障、原因和处理方法

故障现象	故障原因	处理方法
转子绕组绝缘电阻降低或绕组接地	长期停用受潮	进行干燥处理
	灰尘积淀在绕组上	进行检修清扫
	滑环下有碳粉和油污堆积	清理油污并擦拭干净
	滑环、引线绝缘损坏	修补或重包绝缘
	转子绝缘损坏	修补或更换绝缘
转子绕组匝间短路	匝间绝缘因振动或膨缩被磨损、脱落或位移	进行修补
	匝间绝缘因膨胀系数与导线不同,破裂或损坏	进行修补
	垫块配置不当,使绕组产生变形	重新配垫块和对绕组进行修复
	通风不良,绕组过热,绝缘老化损坏	修补绝缘、疏通通风

续表 2-4

故障现象	故障原因	处理方法
发电机失去励磁	接触不良或断线	迅速减少负荷,使电流在额定值范围内,检查灭磁开关有无跳闸,如已跳闸,应迅速合上
	磁场线圈断线、自动励磁调整装置故障	查明自动励磁调整装置是否失灵,并改用手动加大励磁;对不允许失磁运行的发电机,应解列停机检查处理;对允许失磁运行的发电机,应在允许的时间内恢复励磁,否则也应解列停机检查处理
定子槽楔和绑线松弛	槽楔干缩	更换槽楔
	运行中的振动或短路电流的冲击力的作用	在槽内加垫条打紧
	制造工艺和制造质量的缺陷	重新绑扎
定子绕组过热	冷却系统不良,冷却及通风管道堵塞	检修冷却系统,疏通管道
	绕组端头焊接不良	重新焊接好
	铁芯短路	清除铁芯故障
定子绕组绝缘击穿	雷电过电压或操作过电压	更换被击穿的线棒
	绕组匝间短路、绕组接地引起的局部过热	消除引起绝缘击穿的原因
	绝缘受潮或老化,绝缘受机械损伤,制造工艺不良	修复被击穿的绝缘和被击穿时电弧灼伤的其他部分
定子绝缘老化	自然老化	恢复性大修,更换全部绕组
	油浸蚀,绝缘膨胀	清除油污,修补绝缘,表面涂漆
	冷却介质温度变化频繁,端部表面漆层脱落	端面涂漆
	绕组温升太快,绕组变形使绝缘裂缝	局部修补绝缘或更换故障线圈,表面涂漆
电腐蚀	定子线棒与槽壁嵌合不紧存在气隙(外腐蚀)	槽内加半导体垫条
	线棒主绝缘与防晕层黏合不良,存在气隙(内腐蚀)	采用黏合性能好的半导体漆
铁芯硅钢片松动	铁芯压得不紧和不均匀; 片间绝缘层破坏或脱落; 长期振动	在铁芯缝中塞进绝缘垫或注入绝缘漆,消除引起振动的因素
定子铁芯短路	硅钢片间绝缘因老化、振动磨损或局部过热而被破坏	清除片间杂质和氧化物,在缝中塞进绝缘垫或注入绝缘漆,更换损坏的硅钢片
氢冷发电机漏氢	制造中的缺陷; 检修质量不良; 绝缘垫老化; 冷却器泄漏	查漏、堵漏、更换绝缘垫

续表 2-4

故障现象	故障原因	处理方法
水冷发电机漏水	接头松动	拧紧接头、更换铜垫圈
	绝缘引水管老化破裂	更换引水管
	转子绕组引水管弯脚处折裂	更换引水弯脚
	焊口开裂	焊补裂口
	空心导线质量不良	更换线棒
	冷却器泄漏	检查、堵漏
空气冷却器漏水	水管腐蚀损坏	少量水管漏水时将该管两头堵死,大量水管漏水时更换空气冷却器

小　结

(1)分析同步发电机突然短路的理论基础是具有电感线圈的磁通不能突变。突然短路时,阻尼绕组和励磁绕组中将感生电流,抵制电枢反应磁通对其的穿越,迫使电枢反应磁通经阻尼绕组和励磁绕组的漏磁路通过,磁路的磁阻增大很多,故次暂态电抗 x''_d 和暂态电抗 x'_d 较稳态电抗 x_d 小得多,从而使突然短路电流很大,可达额定电流的20倍左右。突然短路电流的最大值发生在短路瞬间交链转子励磁磁通为最大的那一相绕组,突然短路电流的最大值出现在短路后的半个周期。

(2)一般情况下,定子绕组中的短路电流含有交流分量和直流分量。直流分量以定子绕组的时间常数 T_d 衰减,最终至0;而交流分量由3部分组成,次暂态分量 $\sqrt{2}\left(\dfrac{E_0}{x''_d}-\dfrac{E_0}{x'_d}\right)$ 以阻尼绕组的时间常数 T''_d 衰减,暂态分量 $\sqrt{2}\left(\dfrac{E_0}{x'_d}-\dfrac{E_0}{x_d}\right)$ 以励磁绕组的时间常数 T'_d 衰减,稳态分量 $\sqrt{2}\left(\dfrac{E_0}{x_d}\right)$ 不随时间衰减。

(3)对发电机的危害主要是突然短路电流产生巨大的电磁力,可能对绕组的端部造成破坏。

(4)对同步发电机不对称运行的分析采用对称分量法。同步发电机的正序电抗就是对称运行时的同步电抗;由于负序电流产生的负序磁场与转子转向相反,将在阻尼绕组和励磁绕组中感应出电流,对负序磁场起削弱作用,因而负序电抗小于正序电抗。三相零序电流建立的气隙合成磁场为0,故零序电抗属于漏电抗性质,而且一般小于漏电抗。

不对称运行会使三相电压不对称,使用电设备受到损害,对凸极发电机的影响主要是使机组振动,对隐极发电机的主要影响是使转子发热。

(5)同步发电机失磁时,电机转速高于同步转速,发电机处于异步运行状态,将加剧发电机转子和定子的发热,同时系统无功功率的不足导致电压降低。对于不允许失磁运行的发电机,应立即从系统解列;对于允许失磁运行的发电机,也必须在规定的时间内恢复励磁,否则也应将发电机从系统解列。

(6)同步发电机发生振荡时,由于功角发生周期性变化,定子电流、电压和有功功率等都将发生周期性摆动。适当地增加励磁电流和输出有功功率,可有效地恢复发电机同步运行。发电机转子装设阻尼绕组,不但可有效地提高发电机承受不对称负载的能力,同时对抑制振荡也有好处。

(7)同步发电机比较常见的故障来自转子绕组、定子绕组、定子铁芯和冷却系统等方面,主要是由制造上的缺陷、安装和检修质量不良、绝缘老化、运行人员的误操作、大气过电压和操作过电压及外部短路所造成的。

习 题

任务2.5在线习题

一、填空题

1. 在同步电机中,暂态电抗是指__________。在同步电机中,次暂态电抗是指__________。

2. 对发电机的危害主要是________________,可能对绕组的端部造成破坏。

3. 对同步发电机不对称运行的分析采用________法。

4. 不对称运行会使三相电压不对称,使用电设备受到损害,对凸极发电机的影响主要是________。

5. 同步发电机失磁时,电机转速______同步转速。

6. 同步发电机失去励磁后将进入__________运行状态。

7. 同步发电机定子绕组发生匝间短路时,会出现__________现象。

8. 同步发电机失步运行时,机端三相电流将是__________。

二、判断题

1. 当同步发电机失去励磁时,将会出现失磁运行。( )

2. 振荡是同步发电机的一种异常运行状态。( )

3. 同步发电机的过负荷运行会导致设备损坏。( )

4. 当同步发电机发生超速运行时,应立即切断发电机与电网的连接。( )

5. 并列运行的同步发电机,当电网频率升高时,发电机的转速将增加。( )

6. 当同步发电机过负荷运行时,应立即切断发电机与电网的连接。( )

三、选择题

1. 当同步发电机出现不对称运行时,以下( )现象是正确的。

A. 定子电流为零　　B. 转子电流为零

C. 定子电压降低　　D. 转子电压增加

2. 当同步发电机出现失步时,以下( )保护会动作。

A. 纵差保护　　B. 匝间保护　　C. 过负荷保护　　D. 失步保护

3. 当同步发电机发生定子绕组单相接地时,接地电流将( )。

A. 为零　　B. 增加　　C. 减小　　D. 不确定

4. 当发电机出现转子一点接地时,以下说法中正确的是(　　)。

A. 立即停机　B. 增加励磁电流　C. 减少有功出力　D. 增加有功出力

5. 当同步发电机发生失磁故障时,以下说法中正确的是(　　)。

A. 发电机将从系统中吸收无功功率

B. 发电机将向系统中送出无功功率

C. 发电机将向系统中送出有功功率

D. 发电机将吸收有功功率

四、问答题

1. 一台二极的汽轮发电机,其参数为 $x_d^* = 1.62$, $x_d'^* = 0.208$, $x_d''^* = 0.126$, $T_d'' = 0.093$ s, $T_d' = 0.74$ s, $T_d = 0.132$ s,该发电机在空载电压为额定电压下发生三相突然短路,试求:①在最不利情况下(设U相),短路电流表示式;②最大冲击电流值;③短路后经过0.5 s和3 s的短路电流瞬时值。

2. 同步发电机转子装设阻尼绕组与不装设阻尼绕组时,负序电抗有何不同?

3. 为什么变压器的 $x_+ = x_-$,而同步发电机的 $x_+ \neq x_-$?

4. 同步发电机的不对称运行会造成哪些不良影响?

5. 当三相突然短路时,定子各相电流的直流分量起始值与转子在短路发生瞬间的位置是否有关?与其对应的励磁绕组中的交流分量幅值是否与该位置有关?为什么?

6. 当同步发电机三相突然短路时,定子、转子绕组中的电流各有哪些分量?哪些分量的电流是会衰减的?衰减时哪几个分量是主动的?哪几个分量是随动的?

7. 当同步发电机振荡时,为什么要采取增加励磁电流、减少有功负载等措施?

项目3 异步电机

【课程思政】

党的二十大报告指出,建设现代化产业体系,要坚持把发展经济的着力点放在实体经济上,推进新型工业化,加快建设制造强国、质量强国、航天强国、交通强国、网络强国、数字中国。

异步电机作为制造业的重要基础设备,其发展水平直接影响着整个制造业的竞争力。异步电机的技术创新对现代产业体系的构建具有重要的推动和支撑作用。因此,同学们要认真学习异步电机相关知识,更要理解技术创新在推动产业升级中的关键作用,进而为未来构建更加高效、绿色、智能的现代化产业体系作出积极贡献。

【教学要求】

掌握三相异步电动机的工作原理,了解异步电机的基本结构,三种运行状态,运行时内部的电磁关系、功率传递过程和转矩平衡关系,理解等效电路和电磁转矩的物理表达式。掌握三相异步电动机的机械特性,启动方法及各种启动方法的优缺点。了解调速和制动方法。掌握异步电动机在异常情况下运行的特点与常见的故障现象。了解单相异步电动机的结构特点、工作原理。

【知识点】

三相异步电动机的工作原理、转差率和额定参数;异步电动机的转矩特性,等效电路和电磁转矩的物理表达式、三相异步电动机的机械特性;异步电动机的启动方法及各种启动方法的优缺点;单相异步电动机的结构特点和工作原理。

【技能点】

能说出三相异步电动机的工作原理,分析其运行状态;能分析三相异步电动机运行时内部的电磁关系、功率传递过程和转矩平衡关系;能分析异步电动机在非额定电压、三相异步电动机缺相的情况下运行的特点及影响;能说出三相电压不对称对电动机运行的影响。

当异步电机正常运行时,其转速和所接交流电源的频率没有严格不变关系,即转子转速与电机旋转磁场的速度不相等,会随着负载的大小而改变,其主要用于电动机。异步电机的定子结构与同步电机的定子结构基本相同,本项目主要探讨交流异步电动机。异步电动机有单相和三相,本项目主要分析和讨论三相异步电动机,对于异步发电机和单相异步电动机只作简略介绍。

三相异步电动机具有结构简单牢固、运行可靠、效率较高、成本较低及维修方便等优点,所以在生产与生活中得到了广泛的应用。例如,中小型轧钢设备、矿山机械、机床、起重机、鼓风机、水泵以及脱粒机、磨粉机等农副产品的加工机械,发电厂中的锅炉、汽轮机的附属设备、水泵、空压机、启动机和天车等大都采用异步电动机来拖动。在日常生活中,单相异步电动机广泛应用在电风扇、洗衣机、电冰箱、空调机及各种医疗器械中。据不完全统计,异步电动机的容量占总动力负载的85%以上。异步电动机的主要缺点是不能经济地实现范围较广的平滑调速,启动性能较差,且异步电动机是感性负载,运行时需从电网吸收感性无功电流来建立磁场,使电网的功率因数降低,而必须采用相应的无功补偿措施。因此,对一些调速性能要求较高的机械负载,仍须使用调速性能较好的直流电动机拖动,对于单机容量较大、恒转速运转的机械负载,常采用改善系统功率因数的同步电动机拖动。

任务3.1　三相异步电动机的基本工作原理和结构

【学习目标】

掌握三相异步电动机的工作原理、转差率的定义,了解异步电动机的三种运行状态。了解三相异步电动机的基本结构。掌握异步电动机额定值的含义及相互关系。

本节是异步电动机的基础部分,主要讨论三相异步电动机的工作原理、转差率的概念、基本结构、额定参数及额定参数间的相互关系。

3.1.1　三相异步电动机的工作原理

3.1.1.1　工作原理

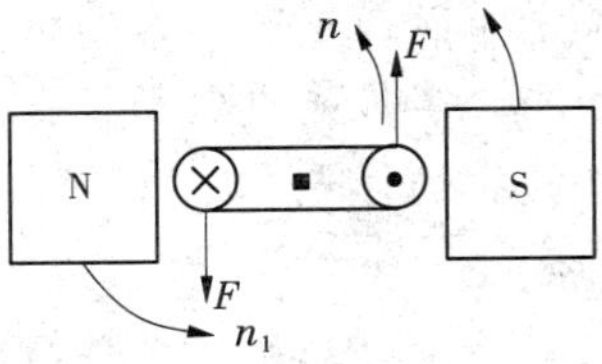

图3-1　闭合金属框受力示意图

在图3-1中,假设磁极是逆时针旋转,这相当于金属导体框相对于永久磁铁以顺时针方向切割磁力线,金属框中产生感应电流的方向如图3-1中小圆圈里所标的方向。此时的金属框已成为通电导体,于是它又会受到磁场作用的磁场力,力的方向可由左手定则判断,如图3-1中小箭头所指示的方向。金属框的两边受到两个反方向的力F,它们相对转轴产生电磁转矩(磁力矩),使金属框发生转动,转动方向与磁场旋转方向一致,我们分析发现,永久磁铁旋转的速度n_1总是要比金属框旋转的速度n快,方能继续带动金属框不停地旋转。从上述试验中可以看到,在旋转的磁场里,闭合导体会因发生电磁感应而成为通电导体,又受到电磁转矩作用而顺着磁场旋转的方向转动;实际的电动机中不可能用手去摇动永久磁铁产生旋转的磁场,而是通过其他方式产生旋转磁场,如在交流电动机的定子绕组(按一定排列规律排列的绕组)通入对称的交流电,便会产生旋转磁场。这个磁场虽然看不到,但是人们可以感受到它所产生的效果,与有形体旋转磁场的效果一样。通过这个试验,可以清楚地看到,交流电动机的工作原理主要是如何产生旋转磁场的问题。

在实际异步电动机的定子铁芯里,嵌放着对称的三相绕组U1—U2、V1—V2、W1—W2,如图3-2所示。现以鼠笼式异步电动机为例,电机转子嵌放有一闭合的多相绕组。当异步电动机三相对称定子绕组中通入U、V、W相序的三相对称交流电流时,定子电流便产生一个以同步转速n_1旋转的圆形旋转磁场,且$n_1=\dfrac{60f}{p}$,旋转方向取决于定子三相绕组的排列以及三相电流的相序。图 3-2 中 U、V、W 三相绕组顺时针排列，当定子绕组中通入 U、V、W 相序的三相交流电流时，定子旋转磁场为顺时针转向。转子开始是静止的，故转子与旋转磁场之间存在相对运动，转子导体切割定子磁场而感应电动势，因转子绕组自身闭合，转子绕组内便产生了感应电流。其中，转子绕组电流的有功分量与转子感应电动势同相位，其方向由右手定则确定。载有有功分量电流的转子绕组在磁场中受到电磁力作用，由左手定则可判定电磁力 F 的方向。电磁力 F 对转轴形成一个电磁转矩，其作用方向与旋转磁场方向一致，驱动着转子沿着旋转磁场方向旋转，将输入的电能变成转子旋转的机械能。如果电动机轴上带有机械负载，则机械负载便可随电动机转动起来。

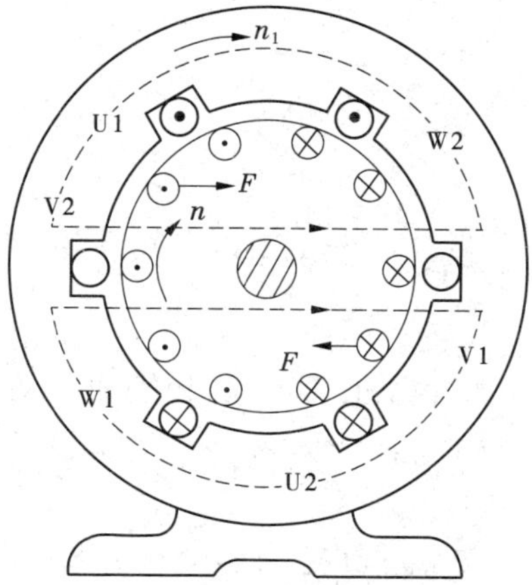

图 3-2 异步电动机工作原理

码 3-1 微课：三相异步电动机的基本工作原理

由上述可知，异步电动机转子的旋转方向始终与旋转磁场的方向一致，而旋转磁场的方向又取决于通入交流电的相序，因此只要改变定子电流相序，即任意对调电动机的两根电源线，便可使异步电动机反转。

进一步分析可知，异步电动机不可能依靠自身的电磁转矩达到旋转磁场的同步转速，因为两者转速若相等，转子导体与磁场之间便没有相对切割运动，转子绕组导体中便不会感应出电动势和感应电流，电动机便无法产生驱动电磁转矩，因此 $n \neq n_1$ 是异步电机稳定运行的必要条件。正因为这种电机的转子转速与定子选择磁场的转速必须有差异才能产生电磁转矩，所以称其为异步电动机。另外，由于电机转子绕组中的电动势和电流是由电磁感应产生的，所以异步电动机又称感应电动机。

3.1.1.2 转差率

异步电动机的特点在于转子转速 n 与旋转磁场的转速 n_1（同步转速）不同，可用转差率表征这一差异。转差率就是同步转速 n_1 与转子转速 n 的差值对同步转速 n_1 的比值，以 s 表示，即

$$s = \frac{n_1 - n}{n_1} \tag{3-1}$$

由式(3-1)可以推出异步电动机实际转速为

$$n = (1 - s)n_1 \tag{3-2}$$

当转子静止时,$n=0$,转差率 $s=1$;假设转子转到同步转速 n_1(实际上不可能靠自身动力达到),那么此时的转差率 $s=0$。转差率是一个决定异步电动机运行情况的重要参数。一般情况下,异步电动机额定转差率为0.01~0.05。

【例3-1】 有一台异步电动机,电源频率为50 Hz,额定转速 $n_N=1\ 450$ r/min,试求该异步电动机的极对数和额定转差率。

解:根据额定转速略小于其同步转速 n_1 的特点,由 $n_N=1\ 450$ r/min 可推知异步电动机同步转速 $n_1=1\ 500$ r/min。由 $n_1=\dfrac{60f}{p}$,则该电机的极对数为

$$p=\frac{60f}{n_1}=\frac{60\times 50}{1\ 500}=2$$

额定转差率为

$$s_N=\frac{n_1-n_N}{n_1}=\frac{1\ 500-1\ 450}{1\ 500}=0.033$$

3.1.1.3 **异步电机的3种运行状态**

异步电机具有3种运行状态,根据转差率大小和正负情况,分别为电动机运行状态、发电机运行状态和电磁制动运行状态。

1. 电动机运行状态

当异步电机的转子与旋转磁场同方向(n 与 n_1 同向),且 $0<n<n_1$ 时,旋转磁场将以 $\Delta n=n_1-n$ 的速度切割转子导条,在转子导条上产生感应电动势和电流,并同时产生电磁力和形成电磁转矩,如图3-3(b)所示。电磁转矩的方向与电机旋转的方向相同,为驱动性质,电磁转矩会克服负载制动转矩而做功,从而把从定子上输入的电能转变为机械能从转轴上输出,异步电机处于电动机运行状态。转差率的变化范围为 $0<s<1$,当电动机定子绕组接通电源,转子将启动但还未旋转时,$n=0$,$s=1$;当电动机处于空载运行状态时,转速 n 接近于同步转速 n_1,s 接近于0;当电动机处于额定运行状态时,s 一般较小,与空载类似。

2. 发电机运行状态

如果用原动机拖动异步电机使转子转速 n 大于同步转速 n_1,且两者旋转方向相同,即 $0>n>n_1$,$-\infty<s<0$,此时磁场切割转子导体的方向与电动机状态时相反,故转子的感应电动势、电流和电磁转矩与异步电动机运行状态时相反,如图3-3(c)所示。电磁转矩与转子转向相反,对转子的旋转起制动作用,转子从原动机吸收机械功率。由于转子电流改变了方向,定子电流跟随改变方向,也就是说,定子绕组由原来从电网吸收电功率,变成向电网输出电功率。这时,电机处于发电机运行状态。目前,异步发电机一般用在风力发电中。

3. 电磁制动运行状态

当外力使转子逆着定子旋转磁场的方向转动时,$-\infty<n<0$,$+\infty>s>1$,则定子旋转磁场将以 $\Delta n=n_1-(-n)=n_1+n$ 的速度切割转子导条;旋转磁场和转子导条的相对切割方向与电动机运行状态相同。因此,转子电动势、电流和电磁转矩的方向和电动机运行状态时相同,如图3-3(a)所示。由于外力使转子反向旋转,电磁转矩与电机旋转的方

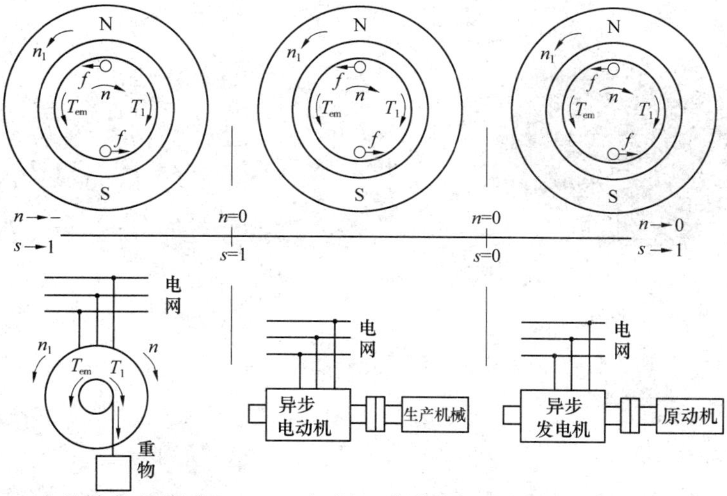

(a) 电磁制动运行状态　(b) 电动机运行状态　(c) 发电机运行状态

图 3-3　异步电机的 3 种运行状态

向相反,电磁转矩对外力起制动作用,故称为电磁制动状态。在这种状态下,因电流方向不变,所以电机仍然通过定子从电网吸收电功率。同时,外力要克服制动力矩而做功,也要向电机输入机械功率,这两部分功率最终在电机内部以损耗的形式转化为热能消耗。

综上所述,异步电机既可以作电动机运行,也可以运行于发电机和电磁制动状态,但异步电机主要作为电动机使用。

3.1.2　三相异步电动机的基本结构

码 3-2　动画:三相异步电动机的基本结构

异步电动机的结构可分为定子、转子两大部分。定子就是电动机运行中固定不动的部分,转子是电动机的可旋转部分。由于异步电动机的定子产生旋转磁场,同时从电源吸收电能,通过旋转磁场把电能转换成转子上的机械能,所以与直流电机不同,交流电机定子是电枢。转子安装在圆筒状的定子内腔中,定子、转子之间必须有一定间隙,称为空气隙,以保证转子的自由转动。异步电动机的空气隙较其他类型的电动机气隙要小,一般为 0.2~2 mm。

三相异步电动机外形有开启式、防护式、封闭式等多种形式,以适应不同的工作需要。在某些特殊场合,还有特殊的外形防护形式,如防爆式、潜水泵式等。不管外形如何,电动机结构基本上是相同的。现以封闭式电动机为例介绍三相异步电动机的结构。如图 3-4(a)、(b)所示分别是一台封闭式三相交流异步电动机的实物图和结构示意图。

3.1.2.1　定子部分

定子部分由机座(也称机壳)、定子铁芯、定子绕组及端盖、轴承等部件组成。

1. 机座

机座用来支承定子铁芯和固定端盖。中小型电动机机座一般用铸铁浇成,大型电动机多采用钢板焊接而成,如图 3-5 所示。

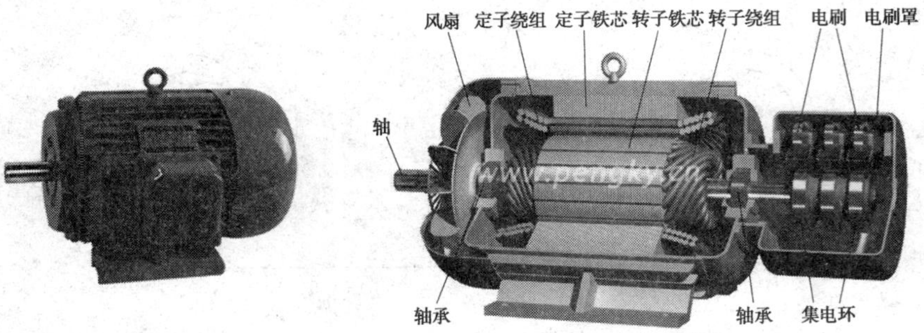

(a) 实物图　　(b) 结构示意图

图 3-4　封闭式三相交流异步电动机的实物和结构示意图

图 3-5　异步电动机机座实物图

2. 定子铁芯

定子铁芯是电动机磁路的一部分。为了减小涡流和磁滞损耗,通常用 0.5 mm 厚的硅钢片叠压成圆筒,热轧硅钢片表面的氧化层(冷轧硅钢片外表涂有绝缘漆)作为片间绝缘,在铁芯的内圆上均匀分布有与轴平行的槽,用以嵌放定子绕组,如图 3-6 所示。

3. 定子绕组

定子绕组是电动机的电路部分,也是最重要的部分,一般由绝缘铜(或铝)导线绕制的绕组连接而成,如图 3-7 所示。它的作用就是利用通入的三相交流电产生旋转磁场。通常,绕组是用高强度绝缘漆包线绕制成各种形式的绕组,按一定的排列方式嵌入定子铁芯槽内。槽口用槽楔(一般为竹制)塞紧。槽内绕组匝间、绕组与铁芯之间都要有良好的绝缘。如果是双层绕组(就是一个槽内分上下两层嵌放两条绕组边),还要加放层间绝缘。

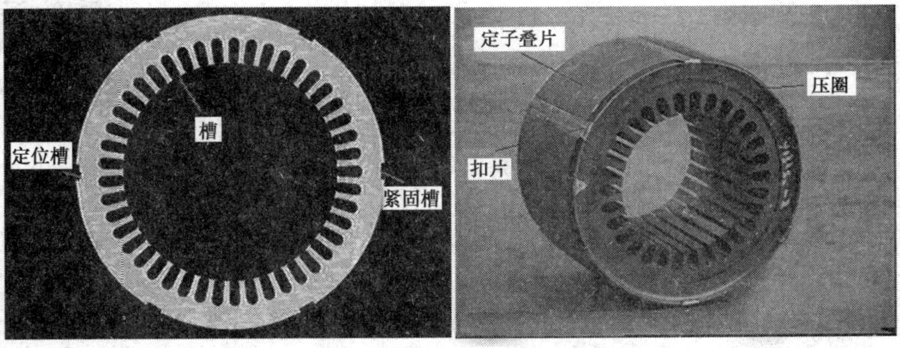

图 3-6　异步电动机定子铁芯冲片和定子铁芯实物图

4. 轴承

轴承是电动机定子、转子衔接的部位,轴承有滚动轴承和滑动轴承两类,滚动轴承又有滚珠轴承(也称为球轴承),目前多数电动机都采用滚动轴承。这种轴承的外部有贮存润滑油的油箱，轴承上还装有油环，轴转动时带动油环转动，把油箱中的润滑油带到轴与轴承的接触面上。为使润滑油能分布在整个接触面上，轴承上紧贴轴的一面一般开有油槽。

图 3-7 定子绕组线圈

3.1.2.2 **转子部分**

转子是电动机中的旋转部分，如图 3-8 所示，一般由转轴、转子铁芯、转子绕组、风扇等组成。转轴用碳钢制成，两端轴颈与轴承相配合。出轴端铣有键槽，用以固定皮带轮或联轴器。转轴是输出转矩、带动负载的部件。转子铁芯也是电动机磁路的一部分，由 0.5 mm 厚的硅钢片叠压成圆柱体，并紧固在转子轴上。转子铁芯的外表面有均匀分布的线槽，用以嵌放转子绕组，笼形转子铁芯冲片、转子绕组和转子如图 3-8 所示。

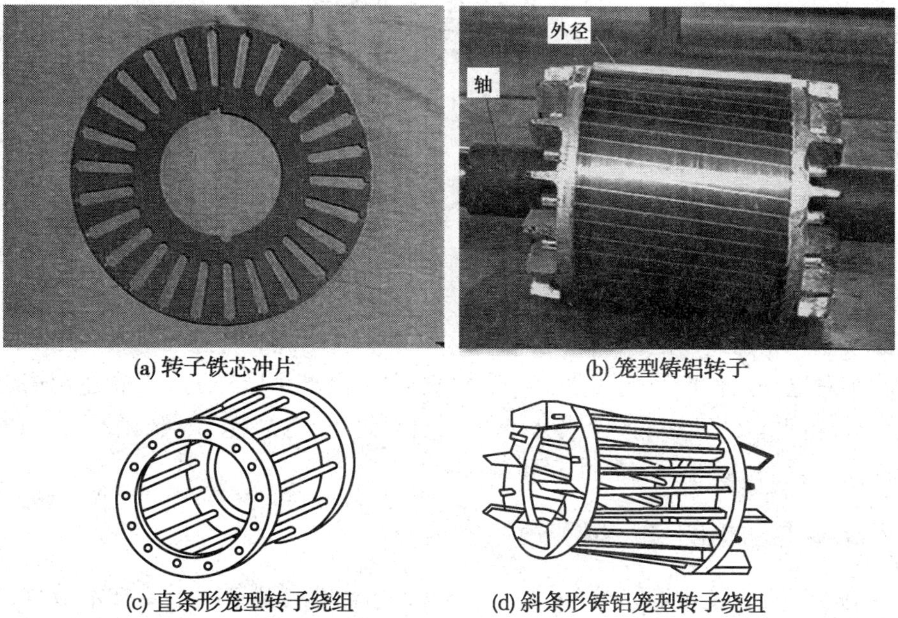

(a) 转子铁芯冲片　(b) 笼型铸铝转子

(c) 直条形笼型转子绕组　(d) 斜条形铸铝笼型转子绕组

图 3-8 笼形异步电动机的铁芯与转子绕组形式

三相交流异步电动机按照转子绕组形式的不同，一般可分为笼形异步电动机和绕线式异步电动机。

(1)笼形转子线槽一般都是斜槽(线槽与轴线不平行)，目的是改善启动与调速性能。笼形绕组(也称为导条)是在转子铁芯的槽里嵌放裸铜条或铝条，然后用两个金属环(称为端环)分别在裸金属导条两端把它们全部接通(短接)，即构成了转子绕组；小型笼形电动机一般用铸铝转子，这种转子用熔化的铝液浇在转子铁芯上，导条、端环一次浇铸出来。如果去掉铁芯，整个绕组形似鼠笼，所以称之为鼠笼形绕组，如图 3-8 所示。图 3-8(c)为直条形笼形转子绕组，图 3-8(d)为斜条形铸锯笼形转子绕组。

(2)绕线式转子绕组与定子绕组类似，由镶嵌在转子铁芯槽中的三相绕组组成。绕组一般采用星形连接,三相绕组的尾端接在一起,首端分别接到转轴上的 3 个铜滑环上,通过电刷把 3 根旋转的线变成了固定线,与外部的变阻器连接,构成转子的闭合回路,以便于控制,如图 3-9 所示。有的电动机还装有提刷短路装置,当电动机启动后又不需要调速时,可提起电刷,同时使用 3 个滑环短路,以减少电刷磨损。

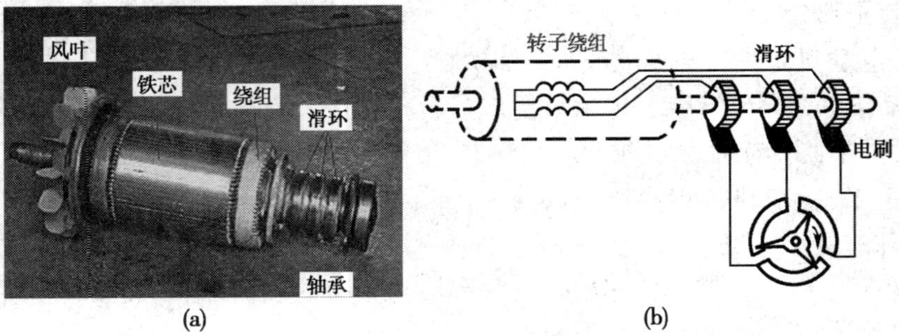

图 3-9　绕线式异步电动机的转子

两种转子相比较,笼形转子结构简单,造价低廉,并且运行可靠,因而应用十分广泛。绕线式转子结构较复杂,造价也高,但是它的启动性能较好,并能利用变阻器阻值的变化使电动机在一定范围内调速;在启动频繁、需要较大启动转矩的生产机械(如起重机)中常常被采用。

一般电动机转子上还装有风扇或风翼(见图 3-4),便于电动机运转时通风散热。铸铝转子一般是将风翼和绕组(导条)一起浇铸出来的,如图 3-8(d)所示。

3.1.2.3　**气隙 δ**

气隙就是定子与转子之间的空隙。中小型异步电动机的气隙一般为 0.2~1.5 mm。气隙的大小对电动机性能影响较大,气隙大,磁阻也大,产生同样大小的磁通,所需的励磁电流也越大,电动机的功率因数也就越低。但气隙过小,将给装配造成困难,运行时定子、转子容易发生摩擦,使电动机运行不可靠。

3.1.3　异步电动机的额定值和使用常识

异步电动机的机座上有一个铭牌,上面标出电动机的型号和主要技术数据。表 3-1 为某厂出品的一台三相异步电动机铭牌内容。

表 3-1　三相异步电动机铭牌内容

<table>
<tr><td colspan="4">三相异步电动机</td></tr>
<tr><td colspan="4">型号　Y100L1—4</td></tr>
<tr><td colspan="2">容量　2.2 kW</td><td colspan="2">电流　5 A</td></tr>
<tr><td>电压 380 V</td><td colspan="2">转速 1 420 r/min</td><td>Lw70 dB</td></tr>
<tr><td>接法 Y</td><td>防护等级 IP44</td><td>频率 50 Hz</td><td>质量 36 kg</td></tr>
<tr><td>编号×××</td><td>工作制 S1</td><td>B 级绝缘</td><td>××××年××月</td></tr>
<tr><td colspan="4">×××电机厂</td></tr>
</table>

3.1.3.1　额定值

（1）额定功率 P_N。电动机在额定情况下运行时是转轴所输出的机械功率，是电动机长期运行所不允许超过的最大功率，单位为 W 或 kW。

（2）额定电压 U_N。在额定情况下运行时外加在定子绕组上的线电压，单位为 V 或 kV。

（3）额定电流 I_N。在额定电压下转轴有额定功率输出时，定子绕组的线电流，单位为 A。

（4）额定频率 f_N。电动机在额定工作状态下运行时输入电动机交流电的频率，单位为 Hz。国内用的异步电动机额定频率均为 50 Hz。

（5）额定转速 n_N。在额定电压、额定频率下，转轴上有额定功率输出时的转速，单位为 r/min。

（6）额定负载下的功率因数 $\cos\varphi_N$ 与效率 η_N 。对于三相异步电动机而言，额定功率 P_N 与额定电压 U_N、额定电流 I_N、功率因数 $\cos\varphi_N$ 及效率 η_N 之间的关系为

$$P_N = \sqrt{3}U_N I_N \eta_N \cos\varphi_N \tag{3-3}$$

3.1.3.2　使用常识

1. 型号

异步电动机的型号由汉语拼音字母的大写字母与阿拉伯数字组成。其中，汉语拼音字母是根据电机全名称选择有代表意义的汉字，用该汉字的第一个字母组成，例如 Y 代表异步电动机，YR 代表异步绕线式电动机。下面以一个具体型号说明其意义：

Y　100　L1 — 4

异步电动机　**机座中心高**（单位：mm）　**长铁芯**　**极数**

2. 防护等级

防护等级是指电动机外壳防止异物和水进入电动机内部的等级。外壳防护等级是以字母“IP”和其后的两位数字表示的。“IP”为国际防护的缩写字母。IP 后面第一位数字表示产品外壳按防止固体异物进入内部、防止人体触及内部的带电部分或运动部件的防护等级，共分为 5 级。IP 后面第二位数字表示电机对水侵害（滴水、淋水、溅水、喷水、浸水及潜水等）的防护等级，共分 7 级。数字越大，防护能力越强。如 IP23 表示防止大于 12 mm 的固体和与垂直方向成 60°角范围内的淋水直接进入电机内。

3. 绝缘等级

绝缘等级表示电动机所用绝缘材料的耐热等级，它决定了电机的允许温升。如 B 级绝缘电机的允许温升为 80 ℃，即允许的实际温度为 120 ℃。

4. 工作方式

电动机的工作方式又称为工作制或工作定额。它是电动机承受负载情况的说明，包括启动、电气制动、空载、断电停转以及这些阶段的持续时间和先后顺序。工作方式是设计和选择电动机的基础。通常在使用中把工作方式分为连续工作方式、短时工作方式、断续周期工作方式。

5. 绕组接法

绕组接法表示电动机在额定电压下运行时，定子三相绕组的连接方式，有 Y 形（星

形)接线和△形(三角形)接线两种。定子三相绕组共有6个出线端,均被引入到电动机机座的接线盒中。在接线盒中,三相绕组的首端常用U1、Vl、W1标示,表示A、B、C;尾端分别用U2、V2、W2标示,表示x、y、z。如图3-10所示,分别为定子绕组的Y形接线及△形接线。

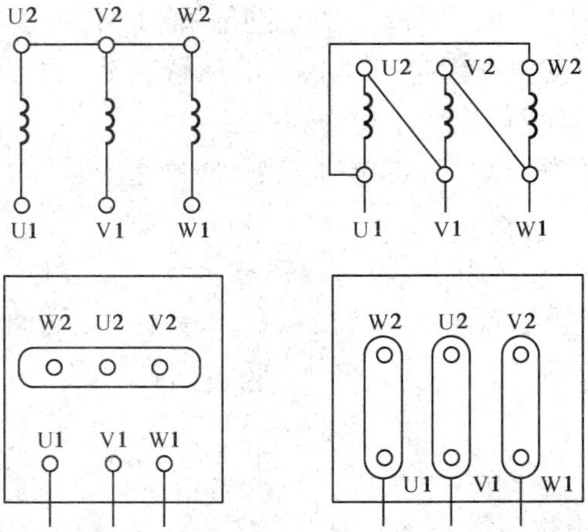

(a)Y形接线　(b)△形接线

图3-10　三相异步电动机接线图

电动机的铭牌上还标有温升、质量等数据。对绕线式电动机,还常标明转子电压(定子加额定电压时转子的开路电压)和转子额定电流等数据。

小　结

转子转速异于旋转磁场转速(同步转速)是异步电机运行的基本条件。

用转差率s来表示转速与同步转速的关系。理论上异步电机可以运行于除同步转速外的任何转速,即转差率可以为不等于零的任何数值。

异步电机可以有3种运行状态,即电动机状态、发电机状态与电磁制动状态。电动机状态是异步电机的主要运行方式。

异步电动机可分为鼠笼式与线绕式两大类,主要由定子、转子、端盖等组成。运行时,定子绕组通入三相电流后建立起旋转磁场,使转子感生电流,产生电磁转矩,从而实现机电能量转换。

习　题

任务3.1在线习题

一、填空题

1. 当$0<S<1$时,异步电机运行于__________状态;当$S>1$时,异步电机运行于__________状态;当$S<0$时,异步电机运行于__________状态。

2. 当$0<n<n_1$时,异步电机运行于__________状态;当$n<0$时,异步电机运行于

________状态；当 $n>n_1$ 时，异步电机运行于________状态。

3. 根据转子结构的不同，三相异步电动机分________式和________式。

4. 三相异步电动机是将输入的________功率，应用________的作用原理，转换成输出________功率。

5. 定子部分由机座（也称机壳）、________、________、________等部件组成。

二、判断题

1. 异步电动机的转差率，即定子磁场的同步转速与转子转速的差值对转子转速的比值。（　　）

2. 异步电机作为发电机运行时，其转差率是 $0<s<1$。（　　）

3. 转子就是电动机运行中固定不动的部分，定子是电动机的可旋转部分。（　　）

4. 气隙就是定子与转子之间的空隙。（　　）

5. 异步电动机工作在电动状态时，转子转向肯定与旋转磁场转向一致。（　　）

三、选择题

1. 异步电机作为发电机运行时，其转差率是（　　）。

A. $s>1$　　B. $s=0$C. $0<s<1$D. $s<0$

2. 三相异步电动机处于电动机工作状态时，其转差率一定为（　　）。

A. $s>1$　　B. $s=0$C. $0<s<1$D. $s<0$

3. 三相异步电动机的定子绕组通常采用（　　）接法。

A. △形　　B. Y 形　C. V 形D. △形或 Y 形

4. 异步电动机转子的转速，永远（　　）旋转磁场的转速。

A. 大于　　B. 小于C. 等于

5. 三相异步电动机气隙增大，其他条件不变，则空载电流（　　）。

A. 增大　　B. 减小　　C. 不变　D. 不能确定

四、问答题

1. 什么是异步电动机的转差率？异步电机有哪 3 种运行状态？说明 3 种运行状态下的转速及转差率的范围。

2. 如果从三相异步电动机铭牌上看不出磁极对数，如何根据额定转速来确定磁极对数？

3. 三相异步电动机，频率 $f=50$ Hz，额定转速 $n_N=1\ 450$ r/min，求该电机的同步转速、极对数、额定转差率。

4. 异步电动机根据其转子特点可分为哪两类？结构有何不同？

5. 异步电动机的转向主要取决于什么？说明实现异步电动机反转的方法。

6. 一台三相异步电动机 $P_N=4$ kW，$U_N=380$ V，$\cos\varphi_N=0.88$，$\eta_N=0.87$，求异步电动机的额定电流及额定相电流。

任务 3.2　三相异步电动机的运行原理

【学习目标】

了解三相异步电动机运行时内部的电磁关系、功率传递过程和转矩平衡关系，明确异步电动机的转矩特性及应用，理解等效电路和电磁转矩的物理表达式，掌握三相异步电动机的机械特性。

从电磁感应原理和能量传递来看，异步电动机与变压器有很多相似之处。但是因为异步电动机是旋转电机，变压器是静止电机，故异步电动机分析与计算比变压器复杂。这里，我们先从异步电动机转子静止状态入手，然后研究异步电动机旋转的情况。

3.2.1　转子静止时的运行

转子静止是异步电动机运行的特殊情况。下面以一台三相绕线式异步电动机为例，分析转子静止时的物理过程，如图 3-11 所示。

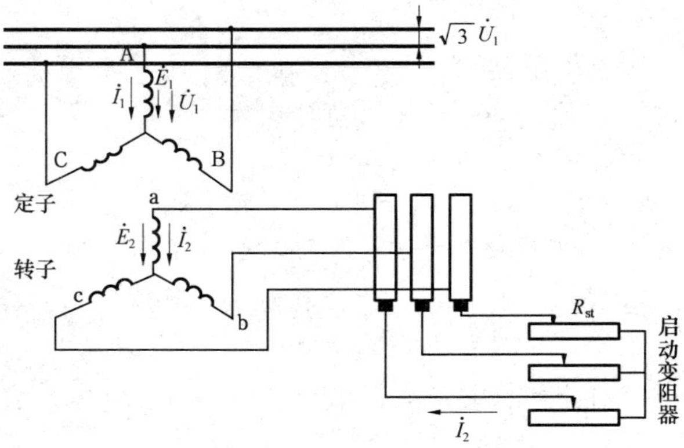

图 3-11　转子静止时绕线式异步电动机线路图

3.2.1.1　基本电磁过程

在外加三相对称电压作用下，定子绕组中便有三相对称电流流过，建立旋转磁场，其磁动势为 $\vec{F}_1$，转速为同步转速 $n_1 = \dfrac{60f_1}{p}$。该磁场切割定子绕组和转子绕组，并分别感应定子电动势 $\dot{E}_1$ 和转子电动势 $\dot{E}_2$。若转子绕组是闭合的，则在转子感应电动势 $\dot{E}_2$ 的作用下，转子绕组产生三相电流，建立转子旋转磁场，磁动势为 $\vec{F}_2$。

经过分析可知，定子磁动势 $\vec{F}_1$ 与转子磁动势 $\vec{F}_2$ 同转向、同转速旋转，在空间上保持相对静止的关系。

3.2.1.2　各电磁参数的关系

1. 磁通与感应电动势

气隙中的合成磁场由定子和转子的旋转磁场共同建立，由于定子、转子磁动势相对静止，则气隙合成磁场为一稳定的旋转磁场，其基波磁通既与定子绕组交链，又与转子绕组交链，如图3-12所示，称为异步电动机的主磁通，用 Φ_m 表示。此外，定子、转子电流还分别建立只与自身交链的漏磁通，用 $\Phi_{1\sigma}$ 和 $\Phi_{2\sigma}$ 表示。

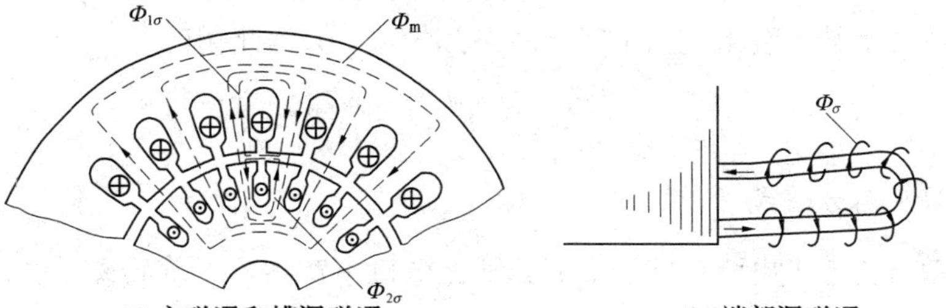

(a) 主磁通和槽漏磁通　　(b) 端部漏磁通

图3-12　异步电动机的主磁通与漏磁通

主磁通在定子、转子绕组中分别感应主电动势（定子、转子各量分别用脚标1、2表示，下同），根据前面交流绕组电动势的分析结果，定子、转子绕组每相主电动势的有效值分别为

$$E_1 = 4.44 f_1 N_1 k_{w1} \Phi_m \quad (3\text{-}4)$$

$$E_2 = 4.44 f_2 N_2 k_{w2} \Phi_m \quad (3\text{-}5)$$

又由于转子静止时：

$$f_2 = \frac{pn_{切割}}{60} = \frac{pn_1}{60} = f_1$$

则有

$$E_2 = 4.44 f_1 N_2 k_{w2} \Phi_m \quad (3\text{-}6)$$

异步电动机电动势变比为

$$k_e = \frac{E_1}{E_2} = \frac{4.44 f_1 N_1 k_{w1} \Phi_m}{4.44 f_1 N_2 k_{w2} \Phi_m} = \frac{N_1 k_{w1}}{N_2 k_{w2}} \quad (3\text{-}7)$$

和变压器相似，定子绕组感应电动势也可以表示为

$$\dot{E}_1 = -\dot{I}_0 Z_m \quad (3\text{-}8)$$

式中　Z_m——励磁阻抗，$Z_m = r_m + jx_m$，其中，励磁电阻 r_m 是反映铁耗的等效电阻，励磁电抗 x_m 是定子每相绕阻与主磁通对应的电抗。

漏磁通 $\Phi_{1\sigma}$ 和 $\Phi_{2\sigma}$ 在定子、转子绕组中分别感应漏电动势 $\dot{E}_{1\sigma}$、$\dot{E}_{2\sigma}$，同样可用漏抗压降来表示漏电动势，即

$$\dot{E}_{1\sigma} = -j\dot{I}_1 x_1 \quad (3\text{-}9)$$

$$\dot{E}_{2\sigma} = -j\dot{I}_2 x_2 \quad (3\text{-}10)$$

式中　x_1、x_2——定子、转子每相绕组漏电抗。

因为漏磁通的磁路主要是空气，故漏电抗 x_1、x_2 的值较小且为常数。

2. 电动势平衡方程式

类似于变压器的分析，可得到三相异步电动机定子、转子的电动势平衡方程式，现介绍如下。

（1）定子电动势平衡方程式：

$$\dot{U}_1 = -\dot{E}_1 + \mathrm{j}\dot{I}_1 x_1 + \dot{I}_1 r_1 = -\dot{E}_1 + \dot{I}_1 Z_1 \quad (3\text{-}11)$$

(2)转子电动势平衡方程式:

$$\dot{U}_2 = \dot{E}_2 - \mathrm{j}\dot{I}_2 x_2 - \dot{I}_2 r_2 \quad (3\text{-}12)$$

因异步电动机转子绕组是一个闭合回路,则 $\dot{U}_2 = 0$,据此,有

$$\dot{E}_2 = \mathrm{j}\dot{I}_2 x_2 + \dot{I}_2 r_2 = \dot{I}_2 Z_2 \quad (3\text{-}13)$$

式中 Z_2——转子漏阻抗。

3. 磁动势平衡方程式

异步电动机的定子电流和转子电流分别在电机中产生定子旋转磁动势 $\vec{F}_1$ 和转子磁动势 $\vec{F}_2$,它们共同建立气隙主磁通,其合成磁动势表示为 $\vec{F}_{\mathrm{m}}$,则

$$\vec{F}_1 + \vec{F}_2 = \vec{F}_{\mathrm{m}} \quad (3\text{-}14)$$

类似变压器,负载前后的气隙磁场磁动势不变,即 $\vec{F}_{\mathrm{m}} = \vec{F}_0$。因此,根据交流电机基本理论,可得

$$0.45 m_1 \frac{N_1 k_{\mathrm{w}1}}{p} \dot{I}_1 + 0.45 m_2 \frac{N_2 k_{\mathrm{w}2}}{p} \dot{I}_2 = 0.45 \frac{N_1 k_{\mathrm{w}1}}{p} \dot{I}_0 \quad (3\text{-}15)$$

将式(3-15)简化得

$$\dot{I}_1 + \frac{\dot{I}_2}{k_i} = \dot{I}_0 \quad (3\text{-}16)$$

式中 k_i——电流变比,$k_i = \dfrac{m_1 N_1 k_{\mathrm{w}1}}{m_2 N_2 k_{\mathrm{w}2}}$。

3.2.2 转子转动时的运行

3.2.2.1 电磁过程分析

当转子旋转时,定子磁动势相对定子的转速为 $n_1 = \dfrac{60 f_1}{p}$,其中 f_1 为定子电流频率。若转子磁动势相对转子的转速为 $n_2 = \dfrac{60 f_2}{p}$,由于转子本身以转速 n(相对定子)向前旋转,则转子磁动势相对定子的转速为 n_2+n。其中,f_2 是定子磁场切割转子绕组感应产生的电动势及电流的频率,而

$$f_2 = \frac{p n_{切割}}{60} \quad (3\text{-}17)$$

式中 $n_{切割}$——定子磁场切割转子绕组的速度,由于转子转速为 n,且与 n_1 方向相同,所以有

$$n_{切割} = n_1 - n \quad (3\text{-}18)$$

则

$$f_2 = \frac{p(n_1 - n)}{60} \quad (3\text{-}19)$$

转子磁动势相对定子的转速为

$$n_2 + n = \frac{60f_2}{p} + n = \frac{60 \times \frac{p(n_1 - n)}{60}}{p} + n = n_1 \tag{3-20}$$

因此,定子、转子磁动势相对定子的转速均为 n_1,并且定子、转子电流的相序相同,它们产生的磁动势的转向也一定相同。所以,不论转子转动或不转动,定子、转子磁动势总是同转速、同转向地旋转,即总是相对静止的。

电动机转动时,转子各物理量发生了变化,下面进行分析。

3.2.2.2 各电磁参数间的关系

(1)转子频率:

$$f_2 = \frac{p(n_1 - n)}{60} = \frac{n_1 - n}{n_1} \times \frac{pn_1}{60} = sf_1 \tag{3-21}$$

(2)转子电动势:

$$E_{2s} = 4.44f_2N_2k_{w2}\Phi_m = s(4.44f_1N_2k_{w2}\Phi_m) = sE_2 \tag{3-22}$$

(3)转子漏抗:

$$x_{2s} = 2\pi f_2L_{2\sigma} = 2\pi sf_1L_{2\sigma} = s(2\pi f_1L_{2\sigma}) = sx_2 \tag{3-23}$$

(4)转子电流:

$$\dot{I}_2 = \frac{\dot{E}_{2s}}{r_2 + jx_{2s}} \tag{3-24}$$

$$\dot{I}_2 = \frac{s\dot{E}_2}{r_2 + jsx_2} = \frac{\dot{E}_2}{\frac{r_2}{s} + jx_2} \tag{3-25}$$

(5)基本方程式。

定子侧的电动势频率与电动势平衡关系不受转子旋转的影响,所以定子边的电动势平衡方程式与转子静止时相同,即

$$\dot{U}_1 = -\dot{E}_1 + j\dot{I}_1x_1 + \dot{I}_1r_1 \tag{3-26}$$

转子旋转后,根据上面的分析,转子边的电动势平衡方程式变为

$$\dot{E}_{2s} = j\dot{I}_2x_{2s} + \dot{I}_2r_2 \tag{3-27}$$

不论转子转不转,定子、转子磁动势总是相对静止的,则总有

$$\dot{I}_1 + \frac{\dot{I}_2}{k_i} = \dot{I}_0 \tag{3-28}$$

当转子旋转时,同样存在下面两个关系:

$$k_e = \frac{E_1}{E_2} \tag{3-29}$$

$$\dot{E}_1 = -\dot{I}_0Z_m \tag{3-30}$$

3.2.2.3 折算

异步电动机的定子、转子间只有磁的联系,而无电路上的联系。为了便于分析和简化

计算,需要用一个等效电路来代替这两个独立的电路。要达到这一目的,就要像变压器一样对异步电动机进行折算。

作为旋转电机,异步电动机的折算分为两步:首先进行频率折算,把旋转的转子变成静止的转子,使定子、转子电路的频率相等;然后进行绕组折算,使定子、转子绕组的相数、匝数、绕组系数相等。

1. 频率的折算

所谓频率折算,实质上就是用一个等效的静止的转子来代替实际旋转的转子。为了保持折算前后电动机的电磁关系不变,折算的原则是:折算前后磁动势不变(转子磁动势的大小和空间位置不变),能量传递不变(转子上各种功率不变)。

根据 $F_2 = 0.45\ m_2 \dfrac{N_2 k_{w2}}{p} I_2$,要使折算前后转子磁动势 $\overline{F}_2$ 的大小和相位不变,只要使转子电流在转子转动和静止时有相同的大小与相位即可。

由式(3-24)、式(3-25)可知:

$$\dot{I}_2 = \frac{\dot{E}_{2s}}{r_2 + jx_{2s}} = \frac{s\dot{E}_2}{r_2 + jsx_2} \tag{3-31}$$

$$\dot{I}_2 = \frac{\dot{E}_2}{\dfrac{r_2}{s} + jx_2} \tag{3-32}$$

上面两式是同一种关系的两种表达形式,其中式(3-31)中各量的频率为f_2,$\dot{I}_2$为旋转电机电流,而式(3-32)中各量的频率为f_1,$\dot{I}_2$为静止电机电流。

以上分析表明,将旋转的转子转化为静止的转子时,只要将 $\dot{E}_{2s}$ 换成 $\dot{E}_2$,将 x_{2s} 换成 x_2,原转子电阻 r_2 变换为 $\dfrac{r_2}{s}$ 即可,$\dfrac{r_2}{s}$ 可分为两部分,即

$$\frac{r_2}{s} = r_2 + \frac{1-s}{s} r_2 \tag{3-33}$$

也就是说,在静止的转子电路中串入一个附加电阻 $\dfrac{1-s}{s} r_2$,这台静止不动的异步电动机可以等效地代替实际旋转的异步电动机。$\dfrac{1-s}{s} r_2$ 是一个等效电阻,在它上面消耗的电功率等效于电动机所产生的总机械功率。

2. 绕组的折算

转子绕组折算就是用一个和定子绕组具有相同相数 m_1、匝数 N_1 及绕组系数 k_{w1} 的等效转子绕组来代替原来的相数 m_2、匝数 N_2 及绕组系数 k_{w2} 的实际转子绕组。其折算原则和方法与变压器基本相同,转子侧各电磁量折算到定子侧时:

(1)转子电动势、电压乘以电动势变比 k_e 。

(2)转子电流除以电流变比 k_i 。

(3)转子电阻、电抗及阻抗乘以阻抗变比 $k_e k_i$ 。

通过折算,异步电动机的基本方程式变为

$$\left.\begin{aligned}&\dot{U}_1=-\dot{E}_1+\mathrm{j}\dot{I}_1x_1+\dot{I}_1r_1\\&\dot{E}'_2=\dot{I}'_2\frac{r'_2}{s}+\mathrm{j}\dot{I}'_2x'_2=\dot{I}'_2(r'_2+\mathrm{j}x'_2+\frac{1-s}{s}r'_2)\\&\dot{I}_1+\dot{I}'_2=\dot{I}_0\\&\dot{E}'_2=\dot{E}_1\\&\dot{E}_1=-\dot{I}_0Z_m\end{aligned}\right\}\tag{3-34}$$

3.2.2.4 等效电路

1. T 形等效电路

根据上述经频率和绕组折算后的方程组可画出定子、转子等效电路,等效电路的获得给异步电动机运行分析及计算带来了方便。异步电动机 T 形等效电路如图 3-13 所示。

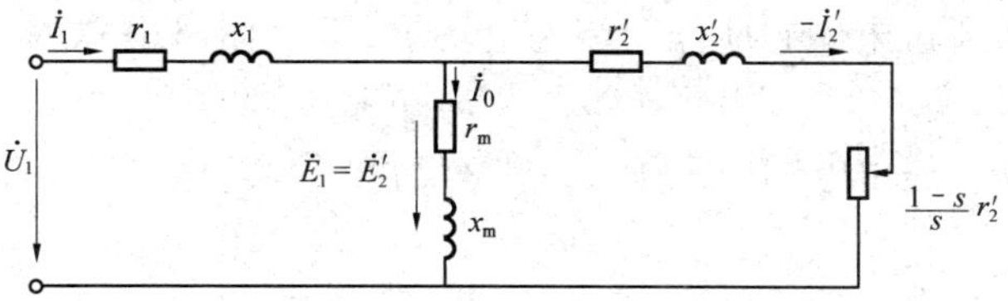

图 3-13 异步电动机 T 形等效电路

由图 3-13 可知,异步电动机的 T 形等效电路与变压器带纯电阻负载时的等效电路相似。T 形等效电路中的 $\frac{1-s}{s}r'_2$ 被称为总机械功率的等效电阻。

2. 简化等效电路(Γ 形等效电路)

对于容量大于 40 kW 的异步电动机,为了简化计算,与变压器一样,可将 T 形等效电路中的励磁支路从中间移到异步电动机的电源端,称为简化等效电路,也叫 Γ 形等效电路,如图 3-14 所示。但在异步电动机中, Z_m^* 较小, $\dot{I}_0^*$ 和 Z_1^* 均较大,为了减小误差,在励磁支路从中间移到电源端的同时,励磁支路应引入定子漏阻抗 Z_1,以校正电源电压增大对励磁电路的影响。

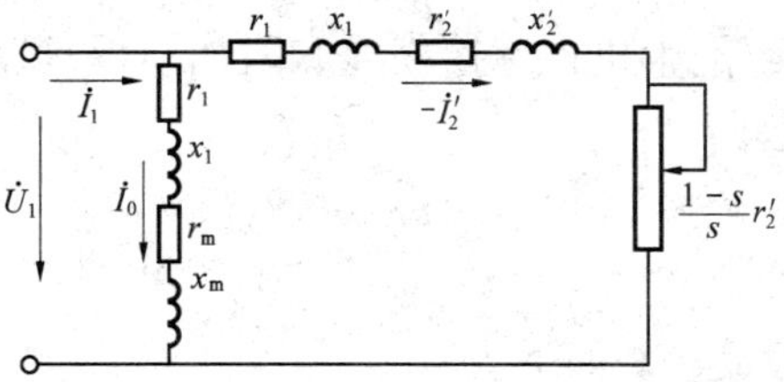

图 3-14 Γ 形等效电路

3.2.3 三相异步电动机的电磁转矩

由异步电动机 3 种工作状态的分析可知,电磁转矩的产生是电机在电能和机械能之间进行能量转换的关键,这里将重点讲述与之相关的内容。

3.2.3.1 功率传递过程与功率平衡关系

异步电动机的功率传递过程如图3-15所示,其中功率用大写字母 P 表示,而损耗用小写字母 p 表示。下面对其传递过程进行具体说明。

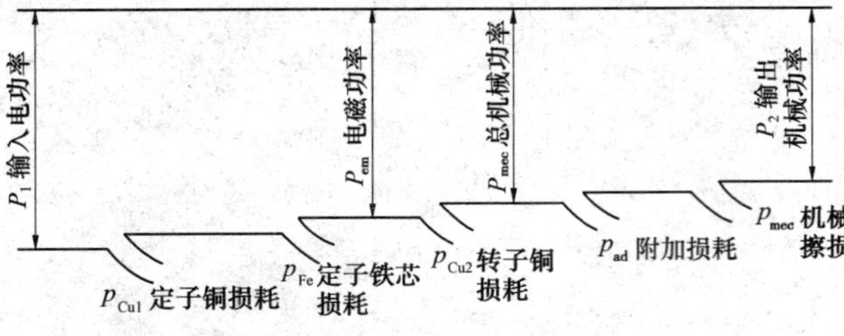

图3-15 异步电动机的功率传递

码3-3 微课:三相异步电动机的功率关系

1. 定子侧

若定子从电网吸取的电功率为 P_1,其中一部分消耗为定子铜损耗和定子铁芯损耗,余下的为电磁功率,通过电磁感应作用传递给转子。其功率平衡关系如下:

$$P_1 = (p_{Cu1} + p_{Fe}) + P_{em} \tag{3-35}$$

(1)输入功率 P_1,是由电网向定子输入的有功功率。

$$P_1 = m_1 U_1 I_1 \cos\varphi_1 \tag{3-36}$$

(2)定子铜损耗 p_{Cu1}。

$$p_{Cu1} = m_1 I_1^2 r_1 \tag{3-37}$$

(3)定子铁芯损耗 p_{Fe}。异步电动机正常运行时,转子频率很低,一般为1~3 Hz,转子铁芯损耗很小,可忽略不计。

$$p_{Fe} = m_1 I_0^2 r_m \tag{3-38}$$

(4)电磁功率 P_{em},通过电磁感应作用,由定子传递到转子的功率。

$$P_{em} = m_1 E_2' I_2' \cos\varphi_2 = m_1 I_2'^2 \frac{r_2'}{s} \tag{3-39}$$

式中 φ_2——转子功率因数,即 $\dot{E}_2'$ 与 $\dot{I}_2'$ 的相位差角。

2. 转子侧

电磁功率传递到转子侧后,一部分转化为转子铜损耗,剩下来的为总的机械损耗,传递到转轴上;电动机转动后,产生机械摩擦损耗和附加损耗,最后剩下的机械功率 P_2 由转轴输出。其功率平衡关系如下:

$$P_{em} = p_{Cu2} + P_{mec} \tag{3-40}$$

$$P_{mec} = (p_{mec} + p_{ad}) + P_2 \tag{3-41}$$

式(3-40)、式(3-41)各量含义如下。

(1)转子铜损耗 p_{Cu2}。

$$p_{Cu2} = m_1 I_2'^2 r_2' \tag{3-42}$$

将式(3-39)与式(3-42)比较,可得

$$p_{Cu2} = sP_{em} \tag{3-43}$$

(2)总机械功率 P_{mec}。

$$P_{mec} = P_{em} - p_{Cu2} = m_1 I_2'^2 \frac{r_2'}{s} - m_1 I_2'^2 r_2' = m_1 I_2'^2 \frac{1-s}{s} r_2' \tag{3-44}$$

将式(3-39)与式(3-44)比较,可得

$$P_{mec} = (1-s) P_{em} \tag{3-45}$$

可见,从气隙传递到转子的电磁功率分为两部分,一小部分变为转子铜损耗,绝大部分转变为总机械功率。转差率越大,转子铜损耗就越多,电机效率越低。因此,正常运行时电机的转差率均很小。

(3)机械摩擦损耗 p_{mec}:由于电动机转动,会产生轴承与风阻摩擦等机械损耗。

(4)附加损耗 p_{ad}:由于电机铁芯中有齿和槽的存在,定子、转子磁动势中含高次谐波磁动势等所引起的损耗。

(5)输出功率 P_2:异步电动机轴上输出的机械功率。当额定运行时,该功率即是电机铭牌上的额定功率。

$$P_2 = m_1 U_1 I_1 \cos\varphi_1 \eta \tag{3-46}$$

3.2.3.2 转矩平衡方程式

根据以上分析可知,异步电动机转轴上存在一个机械功率平衡关系,其中机械摩擦损耗和附加损耗合称为空载制动损耗,即 $p_0 = p_{mec} + p_{ad}$,则电动机机械功率平衡关系可表示为

$$P_{mec} = p_0 + P_2 \tag{3-47}$$

由动力学知识可知,机械功率与转矩存在正比关系,即 $T = \frac{P}{\Omega}$,因此在式(3-47)的两边同时除以机械角速度 Ω 可得

$$\frac{P_{mec}}{\Omega} = \frac{p_0}{\Omega} + \frac{P_2}{\Omega} \tag{3-48}$$

于是,异步电动机转矩平衡方程式为

$$T = T_0 + T_2 \tag{3-49}$$

式中 T——异步电动机电磁转矩,为驱动性质的转矩;

T_0——空载制动转矩,它是由异步电动机的机械损耗和附加损耗所产生的转矩,是一种制动性质的转矩;

T_2——负载制动转矩(输出转矩),它是机械负载反作用于异步电动机轴上的转矩,是一种制动性质的转矩。

另外,机械角速度 Ω 与电动机转速 n 的关系为

$$\Omega = \frac{2\pi n}{60} \tag{3-50}$$

3.2.3.3 电磁转矩的两种计算式

1.电磁转矩物理表达式

从物理角度出发,电磁转矩是由转子载流导条与磁场相互作用而产生的。经推导可得

$$T = C_T \Phi_m I_2' \cos\varphi_2 \tag{3-51}$$

式中　C_T——电磁转矩常数，$C_T=\dfrac{4.44m_1pN_1k_{w1}}{2\pi}$。

式(3-51)表明,电磁转矩是转子电流的有功分量 $I'_2\cos\varphi_2$ 与气隙主磁通 Φ_m 相互作用产生的。

码 3-4　微课:三相异步电动机的电磁转矩

2. 电磁转矩参数表达式

电磁转矩的物理表达式在定性分析时比较方便,但由于表达式中主磁通和鼠笼式异步电动机的转子电流很难确定,故很难进行定量计算。为了便于计算及能反映在不同转差率时电磁转矩的变化规律,往往采用电磁转矩的参数表达式,其公式如下:

$$T=\frac{m_1pU_1^2\dfrac{r'_2}{s}}{2\pi f_1\left[\left(r_1+\dfrac{r'_2}{s}\right)^2+(x_1+x'_2)^2\right]} \tag{3-52}$$

式中　m_1——定子绕组相数;

p——极对数;

f_1——电源频率;

U_1——加在定子绕组上的相电压;

r_1、r'_2——定子、转子绕组电阻;

x_1、x'_2——定子、转子绕组电抗。

3.2.3.4　电磁转矩特性

1. 转矩特性的定义

由式(3-52)可知,当电源及电动机参数不变时,异步电动机的电磁转矩 T 仅与转差率 s(或转速 n)有关。将电磁转矩 T 与转差率 s 的关系 $T=f(s)$ 称为转矩特性,如图 3-16 所示。而把电磁转矩 T 与电动机转速 n 之间的函数关系 $T=f(n)$ 称为机械特性。

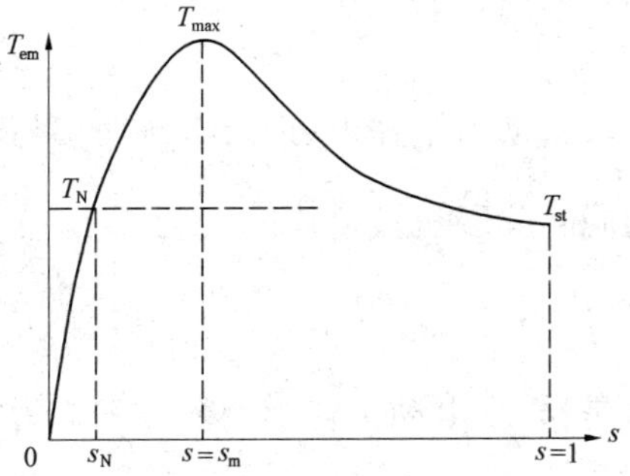

图 3-16　T–s 特性曲线

T–s 特性曲线有几个特殊的运行点,后文将分别进行讨论。

2. 额定电磁转矩

当异步电动机作额定运行时,转差率 $s=s_N$,可以在 $T-s$ 曲线上找到对应的一点,称为额定运行点,其对应电磁转矩称为额定电磁转矩 T_N,其大小为

$$T_N=\frac{m_1pU_1^2\dfrac{r'_2}{s_N}}{2\pi f_1\left[\left(r_1+\dfrac{r'_2}{s_N}\right)^2+(x_1+x'_2)^2\right]} \tag{3-53}$$

也可以用公式 $T_N=T_{2N}+T_0$ 求解,其中 T_{2N} 是额定负载时的制动输出转矩,$T_{2N}=\dfrac{P_{2N}}{\Omega}$。由于 T_0 相对较小,工程计算上可忽略不计,故经常使用如下公式:

$$T_N \approx T_{2N} = \frac{P_{2N}}{\Omega} \tag{3-54}$$

并称之为额定转矩。

3. 最大电磁转矩

由 $T-s$ 曲线可见,电磁转矩有一个最大值,该转矩称为最大电磁转矩,用 T_{max} 表示。最大电磁转矩能反映电动机过载能力的大小,最大电磁转矩越大,过载能力越强。为了求最大转矩,将式(3-52)对 s 求导,并令 $\frac{dT}{ds}=0$,便可求出最大电磁转矩的转差率 s_m,称为临界转差率。其值为

$$s_m = \frac{r'_2}{\sqrt{r_1^2+(x_1+x'_2)^2}} \tag{3-55}$$

代入式(3-52)中,便可求得最大电磁转矩为

$$T_{max} = \frac{m_1 p U_1^2}{4\pi f_1[r_1+\sqrt{r_1^2+(x_1+x'_2)^2}]} \tag{3-56}$$

一般 r_1 很小,若忽略 r_1,有

$$s_m \approx \frac{r'_2}{x_1+x'_2} \tag{3-57}$$

则

$$T_{max} \approx \frac{m_1 p U_1^2}{4\pi f_1(x_1+x'_2)} \tag{3-58}$$

分析以上各式,可得出以下结论:

(1)当电源频率和电机参数不变时,最大电磁转矩与电源电压的平方成正比,即 $T_{max} \propto U_1^2$,但临界转差率 s_m 与电源电压无关。

(2)最大电磁转矩 T_{max} 的大小与转子回路电阻 r'_2 的大小无关,但临界转差率 $s_m \propto r'_2$。

(3)如果忽略电阻 r_1,当电源电压和频率为常数时,最大电磁转矩 T_{max} 与电机参数 $x_1+x'_2$ 成反比,即定转子漏抗越大,则 T_{max} 越小。

(4)最大电磁转矩 T_{max} 随频率 f_1 的增大而减小。电动机的最大转矩 T_{max} 与额定转矩 T_N 之比称为过载系数,用 k_m 表示:

$$k_m = \frac{T_{max}}{T_N} \tag{3-59}$$

过载系数反映了异步电动机短时过负荷的能力, k_m 越大,短时过负荷能力越强。一般电动机的过载能力 $k_m=1.6\sim2.2$;起重和冶金用的异步电动机 $k_m=2.2\sim2.8$;特殊电动机的 k_m 可达3.7。

4. 启动转矩

当电动机刚接通电源时,电动机由于机械惯性,还来不及旋转,这一时刻的电磁转矩称为启动转矩(或最初启动转矩)。此时 $n=0$,$s=1$,如果把 $s=1$ 代入式(3-52),就可得到启动转矩的表达式:

$$T_{st} = \frac{m_1 p U_1^2 r'_2}{2\pi f_1[(r_1+r'_2)^2+(x_1+x'_2)^2]} \tag{3-60}$$

(1)当频率和电机参数一定时,启动转矩与电源电压的平方成正比,即 $T_{st} \propto U_1^2$。

(2)当电源电压和频率一定时,漏抗 $x_1 + x_2'$ 越大,启动转矩 T_{st} 越小。

(3)当使 $s_m = 1$,增大转子回路电阻,使其与总的漏电抗相等,即 $r_2' = x_1 + x_2'$ 时,启动转矩将等于最大转矩。

(4)启动转矩 T_{st} 随频率 f_1 的增大而减小。启动转矩倍数 k_{st} 是异步电动机的重要性能指标之一,反映了电机启动能力的大小。

$$k_{st} = \frac{T_{st}}{T_N} \tag{3-61}$$

一般异步电动机 $k_{st} = 1.0 \sim 2.0$,对起重、冶金等要求启动转矩大的场合,要求 $k_{st} = 2.8 \sim 4.0$。

3.2.3.5 人为机械特性

为了适应负载对电动机启动、调速及制动方面的不同要求,常常通过改变电源电压、电源频率、转子回路电阻、极对数等方法来改变异步电动机的机械特性,这时候得到的机械特性称为人为机械特性。

1. 改变电源电压 U_1 的人为机械特性

由于 $T_{max} \propto U_1^2$、$T_{st} \propto U_1^2$,所以最大转矩和启动转矩都随 U_1 的降低成平方倍地减小。但最大转矩所对应的临界转差率 s_m 与电源电压 U_1 无关,故降低电源电压,可得到各条机械特性曲线,这被称为改变电源电压的人为机械特性曲线,如图 3-17 所示。

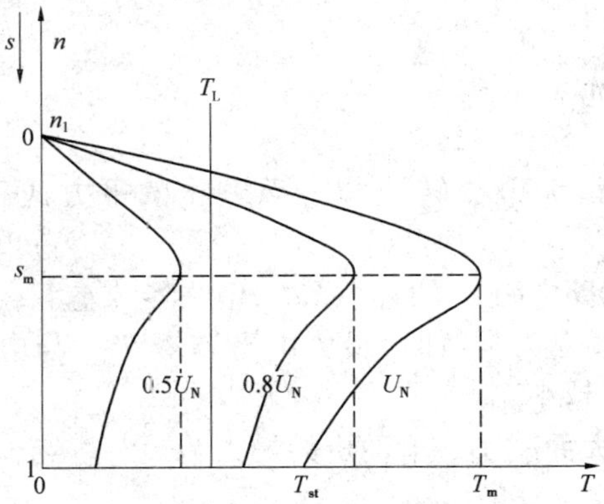

图 3-17　改变电源电压 U_1 的人为机械特性曲线

码 3-5　微课:三相异步电动机的人为机械特性和工作特性

2. 转子回路串电阻时的人为机械特性曲线

由于临界转差率 s_m 与转子回路电阻 r_2' 成正比,而最大电磁转矩 T_{max} 与转子回路电阻 r_2' 无关,所以改变转子回路电阻,最大电磁转矩 T_{max} 不变,但临界转差率 s_m 随转子回路电阻 r_2' 的增大而增大,如图 3-18 所示。转子回路串入对称三相电阻适用于绕线式异步电动机的启动、调速和制动。

3. 定子回路串电抗时的人为机械特性

定子回路串电抗一般用于笼形异步电动机的降压启动,以限制电动机的启动电流。增加异步电动机的定子回路电抗不影响同步转速 n_1 的大小,但会导致 T_{max}、T_{st} 和 s_m 的减小,曲线变化如图 3-19 所示。

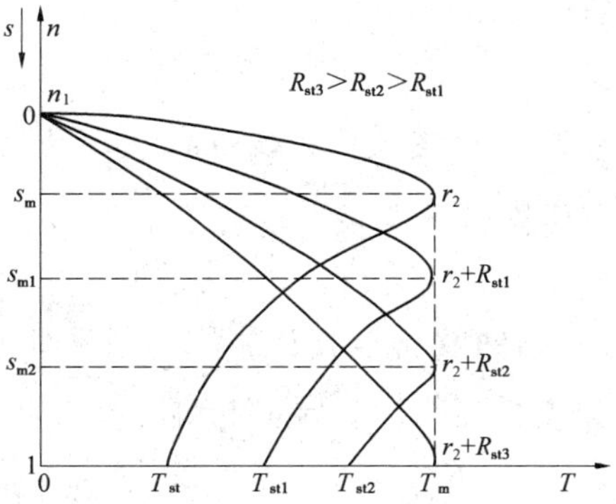

图 3-18 转子回路串电阻时的人为机械特性曲线

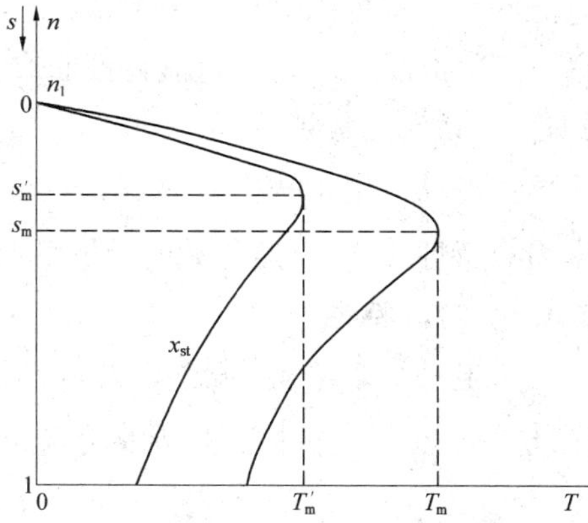

图 3-19 定子回路串电抗的人为机械特性曲线

定子回路串对称三相电阻时的人为机械特性与串电抗时类似，但串入的电阻因为要消耗电能，所以较少采用。

3.2.4 异步电动机的工作特性

异步电动机的工作特性是指电动机在额定电压和额定频率下，其转速 n、输出转矩 T_2、定子电流 I_1、功率因数 $\cos\varphi_1$、效率 η 等与输出功率 P_2 之间的关系。异步电动机的工作特性是合理使用异步电动机的重要依据，常用特性曲线来描述工作特性，如图 3-20 所示。

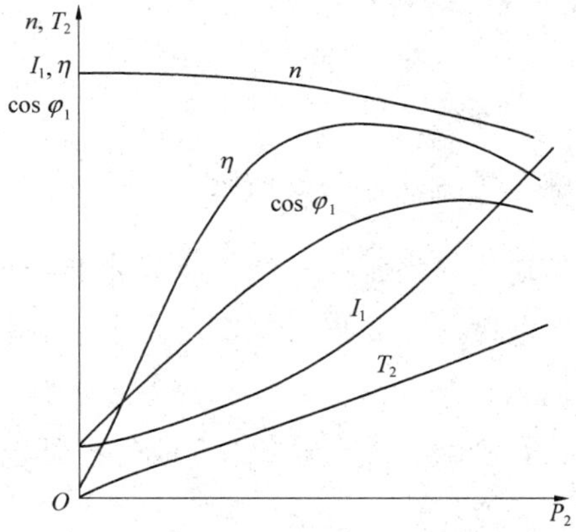

图 3-20 异步电动机工作特性

3.2.4.1 转速特性

电动机转速 n 与输出功率 P_2 之间的关系曲线 $n=f(P_2)$，称为转速特性曲线，如图 3-20 所示。当负载增加时，随负载转矩增加，转速 n 会下降，但转速随负载变化并不大，如额定运行时的转速虽比空载转速要小，但 n 仍与同步转速 n_1 接近，故曲线是一条微微向下倾斜的曲线。

3.2.4.2 转矩特性

输出转矩 T_2 与输出功率 P_2 之间的关系曲线 $T_2=f(P_2)$ 称为转矩特性曲线。转矩特性曲线近似为一条稍微上翘的直线。异步电动机输出转矩 $T_2=\dfrac{P_2}{\Omega}$，其中 $\Omega=\dfrac{2\pi n}{60}$。由于负载增大时 P_2 增大，转速略有下降，因此 $T_2=f(P_2)$ 略微上翘。

3.2.4.3 定子电流特性

异步电动机定子电流 I_1 与输出功率 P_2 之间的关系曲线 $I_1=f(P_2)$ 称为定子电流特性曲线。

在空载时，转子电流 $I_2=0$，则定子电流为空载电流 I_0，其值较小。当负载增加时，转子电流增大。根据磁动势平衡关系，$\dot{I}_1 = \dot{I}_0 + (-\dot{I}_2')$ 也相应增加，因此定子电流 I_1 随输出功率 P_2 增加而增加，定子电流特性曲线是上升的。

3.2.4.4 功率因数特性

异步电动机定子功率因数 $\cos\varphi_1$ 与输出功率 P_2 之间的关系曲线 $\cos\varphi_1 = f(P_2)$ 称为功率因数特性曲线，额定负载时，功率因数一般为0.8~0.9。

3.2.4.5 效率特性

异步电动机效率 η 与输出功率 P_2 之间的关系曲线 $\eta = f(P_2)$ 称为效率特性，如图3-20所示。效率特性也是异步电动机的一个重要性能指标。异步电动机效率为

$$\eta = \frac{P_2}{P_1} = \frac{P_1 - \sum p}{P_1} = 1 - \frac{\sum p}{P_1} \tag{3-62}$$

式中 $\sum p$——异步电动机总损耗，$\sum p = p_{\mathrm{Cu1}} + p_{\mathrm{Cu2}} + p_{\mathrm{Fe}} + p_{\mathrm{mec}} + p_{\mathrm{ad}}$。

通常异步电动机最高效率为$(0.75\sim1.1)P_{\mathrm{N}}$。异步电动机额定负载时的效率 η_{N} 为74%~94%。

小　结

本节先分析转子静止时的情况，然后分析转子旋转时的情况。在等效电路中，应深入理解总机械功率等效电阻 $\frac{1-s}{s}r_2'$ 的意义及其作用。另外，要注意异步电动机的等效电路只有通过频率折算与绕组折算才能导出。

电磁转矩是电动机实现机电能量转换的关键物理量。转矩平衡表达式是分析异步电动机运行时各物理量变化的重要依据。

在机械特性曲线上，须注意异步电动机的3个特殊转矩，分别是额定转矩、最大转矩、启动转矩；另外，要注意临界转差率、过载系数的意义。总结了最大转矩和启动转矩与各物理参数的关系，提出异步电动机以最大转矩启动的条件。

通过改变电源电压、电源频率、转子回路电阻、极对数等可得到相应的人为机械特性，以适应不同负载对电动机的启动、调速和制动的要求。

异步电动机的工作特性是合理使用异步电动机的重要依据。

习　题

任务3.2在线习题

一、填空题

1. 三相异步电动机的原理是：定子三相对称绕组流过三相对称电流产生________，其切割转子导体感应________及________，转子导体中的电流与旋转磁场相互作用形成

驱动转子旋转，实现__________能转换成__________。

2. 如果异步电动机运行时转差率为 s，则电磁功率、机械功率和转子铜耗之间的比例是 $P_{em}:P_{mec}:P_{Cu2}=$______________。

3. 当三相异步电动机定子绕组接于 50 Hz 的电源上作电动机运行时，定子电流的频率为__________，定子绕组感应电势的频率为________，如转差率为 s，此时转子绕组感应电势的频率为__________，转子电流的频率为__________。

4. 一台频率为 $f=60$ Hz 的三相异步电动机，用在频率为 50 Hz 的电源上（电压不变），电动机的最大转矩为原来的__________，启动转矩变为原来的__________。

5. 当异步电机转子的转速 n 等于定子旋转磁场的转速 n_1 时，转子绕组中的电流为__________，则电磁转矩为__________。

二、判断题

1. 异步电动机在运行中，定转子之间只有磁的联系，而没有电的联系。（　　）

2. 在异步电动机中，无论转子的转速高低，定子的磁势和转子的磁势总是相对静止的。（　　）

3. 异步电动机的电磁力矩正比于电源电压。（　　）

4. 三相异步电动机的定子三相绕组接于直流电源上，转子不能转动。（　　）

5. 异步电动机的电磁转矩等于全机械功率除以旋转磁场的电磁角速度。（　　）

三、选择题

1. 三相感应电动机等效电路中的附加电阻 $\frac{1-s}{s}R'_2$ 上所消耗的电功率应等于（　　）。

A. 输出功率 P_2　　B. 输入功率 P_1　　C. 电磁功率 P_{em}　　D. 总机械功率 P_{mec}

2. 三相异步电动机气隙增大，其他条件不变，则空载电流（　　）。

A. 增大　　B. 减小　　C　不变　　D. 不能确定

3. 三相异步电动机电磁转矩的大小和（　　）成正比。

A. 电磁功率　　B. 输出功率　　C. 输入功率　　D. 全机械功率

4. 与固有机械特性相比，人为机械特性上的最大电磁转矩减小，临界转差率没变，则该人为机械特性是异步电动机的（　　）。

A. 定子串接电阻的人为机械特性　　B. 转子串接电阻的人为机械特性

C. 降低电压的人为机械特性　　D. 定子串接电抗的人为机械特性

5. 一台三相异步电动机拖动额定恒转矩负载运行时，若电源电压下降 10%，此时电机的电磁转矩（　　）。

A. $T=T_N$　　B. $T=0.81T_N$　　C. $T=0.9T_N$　　D. $T>T_N$

四、问答题

1. 异步电动机的附加电阻 $\frac{1-s}{s}r'_2$ 所消耗的功率应等于电动机转子的什么功率？

2. 一台三相异步电动机的输入功率为8.63 kW,定子铜耗为450 W,铁耗为230 W,机械损耗为45 W,附加损耗为80 W,4极,转速为1 470 r/min,试计算电动机的电磁功率、转差率、总机械功率、转子铜耗及输出功率。

3. 一台异步电动机额定运行,通过气隙传递的电磁功率中约有3%转化为转子铜损耗,试问这时异步电动机的转差率是多少? 有多少转化为机械功率?

4. 一台异步电动机,额定功率 $P_N = 7.5$ kW ,额定转速 $n_N = 945$ r/min ,△形连接,额定电压 $U_{1N} = 380$ V,额定电流 $I_{1N} = 20.9$ A,临界转差率 $s_m = 0.3$,过载能力 $k_m = 2.8$,求 T_N 、s_N 、T_{max} 。

任务3.3 异步电动机的启动、调速和制动

【学习目标】

掌握异步电动机的启动方法及各种启动方法的优缺点;理解异步电动机直接启动时的特点,理解异常运行对异步电动机的影响;了解三相异步电动机的调速和制动方法。

异步电动机因为其结构简单、价格低廉、运行可靠等特点,在电力拖动系统中得到广泛应用。电动机启动和调速性能的好坏,是衡量它的运行性能的重要指标之一。本节主要介绍三相异步电动机的启动、调速和制动方法。

3.3.1 三相异步电动机的启动

异步电动机投入运行的第一步,就是要使静止的转子转动起来。由转速等于零开始转动到对应负载下的稳定转速的过程,称为启动过程。电动机的启动过程很短,一般在几秒到几十秒。但其内部的电磁过程与正常运行时不同,若启动不当,不仅易损坏电动机,而且会影响电网中其他电气设备的正常运行。

码3-6 微课:三相异步电动机的启动和调速

3.3.1.1 异步电动机启动概述

1. 异步电动机启动性能及要求

异步电动机启动性能及要求满足以下几个方面:

(1)产生足够大的启动转矩。

(2)启动电流不应过大。

(3)启动设备简单可靠,价格低廉。

(4)启动操作简便。

(5)启动过程短,启动过程中能量损耗小。

电动机的启动电流和启动转矩是表示启动性能的两个基本物理量。常用启动电流倍数 $\frac{I_{st}}{I_N}$ 和启动转矩倍数 $\frac{T_{st}}{T_N}$ 衡量这两个基本指标。

2. 启动电流和启动转矩

当异步电动机启动时,往往希望具有足够大的启动转矩倍数,但启动电流不要太大,然而异步电动机在直接启动时,发现启动电流大而启动转矩不太大。因此,需要研究异步

电动机的启动方法,从而改善它的启动性能。

3.3.1.2 鼠笼式异步电动机的启动方法

鼠笼式异步电动机结构简单,价格便宜,运行可靠,维修方便,是现在应用得最广泛的一种交流电动机。下面介绍几种常用的启动方法。

1. 直接启动

直接启动,就是指把鼠笼式异步电动机的定子绕组直接接到具有额定电压的电网上启动。这种启动方法用的启动设备简单,启动操作也很简便。但是,直接启动时,启动电流很大。

当直接启动的启动电流在电网中引起的电压降不超过(10% ~ 15%)U_{1N} 时,则允许采用直接启动的方法。由于现代电力系统和变电所的容量都很大,故较大容量的异步电动机也常常采用直接启动。

2. 降压启动

当所接电网的允许电压降条件不准采用直接启动时,根据启动电流与端电压成正比的关系,可以采用降压启动法来限制启动电流。经分析可得

$$\frac{T_{st}}{T_N}=\left(\frac{I_{1st}}{I_{1N}}\right)^2 s_N \tag{3-63}$$

式(3-63)说明,启动转矩倍数 $\frac{T_{st}}{T_N}$ 等于启动电流倍数的平方 $\left(\frac{I_{1st}}{I_{1N}}\right)^2$ 乘以额定负载时的转差率 s_N。

使用降压启动虽然限制了启动电流,但由于转差率很小,启动转矩倍数会显著地降低。这种启动方法适用于对启动转矩要求不高的场合。下面谈几种降压启动的方法。

1)定子绕组串电抗启动

如图3-21所示,启动时,先合上电源开关 K_1,开关 K_2 保持断开,定子绕组即串入电抗,可减小启动电流。待电动机启动后,合上开关 K_2,切除电抗,电动机即进入正常运行。

设其允许的启动电流倍数为 $k_{1st}=\frac{I_{1st}}{I_{1N}}$,则由式(3-63)可得启动转矩倍数为

$$\frac{T_{st}}{T_N}=k_{1st}^2 s_N \tag{3-64}$$

通常 s_N 很小,允许启动电流倍数 k_{1st} 也不大,故启动转矩倍数较小。

2)定子回路串自耦变压器降压启动

在启动时,经自耦变压器接到定子绕组上,降压启动;转速稳定后,将定子绕组接到电网上,全压运行。其接线图如图3-22所示。

设自耦变压器原、副边电压之比为 k_a,经自耦变压器降压后加到电动机上,电压 $U_1=\frac{U_{电网}}{k_a}=\frac{U_{1N}}{k_a}$(设电网电压为额定电压 U_{1N}),若电动机在额定电压 U_{1N} 下直接启动(全压启动),电机的启动电流设为 $I_{st全压}$(亦即电网侧提供的电流),则在电动机定子输入端电压 $\frac{U_{1N}}{k_a}$ 的作用下,定子启动电流为 $I_{1st}=\frac{I_{st全压}}{k_a}$。因此,电网侧的启动电流为

$$I_{st自耦}=\frac{I_{1st}}{k_a}=\frac{I_{st全压}}{k_a^2}$$

即

$$\frac{I_{st自耦}}{I_{st全压}}=\frac{1}{k_a^2} \tag{3-65}$$

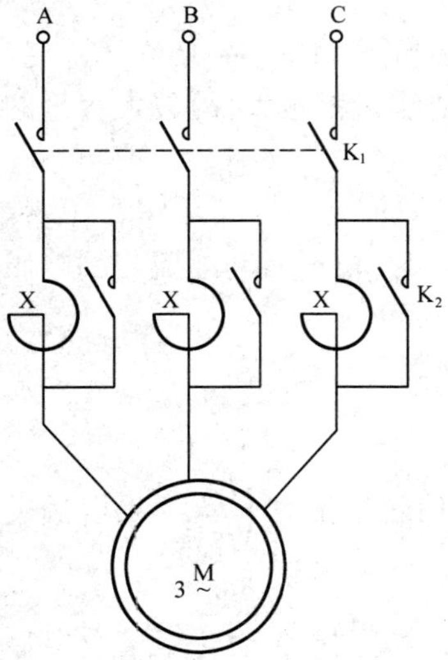

图 3-21 定子绕组串电抗启动

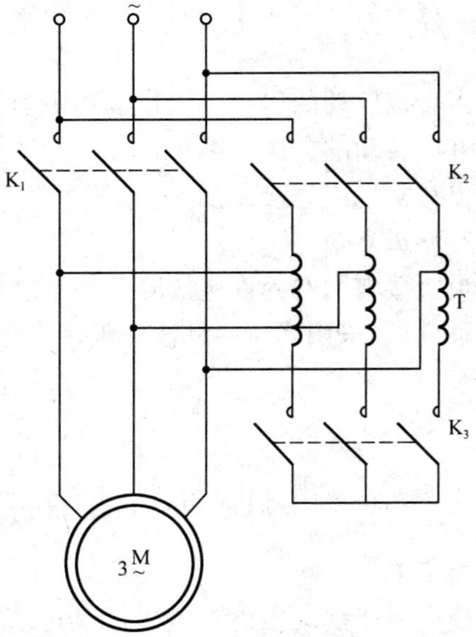

图 3-22 定子回路组串自耦变压器启动

由于启动转矩 T_{st} 与电压平方成正比,而启动电压为 $\frac{U_{1N}}{k_a}$,则启动转矩是直接启动的 $\frac{1}{k_a^2}$,即

$$\frac{T_{st\ 自耦}}{T_{st\ 全压}}=\frac{1}{k_a^2} \tag{3-66}$$

由上面分析可见,采用自耦变压器降压启动时,启动电流和启动转矩都降为直接启动时的 $\frac{1}{k_a^2}$。

3)Y-△转换降压启动

启动接线图如图 3-23(a)所示。启动时,定子绕组为 Y 形接线,启动后采用△形接线运行。下面进行分析。

设电动机启动时,电机的每相阻抗为 z,电网电压不变。如电动机作△形连接直接启动,则定子绕组中的每相启动电流为 $\frac{U_N}{z}$(设外加电压为 U_N)。由于线电流为相电流的 $\sqrt{3}$ 倍,故电网侧启动电流为 $I_{st\triangle}=\frac{\sqrt{3}\,U_N}{z}$,如图 3-23(b)所示。

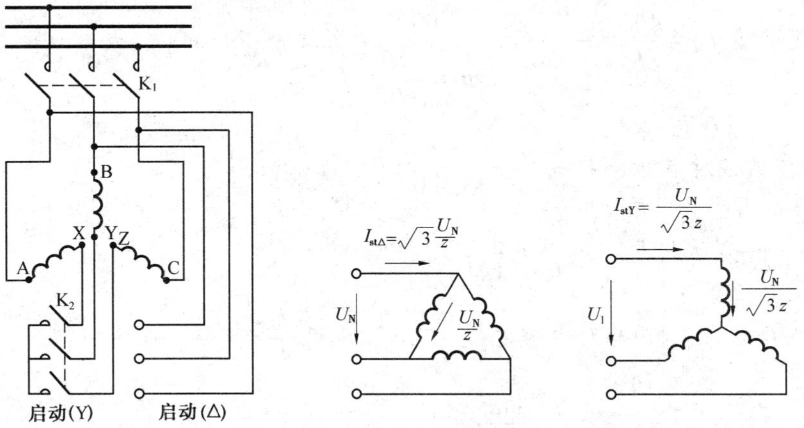

(a)Y-△启动接线图　(b)△形连接直接启动　(c)Y形连接直接启动

图3-23　Y-△启动及分析

如电动机作Y形连接启动,由于定子每相绕组电压为额定电压 U_N 的 $1/\sqrt{3}$,定子启动每相启动电流为 $\frac{\sqrt{3}U_N}{z}$;因Y形连接时线电流等于相电流,故电网侧启动电流为 $I_{stY}=\frac{U_N}{\sqrt{3}z}$,如图3-23(c)所示。

因此有

$$\frac{I_{stY}}{I_{st\triangle}}=\frac{\dfrac{U_N}{\sqrt{3}z}}{\dfrac{\sqrt{3}U_N}{z}}=\frac{1}{3} \tag{3-67}$$

即Y形连接时,由电网供给电动机的启动电流只为△形连接时的1/3。由于启动转矩与电压平方成正比,又有 $U_Y=\frac{U_N}{\sqrt{3}}$,$U_\triangle=U_N$。Y形连接和△形连接的启动转矩的关系为

$$\frac{T_{stY}}{T_{st\triangle}}=\frac{U_Y^2}{U_\triangle^2}=\frac{1}{3} \tag{3-68}$$

即Y形连接启动转矩也只等于△形连接的1/3。

Y-△转换降压启动法比定子回路串自耦变压器降压启动法所用的附加设备少,操作也较简便。所以,现在生产的小型异步电动机常采用这种方法启动。

综上所述,鼠笼式异步电动机的降压启动法虽然可以减小电网中的启动电流,减小电网电压降,对在同一电网上运行的其他负载的影响较小,但是降低了电动机的启动转矩,这是其共同缺点。

【例3-2】 有一台三相异步电动机,$P_N=55\ kW$,$U_N=380\ V$,△接法,额定电流 $I_{1N}=104\ A$,额定转速 $n_N=980\ r/min$,启动电流倍数 $\frac{I_{st\triangle}}{I_{1N}}=6.5$,启动转矩倍数 $\frac{T_{st\triangle}}{T_N}=1.8$,电网要求所提供的启动电流不超过300 A,启动时负载转矩不能低于290 N·m,试问:能否用Y-△启动?

解: 额定转矩 $T_N=\dfrac{P_N}{\Omega_N}=\dfrac{P_N}{2\pi\dfrac{n_N}{60}}=\dfrac{55\ 000}{2\pi\times\dfrac{980}{60}}=535.93(\text{N}\cdot\text{m})$

负载要求的启动转矩倍数 $\dfrac{T'_{st}}{T_N}=\dfrac{290}{535.93}=0.541$

电网要求的启动电流倍数 $\dfrac{I'_{st}}{I_N}=\dfrac{300}{104}=2.88$

用 Y-△启动时,因为启动电流倍数 $\dfrac{I_{st\triangle}}{I_{1N}}=6.5$,且 $\dfrac{I_{stY}}{I_{st\triangle}}=\dfrac{1}{3}$,则

$$\frac{I_{stY}}{I_{1N}}=\frac{\frac{I_{st\triangle}}{3}}{I_{1N}}=\frac{6.5}{3}=2.17<2.88$$

因为启动转矩倍数 $\dfrac{T_{st\triangle}}{T_N}=1.8$,且 $\dfrac{T_{stY}}{T_{st\triangle}}=\dfrac{1}{3}$,则

$$\frac{T_{stY}}{T_N}=\frac{\frac{T_{st\triangle}}{3}}{T_N}=\frac{1.8}{3}=0.6>0.541$$

所以采用 Y-△启动,启动电流比要求小,而启动转矩比要求大,故满足要求。

3.3.1.3 绕线式异步电动机的启动

绕线式异步电动机与鼠笼式异步电动机的最大区别是,转子绕组为三相对称绕组。绕线式异步电动机利用滑环和电刷结构,使转子回路串入外加电阻,如图 3-24 所示。一般绕线式异步电动机有两种串电阻启动方法,下面分别介绍。

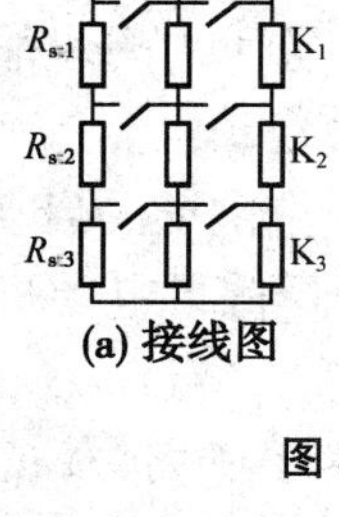

(a) 接线图

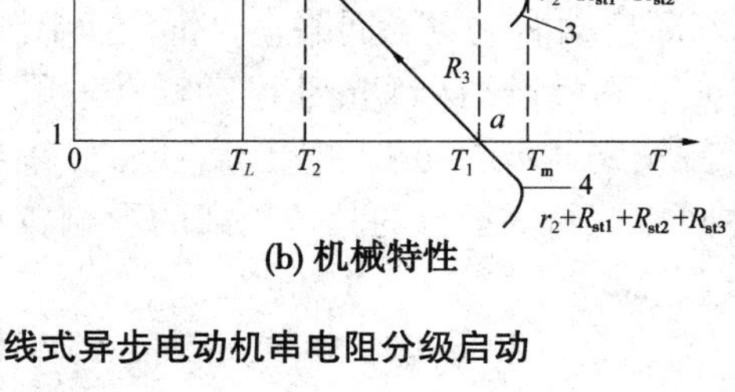

(b) 机械特性

图 3-24 绕线式异步电动机串电阻分级启动

1. 采用转子回路串电阻分级启动

绕线式异步电动机串电阻分级启动的接线如图 3-24(a)所示。根据转子回路串入电阻的不同,可得到一组机械特性,如图 3-24(b)所示。

在启动时,转速从起点 a 开始上升,电磁转矩沿机械特性曲线逐渐减小,转差率也随之逐渐减小。当转矩减小到 T_2(b 点)时,合上开关 K_3 断开切除 R_{st3}。在切除瞬间,由于惯性,转子转速不变,而转子电流突然增大,使电磁转矩由 T_1(a 点)突增至 T_1(c 点)。同理,随着转速的升高,逐级切除电阻,直到所有电阻被切除,启动结束。

绕线式异步电动机转子回路串电阻分级启动时,需切换开关等设备,投资大,维修不便,且在切除电阻时,由于转速和电磁转矩突然增大,将产生较大的机械冲击。为克服这些缺点,且在不需要调速的场合,常采用转子回路串频敏电阻器启动。

2. 转子回路串频敏电阻启动器启动

所谓频敏电阻,其结构类似于只有原绕组的三相变压器,如图 3-25 所示。

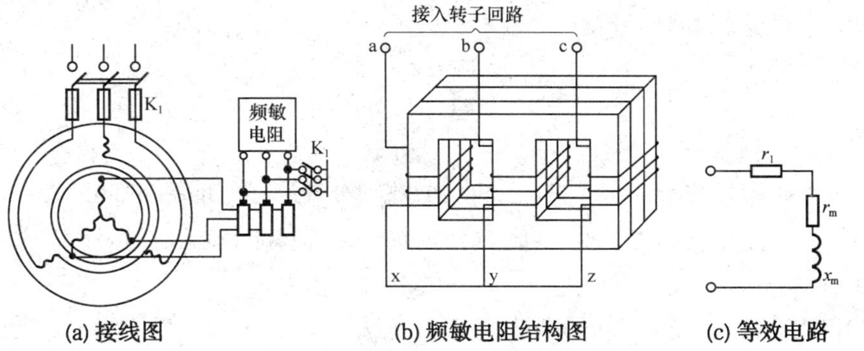

图 3-25　转子回路串频敏电阻启动

因涡流损耗与频率的平方成正比,当电动机启动时,转子电流的频率较高,频敏电阻铁芯的涡流损耗及对应铁耗的等效电阻 r_m 较大;同时,因为 $x=2\pi fL$,电抗与频率成正比,激磁电抗 x_m 启动时也较大,所以能起到限制电动机的启动电流的作用。启动后,随着转子转速的上升,对应的转差率 s 下降,转子电流的频率 $f_2 = sf_1$ 便逐渐减小,于是频敏电阻铁芯中的涡流损耗和铁耗电阻 r_m 也随之减小。

频敏电阻是静止的无触点变阻器,其结构简单,在启动过程中,电磁转矩变化平滑,使用寿命长,维护方便,而且易于实现启动自动化。其缺点是体积较大,设备较重。由于其电抗的存在,功率因数较低,启动转矩并不很大。因此,绕线式异步电动机轻载启动时,采用回路频敏电阻启动,重载启动时一般采用回路串变阻器启动。

3.3.2　深槽式和双鼠笼式异步电动机

由 3.2 节可知,绕线式异步电动机通过转子回路串电阻的方法,取得了更为良好的调节效果,但结构复杂,成本过高。鼠笼式异步电动机具有结构简单、运行可靠、价格便宜等优点,但其转子导条自成短路闭合回路,无法外接电阻,启动性能相对较差。能否有综合这两类电机特点的电机呢?研发人员通过改变转子槽形结构,利用电流集肤效应,制成深槽式和双鼠笼式异步电动机,这两种电动机基本保持了普通鼠笼式异步电动机的优点,又具有启动时转子电阻较大、正常运行时转子电阻自动减小的特点,从而减小了启动电流,增大了启动转矩,达到了改善启动性能的目的。

3.3.2.1 深槽式异步电动机

1. 结构特点

深槽式异步电动机转子槽又深又窄,如图 3-26 所示。当转子导条中通过电流时,槽漏磁通的分布如图 3-26(a)所示,与导条底部相交链的漏磁通比槽口部分所交链的漏磁通要多,所以槽底部分漏抗大,槽口部分漏抗小。

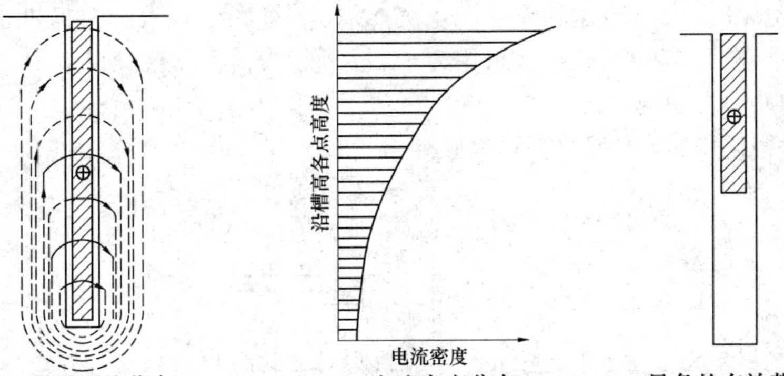

(a) 漏磁通的分布　(b) 电流密度分布　(c) 导条的有效截面

图 3-26　深槽式转子导条中电流的集肤效应

2. 工作原理

在启动时,$n=0$, $s=1$,转子电流频率较高,$f_2=sf_1=f_1$,转子漏抗 $x_2=2\pi f_2L$ 较大,且与转子电阻比较,有 $x_2\gg r_2$,则转子导体中电流的分配主要取决于漏抗。根据上面的槽漏磁通的分布情况,由于槽口部分漏抗小,而槽底部分漏抗大,因此转子电流分布不均匀,导条中靠近槽口处电流密度很大,而靠近槽底处则较小,沿槽高的电流密度自上而下逐步减小,如图 3-26(b)所示。从导体截面上看,电流主要集中在外表面,这种现象我们称为集肤效应。集肤效应与转子电流的频率和槽形尺寸有关,频率越高,槽形越深,集肤效应越显著。

由于集肤效应,启动初期相当于减小了转子导条的高度和截面,如图 3-26(c)所示。根据 $R=\rho\dfrac{l}{S}$,导条截面面积 S 减小,则转子有效电阻 R 增大,如同启动时转子回路串入了一个启动变阻器,从而限制了启动电流,提高了启动转矩,改善了启动性能。

随着转速升高,转差率减小,转子电流频率 f_2 逐渐减小,集肤效应逐渐减小,转子导体有效面积较启动初始时大,转子电阻自动减小。启动完毕,则转子导条内电流按电阻均匀分布,集肤效应基本消失。

可见,深槽式异步电动机是根据集肤效应原理,减小转子导体的有效截面面积,增加转子回路的有效电阻,以达到改善启动性能的目的。

3.3.2.2 双鼠笼式异步电动机

1. 结构特点

双鼠笼式异步电动机的转子上有两个鼠笼,如图 3-27 所示,上鼠笼由黄铜或铝青铜等电阻率比较大的材料制成导条和端环,并且导体截面面积较小,故有较大的电阻。同时它靠近转子表面,交链的漏磁较少,则有较小的漏抗 $x_{上笼}$。下鼠笼的导条由电阻率比较小的紫铜制成,相对导体截面面积较大,则电阻较小。同时它处于转子铁芯内部,交链的漏磁较多,则有较大的漏抗 $x_{下笼}$。因此,上笼的电阻大于下笼的电阻,而下笼的漏抗较上笼漏抗大得多,即 $r_{上笼} > r_{下笼}$, $x_{下笼} > x_{上笼}$。

2. 启动原理

双鼠笼式异步电动机也是利用集肤效应原理来改善启动性能的。启动时,转子电流频率较高,转子漏抗大于电阻,转子电流分布主要取决于漏抗,由于下笼漏抗大于上笼,即 $x_{下笼} > x_{上笼}$,故电流主要流过上笼,启动时上笼起主要作用,由于上笼电阻大,可以限制启动电流,产生较大的启动转矩,故又称上笼为启动笼。

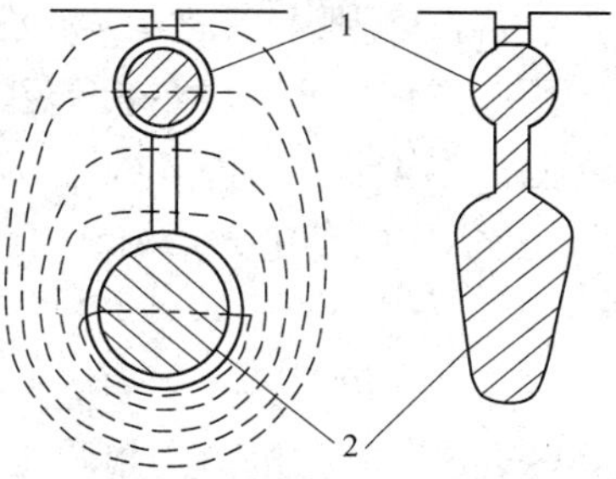

1—上鼠笼;2—下鼠笼。

图 3-27 双鼠笼式电动机转子槽形

启动过程结束后,转子漏抗远小于电阻。转子电流分布主要取决于电阻,又因 $r_{上笼} > r_{下笼}$,于是电流从电阻较小的下笼流过,产生正常时的电磁转矩,下笼在运行时起主要作用,故下笼又称为工作笼(运行笼)。

综上所述,深槽式和双鼠笼式异步电动机都是利用电流集肤效应原理来增大启动时的转子电阻来改善启动性能的。启动电流较小,启动转矩较大,电动机可获得近似恒定转矩的启动特性,一般都能带额定负载启动。因此,大容量、高转速电动机一般都做成深槽式或双鼠笼式。

深槽式和双鼠笼式异步电动机也有一些缺点,由于槽深,槽漏磁通增多,转子漏抗比普通鼠笼式电动机增大,故功率因数较低,过载能力稍差。

3.3.3 三相异步电动机的调速方法

异步电动机投入运行后,为适应生产机械的需要,除要求输出一定的转矩和功率外,往往要人为地改变电动机的转速,称为电动机的转速调节,简称调速。

3.3.3.1 调速依据

根据 $s = \dfrac{n_1 - n}{n_1}$,可得异步电动机的转速关系式:

$$n = n_1(1 - s) = \frac{60f}{p}(1 - s) \tag{3-69}$$

根据式(3-69),异步电动机可用3种方法调速:

(1)变频调速,即改变电源频率 f。

(2)变极调速,即改变定子绕组的磁极对数 p。

(3)变转差率调速,即改变转差率 s。

3.3.3.2 几种主要的调速方法

1. 变频调速

正常情况下,异步电动机转差率 s 很小,转速 n 与电流频率近似成正比,改变电动机供电频率即可实现调速。这是一种理想的调速方法,能满足无级调速的要求,且调速范围大,调速性能与直流电动机接近。近年来,电力电子器件迅速发展及相关控制理论日趋成熟,变频调速已成为交流调速的主要方向之一。

在变频调速时,由电动势公式 $U_1 \approx E = 4.44f_1\Phi_m N_1 k_{w1}$ 可知,当频率增高时,如果电源电压保持不变,则主磁通 Φ_m 将减小,不会引起磁饱和。但是若频率降低,则 Φ_m 增加,通常希望气隙主磁通 Φ_m 维持不变。因为 Φ_m 增加,电动机磁路过饱和,则会引起磁饱和,这将导致励磁电流增加很多,铁芯损耗加大,电动机温升过高,功率因数降低。因此,频率变化时,总希望主磁通 Φ_m 保持为定值,则电源电压 U_1 必须随频率的变化做正比变化,即

$$\frac{U_1}{f_1} \approx \frac{E_1}{f_1} = 4.44\Phi_m N_1 k_{w1} = \text{常数} \tag{3-70}$$

三相异步电动机的变频调速在很多领域内已获得广泛应用,如轧钢机、纺织机、球磨机、鼓风机及化工企业中的某些设备等。

2. 变极调速

当异步电动机正常运行时,转差率很小,转速接近同步转速($n \approx n_1$)。由 $n_1 = \frac{60f}{p}$ 可知,当电源频率 f_1 不变时,改变电动机的磁极对数 p ,电动机的同步转速随之呈反比变化。若电动机极数增加一倍,同步转速下降一半,电动机的转速也几乎下降一半,即只要改变定子磁极对数就可以实现电动机的调速。

要改变电动机的极数,可以在定子铁芯槽内嵌放两套不同极数的定子绕组,但从制造的角度看,很不经济,故通常采用的方法是单绕组变极调速,即在定子铁芯内只装一套绕组,通过改变定子绕组的连接方式,使部分绕组中电流的方向改变,来实现电动机的磁极对数和转速的改变。这种电动机称为多速电动机。

图 3-28 中只画出了定子三相绕组中的一相绕组,每相绕组都由两个线圈组串联组成,为了便于分析,每个线圈组用一个等效集中线圈来表示。当这两个线圈组"首—尾"正向串联后,则气隙中形成4个磁极,如图 3-28(a)所示。当采用图 3-28(b)所示的反向串联或图 3-28(c)所示的反向并联时,气隙中形成两个磁极。由此可见,改变每相定子绕组的接线方式,使其中一半绕组中的电流反向,可使极对数发生改变,这种仅在每相内部

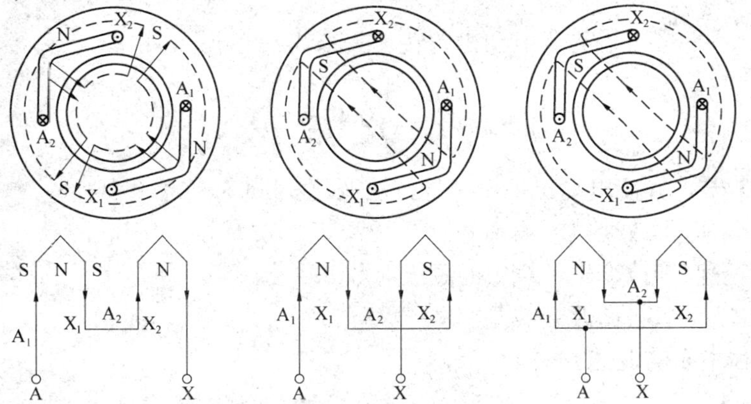

(a) 正向串联　　(b) 反向串联　　(c) 反向并联

图 3-28　变极调速原理

改变绕组连接来实现变极的方法称为反向变极法。

变极调速的优点是设备简单，运行可靠，机械特性硬，损耗小。为了满足不同生产机械的需要，定子绕组采用不同的接线方式，可获得恒转矩调速或恒功率调速。其缺点是电动机绕组引出头较多，调速的平滑性差，只能分级调节转速，且调速级数少。必要时需与齿轮箱配合，才能得到多级调速。多用于一些不需要无级调速的生产机械，如金属切削机床、通风机、升降机等。

3. 改变转差率调速

异步电动机的改变转差率调速包括：①改变定子端电压调速；②转子串接电阻调速，仅用于绕线式异步电动机；③串级调速。分别介绍如下。

1）变压调速

如图3-29所示，改变加在异步电动机定子绕组上的电压，其最大转矩随电压的平方而下降，产生最大转矩的临界转差率不变，即可获得一组人为机械特性曲线，如图3-29中的曲线1、2、3分别是不同电压（$U_1 > U_2 > U_3$）时对应的机械特性曲线。

如电压下降，曲线1变成曲线2，若负载转矩不变，则异步电动机工作点由a变化为b点，转差率变大，则转速降低。可见，当电压改变时，临界转差率不变，但运行转差率要改变，转速被调节。

若变压调速用于泵类负载如通风机，效果较好，其负载转矩随转速的变化关系如图3-29所示，从A、B、C三个工作点所对应转速看，调速范围较宽。随着晶闸管技术的发展，晶闸管交流调压调速已得到广泛应用。其优点是，可以获得较大的调速范围，调速平滑性较好。其缺点是，当电动机运行在低转速时，转差率较大，转子铜耗较大，使电动机效率低，发热严重，故这种调速一般不宜用在低转速下长时间运转。为了克服降压调速在低速下运行时稳定性差的缺点，调压调速系统通常采用速度反馈闭环控制。

2）改变转子回路电阻调速

改变转子回路串入电阻的大小，就可以改变电动机的机械特性，如图3-30所示。转子回路串变阻器调速与转子回路串变阻器启动的原理相似，但启动变阻器是按短时设计的，而调速变阻器允许在某一转速下长期工作。

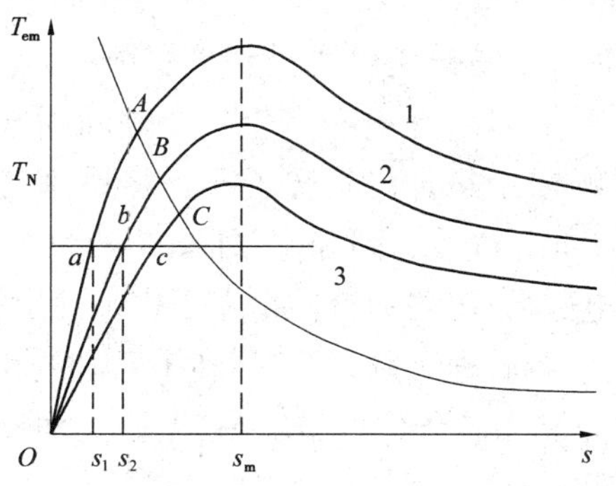

图3-29 异步电动机变压调速

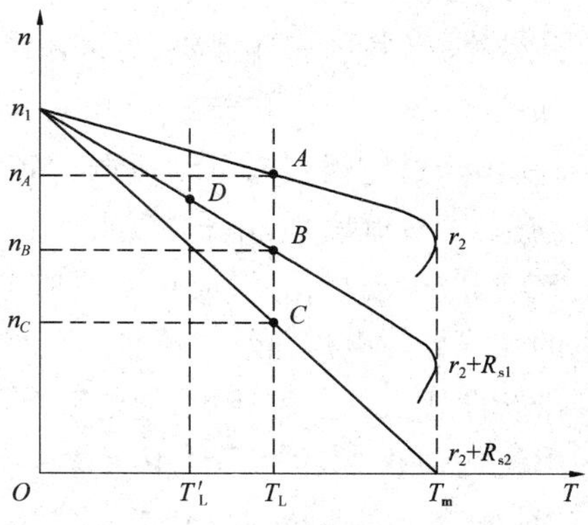

图3-30 异步电动机转子回路电阻调速

这种调速方法的优点是，设备简单，操作方便，可在一定范围内平滑调速，调速过程中最大转矩不变,电动机过载能力不变。其缺点是转子回路串接电阻越大,机械特性越软,转速随负载的变化很大,运行稳定性下降,故最低转速不能太小,调速范围不大;调速电阻上要消耗一定的能量,随外接电阻增大,转速下降,转差率增大,转子铜耗增大,电动机效率下降。在空载和轻载时调速范围很窄,并且只适用于绕线式电动机调速。此法主要用于运输、起重机械中的绕线式异步电动机上。

3)绕线式电动机的转子串级调速

转子串接电阻调速时,转速调得越低,转差率越大,转子铜损耗($p_{Cu2}=sP_{em}$)越大,输出功率越小,效率就越低,故转子串接电阻调速很不经济。

如果在转子回路中不串接电阻,而是串接一个与转子电动势 $\dot{E}_2$ 同频率的附加电动势 $\dot{E}_{ad}$(见图3-31),通过改变 $\dot{E}_{ad}$ 幅值大小和相位,同样也可实现调速。这种在绕线式异步电动机转子回路串接附加电动势的调速方法称为串级调速。串级调速最适用于调速范围不大的场合,例如通风机和提升机等。

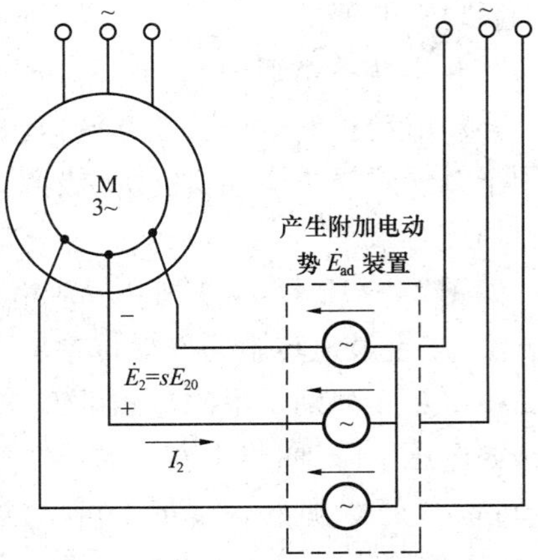

图3-31 转子串级调速原理

3.3.4 三相异步电动机的制动

在很多生产过程中,要求异步电动机迅速减速、定时或定点停止,或改变转向,这就需要制动。

制动的方法有机械制动和电气制动两大类。利用机械装置使电动机断开电源后迅速停止的方法称为机械制动,如电磁抱闸制动器制动和电磁离合器制动。所谓电气制动,就是在电动机的轴上施加一个与旋转方向相反的电磁转矩。异步电动机常用的电气制动方法有能耗制动、反接制动和回馈制动。

3.3.4.1 能耗制动

电动机断开电源后,由于惯性,若不采取任何措施,自由停转需要一定时间,不利于提高生产效率;若希望快速停机,可采用能耗制动的方法。

如图3-32(a)所示,先断开开关 K_1,此时电动机的交流电源被切断;随即合上开关 K_2,直流电通过电阻接入电动机两相定子绕组中,异步电动机会产生一个空间固定的恒定磁场,由于机械惯性,电机将继续旋转(设为顺时针方向),其转子导条将切割气隙磁场,产生感应电动势,并形成转子感应电流,其方向由右手定则确定,如图3-32(b)所示。通电的转子导体电流与气隙磁场相互作用产生电磁力,电磁力方向由左手定则确定,形成与转子转向相反的电磁转矩,使电动机迅速停转。当转速下降为0时,转子感应电动势和感应电流均为0,制动过程结束。这种制动方法是利用转子惯性,转子切割磁场而产生制动转矩,把转子的动能变为电能,消耗在转子电阻上,故称为能耗制动。

能耗制动的优点是制动力强,制动较平稳,无大冲击,对电网影响小。因此,能耗制动常用于要求制动准确、平稳的场合,如磨床砂轮、立式铣床主轴的制动。能耗制动的缺点是需

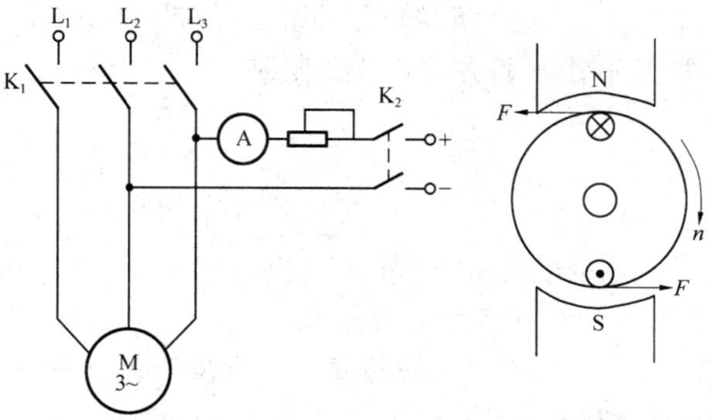

(a) 接线图 (b) 制动原理

图 3-32 能耗制动原理接线图

要一套专门的直流电源,低速时制动转矩小,电动机功率较大时,制动的直流设备投资大。

3.3.4.2 反接制动

反接制动通过改变定子绕组上所加电源的相序来实现,如图 3-33 所示。

制动前,K_1 闭合,K_2 断开,电机正常运行;当需要制动时,K_1 断开,K_2 闭合,此时,定子电流的相序与正向时相反,定子产生的气隙磁场反向旋转,由于机械惯性,电机转子仍按原方向转动,转子导体以 $\Delta n = n_1 + n$ 的相对速度切割旋转磁场,切割磁场的方向与电动机状态时相反,使得电磁转矩的方向与电动机的旋转方向相反,从而起到制动的作用。

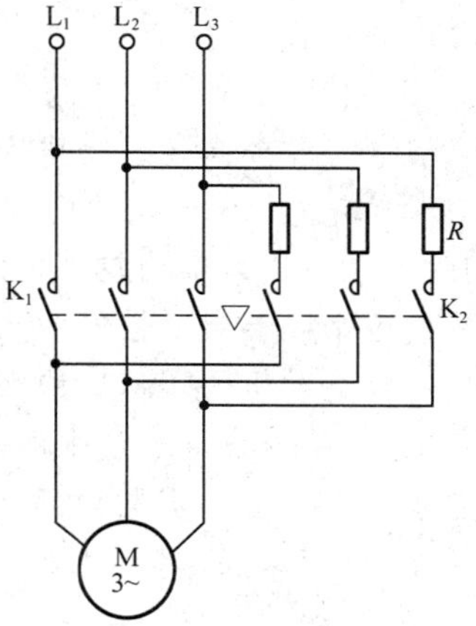

图 3-33 反接制动原理图

反接制动一般用于要求制动迅速,不需经常启动和停止的场合,如铣床、镗床、中型车床等主轴的制动。

3.3.4.3 回馈制动

在电动机工作过程中,若使电动机转速超过旋转磁场的同步转速,即 $n>n_1$,电动机进入发电机状态,此时电磁转矩的方向与转子转向相反,变为制动转矩,电机将机械能转变成电能向电网反馈,故称为回馈制动,也称为发电机制动或再生制动。回馈制动主要发生在电车下坡、起重机下放重物或鼠笼式异步电动机变极由高速降为低速的时候(见图 3-34)。

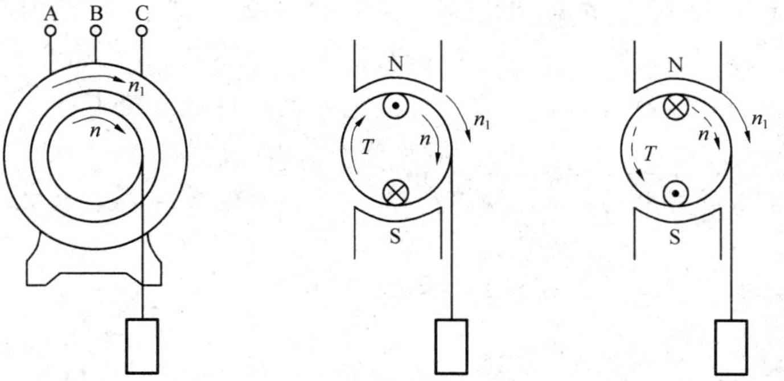

(a) 示意图 (b) 电动机运行状态 (c) 回馈制动状态

图 3-34 回馈制动原理图

回馈制动的优点是经济性能好,可将负载的机械能转换成电能反馈回电网;其缺点是仅有在 $n > n_1$ 时,才能实现制动,应用范围受到限制。

小　结

本节讨论了三相异步电动机的启动、调速、制动。

(1)异步电动机直接启动时的启动电流很大,而启动转矩并不大。但对异步电动机启动性能要求是:启动电流较小,而启动转矩较大。希望在满足启动转矩的情况下,尽可能减小其启动电流,以减小对电网电压的冲击。

(2)鼠笼式异步电动机的启动方法有全压直接启动和降压启动。降压启动的方法有定子绕组串电抗启动、定子回路串自耦变压器降压启动、Y-△转换降压启动和延边三角形启动等。降压启动时,虽然减小了启动电流,但同时减小了启动转矩,故只适用于空载或轻载的场合。

(3)绕线式异步电动机通过转子回路串电阻启动,由于转子回路的电阻增大,可以减小启动电流和提高转子功率因数,启动性能较好,常用于重负载启动。

(4)绕线式异步电动机启动性能虽好,但转子结构复杂,在仅需要改善启动性能的场合时,可考虑选用结构较简单的深槽式和双鼠笼式异步电动机。这两种电动机都是利用集肤效应来改善启动性能的。

异步电动机的调速方法很多,本节主要讲述了变频调速、变极调速、变转差率 s 调速。近年来,随着电力电子技术的发展,变频调速技术日益成熟,在工业上的应用越来越广泛。变频调速已成为异步电动机最理想的调速方法,也是最有发展前途的调速方法。

异步电动机的制动是生产中必须解决的问题,主要方法有能耗制动、反接制动和回馈制动等。

习　题

任务 3.3 在线习题

一、填空题

1. 普通鼠笼式异步电动机的启动方法有________启动和________启动。

2. 异步电动机启动时电流数值很大,而启动力矩小,其原因是启动时功率因数________,电流中的________分量小。

3. 异步电动机的转速公式为________,鼠笼式电机调速方法有________、________、________3种方法。

4. 深槽和双笼形感应电动机是利用________原理来改善电动机的启动性能的,但其正常运行时________较差。

5. 增加绕线式异步电动机启动转矩方法有________、________。

二、判断题

1. Y-△启动只适用于正常工作为△接法的鼠笼式异步电动机。(　　)

2. 三相异步电动机变极调速只能用于笼形转子异步电动机。(　　)

3. 能耗制动不属于电气制动。(　　)

4. 绕线式异步电动机,定子绕组通入三相交流电流,旋转磁场正转,转子绕组开路,此时电动机会正向旋转。(　　)

5. 鼠笼式异步电动机降压启动时,虽然减小了启动电流,但同时增大了启动转矩,故只适用于空载或轻载的场合。(　　)

三、选择题

1. 绕线式三相感应电动机,转子串电阻启动时(　　)。

A. 启动转矩增大,启动电流增大　　B. 启动转矩增大,启动电流减小

C. 启动转矩增大,启动电流不变　　D. 启动转矩减小,启动电流增大

2. 适当增加三相绕线式感应电动机转子电阻 R_2 时,电动机的(　　)。

A. I_{st} 减少,T_{st} 增加, T_{max} 不变,T_{st} 增加　　B. I_{st} 增加,T_{st} 增加, T_{max} 不变,T_{st} 增加

C. I_{st} 减少,T_{st} 增加, T_{max} 增大,T_{st} 增加　　D. I_{st} 增加,T_{st} 减少, T_{max} 不变,T_{st} 增加

3. 与普通三相感应电动机相比,深槽、双笼形三相感应电动机正常工作时,性能差一些,主要是(　　)。

A. 由于 R_2 增大,增大了损耗　　B. 由于 X_2 减小,使无功电流增大

C. 由于 X_2 增加,使 $\cos\varphi_2$ 下降　　D. 由于 R_2 减少,使输出功率减少

4. 有一台两极绕线式异步电动机,要把转速均匀上调,下列调速方法可行的是(　　)。

A. 变极　　B. 转子回路串电阻　　C. 变频　　D. 降低电源电压

5. 一台△接三相异步电动机在额定电压下启动时的启动电流为 300 A,现采用△换接开关降压启动,其启动电流 I_{st} 为(　　)。

A. 100 A　　B. 173 A　　C. 212 A　　D. 150 A

四、问答题

1. 鼠笼式异步电动机常用的降压启动方法有哪几种?绕线式异步电动机又有哪几种常用的基本启动方法?

2. 三相异步电动机定子串电抗启动,当定子降到额定电压的 $\frac{1}{k}$ 时,启动电流和启动转矩与直接启动相比分别下降了多少?

3. 三相异步电动机采用定子回路串自耦变压器启动时,启动电流和启动转矩与自耦变压器的变比关系是怎样的?

4. 有一台三相异步电动机定子绕组采用 Y-△连接,额定电压为 380 V/220 V,当电源电压为 380 V 时,如将定子绕组接成△形连接,会产生什么后果?为什么?

5. 三相异步电动机反接制动时,为什么要在转子回路中串入比较大的电阻?

6. 有一台异步电动机,其额定数据如下:$P_N = 100$ kW,$n_N = 1\ 450$ r/min,$\eta_N = 0.85$,

$\cos\varphi_N = 0.88$，$\frac{T_{st}}{T_N} = 1.35$，$\frac{I_{st}}{I_N} = 6$，定子绕组采用△形连接，额定电压为 380 V，试求：

(1)异步电动机的额定电流 I_N。

(2)采用 Y-△转换降压启动时的启动电流和启动转矩。

(3)负载转矩为额定转矩的 50%和 25%时，能否采用 Y-△转换降压启动？(忽略空载转矩)

任务 3.4　三相异步电动机的异常运行

【学习目标】

掌握异步电动机在非额定电压、三相异步电动机缺相的情况下运行的特点及影响，了解三相电压不对称对电动机运行的影响，了解三相异步电动机运行中常见的故障现象。

异步电动机在外加三相对称额定电压、频率为额定频率、电机三相绕组阻抗相等的条件下运行，为正常运行。但在实际运行中，有时异步电动机也可处于非正常情况下运行，如电源三相电压不对称或不等于额定值，或发生两相短路，定子三相绕组中一相断线，鼠笼转子断条及其他机械故障等，都会使电动机处于异常运行状态。

3.4.1　异步电动机在非额定电压下运行

电动机在实际运行过程中允许电压有一定的波动，但一般不能超出额定电压的±5%，否则会引起异步电动机过热。在非额定电压下运行时必须考虑主磁通的变化会引起电机磁路饱和程度的改变，从而对励磁电流、效率、功率因数变化产生影响。

3.4.1.1　$U_1 \leqslant U_{1N}$

异步电动机在 $U_1 \leqslant U_{1N}$ 情况下运行时，电动机中的感应电动势 E_1 和主磁通 Φ_m 将随之减小，相应的空载电流 I_0 也减小。电动机在稳定运行时，电磁转矩等于负载转矩，所以若负载转矩不变，由电磁转矩的物理表达式 $T = C_T\Phi_m I'_2\cos\varphi_2$ 可知，转子电流 I'_2 会增大。

1. 轻载工作情况

在空载及轻载时，转子电流 I'_2 及转子铜耗数值很小；又因为 $\dot{I}_1 = \dot{I}_0 + (-\dot{I}'_2)$，则电流平衡关系中 I_0 的成分相应较大，起主要作用，则定子电流 I_1 随着 I_0 的减小而减小，铁损耗和铜损耗减小，因此效率提高了。由此可见，电动机在轻载时，端电压 U_1 降低，对电动机运行是有利的，它使电动机的功率因数和效率有所提高。所以，在实际应用中，可以将正常运行时△形连接的定子绕组，在轻负载时改成 Y 形连接，以改善功率因数和效率。

2. 大负载工作情况

在负载较大(接近额定)时，电压 U_1 降低，对电动机运行是不利的。此时，转子电流 I'_2 相应增大，起主要影响作用；U_1 降低，转差率 s 和转子电流 I'_2 增大，定子电流也随之增大。由于 s 增大，转子功率因数角 φ_2 和定子功率因数角 φ_1 均随之增大，定子功率因数将降低，而且在负载较大时，绕组的铜损耗增加很快，和铁损耗相比起主要作用。因此，效率将随铜损耗的增加而降低。一般电动机应设低电压保护，当电网电压过低时，应切除电动机的电源。

3.4.1.2 $U_1>U_{1N}$

$U_1>U_{1N}$ 的情况是很少发生的。如果 $U_1>U_{1N}$，则电动机中的主磁通 Φ_m 增大，磁路饱和程度增加，励磁电流将大大增加，从而导致电动机的功率因数减小，定子电流增大，铁芯损耗和定子铜损耗增加，效率下降，温度升高。为保证电动机的安全运行，此时应适当减小负载。

3.4.2 三相异步电动机缺相运行

三相异步电动机正常工作时，是由三相电源通入三相对称绕组产生三相平衡电流，产生圆形旋转磁场，当三相电源中缺少一相或三相绕组中任何一相断开时，称为三相异步电动机的缺相运行或断相故障。

三相异步电动机缺相运行是电动机不对称运行的极端情况，故分析三相异步电动机时，可使用前面介绍过的对称分量法。

以一相断线为例，分析其发生的后果。三相异步电动机的定子绕组接线有 Y 形和△形两种接法。一相断线可分成图 3-35(a)、(b)、(c)、(d)4 种情况。其中，图 3-35(a)、(b)、(c)为单相运行，图 3-35(d)为两相运行。

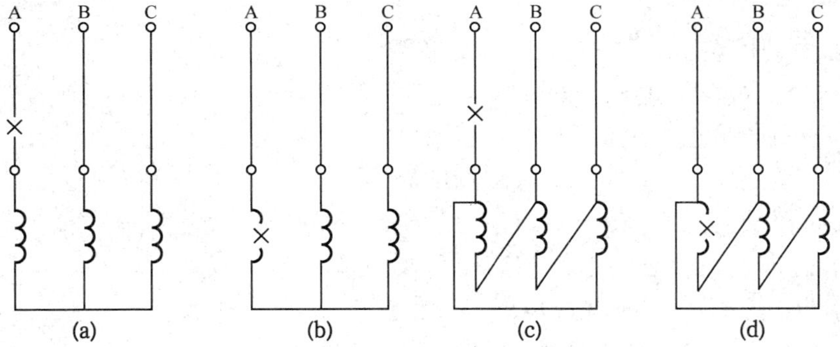

图 3-35 三相异步电动机一相断线示意图

下面针对上述 4 种断线形式，分别讨论断相发生在启动前的缺相情况。

3.4.2.1 **Y 形接法一相断线**

1. 电源一相断线

对 Y 形接法的电动机在启动前电源一相断线时，如图 3-35(a)所示，定子绕组通以单相电流，产生脉振磁场，可分解成正序与负序两个大小相等、方向相反的旋转磁场，根据对称分量法，当 $s=1$ 时，转子正、负序电流 I_{2+}、I_{2-} 相等，且正反两个方向的电磁转矩 T_+ 与 T_- 也相等。启动时，电动机合成电磁转矩为 0($T_{合成}=T_++T_-=0$)，因此无法自启动。

断相时的启动电流为正常情况下启动电流的 86.6%，由于正常情况启动电流为额定电流的 5~7 倍，因此 Y 形接法一相断线时的启动电流为额定电流的 4~6 倍。如果通电时间过长，电动机会因过热而烧毁。

2. 电动机定子绕组一相断线

对于 Y 形接法，电动机在启动前定子绕组一相断线时，由于断线后电路与上面电源一相断线相同，如图 3-35(b)所示，故有与之相同的结果。

3.4.2.2 △接法一相断线

1. 电源一相断线

对于△形接法的电动机,启动时电源断一线,如图 3-35(c)所示,定子绕组通入单相电流,与 Y 形接法一样,只能产生脉振磁场,合成电磁转矩为 0,也无法自启动。这时的三相绕组中有两相串联后和另一相并联接入电源,启动时线电流为正常情况下启动电流的 86.6%,通电时间过长,电动机也会因过热而烧毁。

2. 电动机定子绕组一相断线

对于△形接法,电动机在启动前定子绕组一相断线,如图 3-35(d)所示,未断两相变成三相 V 形接法,两相绕组通以相差 120°相位的电流,同时两相绕组在空间上相差 120°,将建立一个椭圆的旋转磁场,使电动机产生启动转矩,即使绕组一相断开,在空载或轻载的情况下,电动机也能启动,但启动转矩比正常情况下小。

3.4.3 在三相电压不对称情况下运行

异步电动机在三相电压不对称条件下运行时常采用对称分量法分析。异步电动机定子绕组有 Y 形无中性线或△形两种接法,所以线电压、相电流中均无零序分量。

3.4.3.1 分析

设异步电动机在不对称电压下运行,将不对称的电压分解成正序电压分量和负序电压分量,它们分别产生正序电流和负序电流,并形成各自的旋转磁场。这两个旋转磁场的转速相等、方向相反,分别在转子上产生感应电动势和形成感应电流。感应电流与定子磁场相互作用,产生电磁力,形成电磁转矩。显然,这两个电磁转矩的方向是相反的,但大小不等,其对应的 $T-s$ 曲线如图 3-36 所示。合成转矩 $T_{合成}=T_{+}+T_{-}$ 下降,使电动机转速降低,噪声增大。

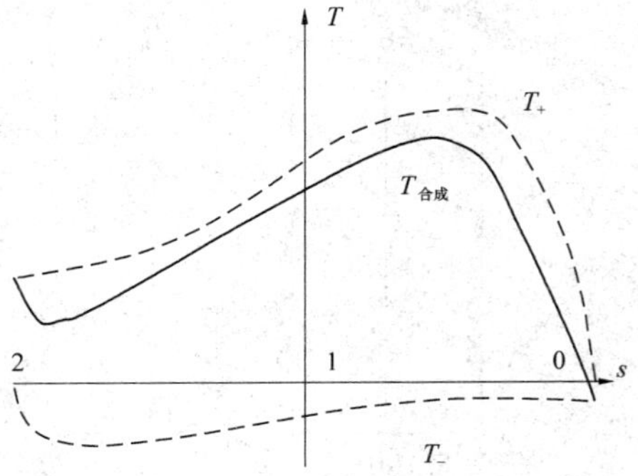

图 3-36 不对称电压时的 $T-s$ 曲线

3.4.3.2 不对称电压对运行的影响

由于电动机定子绕组加不对称电压时产生负序电流和负序旋转磁场,这对电动机运行性能会产生一定的影响,负序电流的存在使各相电流大小和相位差角不相等,其中某一相的电流特别大,会超过其额定值,使这一相绕组严重发热,甚至烧坏绕组。在此情况下,若要电动机继续运行,必须减少所带的机械负载。

负序电磁转矩的存在,又会使电动机的合成电磁转矩减小(见不对称电压时的 $T-s$ 曲线),导致电动机启动转矩及过载能力下降。负序旋转磁场切割转子绕组,其相对运动速度约为 2 倍同步转速,使转子铁损耗增大,降低了电动机效率,并使转子温度升高。

另外,从等效电路图看,负序阻抗较小,即使在较小的负序电压下,也可能引起较大的负序电流,造成电动机发热。因此,要限制电源电压不对称的程度。

3.4.4　异步电动机常见故障

三相异步电动机在生产现场大量使用,在长期的运行中,会发生各种故障,其原因是多种多样的,及时判断故障原因,进行相应处理,是防止故障扩大、保证设备正常运行的重要工作。表3-2简单介绍了一些异步电动机常见故障现象及产生的原因、处理方法。

表3-2　异步电动机常见故障现象及产生的原因、处理方法

故障现象	产生原因	处理方法
通电后电动机不能转动,但无异响,也无异味和冒烟	电源未通(至少两相未通)	检查电源回路开关、熔丝、接线盒处是否有断点,修复
	熔丝熔断(至少两相熔断)	检查熔丝型号、熔断原因,换新熔丝
	过流继电器调得过小	调节继电器整定值与电动机配合
	控制设备接线错误	改正接线
通电后电动机不转,然后有熔丝烧断声	缺一相电源,或定子线圈一相反接	检查刀闸是否有一相未合好,或电源回路有一相断线,消除反接故障
	定子绕组相间短路	查出短路点,予以修复
	定子绕组接地	消除接地
	定子绕组接线错误	查出误接,予以更正
	熔丝截面过小	更换熔丝
	电源线短路或接地	消除接地点
通电后电动机不转,有"嗡嗡"声	定子、转子绕组有断路(一相断线)或电源一相失电	查明断点,予以修复
	绕组引出线始末端接错,绕组内部接反	检查绕组极性,判断绕组首末端是否正确
	电源回路接点松动,接触电阻大	紧固松动的接线螺丝,用万用表判断各接头是否假接,予以修复
	电动机负载过大或转子卡住	减载或查出并消除机械故障
	电源电压过低	检查是否把规定的△形接法错接为Y形接法;是否由于电源导线过细使压降过大,予以纠正
	小型电动机装配太紧或轴承内油脂过硬	重新装配使之灵活,更换合格油脂
	轴承卡住	修复轴承
电动机空载电流不平衡,三相相差大	重绕时,定子三相绕组匝数不相等	重新绕制定子绕组
	绕组首尾端接错	检查并纠正
	电源电压不平衡	测量电源电压,设法消除不平衡
	绕组存在匝间短路、线圈反接等故障	消除绕组故障
电动机空载过负载时,电流表指针不稳,摆动	笼形转子导条开焊或断条	查出断条,予以修复或更换转子
	绕线形转子故障(一相断路)或电刷、集电环短路装置接触不良	检查绕线转子回路并加以修复

小　结

本节分析了异步电动机在非额定电压、三相异步电动机缺相下运行以及在三相电压不对称情况下运行等常见的异常运行。

从两种情况讨论异步电动机在非额定电压下运行:① $U_1 \leqslant U_{1N}$ 时,当负载较大时,会引起损耗过大,效率降低,但在轻载或空载时,电流本身较小,影响有限;② $U_1 > U_{1N}$ 时,电压过高对于电机运行是不利的,应避免发生。

分析了异步电动机缺相运行。根据Y形和△形接线方法,以及断线是在电源线上还是在某一相绕组上,分成4种情况讨论。

在三相电压不对称情况下运行时,由于负序分量的影响,电动机的合成转矩下降,电动机转速降低;同时,噪声增大,电动机过热。

本节还列出了异步电动机常见的故障现象原因分析和处理方法。

习　题

任务 3.4 在线习题

一、填空题

1. 当三相电源中缺少一相或三相绕组中任何一相断开,称为三相异步电动机的__________。

2. 一般电动机应设__________,当电网电压过低时,应切除电动机的电源。

3. 三相异步电动机__________是电动机不对称运行的极端情况。

二、判断题

1. 异步电动机在轻载时,端电压 U_1 降低,对电动机运行是不利的。(　　)

2. 异步电动机在负载较大时,绕组的铁损耗增加很快,和铜损耗比较起主要作用。(　　)

3. 电动机定子绕组加不对称电压时产生负序电流和负序旋转磁场对电动机运行性能会产生一定的影响。(　　)

4. 电动机在实际运行过程中允许电压有一定的波动,但一般不能超出额定电压的±10%,否则会引起异步电动机过热。(　　)

5. 通电后电动机不转,然后有熔丝烧断声的主要原因是控制设备接线错误。(　　)

三、选择题

1. 当异步电动机出现空载电流不平衡,三相相差大,可能的原因有(　　)。

A. 控制设备接线错误

B. 定、转子绕组有断路(一相断线)或电源一相失电

C. 定子绕组相间短路

D. 绕组存在匝间短路、线圈反接等故障

2. 通电后异步电动机不能转动,但无异响,也无异味和冒烟,可能的原因有(　　)。

A. 过流继电器调得过小　　B. 定子绕组接线错误

C. 轴承卡住　　D. 绕组首尾端接错

四、问答题

1. 异步电动机带大负载运行,电压下降,电动机会有何种变化?

2. 异步电动机启动时如果电源一相断线,该电动机能否启动?当定子绕组采用Y形或△形连接时,如果发生一相绕组断线,这时,电动机能否启动?如果在运行中电源或绕组发生一相断线,该电动机还能否继续运转?此时能否仍带额定负载运行?

3. 为什么三相异步电动机不宜长期运行于不对称电压?

4. 一台异步电动机通电后不转,然后发生熔丝烧断现象,试述可能发生此故障的原因。

任务3.5　单相异步电动机

【学习目标】

明确单相异步电动机的结构特点、使用中存在的问题、工作原理,掌握单相异步电动机解决启动问题的方法和特点,明确单相异步电动机改变转向的方法。

单相异步电动机广泛用于容量小于1 kW及只有单相电源的场合,如家用电器、医疗设备、电动工具等。

3.5.1　单相异步电动机的工作原理

单相异步电动机(见图3-37)接在单相电源上工作,它的定子装有一个工作绕组,由交流电机基本理论可知,单相绕组通入单相交变电流时,会产生一个脉动磁动势。

这个脉动磁动势可以分解成两个幅值相同、转速大小相等、方向相反的旋转磁动势,用 F_+ 和 F_- 表示,转速为同步转速 $n_1=\dfrac{60f}{p}$,分别在转子绕组上产生两个大小相等、方向相反的感应电动势和电流,从而产生两个大小相等、方向相反的电磁转矩。其转矩特性曲线如图3-38所示。

从图3-38中可以得出以下结论:

(1)单相异步电动机只有工作绕组启动的合成转矩为0。这时电动机由于没有相应的驱动转矩而不能自行启动。

(2)电动机的旋转方向取决于电动机启动时的方向。当外力驱使电动机正向旋转时,合成转矩为正,该转矩能维持电动机继续正向旋转;当外力驱使电动机反向旋转时,合成转矩为负,该转矩能维持电动机继续反向旋转。

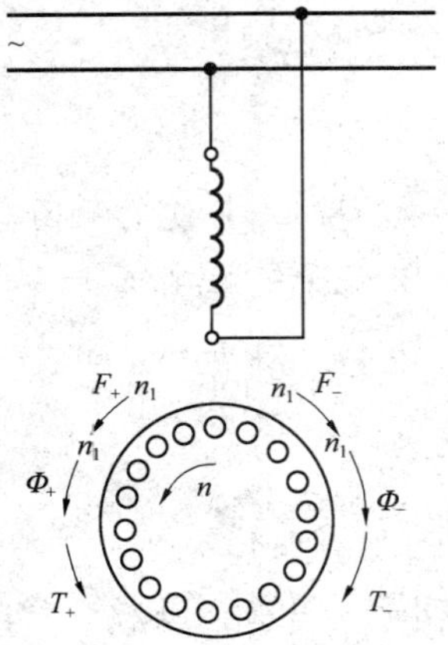

图 3-37　单相异步电动机

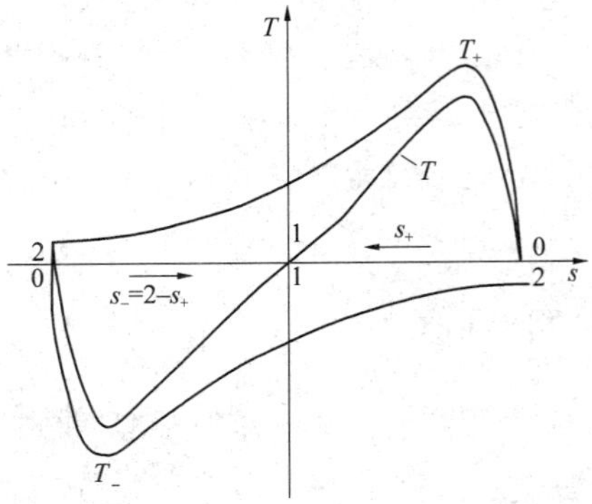

图 3-38　单相异步电动机的转矩特性曲线

3.5.2　单相异步电动机的启动方法与改变转向的方法

3.5.2.1　启动方法

由上面分析可知,由于单相异步电动机不能自行启动,要使单相异步电动机有一定的启动转矩,启动时,必须在电动机气隙中建立一个旋转磁场。为解决这一问题,一般利用辅助装置达到两个条件:一是在其定子铁芯内放置两个有空间角度差的绕组(启动绕组和工作绕组);二是使这两个绕组中流过的电流不同相位(称为分相)。这样,就可以在电动机气隙内产生一个旋转的磁场,单相异步电动机就可启动运行了。也就是说,只要在空间不同相的绕组中通以时间不同相的电流,其合成磁场就为一个旋转磁场。利用这一原理,在工程实践中,单相异步电动机常采用分相式和罩极式两种启动方法。

1. 分相式

电动机的定子上除工作绕组 G 外,还加装一个启动绕组 Q,这两个绕组在空间上相差 90°电角度,如图 3-39(a)所示。

工作绕组 G 呈感性,该绕组上的电流 $\dot{I}_G$ 应滞后电源电压 $\dot{U}_1$ 一个 φ_G 角,而启动绕组 Q 常常串入一个较大电容,使整个绕组呈一定容性,相应的启动电流 $\dot{I}_Q$ 应超前 $\dot{U}_1$ 一个 φ_Q 角,如图 3-39(b)所示。当电容器的电容量选择得合理时,就可以使 $\dot{I}_G$ 与 $\dot{I}_Q$ 之间的相位差 90°。因为启动绕组中通过的电流在时间上与工作绕组中电流的相位不同,也就是把单相电流分成了两相,称为分相或裂相。

2. 罩极式

罩极式电动机的转子仍为鼠笼形,定子一般为凸极式,定子铁芯由硅钢片叠压而成,如图 3-40(a)所示。定子磁极上有两个绕组,其中一个套在凸出的磁极上,称为工作绕组;在磁极表面的一边 1/4~1/3 的地方开有一凹槽,并用一短路铜环把这一部分罩起来,故称之为罩极式异步电动机。其中的短路铜环起到协助启动的作用,所以短路铜环被称为启动绕组。

在工作绕组通入单相交流电流时,建立脉动磁动势,产生交变磁通穿过磁极,其中大

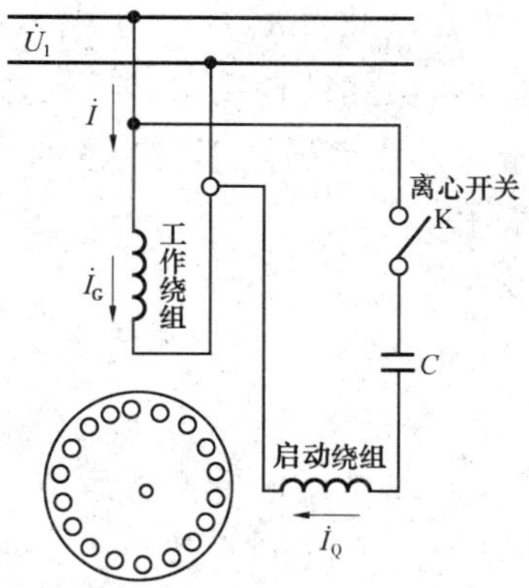

(a) 电路图

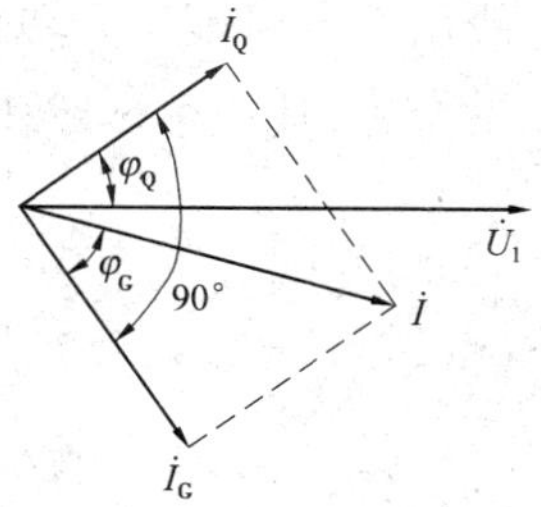

(b) 相量图

图 3-39　电容启动单相异步电动机

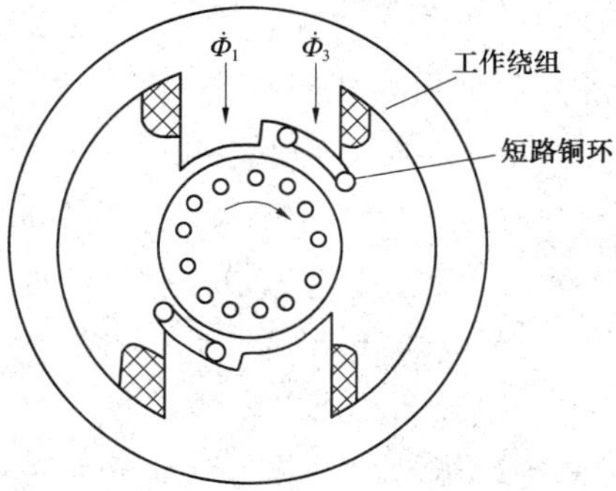

(a) 结构示意图

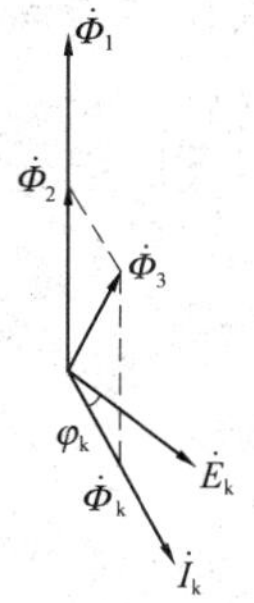

(b) 磁通相量图

图 3-40　罩极式异步电动机

部分为穿过未罩磁极部分的磁通 $\dot{\Phi}_1$，另有一小部分为穿过铜环磁通 $\dot{\Phi}_2$(因为 $\dot{\Phi}_1$ 和 $\dot{\Phi}_2$ 都是由工作绕组中的电流产生的，所以同相位)，铜环中将产生感应电动势 $\dot{E}_k$ 和感应电流 $\dot{I}_k$，并产生磁通 $\dot{\Phi}_k$ 与 $\dot{\Phi}_2$，叠加后形成通过短路铜环的合成磁通 $\dot{\Phi}_3$，即 $\dot{\Phi}_3=\dot{\Phi}_2+\dot{\Phi}_k$。最后短路铜环内的感应电动势应为 $\dot{\Phi}_3$ 所产生，所以 $\dot{E}_k$ 应滞后 $\dot{\Phi}_3 90°$。而 $\dot{I}_k$ 滞后 $\dot{E}_k$ 一个相位角 φ_k，$\dot{\Phi}_k$ 与 $\dot{I}_k$ 同相位，如图 3-40(b)所示。被罩极部分的磁通 $\dot{\Phi}_3$ 与未罩极部分磁通 $\dot{\Phi}_1$ 之间存在一定的时间相位差；而同时工作绕组和短路铜环在空间上也存在一定的电角度。只要两个磁场在时间和空间上互差一定的电角度，它们的合成磁场便是一个单方向的旋转磁场，同样会产生一个单方向的电磁转矩，使电动机能够自行启动。罩极式电机的旋转方向总是从未罩极部分向罩极部分转动。

3.5.2.2　改变转向的方法

要改变单相异步电动机的转向，对于分相式单相异步电动机，将启动绕组两个接线端头对换位置后接好即可。对于罩极式单相异步电动机，只能将转子反向安装，即可达到使负载反转的目的。

3.5.2.3　特点与用途

单相异步电动机由单相电源供电，广泛应用于家用电器、医疗器械及轻工设备中。其中,分相式单相异步电动机的功率较大,从几十瓦到几百瓦,常用于电风扇、空气压缩机、电冰箱和空气调节器中。罩极式单相异步电动机虽然结构简单、制造方便、运行可靠,但启动转矩较小,一般用于电扇等对启动转矩要求不高而转向不需改变的小型电动机,如小型风扇、电唱机和录音机,其功率一般在40 W以下。

小　结

在只有工作绕组的单相异步电动机上通入单相交流电后产生的是脉动磁动势,使电动机启动时的合成转矩为0,所以单相异步电动机不能自行启动。

按启动和运行时定子主副绕组电流不同分相方法,形成不同类型的单相异步电动机。常用的启动方法有分相式启动和罩极式启动,它们都是形成两个在时间和空间上互差一定电角度的磁动势,以便在启动时形成一个单方向的旋转磁场,在电动机内产生一个单方向的电磁转矩,从而保证转子沿一个既定的方向旋转起来。

习　题

一、填空题

1. 单相绕组通入单相交变电流时产生的脉动磁动势可以分解成两个______、______、______的旋转磁动势。

2. 单相异步电动机常用的启动方法有__________和__________。

二、判断题

1. 单相异步电动机不能自行启动。(　　)

2. 电动机的旋转方向取决于电动机启动时的方向。(　　)

3. 单相异步电动机工作绕组启动的合成转矩不为0。(　　)

4. 要改变单相异步电动机的转向,对于分相式单相异步电动机,将启动绕组两个接线端头对换位置后接好即可。(　　)

三、选择题

1. 单相交流电通入单相绕组产生的磁场是(　　)。

A. 旋转磁场　　B. 恒定磁场　　C. 脉动磁场

2. 单相罩极异步电动机的转动方向(　　)。

A. 总是白磁极的未罩部分转向被罩部分

B. 总是由磁极的被罩部分转向未罩部分

C. 取决于定子绕组首、尾端的接线关系

四、问答题

1. 为什么单相异步电动机不能自行启动？怎样才能使它启动？

2. 单相异步电动机主要分为哪几种类型？其原理是什么？简述罩极式电动机的工作原理。

项目4 直流电机

【课程思政】

党的二十大报告指出,要建设知识型、技能型、创新型劳动者大军,弘扬劳模精神和工匠精神,营造劳动光荣的社会风尚和精益求精的敬业风气。

直流电机的设计与制造,不仅是对物理原理的掌握,更是对精益求精、追求卓越精神的体现。每一个细节都需要工匠般的耐心和专注,从材料的选择到加工、组装,每一步都体现了对品质的坚守。同学们要认真学习直流电机知识,更需要领悟工匠精神的真谛,并将其融入日常学习和未来工作中,不断追求卓越,磨砺匠心,为社会的进步和发展贡献自己的力量。

【教学要求】

掌握直流发电机和直流电动机的工作原理;了解直流电机的基本结构及各部件的作用;了解直流电机电枢绕组的特点及构成规律;了解换向的物理过程及掌握改善换向的主要方法。了解直流发电机的运行特性和直流电动机的工作特性。

【知识点】

直流发电机和直流电动机的工作原理以及额定值、直流电机的基本结构、直流电机的铭牌;直流电机的电枢电动势、电磁转矩、直流发电机的励磁方式以及运行特性;并励直流发电机的自励条件和基本方程式。直流电动机的基本方程式、机械特性和直流电动机的启动、改变转向、调速和常见故障。

【技能点】

能说出直流发电机和直流电动机的工作原理。掌握并励直流发电机的自励条件和基本方程式。掌握直流电动机的启动,了解直流电动机的改变转向、直流电动机的调速和常见故障。

直流电机用于直流电能与机械能之间的转换。以前直流电机尤其是直流电动机在调速、制动等运行特性方面相较于交流异步电动机有很大的优势,但随着变频技术及设备的普及,大容量交流电动机组的广泛使用、直流电机在电力系统及拖动系统中的地位正逐步下降。本项目主要讲解直流电机的知识,主要教学目标是掌握直流发电机和直流电动机的工作原理。了解直流电机的基本结构及各部件的作用。了解直流电机电枢绕组的特点及构成规律。了解影响电枢反应性质的因素及电枢反应对机电能量转换的作用,了解换向的物理过程及掌握改善换向的主要方法。了解直流发电机的运行特性和直流电动机的工作特性。

任务 4.1　直流电机的工作原理和基本结构

【学习目标】

掌握直流发电机和直流电动机的工作原理以及额定值,了解直流电机的基本结构,了解直流电机的铭牌和直流电机系列。

直流电机是电能和机械能相互转换的旋转电机之一,直流电机可分为直流发电机和直流电动机。直流发电机把机械能转换成电能,而直流电动机则把电能转换成机械能。

直流发电机主要为直流电动机、交流发电机励磁以及在化学工业方面用作电解、电镀、电冶炼的低压大电流设备提供直流电源。

直流电动机调速性能好,调速范围广,易于平滑调速,调速时的能量损耗小。启动和制动转矩大,过载能力强,易于控制,可靠性高,广泛用于经常启动、制动和对调速性能要求高的机械设备上,如驱动矿井卷扬机、电力机车、船舶机械、轧钢机、机床、电气铁道牵引、高炉送料、造纸机械、纺织拖动、挖掘机械和起重设备中。

相对交流电机来说,直流电机的主要缺点是结构复杂、成本高、维护困难、换向困难,电机容量受到一定的限制,应用场合也受到限制。

4.1.1　直流电机基本工作原理

本小节主要介绍直流发电机的发电原理、直流电动机的旋转原理。直流发电机的绕组在恒定磁场中旋转,通过电磁感应产生交流电,经过换向装置,将交流电转变成直流电;直流电动机的转子绕组通过换向装置把电源送来的直流电转换成交流电,使绕组在磁场中受到单一方向磁场力的作用而形成一定方向的电磁转矩,使电动机旋转起来。下面分别对直流发电机和直流电动机的工作原理进行具体分析。

4.1.1.1　直流发电机的工作原理

1. 直流发电机工作原理的基础

直流发电机的工作原理是建立在电磁感应定律基础之上的。电磁感应定律告诉我们,导体切割恒定磁场的磁力线,产生感应电动势。若磁力线、导体和运动方向三者相互垂直,则感应电动势的大小为 $e=Blv$,其方向由右手定则确定。

码 4-1　微课:直流发电机的工作原理

2. 直流发电机工作原理的简述

如图 4-1 所示是一个简单的发电机模型的工作原理图,由固定不动的定子部分和旋转的转子部分组成,N、S 为一对固定的磁极(一般是电磁铁,也可以是永久磁铁),属于定子部分;两个磁极间装着一个可以转动的铁质材料的圆柱体,其表面上嵌放着一个线圈,属于转子部分。转子线圈的两个边分别为 ab、cd。我们把这个嵌放着线圈的圆柱体叫作电枢。如果 a、d 端是开路状态,用原动机拖动电枢,使之以恒速 n 沿逆时针方向旋转。由电磁感应定律可知每根导体中感应的电动势为

$$e = B_\delta lv \tag{4-1}$$

式中 l——导体的有效长度；

v——电枢的线速度；

B_δ——导体所在位置处的磁通密度。

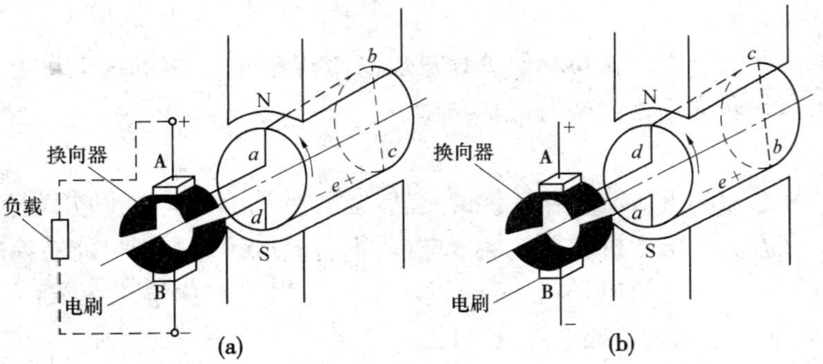

图 4-1　直流发电机的工作原理图

在图 4-1(a)所示瞬间，ab 导体处于 N 极下，根据右手定则可以判定其电动势的方向由 $b \rightarrow a$；而 cd 导体处于 S 极下，电动势的方向由 $d \rightarrow c$。整个线圈的电动势为 $2e$，方向由 $d \rightarrow a$。如果线圈转过 180°，如图 4-1(b)所示，ab 导体处于 S 极下，根据右手定则可以判定其电动势的方向由 $a \rightarrow b$；而 cd 导体处于 N 极下，电动势的方向由 $c \rightarrow d$。整个线圈的电动势的方向变为由 $a \rightarrow d$，可见线圈电动势的方向是变化的，电动势的大小随时间按正弦规律变化。所以，当线圈的 a、d 端是开路状态时，发电机是交流发电机。那么怎样才能使此交流发电机输出直流电动势呢？

我们把 a、d 两端分别接到两片彼此绝缘的圆弧形换向片上。换向片固定在转轴上，换向片构成的整体称为换向器，它固定在轴上，与轴一起旋转。为了把电枢线圈和外电路接通，在换向片上放置了在空间位置固定不动的电刷 A 和 B，电刷引出线接负载，如图 4-1 所示。电刷 A 只能和转到上面的一片换向片相接触，而电刷 B 只能和转到下面的一片换向片相接触。装了这种换向器以后，在电刷 A、B 之间得到的电动势就是单向的。我们来分析一下：当 ab 导体处在 N 极下的时候，由右手定则可知，电动势的方向为 $b \rightarrow a \rightarrow$A，电刷 A 的极性为"+"。$cd$ 导体处在 S 极下，电动势的方向为 $B \rightarrow d \rightarrow c$，电刷 B 的极性为"-"，负载(接于电刷 A、B)上的电流方向是由 A 流向 B。当电枢转过 180°时，元件的两个有效边的位置互相调换，此时电刷 A 通过换向片与处于 N 极下的 cd 导体相连，cd 导体的电动势反向变为 $c \rightarrow d \rightarrow$A，电刷 A 的极性为"+"。电刷 B 通过换向片与处于 S 极下的 ab 导体相连，ab 导体的电动势反向变为 B$\rightarrow a \rightarrow b$，电刷 B 的极性为"-"。

可见，通过换向器的作用，电刷 A 始终与 N 极下的线圈边相连，极性始终为"+"；电刷 B 始终与 S 极下的线圈边相连，极性始终为"-"。所以，当电枢在磁场中旋转时，线圈中的电动势虽然是交变的，但电刷之间的电动势却是一个方向不变的脉振电动势。由于两个电刷间的电动势波动太大，不能用作直流电源。实际的直流发电机的电枢上嵌放着连接在一起的多个线圈，电动势的脉动程度会很小，近似为直流电动势，相应的发电机是直流发电机。

4.1.1.2　直流电动机的工作原理

1. 直流电动机工作原理的基础

直流电动机的工作原理建立在皮-萨电磁力定律的基础之上。根据实验可知,若磁场与载流导体互相垂直,则作用在导体上的电磁力应为

$$f = Bil \tag{4-2}$$

式中　B——磁场的磁感应强度,Wb/m^2;

i——导体中的电流,A;

l——导体的有效长度,m。

f——电磁力,N。

电磁力的方向用左手定则判断。

2. 直流电动机工作原理的简述

电动机要作连续的旋转运动,载流导体在磁场中所受到的电磁力就需形成一种方向不变的转矩。图 4-2 所示是电磁装置的简单模型,它能否使导体所受的电磁力形成一种转矩呢?

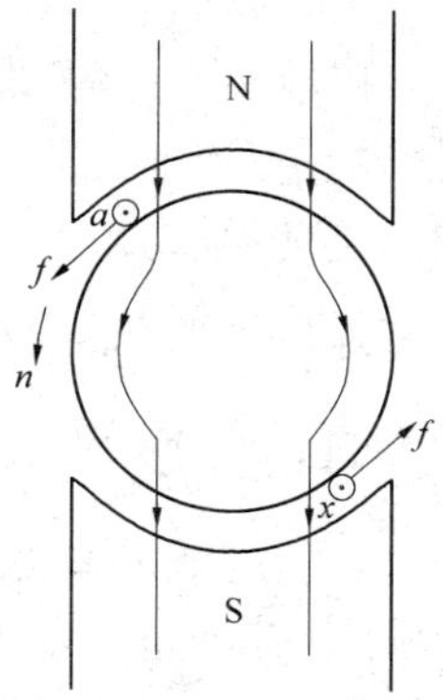

图 4-2　电磁装置的简单模型

图 4-2 中两个磁极间装着一个电枢,N 极和 S 极形成的磁力线如图 4-2 所示。当线圈中流过直流电流(由 a 边流入,x 边流出)时,两个线圈边均受到电磁力,力的方向由左手定则判断。两个力形成一个逆时针方向的电磁转矩。线圈在此力矩的作用下开始转动。当线圈转过 180°,a 边转到 S 极下,x 边转到 N 极下时,由于两边中的电流方向不变,但电流所处的磁场的方向相反了,那么电枢所受的力矩变成顺时针。可见,电枢受到的力矩的方向是交变的。这种电磁转矩只能使电枢来回摆动,达不到连续转动的目的。怎样保持电枢的连续转动呢?

我们可以不断改变磁场的方向,也可以改变电枢电流的方向。但改变磁场的方向需要和电枢的转动同步,实现起来比较困难。因此,通常要改变电枢电流的方向,也就是当线圈边在不同极性磁极下时,及时改变电枢电流的方向,即进行所谓的“换向”。实现换向的装置叫作换向器,它和发电机中的换向器是一样的,如图 4-3 所示。同样,电刷 A 只能和转到上面的一片换向片相接触,而电刷 B 只能和转到下面的一片换向片相接触。装这种换向器以后,如将直流电压加在电刷两端,使电流从正极性电刷 A 流入,经线圈 $abcd$ 或 $dcba$ 从负极性电刷 B 流出。由于电流总是经 N 极下的导体流进去而从 S 极下的导体流出来,根据电磁力定律可知,上下两根导体受电磁力作用而形成的电磁转矩始终是逆时针方向,带动轴上的负载按逆时针方向旋转。这样就解决了图 4-2 中电枢受到的力矩是交变的问题。需要注意的是,此种情况下直流电动机电枢线圈中电流的方向是交变的,但产生的电磁转矩却是单方向的,这正是有换向器的原因。自从直流电机问世以来,人们一直从理论和实践两方面进行研究,企图从一个无换向装置的电枢线圈回路中直接引出直流电,结果所有的尝试都失败了。事实上,这和“永动机”的问题一样,是不可能实现的。

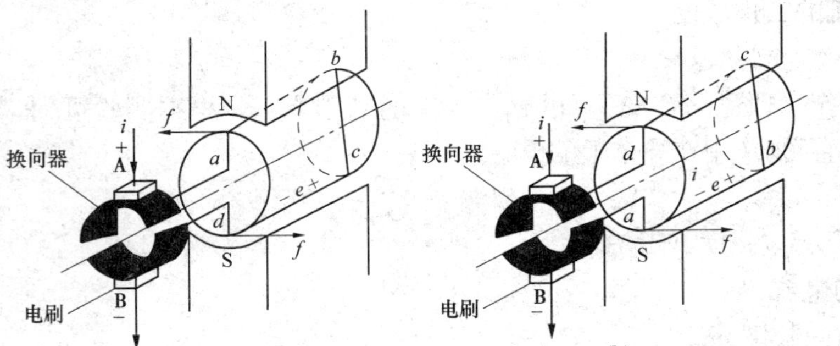

图 4-3 直流电动机的工作原理图

码 4-2 微课:直流电动机的工作原理

从以上分析可以看出,用原动机拖动直流电机的电枢,使之以一定的速度旋转,两电刷端就可以输出直流电动势,接上负载就能输出电能,电机把机械能变换成电能,成为发电机;如果在直流电机的两电刷上接上直流电源,使电枢流过电流,电枢在磁场中受到电磁转矩而旋转,拖动生产机械,电机把电能转换成机械能,成为电动机。这种同一台电机,既能作发电机又能作电动机运行的原理,在电机理论中称为可逆原理。

4.1.2 直流电机的基本结构

小型直流电机的基本结构如图 4-4 所示,从上述直流电机的基本原理可知,直流电机由两部分组成:静止的定子和旋转的转子。定子和转子之间因为有相对运动,所以需要有一定的间隙,称为气隙。定子的作用是用来产生磁场和作为电机的机械支撑,由主磁极、换向极、机座、端盖、电刷装置等部件组成。转子上用来感应电动势而实现能量转换的部分称为电枢,它由电枢绕组和电枢铁芯组成。另外,转子上还装有换向器、转轴、风扇等部件。在理论上,磁极和电枢这两部分可任选其一放在定子上,而把另一个放在转子上。可是,如把电刷放在转子上,电刷装置就要和转子一起转动,给电刷的维护带来困难,并且容易出故障。所以,直流电机的电枢绕组都装在转子上,而磁极装在静止不动的定子上。这样就便于对静止的电刷装置进行维护。图 4-5 表示直流电机的横剖面示意图。现对直流电机各主要部件的基本结构、材料及作用作简要介绍。

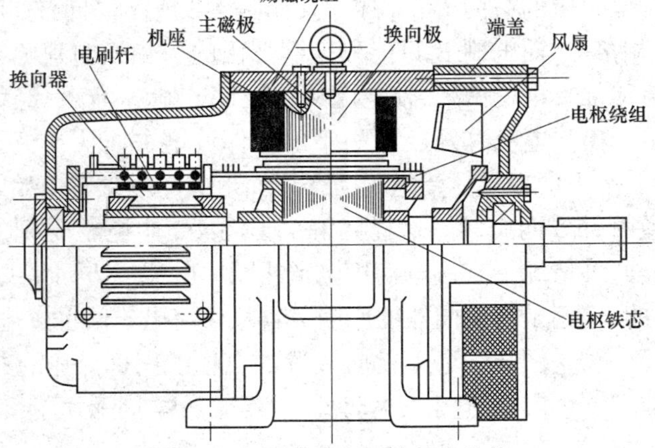

图 4-4 小型直流电机的基本结构

码 4-3 微课:直流电动机的结构

4.1.2.1　定子

1. 主磁极

在一般的直流电机中,主磁极(简称主极)是一种电磁铁。其结构如图 4-6 所示,由铁芯和绕组两部分组成。为减小涡流损耗,铁芯一般由 1~1.5 mm 厚的低碳钢板冲片叠压而成,叠片用铆钉铆成整体。铁芯下部称为极靴或极掌,它比极身(套绕组的铁芯部分)宽,这样设计是为了让气隙磁场分布得更合理。另外,极靴还起固定绕组的作用。此绕组实际上就是励磁绕组,套在极身上,常采用串联方式,通过电流后产生磁场,绕组与磁极之间用绝缘纸、蜡布或云母纸绝缘,层间亦用云母纸绝缘。磁极的极性呈 N 极和 S 极交替排列,这取决于励磁绕组的连接方式。整个磁极用螺钉固定在机座上,机座和磁极铁芯之间叠放一些铁垫片,用来调整定子、转子间的气隙。

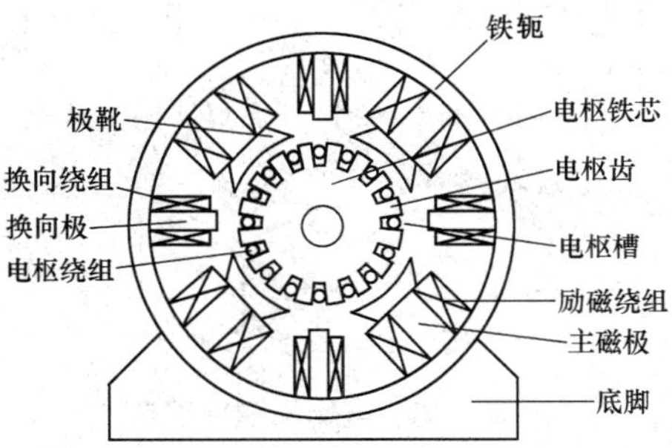

图 4-5　直流电机的横剖面示意图

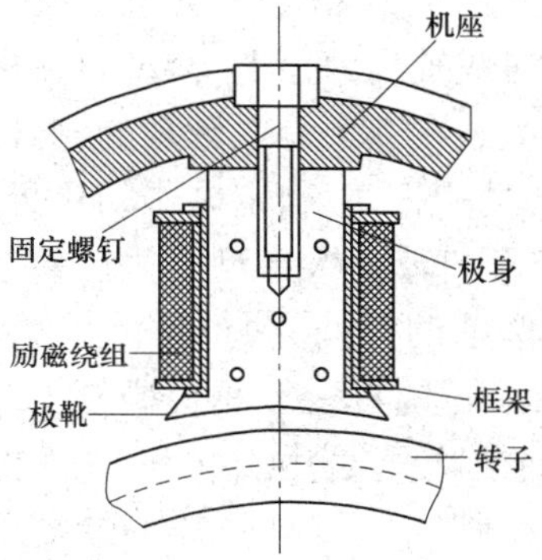

图 4-6　主磁极结构图

主磁极的作用是产生气隙磁场并使电枢表面的气隙磁通密度按一定的波形沿空间分布。

2. 换向极

安装换向极是为了改善直流电机的换向问题。图 4-7 所示是换向极的结构,它由换向极铁芯和套在铁芯上的换向极绕组构成。换向极铁芯用整块扁钢或硅钢片叠成,对于换向要求高的场合,也需用钢片经绝缘叠装而成。换向极绕组一般用几匝粗的扁铜线绕成,并与主磁极绕组电路相串联。换向极装在两相邻主极之间并用螺钉固定于机座上,如图 4-5 所示。

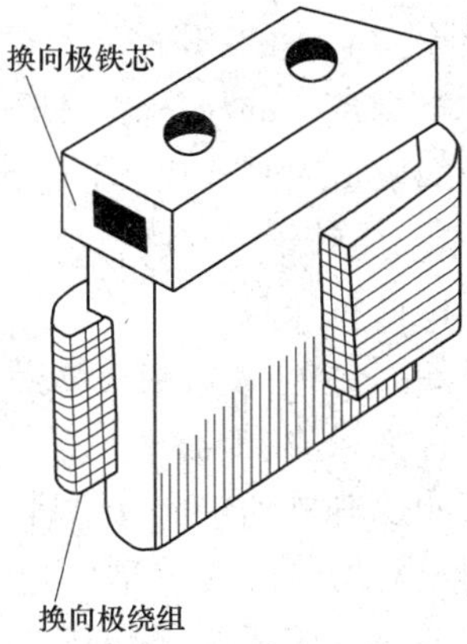

图 4-7　换向极的结构

容量大于 1 kW 的直流电机一般都装有换向极。有几个主磁极就有几个换向极,个别的小电机,换向极的数目可少于主磁极的数目。

换向极的作用是改善电机的换向性能,减少电刷下的火花。

3. 机座

大型直流电机的机座通常由铸钢件或钢板卷焊而成,以保证良好的导磁性能和机械强度(钢比铁导磁性能好),而小型电机的机座通常是铸铝的。机座的作用有两个方面:一是用来固定主极、换向极和端盖等部件,并通过底脚将电机固定在基础上,起机械支撑的作用;二是电机主磁路的一部分,机座中有磁通经过的部分称为磁轭。为了使磁路中的磁通密度不会太高,要求磁轭有一定的截面面积,这就使得直流电机在机械强度上"富余"一些。

4. 端盖

端盖一般用铸铁制成,在后端盖上设有观察窗,可观察火花的大小。端盖装在电机机座两端,其作用是保护电机免受外部机械破坏,同时用来支撑轴承、固定刷架。

5. 电刷装置

图4-8为电刷与刷握装置。它由刷杆座、刷杆、刷握、电刷和汇流条等组成。刷杆座固定在端盖或轴承内盖上,小型直流电机的各刷杆支臂都装在一个可以转动的刷杆座上,松开螺钉,转动刷杆座,确定电刷的位置后,拧紧螺钉,固定刷杆座。大中型电机的每个刷杆座都是可以单独调整的,调整位置以后将它固定;刷杆固定在刷杆座上,每根刷杆上装有一个或几个刷握;电刷是由石墨等材料制成的导电块,放在刷握中,其顶上有一弹簧压板或恒压弹簧(可使电刷在换向器上保持一定的接触压力),对于电流较大的电机,每个刷杆支臂上装有一组并联的电刷,同极性刷杆上的电流汇集到一起后,引向外部。刷握、刷杆、刷杆座之间彼此绝缘。电刷组的数目一般等于主磁极的数目,各电刷组在换向器表面的分布应是距离相等的,电刷的位置通过电刷座的调整进行确定。电刷的后面有一铜辫,是由细铜丝编织而成的,其作用是引出电流。

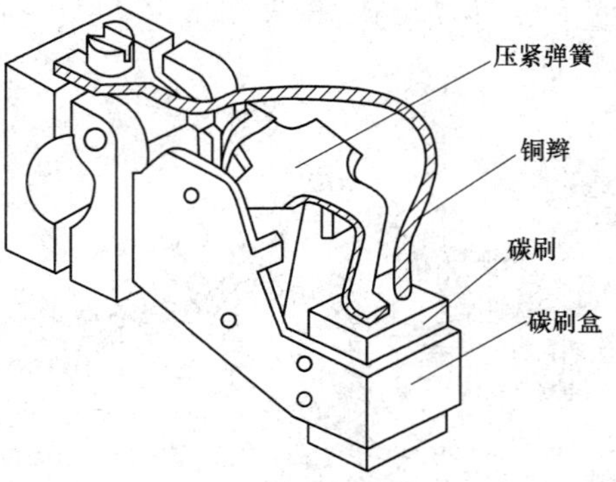

图4-8 电刷与刷握装置

电刷装置的作用是和其他部件配合把直流电压、电流引出(或引入)旋转电枢。电刷装置的质量对直流电机的工作有直接影响。

4.1.2.2 **转子**

1. 电枢铁芯

如图4-9所示,电枢铁芯一般用厚0.5 mm的低硅硅钢片或冷轧硅钢片叠压而成,两面涂有绝缘漆,如有氧化膜可不用涂漆,这样是为了减小磁滞损耗和涡流损耗,提高效率。每张冲片有槽和轴向通风孔。叠成的铁芯两端用夹件和螺杆紧固成圆柱形,在铁芯的外圆周上有均匀分布的槽,内嵌电枢绕组。对于容量较大的电机,为了加强冷却,把电枢铁芯沿轴向分成数段,段与段之间留有宽10 mm的径向通风道,它和轴向通风孔形成风路,降低了电机绕组和铁芯的温升。整个铁芯固定在转子支架或转轴上。小容量的电机,电枢铁芯上装有风翼,大容量的电机装有风扇。

电枢铁芯的作用是作为磁通的通路和嵌放电枢绕组。

2. 电枢绕组

直流电机的电枢绕组是由许多线圈组成的,这些线圈叫作绕组元件,每个绕组元件的

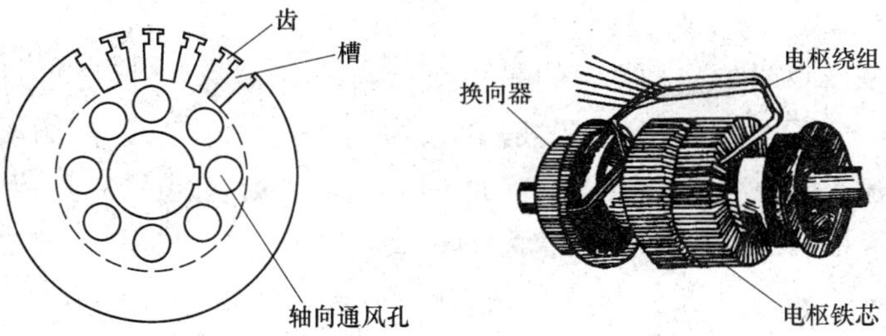

图 4-9　电枢冲片和电枢铁芯装配图

两端分别接在两个换向片上,通过换向片把这些独立的线圈互相连接在一起,形成闭合回路。绕组导线的截面面积取决于元件内通过的电流的大小,几千瓦以下小容量的电机电枢绕组的线圈用绝缘圆形截面导线绕制,大容量的用矩形截面导线绕制。绕组嵌放在电枢铁芯的槽内,线圈与铁芯之间以及上下层之间均要妥善绝缘,槽口用槽楔固定,如图 4-10 所示。铁芯槽两端伸出的绕组端部用镀锌钢丝或玻璃丝带绑扎,以防止离心力将线圈从槽中甩出。电枢绕组的作用是感应电动势和通过电流,是电机实现机电能量转换的关键部分。

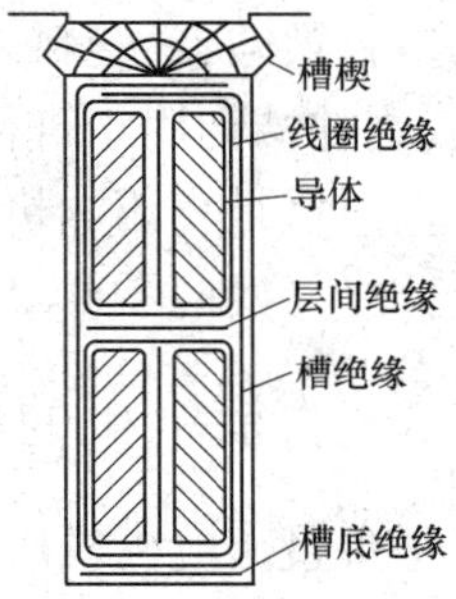

图 4-10　电枢槽内绝缘

3. 换向器

换向器的结构形式是由电机的电压、功率和转速决定的,以拱形换向器和塑料换向器较为常见。

图 4-11 为拱形换向器的结构,它是由许多换向片组成的一个圆筒(工作表面光滑,便于和电刷滑动接触),套入钢套筒上。换向片是带有燕尾的铜片,片间用云母隔开,换向片的燕尾嵌在两端的 V 形钢环内。V 形钢环与换向片之间用 V 形云母环进行绝缘。换向器应采用具有良好的导电性、导热性、耐磨性、耐电弧性和机械强度的材料,常由电解铜经冷拉而成的梯形铜排,也有银铜、镉铜、稀土铜合金等。为节省铜材,换向片上装有升高片,常由韧性好的紫铜板和紫铜带制成,线圈出线端焊在升高片上的小槽中。

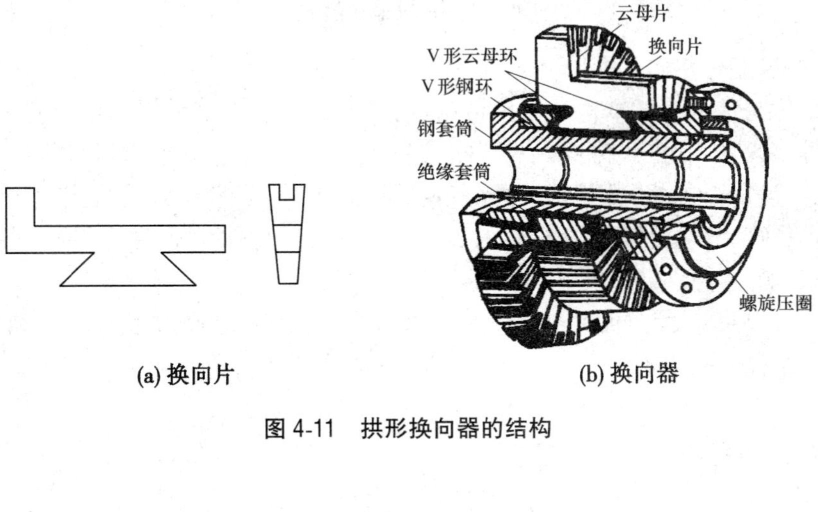

(a) 换向片　　(b) 换向器

图 4-11　拱形换向器的结构

由于拱形换向器结构复杂,目前小型直流电机已广泛采用塑料换向器。常用的是下列两种:酚醛树脂玻璃纤维热压塑料(这是B级绝缘材料)和聚酰亚胺玻璃纤维压塑料(适用于H级换向器)。图4-12(a)为不加套筒的塑料换向器,换向片和云母片都热压在塑料中,塑料有孔可安装于轴上,此种结构用在直径小于80 mm的小换向器中。图4-12(b)是有钢套的塑料换向器,塑料内部加钢套,套筒套在轴上,换向片槽部有加强环,用来增加塑料的强度,这种结构用于直径小于300 mm的塑料换向器。

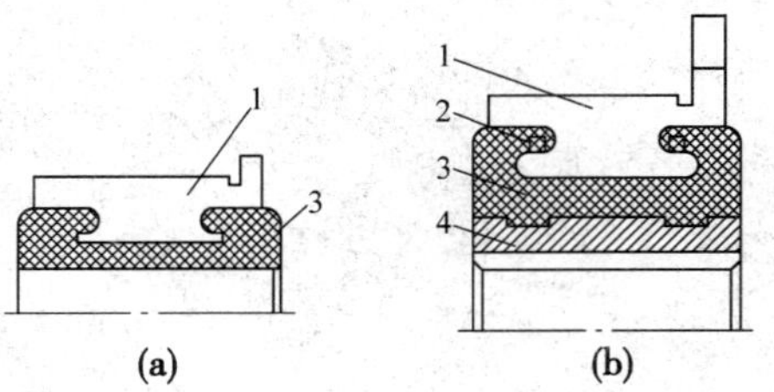

1—换向片;2—加强环;3—塑料;4—套筒。

图4-12 塑料换向器

换向器是直流电机的重要部件之一,作用是将电枢线圈中的交流变换为电刷间的直流或反之。换向器质量的好坏直接影响电机的运行性能。

4.1.3 直流电机的额定值

每台直流电机机座的醒目位置上都有一个铭牌,如图4-13所示。上面标注着一些主要额定数据及电机产品数据,供用户参考,是正确使用电机的依据。铭牌上标注的数据主要有电机的型号、额定值、绝缘等级及励磁方式,另外还有生产厂商和出厂数据。现对这些铭牌数据分别介绍如下。

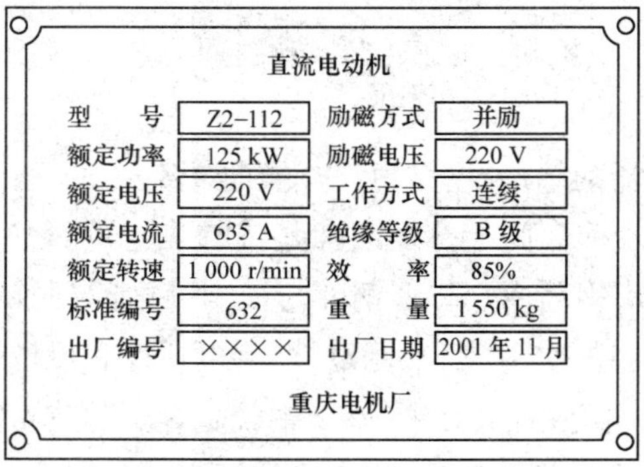

图4-13 直流电机的铭牌

4.1.3.1 产品型号

产品型号表示电机的结构和使用特点,国产电机的型号多采用汉语拼音的大写字母及阿拉伯数字表示,其格式为:第一部分取直流电机全名称中关键汉字的第一个拼音字母表示产品的代号;第二部分用阿拉伯数字表示设计序号;第三部分是机座代号,用阿拉伯数字表示;第四部分也是阿拉伯数字,表示电枢铁芯长度。现举例说明如下:

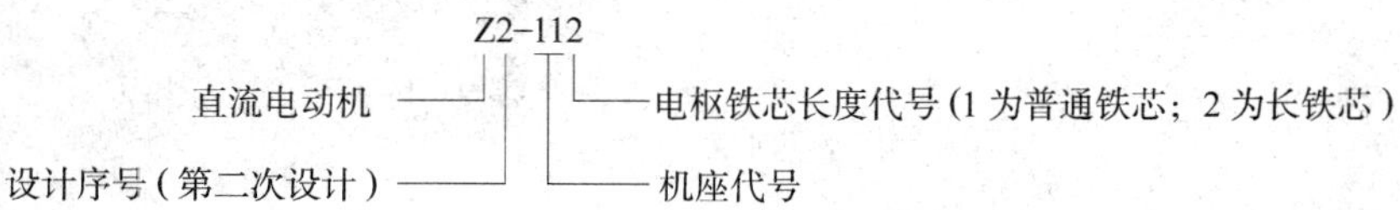

Z系列电动机除Z2系列外，还有Z3、Z4系列直流电动机。另有ZF系列，直流发电机；ZJ系列，精密机床用直流电动机；ZTD系列，中速电梯用直流电动机；ZTDD，低速电梯用直流电动机；ZT系列，广调速直流电动机；ZQ系列，直流牵引电动机；ZH系列，船用直流电动机；ZA系列，防爆安全型直流电动机；ZC系列，电铲用起重直流发电机；ZZJ系列，冶金用起重直流电动机；其他系列直流电机可参见电机手册。

4.1.3.2 额定数据

(1)额定功率 P_N：电机厂家规定的电机在额定条件下长期运行所允许的输出功率，一般用kW作为 P_N 的单位。额定功率对直流发电机和直流电动机来说是不同的。直流发电机的功率是指电刷间输出的供给负载的电功率，$P_N=U_NI_N$；而直流电动机的额定功率是指轴上输出的机械功率，$P_N=U_NI_N\eta_N$。

(2)额定电压 U_N：在额定运行条件下，电机的输出(对发电机来说)或输入电压(对电动机来说)。U_N 的单位为V。

(3)额定电流 I_N：在额定电压和额定功率条件下电机的电流值。I_N 的单位是A。

(4)额定转速 n_N：在额定电压、额定电流、额定功率条件下电机的转速。n_N 的单位是r/min。

(5)额定励磁电流 I_{fN}：在额定电压、额定电流、额定转速和额定功率条件下通过电机励磁绕组的电流。

(6)励磁方式：直流电机的电枢绕组和励磁绕组的连接方式。按励磁绕组和电枢绕组的供电关系，可把直流电动机分为他励、并励、串励和复励4种方式。

除以上标识外，电机铭牌上还标有额定温升、工作方式、出厂日期、出厂编号等。

小　结

直流电机是一种能使直流电能和机械能相互转换的机械，它可分为直流发电机和直流电动机两种形式。直流发电机可将机械能转换成电能，直流电动机可将电能转换成机械能。换向器式电机是常用的直流电机，虽然它的电枢导体感应的电动势是交变的，但经过换向器和电刷的作用可得到直流电压。电枢绕组由许多线圈(元件)嵌放在电枢表面的槽内，并按一定规律分布，这样可以得到脉动较小的平滑直流电压。一台直流电机既可以作为发电机运行，也可以作为电动机运行，只是外界的条件不同而已。这种同一台电机，既能作发电机又能作电动机运行的原理，在电机理论中称为可逆原理。

直流电机由定子和转子两部分组成，定子与转子之间留有一定的空隙。定子的作用主要是形成磁场、作为机械支撑并起防护作用。它由主磁极、换向极、机座、端盖、电刷装置等部件组成。转子上用来感应电动势而实现能量转换的部分称为电枢，它由电枢绕组和电枢铁芯组成，另外转子上还装有换向器、转轴、风扇等部件。转子的作用是产生感应电动势、形成电流、实现机械能和电能的相互转换。

直流电机的铭牌是正确使用电机的依据，铭牌上标注的数据主要有电机的型号、额定值、绝缘等级、励磁电流及励磁方式,另外还有生产厂商和出厂数据。励磁方式是指直流电机的电枢绕组和励磁绕组的连接方式,分为他励、并励、串励和复励等方式。

习　题

任务4.1在线习题

一、填空题

1. 直流电动机将________能转换为________能输出;直流发电机将________能转换为________能输出。

2. 直流电机由________和________两部分组成,且二者之间留有一定的空隙。

3. 同一台电机,既能作发电机又能作电动机运行的原理,在电机理论中称为______。

4. ________是指直流电机的电枢绕组和励磁绕组的连接方式,分为________、________、________和复励等方式。

5. ________是直流电机的重要部件之一,能将电枢线圈中的交流变换为电刷间的直流,也能将电刷上的直流变为电枢线圈中的交流。

二、判断题

1. 直流电机电枢元件中的电势和电流都是直流的。(　　)

2. 直流电机的换向极主要是改善直流电机的换向。(　　)

3. 一台直流电机运行在发电机状态,则感应电势大于其端电压。(　　)

4. 直流电机无电刷一样可以工作。(　　)

5. 直流电机的转子转向不可改变。(　　)

三、选择题

1. 直流电动机的额定功率指(　　)。

A. 转轴上吸收的机械功率　　B. 转轴上输出的机械功率

C. 电枢端口吸收的电功率　　D. 电枢端口输出的电功率

2. 按励磁方式分类,直流电机可分为(　　)种。

A. 2　　B. 3　　C. 4　　D. 5

3. 直流电机换向极的作用是(　　)。

A. 消弱主磁场　　B. 增强主磁场　　C. 抵消电枢磁场　　D. 产生主磁场

4. 直流电动机的某一个电枢绕组在旋转一周的过程中的电流是(　　)。

A. 直流电流　　B. 交流电流　　C. 脉冲电流　　D. 互相抵消正好为0

5. 直流电动机是利用(　　)的原理工作的。

A. 导体切割磁力线　　B. 通电线圈产生磁场

C. 通电导体在磁场中受力运动　　D. 电磁感应

四、问答题

1. 简述直流电机的基本结构,并说明各部分的作用。

2. 分别说出下面两种情况下电刷两端电压的性质。

(1)磁极固定,电枢和电刷同时旋转。

(2)电枢固定,电刷和磁极同时旋转。

3. 直流电机的铭牌主要显示了哪些内容?

4. 直流电机中,换向器起什么作用?

5. 如果直流电动机的电枢绕组装在定子上,磁极装在转子上,那么换向器和电刷应安装在什么位置?

6. 一台直流发电机的额定功率 $P_N = 200$ kW,额定电压 $U_N = 220$ V,额定转速 $n_N = 1\ 500$ r/min,额定效率 $\eta_N = 85\%$,求该发电机的额定电流 I_N 和额定输入功率 P_1。

7. 一台直流电动机的额定功率 $P_N = 7.5$ kW,额定电压 $U_N = 220$ V,额定转速 $n_N = 1\ 450$ r/min,额定效率 $\eta_N = 90\%$,求该电动机的额定电流 I_N 及额定负载时的输入功率 P_1。

任务 4.2　直流发电机

【学习目标】

了解直流电机的电枢电动势、电磁转矩、直流发电机的励磁方式以及运行特性。掌握并励直流发电机的自励条件和基本方程式。

4.2.1　直流电机的励磁方式

直流电机的励磁方式是指直流电机的电枢绕组和励磁绕组的连接方式。不同的连接方式对电机的运行特性存在较大的影响。按励磁绕组和电枢绕组的连接关系,直流电机的励磁方式可分为他励、并励、串励和复励 4 种方式。下面以直流发电机为例简单分析其励磁方式。

(1)他励直流发电机。如图 4-14(a)所示,励磁绕组和电枢绕组的电源是各自独立的,其特点是电枢电流 I_a 等于负载电流 $I(I=I_a)$,和励磁电流 I_f 无关。

(2)并励直流发电机。如图 4-14(b)所示,励磁绕组与电枢绕组是并联关系,根据电流的参考方向可知有 $I_a=I+I_f$ 成立。

(3)串励直流发电机。如图 4-14(c)所示,励磁绕组和电枢绕组是串联关系,此时有 $I_a=I=I_f$ 成立。

(4)复励直流发电机。如图 4-14(d)所示,有两个励磁绕组,一个和电枢绕组串联,另一个和电枢绕组并联。当串励绕组产生的磁动势和并励绕组产生的磁动势方向相同,两者相加时,称为积复励;当串励绕组产生的磁动势和并励绕组产生的磁动势方向相反,两者相减时,称为差复励。

一般直流电机的主要励磁方式是他励、并励和复励,很少采用串励的方式。对于直流发电机来说,由于串励、并励和复励时的励磁电流是电机自己供给的,所以又总称为自励

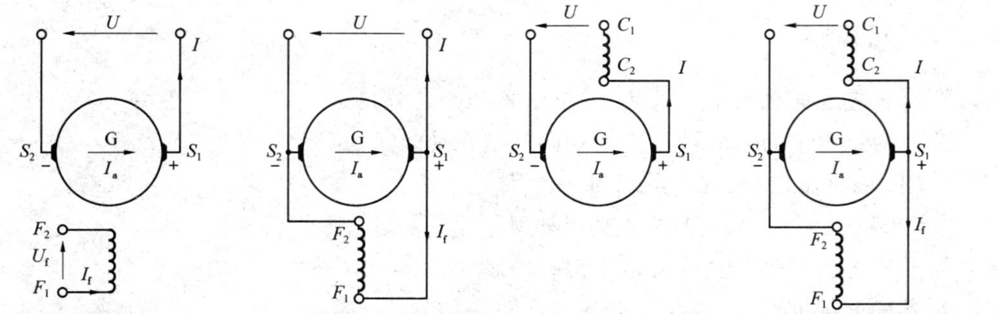

图 4-14 直流发电机的励磁方式

发电机,直流电动机则不存在自励。有关直流电动机励磁方式可仿照图 4-14 画出。

4.2.2 直流电机的电枢电动势和电磁转矩

直流电机工作时,无论是发电机,还是电动机,其电枢中都会产生感应电动势和电磁转矩。发电机产生电枢电动势,对外输出直流电能;电动机的电枢电动势为反电动势,它和外加电压及电阻压降相平衡。电磁转矩指的是电枢绕组中的载流导体在磁场中所受的电磁力对电枢轴心形成的转矩。下面分别对电枢电动势和电磁转矩进行简单介绍。

4.2.2.1 直流电机的电枢电动势

直流电机电枢电动势的表达式为

$$E_a = C_e \Phi n \tag{4-3}$$

式中 C_e——电动势常数,$C_e = \frac{pN}{60a}$,其中,p 为电机的磁极对数,N 为总导体数,a 为并联支路的对数;

Φ—— 每极磁通;

n——转子的转速。

在成品电机中,p、N 和 a 都是常量,如 Φ 的单位是 Wb,则 E_a 的单位是 V。

4.2.2.2 直流电机的电磁转矩

通过前面对直流电机基本工作原理的分析可以知道,当电枢绕组中有电流流过时,载流导体在气隙磁场中将受到电磁力的作用,该力对电枢轴心所形成的转矩称为电磁转矩。

直流电机的电磁转矩表达式为

$$T = \frac{pN}{2\pi a}\Phi I_a = C_T \Phi I_a \tag{4-4}$$

式中 C_T——转矩常数,$C_T = \frac{pN}{2\pi a}$;

I_a——电枢电流;

其他符号含义同前。

在成品电机中,p、N 和 a 都是常量,如果 Φ 的单位为 Wb,I_a 的单位为 A,则 T 的单位为 N · m。

4.2.3　并励直流发电机的自励磁建压

4.2.3.1　并励直流发电机的自励磁建压的过程

并励直流发电机的励磁电压由发电机自身发出的直流电提供，图 4-15 所示是并励直流发电机的接线图。一般情况下，电机中总是有剩磁存在的，当电机被原动机拖动至额定转速时，电枢绕组切割剩磁磁通，产生剩磁电动势[为(2%~5%)U_N]，此时并励绕组中开始有励磁电流流过，产生一个较小的励磁磁动势。如励磁磁动势产生的磁场和剩磁方向相同(并励绕组接到电枢两端的极性正确)，则电机内的气隙磁场增强，发电机的端电压升高。在这一较高电压的作用下，励磁电流又进一步升高，在这样的反复作用下，发电机的端电压便自励起来。当励磁电流所产生的空载电动势正好和励磁回路中的电阻压降相平衡时，励磁电流不再增大，电机进入空载稳定状态，稳定在电机的空载特性 1 与励磁电阻线 2 的交点 A 处，如图 4-16 所示。由图 4-16 可以看出，调节励磁回路的总电阻 R_f 可改变励磁电阻线的斜率，空载电压的稳定点相应地发生改变。当 R_f 逐渐增大时，空载电压逐渐减小；当 $R_f=R_{fr}$ 时，励磁电阻线和空载特性的直线部分相切，如图 4-16 中的曲线 3，此时的空载电压变为不稳定，电阻 R_{fr} 称为临界电阻；当 $R_f>R_{fr}$ 时，励磁电阻线和空载特性交点很低，所得电压和剩磁电动势相差无几，不能使发电机自励建压。可见，并励发电机的稳定空载电压 U_0 的大小取决于空载特性和励磁电阻线的交点 A。值得注意的是，对应不同的转速，发电机有不同的空载特性，所以也有不同的临界电阻。

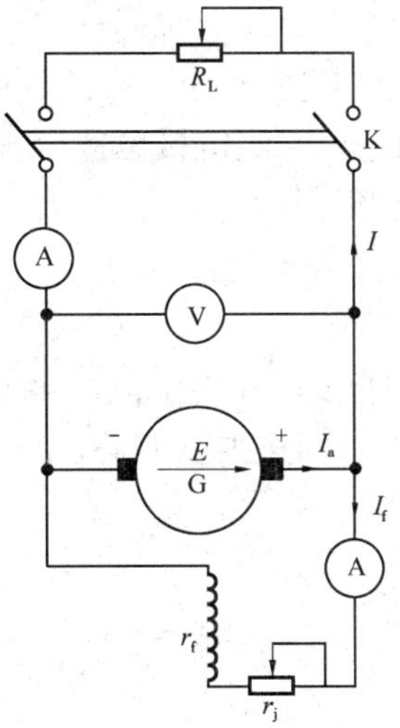

图 4-15　并励发电机接线图

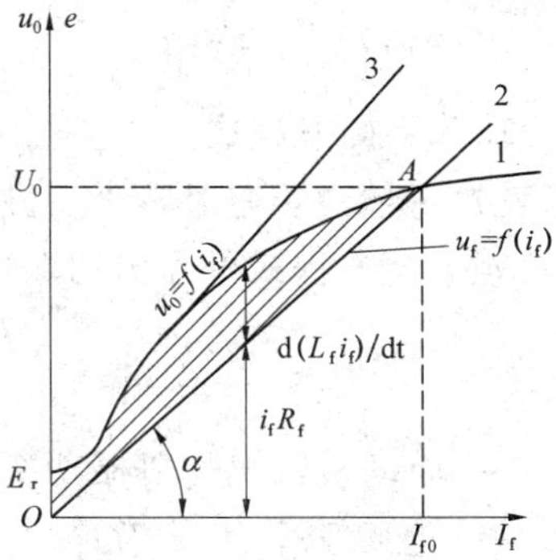

图 4-16　并励发电机的自励过程

4.2.3.2　并励直流发电机的自励磁建压的条件

并励发电机的自励磁建压必须具备以下条件，缺一不可：

(1)发电机内部必须有剩磁，这是自励磁建压的先决条件。

(2)电枢的旋转方向和励磁绕组与电枢两端的接法必须正确配合，以使励磁电流产生的磁场和剩磁方向一致。如果接法不对，只要把励磁绕组并联到电枢的两端点对调一下即可。

(3)励磁回路的总电阻必须小于与电机转速对应的临界电阻。

4.2.4 直流发电机的基本方程式

直流发电机的基本方程式主要包括直流发电机的电路系统中的电动势平衡方程式和机械系统中的转矩平衡方程式。这两种方程式综合了电机内部的电磁过程,表达了电机外部的运行特性。另外,还有功率平衡方程式。下面以并励直流发电机为例,讨论直流发电机的基本方程式。

4.2.4.1 电动势平衡方程式

当发电机的电枢旋转时,电枢绕组中将产生感应电动势 E_a,其方向由右手定则判定。

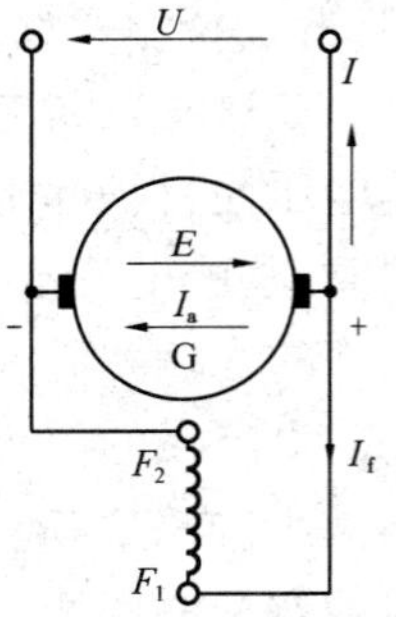

图 4-17 并励直流发电机的原理图

当并励发电机带负载时,有电枢电流 I_a 产生,其方向和电动势的方向一致,如图 4-17 所示。由于电枢回路中有各绕组的总电阻 r_a(包括电枢绕组、串励绕组、换向绕组)以及一对电刷下的接触压降 $2\Delta U_b$,如电机的端电压为 U,以 U、E_a、I_a 的实际方向为正方向,由电路定律可得到电枢回路的电动势方程式为

$$E_a = U + I_a r_a + 2\Delta U_b = U + I_a R_a \tag{4-5}$$

式中 R_a——电枢回路的总电阻,$R_a = r_a + \dfrac{2\Delta U_b}{I_a}$。

4.2.4.2 转矩平衡方程式

当电机电枢中流过电流时,产生电磁力,形成电磁转矩,其方向由左手定则判定。发电机的电磁转矩是制动转矩,其转向与原动机的拖动方向相反。当电机恒速运转时,原动机的驱动转矩 T_1 应与空载制动转矩 T_0 和电磁转矩 T 相平衡,即

$$T_1 = T + T_0 \tag{4-6}$$

4.2.4.3 功率平衡方程式

功率就是每秒内转矩对转子所做的功,机械功率就等于转矩和转子机械角速度 Ω 的乘积,由转矩平衡方程式可导出功率平衡方程式。把式(4-6)两边乘以 Ω 得

$$T_1\Omega = T\Omega + T_0\Omega \tag{4-7}$$

或

$$P_1 = P_M + p_0 \tag{4-8}$$

式中 P_1——原动机输入的机械功率,$P_1 = T_1\Omega$;

P_M——电磁功率,$P_M = T\Omega$;

p_0——发电机的空载损耗功率,$p_0 = T_0\Omega$。

另外:

$$p_0 = p_{Fe} + p_{mec} + p_{ad} \tag{4-9}$$

式中 p_{Fe}——铁耗,主要包括电枢轭部和齿部的磁滞损耗及涡流损耗,它们是由主磁通在旋转的电枢铁芯内部交变所引起的;

p_{mec}——机械损耗,包括轴承、电刷的摩擦损耗和空气摩擦损耗;

p_{ad}——附加损耗,是由于电枢的齿槽等因素引起的,因其产生的原因复杂,难以准确计算,所以通常取为额定功率的 0.5%~1%。

将式(4-5)乘以电枢电流 I_a,可得

$$\begin{aligned} P_{er} &= E_a I_a = UI_a + I_a^2 r_a + 2\Delta U_b I_a \\ &= UI + UI_f + I_a^2 r_a + 2\Delta U_b I_a \\ &= P_2 + p_{Cuf} + p_{Cua} + p_{Cub} \end{aligned} \tag{4-10}$$

由式(4-10)可以看出,从并励发电机电枢绕组获得的电功率 E_aI_a 中,去掉电枢绕组的铜耗 p_{Cua} 和电刷接触损耗 p_{Cub} 以及励磁回路的铜耗 p_{Cuf}(他励发电机的 p_{Cuf} 不包含在 P_{er} 中)之后,余下的是发电机的输出功率。所以:

$$P_1 = P_M + p_0 = P_2 + \sum p \tag{4-11}$$

式中　$\sum p$——并励直流发电机的总损耗。

并励直流发电机的功率图如图 4-18 所示。

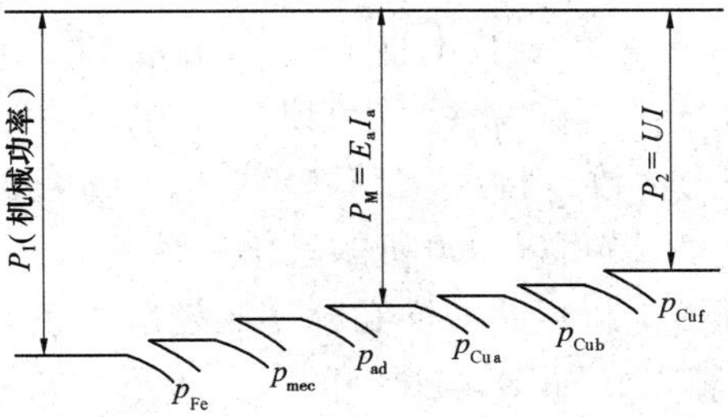

图 4-18　并励直流发电机的功率图

直流发电机的效率为

$$\eta = \frac{P_2}{P_1} \times 100\% = \frac{P_1 - \sum p}{P_1} \times 100\% = \left(1 - \frac{\sum p}{P_2 + \sum p}\right) \times 100\% \tag{4-12}$$

【例 4-1】　一台并励直流发电机的数据为 $P_N = 8$ kW,$U_N = 220$ V,$n_N = 1\ 500$ r/min,电枢回路电阻 $R_a = 0.6\ \Omega$,并励回路总电阻 $R_f = 170\ \Omega$,额定负载时电枢铁耗 $p_{Fe} = 240$ W,机械损耗 $p_{mec} = 60$ W。求:

(1)额定负载时的电磁功率和电磁转矩。

(2)额定负载时的效率。

解:(1)求 P_M 和 T:

电枢电流 $I_a = I_N + I_f = P_N/U_N + U_N/R_f = 8\ 000/220 + 220/170 = 37.66$(A)

$$P_M = E_aI_a = (U_N + I_aR_a)I_a = (220 + 37.66 \times 0.6) \times 37.66 = 9.14\text{(kW)}$$

电磁转矩 T 为

$$T = P_M/\Omega = 9\ 550P_M/n_N = 9\ 550 \times 9.14/1\ 500 = 58.19\text{(N·m)}$$

(2)额定负载时的效率:

$$\eta_N = P_N/(P_M + p_{Fe} + p_{mec}) = 8\ 000/(9\ 140 + 240 + 60) = 84.7\%$$

4.2.5　直流发电机的运行特性

直流发电机在实际运行时,其转速 $n = n_N$,此时发电机的输出端电压 U、负载电流 I 和励磁电流 I_f 这 3 个物理量之间的相互关系,称为直流发电机的运行特性。如果保持其中

的一个物理量不变,另外两个量的变化关系就表示一种运行特性。下面以他励直流发电机为例来分析这3种运行特性。

4.2.5.1 空载特性

空载特性是当发电机不带负载(电枢电流 $I=0$),转速 $n=n_N$,空载电压 U_0 和励磁电流 I_f 的关系曲线,即 $U_0=E_0=f(I_f)$。

用试验方法求取空载特性时,其接线如图4-19所示。发电机由原动机拖动,励磁电路接到外电源 U_f,调节励磁电路的电阻,使励磁电流 I_f 从零开始逐渐增加,直到电枢空载电压 $U_0=(1.1\sim1.3)U_N$。然后逐渐减小 I_f,U_0 也随着减小。但当 $I_f=0$ 时,U_0 并不等于0,其大小就是剩磁电动势,约为额定电压的25%。改变励磁电流的方向,而且逐渐增大,则空载电压由剩磁电动势减小到0后又逐渐升高,但极性相反(电压表的极性必须改接),直到 $U_0=-(1.1\sim1.3)U_N$,即可得到磁滞曲线的一半,如图4-20所示。然后根据对称的关系画出磁滞曲线的另一半,并找出整个磁滞曲线的平均曲线,如图4-20中的虚线,即为发电机的空载特性曲线。空载特性曲线的形状和电机的磁化曲线形状相似。其原因是对于已制成的电机,C_e 为常数,当转速 n 不变时,$U_0=E_a\propto\Phi$,而励磁磁动势 $F_f\propto I_f$,所以改变空载特性的坐标比例,就可表示电机的磁化曲线。

从空载特性可以判断该电机磁路的饱和程度。发电机正常运行时,额定电压位于空载特性的弯曲部分(称为膝点),如图4-20中的 c 点所示。如额定电压在 c 点以下,说明磁路未饱和,铁芯没有得到充分利用,造成了浪费,而且励磁电流稍微变化时,就会引起电动势和端电压的较大变化,使电压不稳定。如在 c 点以上,磁路过饱和,要获得额定电压就需要较多匝的励磁线圈,铜耗和用铜量都会增加,也造成了浪费。

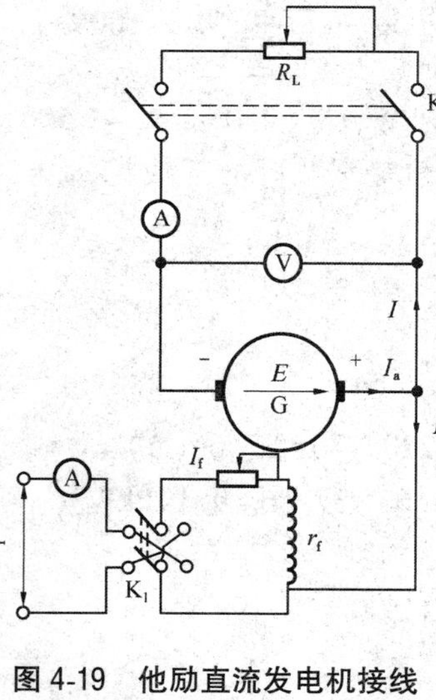

图4-19 他励直流发电机接线

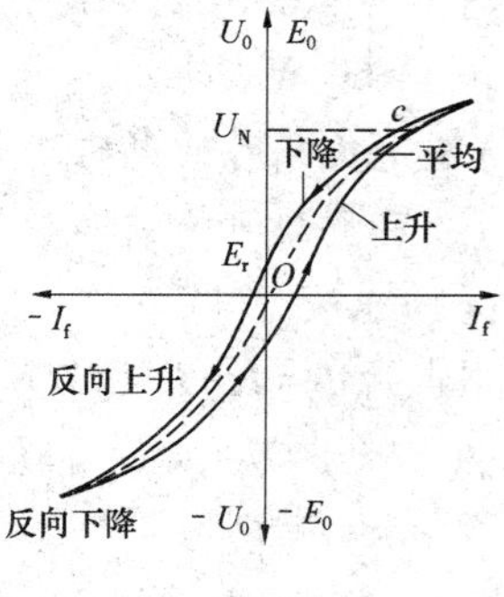

图4-20 他励发电机的空载特性曲线

顺便指出,并励和复励发电机的空载特性也可由他励的方法来求取。

4.2.5.2 外特性

他励发电机的外特性是指发电机接上负载后,在保持励磁电流不变(通常等于额定励磁电流 I_{fN})的情况下,当负载电流变化时,端电压 U 变化的规律,即当 $n=n_N$,$I_f=I_{fN}$ 时,

$U=f(I)$。该特性仍然可以由图 4-19 的线路图试验得出。闭合开关 K_2 接上负载 R_L，调节发电机的负载电流和励磁电流，使发电机运行于额定状态（$U=U_N$、$I=I_N$、$n=n_N$），此时发电机的励磁电流为额定励磁电流 I_{fN}。然后保持 I_{fN} 不变，逐步增大负载电阻，使负载电流减小，直到负载断开（$I=0$）。在每一负载下，同时测取端电压 U 和电流 I 的值，得到发电机的外特性曲线，如图 4-21 所示。从图 4-21 中可以看出，当负载电流 I 增加时，外特性曲线稍微下降，曲线上的 c 点为额定运行点。

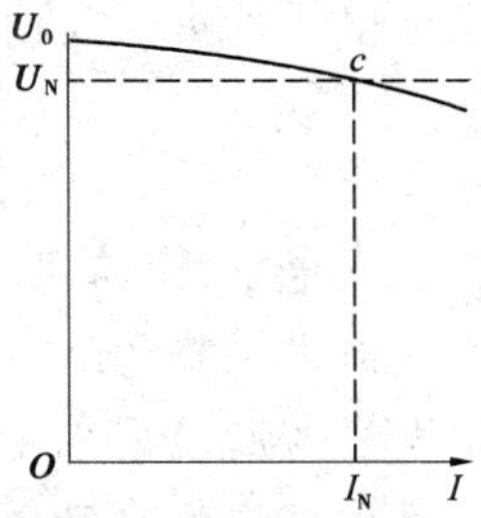

图 4-21　他励直流发电机的外特性曲线

由电动势方程 $U=E_a-I_aR_a$ 和 $E_a=C_e\Phi n$ 可知，随着负载电流的增加，引起他励发电机端电压下降的原因有两个：

(1) 发电机带负载后，电枢反应的去磁作用使气隙磁通减小，电枢感应电动势下降。

(2) 负载电流的增加引起电枢回路总电阻压降 I_aR_a 的增加。

上述两个因素大体上都随负载的增大而增大，所以当负载增加时，发电机的端电压将逐渐下降。

此外，端电压的变化程度，可用电压变化率 ΔU 来衡量。根据国家标准规定，直流发电机的电压变化率是指当 $n=n_N$、$I_f=I_{fN}$ 时，从额定负载（$U=U_N$，$I=I_N$）过渡到空载（$I=0$）时电压升高的数值与额定电压之比的百分值，即

$$\Delta U_N=\frac{U_0-U_N}{U_N}\times 100\% \tag{4-13}$$

一般他励直流发电机的 ΔU_N 为 5%～10%，可认为是恒压电源。

4.2.5.3　调整特性

调整特性是指保持发电机的端电压为定值（一般为额定值）负载变化时励磁电流的调节规律，即 $n=n_N$、$U=U_N$ 时 $I_f=f(I)$ 的关系曲线，如图 4-22 所示。

由图 4-22 中可以看出，他励直流发电机的调整特性曲线是一条上升的曲线。这是因为当励磁电流不变，负载电流增加时，发电机的端电压会降低。为了保持端电压不变，必须增加励磁电流去补偿电枢反应的去磁作用和电机内部的电阻压降，才能保持端电压不变。

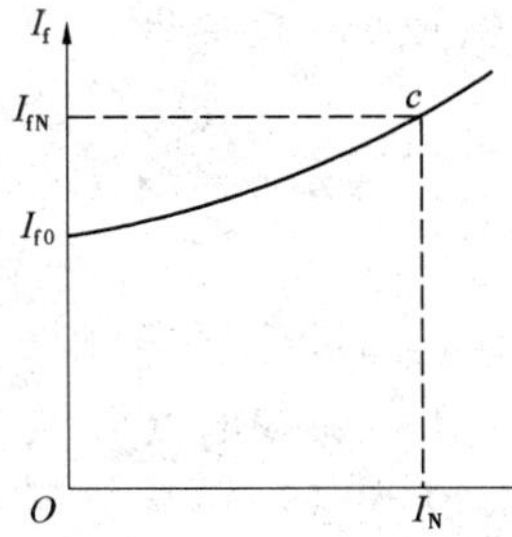

图 4-22　他励直流发电机的调整特性曲线

小　结

直流电机工作时，其电枢中产生感应电动势和电磁转矩。感应电动势指的是电刷间产生的电动势，电动机的电枢电动势为反电动势，它和外加电压及电阻压降相平衡。电磁转矩指的是电枢绕组中的载流导体在磁场中所受的电磁力对电枢轴心形成的转矩。

直流电机的电枢电动势的表达式为

$$E_a=C_e\Phi n$$

直流电机的电磁转矩的表达式为

$$T=\frac{pN}{2\pi a}\Phi I_a=C_T\Phi I_a$$

直流发电机的励磁方式是指直流发电机的电枢绕组和励磁绕组的连接方式。不同的连接方式对发电机的运行特性将产生较大的差异。按励磁绕组和电枢绕组的供电关系，直流发电机的励磁方式可分为他励、并励、串励和复励4种方式。

并励发电机的自励磁建压必须具备以下条件，缺一不可：

(1)发电机内部必须有剩磁，这是自励磁建压的先决条件。

(2)电枢的旋转方向和励磁绕组与电枢两端的接法必须正确配合，以使励磁电流产生的磁场和剩磁方向一致。如果接法不对，只要把励磁绕组并联到电枢的两端点对调一下即可。

(3)励磁回路的总电阻必须小于与电机运行转速相对应的临界电阻。

直流发电机的基本方程式主要是指直流发电机的电系统中的电动势平衡方程式和机械系统中的转矩平衡方程式。这两个方程式综合了电机内部的电磁过程，表达了电机外部的运行特性。

电枢回路的电动势方程式为

$$E_a=U+I_ar_a+2\Delta U_b=U+I_aR_a$$

转矩平衡方程式为

$$T_1=T+T_0$$

功率平衡方程式为

$$P_1=P_M+p_0=P_2+\sum p$$

直流发电机的效率为

$$\eta=\frac{P_2}{P_1}\times 100\%=\frac{P_1-\sum p}{P_1}\times 100\%=(1-\frac{\sum p}{P_2+\sum p})\times 100\%$$

直流发电机在实际运行时，其转速通常稳定在额定转速，此时发电机的端电压U、负载电流I和励磁电流I_f这3个物理量之间的相互关系，称为直流发电机的运行特性。如果保持其中的一个物理量不变，另外两个量的变化关系表示一种运行特性。直流发电机的运行特性有3种形式，分别是空载特性、外特性和调整特性。

空载特性是当发电机不带负载(电枢电流为0)，在额定转速条件下，空载电压和励磁电流的关系曲线，即$U_0=E_0=f(I_f)$。

由空载特性可以判断该电机磁路的饱和程度。发电机正常运行时，额定电压位于空载特性的弯曲部分(称为膝点)。

他励发电机的外特性是指发电机接上负载后，在保持励磁电流不变(通常等于额定励磁电流I_{fN})的情况下，负载电流变化时，端电压U变化的规律，即当$n=n_N$、$I_f=I_{fN}$时，$U=f(I)$。外特性曲线是一条稍微下降的曲线。

端电压的变化程度，可用电压变化率ΔU来衡量，$\Delta U_N=\frac{U_0-U_N}{U_N}\times 100\%$。

调整特性是指保持发电机的端电压为定值(一般为额定值),负载变化时励磁电流的调节规律,即 $n=n_N$、$U=U_N$ 时 $I_f=f(I)$ 的关系曲线,他励直流发电机的调整特性曲线是一条上升的曲线。

习　题

任务4.2在线习题

一、填空题

1. 直流发电机的电磁转矩是__________转矩,直流电动机的电磁转矩是__________转矩。

2. 并励直流发电机的励磁回路电阻和转速同时增大1倍,则其空载电压__________。

3. 直流发电机的基本方程式主要是指直流发电机的电系统中的________________和__________________________平衡方程式。

4. 直流发电机的运行特性有3种形式,分别是__________、__________和调整特性。

5. 直流发电机空载特性是当发电机不带负载(电枢电流为0),额定转速条件下,空载电压和__________的关系曲线。

二、判断题

1. 并励直流发电机转速上升20%,则空载时发电机端电压上升20%。(　　)

2. 电磁转矩和负载转矩的大小相等,则直流电机稳定运行。(　　)

3. 并励直流发电机稳态运行时短路电流很大。(　　)

4. 直流发电机中的电刷间感应电势和导体中的感应电势均为直流电势。(　　)

5. 直流发电机在电枢绕组元件中产生的是交流电动势,只是由于加装了换向器和电刷装置,才能输出直流电动势。(　　)

三、选择题

1. 直流电机励磁绕组不与电枢连接,励磁电流由独立的电源供给的电机称为(　　)电机。

A. 他励　　B. 串励　　C. 并励　　D. 复励

2. 一台并励直流发电机希望改变电枢两端正负极性,采用的方法是(　　)。

A. 改变原动机的转向

B. 改变励磁绕组的接法

C. 改变原动机的转向或改变励磁绕组的接法

3. 直流并励发电机的输出电压随负载电流的增大而(　　)。

A. 增大　　B. 降低　　C. 不变　　D. 不一定

4. 把直流发电机的转速升高20%,他励方式运行空载电压为 U_{01},并励方式空载电压为 U_{02},则(　　)。

A. $U_{01}=U_{02}$　　B. $U_{01}<U_{02}$　　C. $U_{01}>U_{02}$

5. 一台他励直流发电机,额定电压为 200 V,六极,额定支路电流为 100 A,当电枢为单叠绕组时,其额定功率为(　　);当电枢为单波绕组时,其额定功率为(　　)。

A. 20 kW　　B. 40 kW　　C. 80 kW　　D. 120 kW

四、问答题

1. 简述直流发电机的四种励磁方式。

2. 并励直流发电机在什么条件下才能自励?

3. 用什么方法能改变直流发电机电枢电动势的方向?

4. 并励直流发电机正转时能自励,反转时是否还能自励?如果把并励绕组两头互换后接在电枢上,且电枢以额定转速反转,问此时电机能否自励?

5. 引起他励发电机端电压下降的原因是什么?

6. 一台 4 极并励直流发电机的额定数据为 $P_N=20$ kW,$U_N=230$ V,$n_N=1\ 450$ r/min,电枢回路电阻 $r_{a75\ ℃}=0.15\ \Omega$,并励回路总电阻 $R_{f75\ ℃}=74.1\ \Omega$,$2\Delta U_b=2$ V,空载损耗 $p_{Fe}+p_{mec}=1$ kW,$p_{ad}=0.01P_N$。求额定负载下的电磁功率、电磁转矩和效率。

任务 4.3　直流电动机

【学习目标】

掌握直流电动机的基本方程式、直流电动机的机械特性和直流电动机的启动。了解直流电动机的改变转向、直流电动机的调速和常见故障。

本节主要介绍直流电动机的基本方程式、直流电动机的机械特性、直流电动机的启动和改变转向、直流电动机的调速和常见故障。

4.3.1　直流电动机的基本方程式

本小节介绍的直流电动机的基本方程式主要指电动势平衡方程式、转矩平衡方程式和功率平衡方程式。这 3 个方程式表达了直流电动机运行时的电磁关系和能量传递关系,可用它们来分析电动机的运行特性。下面以并励直流电动机为例,分别对各基本方程式进行讨论。

4.3.1.1　电动势平衡方程式

图 4-23 是并励直流电动机的原理图,U 是电源的输入电压,I 是输入电流,E_a 是感应电动势,I_a 是电枢电流,因为 E_a 和 I_a 是反向的,所以称 E_a 是反电动势。根据给定的参考方向可列出以下电动势平衡方程式:

$$U=E_a+I_ar_a+2\Delta U_b=E_a+I_aR_a \tag{4-14}$$

式中　r_a——电枢回路所有绕组的总电阻;

$2\Delta U_b$——正、负电刷的接触总压降;

R_a——电枢回路中所有电阻的总和,$R_a=r_a+\dfrac{2\Delta U_b}{I_a}$。

由式(4-14)可以看出,在直流电动机中 $E_a<U$,而在直流发电机中 $E_a>U$,因此可通过 E_a 和 U 的大小关系判定直流电机的运行状态。电机的运行是可逆的,同一台电机既可作发电机运行,也可作电动机运行。

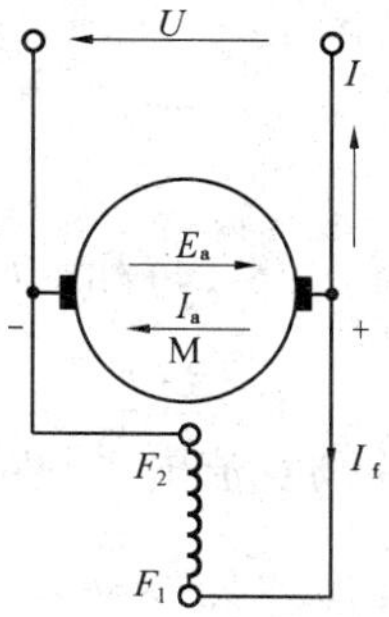

图 4-23 并励直流电动机的原理图

4.3.1.2 转矩平衡方程式

由直流电动机的工作原理可知,电磁转矩 T 是由电枢电流 I_a 与气隙磁场相互作用产生的。电动机的电磁转矩 T 是驱动转矩,它必须与轴上负载制动转矩 T_2 和空载制动转矩 T_0 相平衡,才能稳定运行,故

$$T = T_2 + T_0 \tag{4-15}$$

可见,在直流电动机中,$T>T_2$,其转向由 T_{em} 决定;而在发电机中,原动机的驱动转矩 $T_1>T$,其转向由原动机作用力矩 T_1 决定。

4.3.1.3 功率平衡方程式

对于旋转的物体来说,其功率等于每秒内转矩对旋转体所做的功,即转矩和转子的机械角速度 Ω 的乘积等于机械功率,所以由直流电动机的转矩平衡方程式可推出功率平衡方程式。把式(4-15)两边乘以 Ω 得

$$T\Omega = T_2\Omega + T_0\Omega$$

$$P_M = P_2 + p_0 \tag{4-16}$$

式中 P_M——电磁功率,$P_M = T\Omega$;

P_2——电动机轴上输出的机械功率,$P_2 = T_2\Omega$;

p_0——电动机的空载损耗功率,$p_0 = T_0\Omega$。

$$p_0 = p_{Fe} + p_{mec} + p_{ad} \tag{4-17}$$

式中 p_{Fe}——铁耗,主要包括电枢轭部和齿部的磁滞损耗及涡流损耗,它们是由主磁通在旋转的电枢铁芯内部交变所引起的;

p_{mec}——机械损耗,包括轴承、电刷的摩擦损耗和空气摩擦损耗;

p_{ad}——附加损耗,是由电枢的齿槽等因素引起的,因其产生的原因复杂,难以准确计算,所以通常取为额定功率的 0.5%~1%。

$$P_M = T\Omega = \frac{pN}{2\pi a}\Phi I_a \frac{2\pi n}{60} = E_a I_a \tag{4-18}$$

式(4-18)说明,电磁功率是电机功率与机械功率相互转换的部分,它既可表示成机械功率 $T\Omega$,也可表示成电功率 E_aI_a。

将式(4-14)变形为 $E_a = U - I_a r_a - 2\Delta U_b$

两边乘以电枢电流 I_a,可得

$$E_a I_a = UI_a - I_a^2 r_a - 2\Delta U_b I_a$$

对并励电动机而言,把 $I_a = I - I_f$ 代入上式中,可得

$$P_M = E_a I_a = UI - UI_f - I_a^2 r_a - 2\Delta U_b I_a = P_1 - p_{Cuf} - p_{Cua} - p_{Cub} \tag{4-19}$$

式中 P_1——电动机的输入电功率,$P_1 = UI$;

p_{Cua}——电枢绕组的铜耗,$p_{Cua} = I_a^2 r_a$;

p_{Cub}——电刷接触损耗,$p_{Cub}=2\Delta U_b I_a$;

p_{Cuf}——励磁绕组的铜耗,$p_{Cuf}=UI_f$。

$$P_M = P_2 + p_{mec} + p_{Fe} + p_{ad} \tag{4-20}$$

将式(4-19)和式(4-20)合并可得并励直流电动机的功率平衡方程式为

$$P_1 = p_{Cua} + p_{Cub} + p_{Cuf} + p_{mec} + p_{Fe} + p_{ad} + P_2 = P_2 + \sum p \tag{4-21}$$

并励直流电动机的功率图如图4-24所示。

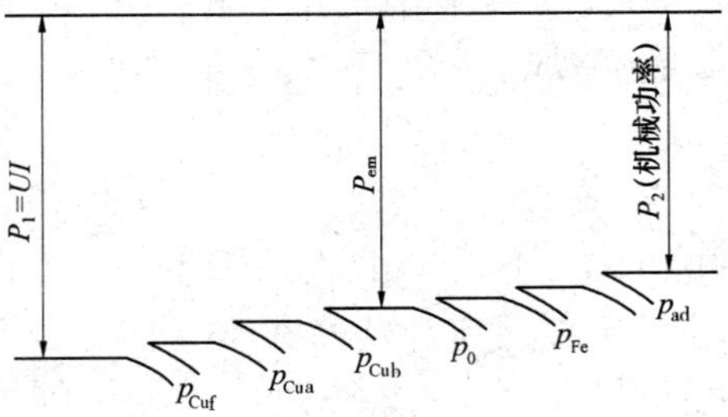

图4-24 并励直流电动机的功率图

直流电动机的效率为

$$\eta = \frac{P_2}{P_1}\times 100\% = \frac{P_1 - \sum p}{P_1}\times 100\% = \left(1 - \frac{\sum p}{P_2 + \sum p}\right)\times 100\% \tag{4-22}$$

【例4-2】 一台并励直流电动机,其额定电压 $U_N=220$ V,额定电流 $I_N=80$ A,电枢电阻 $r_a=0.01\ \Omega$,电刷接触压降 $2\Delta U_b=2$ V,励磁回路总电阻 $R_f=110\ \Omega$,附加损耗 $p_{ad}=0.01P_N$,效率 $\eta_N=85\%$,额定转速 $n_N=1\ 000$ r/min,求:

(1)额定输入功率 P_1、额定输出功率 P_2。

(2)总损耗 $\sum p$ 和 $p_{Fe}+p_{mec}$。

(3)电磁功率和电磁转矩。

解:(1)额定输入功率 $P_1=U_N I_N=220\times 80=17\ 600$(W)

额定输出功率 $P_2=P_1\eta_N=17\ 600\times 85\%=14\ 960$(W)

(2)总损耗 $\sum p=P_1-P_2=17\ 600-14\ 960=2\ 640$(W)

因为额定功率 $P_N=P_2$,所以附加损耗 $p_{ad}=0.01P_N=0.01P_2=0.01\times 14\ 960=149.6$(W)

额定励磁电流 $I_{fN}=U_N/R_f=220/110=2$(A)

额定电枢电流 $I_{aN}=I_N-I_{fN}=80-2=78$(A)

$$p_{Cua}=I_{aN}^2 r_a=78^2\times 0.01=60.84\text{(W)}$$

$$p_{Cub}=2\Delta U_b I_{aN}=2\times 78=156\text{(W)}$$

$$p_{Cuf}=U_N^2/R_f=220^2/110=440\text{(W)}$$

$$p_{Fe}+p_{mec}=\sum p-p_{ad}-p_{Cua}-p_{Cub}-p_{Cuf}=2\ 640-149.6-60.84-156-440=1\ 833.56\text{(W)}$$

(3)电磁功率 $P_M=P_1-p_{Cua}-p_{Cub}-p_{Cuf}=17\ 600-60.84-156-440=16\ 943.16$(W)

$$\Omega=2\pi n/60=2\pi\times 1\ 000/60=104.72(\mathrm{rad/s})$$

电磁转矩　　$T=P_M/\Omega=16\ 943.16/104.72=161.79(\mathrm{N\cdot m})$

4.3.2　直流电动机的机械特性

机械特性是指直流电动机的电枢电压 U_N、励磁电流 I_f 和电枢回路电阻 R_a+R_j（R_j 为电枢回路所串电阻）均为定值时，$n=f(T)$ 的关系曲线。因为转速和转矩都是机械量，所以把它称为机械特性。将 $U=U_N$、$I_f=I_{fN}$、$R_j=0$ 时的机械特性称为固有机械特性，此特性是电动机自然固有的，能反映电动机的本来面目。改变上面 3 个量中的其中一个所得的机械特性，叫作人为机械特性。机械特性是直流电动机的一个重要特性。

4.3.2.1　并励直流电动机的机械特性

把 $E_a=C_e\Phi n$ 代入 $U=E_a+I_aR_a$，可得到直流电动机的转速特性：

$$n=\frac{U-I_aR_a}{C_e\Phi} \tag{4-23}$$

把 $I_a=T/C_T\Phi$ 代入式(4-23)，可得并励电动机的机械特性为

$$n=\frac{U}{C_e\Phi}-\frac{R_a}{C_eC_T\Phi^2}T_{em} \tag{4-24}$$

如在电枢回路中并联一电阻 R_j，有

$$n=\frac{U}{C_e\Phi}-\frac{R_a+R_j}{C_eC_T\Phi^2}T_{em} \tag{4-25}$$

当不考虑电枢反应的影响时，励磁电流 I_f 为定值，则 Φ 为常数，所以机械特性曲线是一条直线。式(4-25)又可表示为

$$n=n_0-\beta T_{em} \tag{4-26}$$

式中　n_0——理想空载转速，$n_0=\dfrac{U}{C_e\Phi}$；

β——机械特性的斜率，$\beta=\dfrac{R_a+R_j}{C_eC_T\Phi^2}$。

1. 固有机械特性

在固有机械特性条件下，$n_0=\dfrac{U_N}{C_e\Phi}$，$\beta=\dfrac{R_a}{C_eC_T\Phi^2}$，固有机械特性是一条略向下倾斜的直线，如图 4-25(a)所示的曲线 1。由于 R_a 值很小，特性斜率 β 值很小，通常 βT 值只有 n_0 值的百分之几到百分之十几，所以固有机械特性又称硬特性。

2. 人为机械特性

1）电枢串电阻时的人为机械特性

保持 $U=U_N$、$I_f=I_{fN}$ 不变，在电枢回路串入电阻 R_j，这时与固有机械特性相比，n_0 没变，k 随 R_j 的增加而增加，n 随 T 的增加而很快下降，并且 R_j 越大，特性曲线下降越快，如图 4-25(a)所示的特性曲线 1、2、3、4，它们对应的串联电阻分别为 $R_{j1}=0$、R_{j2}、R_{j3}、R_{j4}，且依次增大。可以看出，随着 R_j 的加大，特性变软。

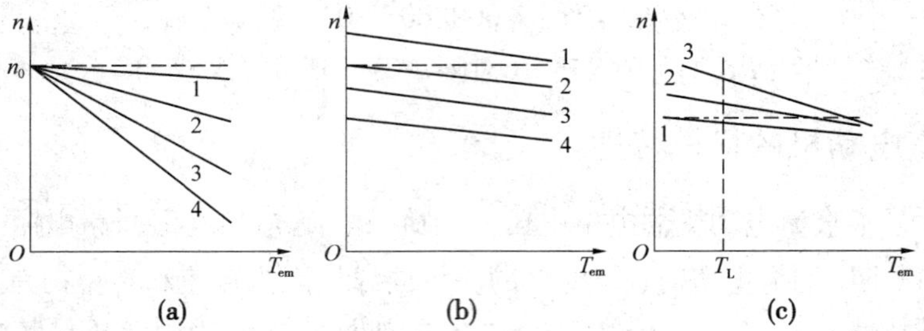

图 4-25 并励直流电动机的机械特性

2)减小电枢电压时的人为机械特性

保持 $I_f=I_{fN}$、$R_j=0$ 不变,改变 U 的取值,这时电动机变为他励,励磁电流不受 U 变化的影响。当 U 的取值不同时,机械特性的斜率不变,只是 n_0 随 U 的减小而减小,可得到一组平行的人为机械特性,如图 4-25(b)所示的特性曲线 1、2、3、4,它们对应的电枢电压分别为 U_1、$U_2=U_N$、U_3、U_4,且依次减小。

3)减小励磁电流时的人为机械特性

保持 $U=U_N$、$R_j=0$ 不变,改变励磁回路调节电阻 r_j,励磁电流也跟着变化,磁通 Φ 也就改变了。如励磁电流 I_f 变为 I_{f1},且 $I_{f1}<I_{fN}$,即 $\Phi_1<\Phi_N$,特性曲线的斜率和 n_0 均会发生改变。I_f 越小,n_0 越大,直线斜率 k 也越大,故改变励磁电流 I_f 得到一组特性较“软”的人为特性曲线,如图 4-25(c)所示的特性曲线 1、2、3,它们对应的励磁电流分别为 $I_{f1}=I_{fN}$、I_{f2}、I_{f3},且依次减小。

需要说明的是,电机在额定运行时,磁路已饱和,所以增大励磁电流,磁通不会明显加大,而且励磁电流太大,容易烧坏励磁绕组,所以只能通过减小励磁电流来改变直流电机的机械特性。

当负载较小时,电动机的电磁转矩不是很大,由图 4-25(c)可以看出,电动机转速随磁通的减小而升高,当负载转矩很大时,电动机的转速随磁通的减小而减小,但是这时的电枢电流已经太大,电动机不允许在这么大的电流下工作。所以,可认为,实际工作中的电动机的转速随磁通的减小而升高。

在前面两种人为机械特性中,因为磁通保持不变,电磁转矩和电流成正比,所以机械特性曲线 $n=f(T)$ 和转速特性曲线 $n=f(I_a)$ 的形状是一样的。可是减小磁通的人为特性,磁通是变化的,机械特性曲线和转速特性曲线就不一样了,其转速特性曲线如图 4-26 所示。它们是一组通过横坐标上某点 I_1 的直线,直线 1 对应的磁通为额定磁通 Φ_N,直线 2、3 对应的磁通是依次减小的。可见,磁通越小,转速特性越软。

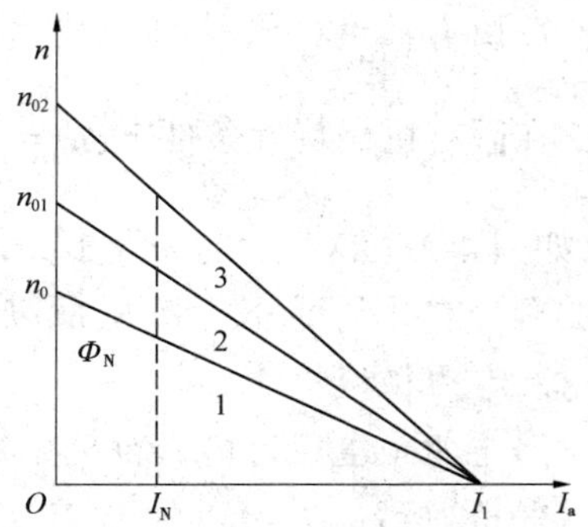

图 4-26 转速特性曲线

4.3.2.2 串励直流电动机的机械特性

串励电动机中,因为 $I_f=I_a$,所以随着负载的变化,气隙磁通变化较大,对应的机械特性也有显著变化。分两种情况进行如下讨论：

(1)当电机所带负载低于额定负载时，电机的磁路处于不饱和状态，气隙磁通 Φ 和电枢电流 I_a 成正比，即 $\Phi=CI_a$（C 为比例常数），故

$$T_{em}=C_T\Phi I_a=C_TCI_a^2 \tag{4-27}$$

可得

$$I_a=\sqrt{\frac{T_{em}}{C_TC}} \tag{4-28}$$

将式(4-28)和 $\Phi=CI_a$ 代入转速公式(4-25)中，则可以推导出串励电动机的机械特性为

$$n=\frac{U}{C_e\sqrt{\frac{C}{C_T}T_{em}}}-\frac{R_a+R_j}{C_eC} \tag{4-29}$$

所以磁路不饱和时，串励电动机的机械特性为双曲线，这是轻负载的情况。当负载增加时，转速 n 将很快下降。

(2)如果电动机所带负载远大于额定负载时，磁路处于饱和状态，可认为磁通 Φ 为定值，令 $\Phi=C_1$，则

$$I_a=\frac{T_{em}}{C_TC_1} \tag{4-30}$$

把式(4-30)代入转速特性公式中可得

$$n=\frac{U}{C_eC_1}-\frac{R_a+R_j}{C_eC_TC_1^2}T_{em} \tag{4-31}$$

此时电动机的机械特性是一条直线，随电磁转矩 T_{em} 的增加，转速 n 下降缓慢。

综上所述，当电磁转矩小于额定值时，电动机的机械特性为软特性；当电磁转矩超过额定值以后，电动机的机械特性变为一条硬度较大的缓慢下降的直线，不再是双曲线了。当 R_j 取不同值时，电动机的机械特性如图 4-27 所示，当 $R_j=0$ 时为固有机械特性曲线，$0<R_{j1}<R_{j2}$。

需要说明的是，复励电动机的机械特性介于并励电动机和串励电动机的机械特性之间。

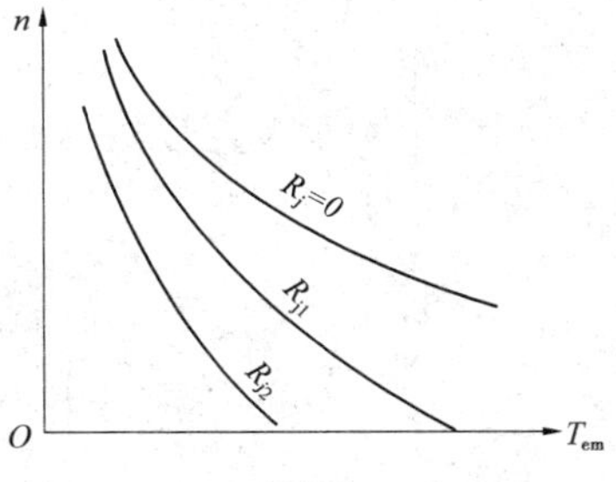

图 4-27　串励直流电动机的机械特性

4.3.3　直流电动机的启动和改变转向

4.3.3.1　直流电动机的启动

启动是指直流电动机接通电源，转子由静止开始加速直到稳定运转的过程。电动机在启动瞬间的电枢电流叫作启动电流，用 I_{st} 表示。启动瞬间产生的电磁转矩称为启动转矩，用 T_{st} 表示。

直流电动机启动的一般要求如下所述：

(1)启动转矩要足够大，以便带动负载，缩短启动时间。

(2)启动电流要限制在一定的范围内,避免对电机及电源产生危害。

(3)启动设备要简单、可靠。

直接启动、电枢串变阻器启动和降压启动是直流电动机的 3 种启动方法。下面以并励电动机为例分别说明如下。

1. 直接启动

直接将直流电动机接到额定电压的电源上启动,叫直接启动(实际就是全压启动),如图 4-28 所示。启动时,应先将并励绕组通电,后接入电枢回路,因此必须先合上开关 K_1,并调节励磁电阻,使励磁电流达到最大。磁场建立后,再闭合 K_2,将额定电压直接加在电枢绕组上,电机开始启动。在电动机启动瞬间,$n=0$,$E_a=C_e\Phi n=0$,这时启动电流为

$$I_{st}=\frac{U}{R_a} \tag{4-32}$$

启动转矩为

$$T_{st}=C_T\Phi I_{st} \tag{4-33}$$

直接启动过程中,i_a 和 n 随时间的变化情况如图 4-29 所示。刚开始启动时,电流 i_a 和电磁转矩 T 上升很快,当 $T>T_0$(空载转矩)时,电动机开始转动,同时产生反电动势 e。随着转速的上升,反电动势不断增大,电流上升减慢,达到最大值 I_{st} 后就开始下降,转矩随之减小,此后转速上升缓慢。当 $T=T_0$ 时,转速稳定不变,电流也保持为空载电流 I_{a0},启动过程完成。

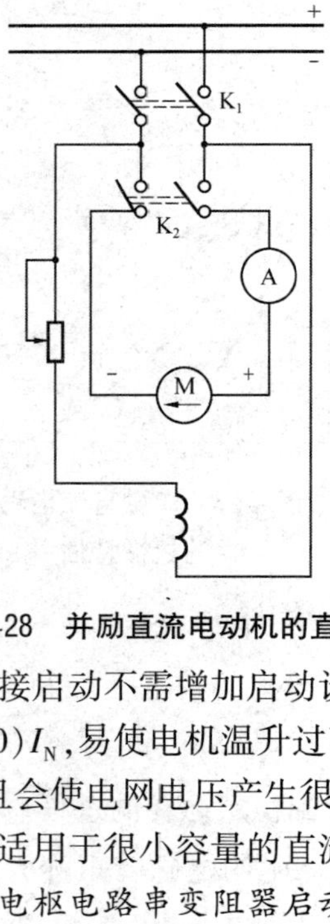

图 4-28 并励直流电动机的直接启动

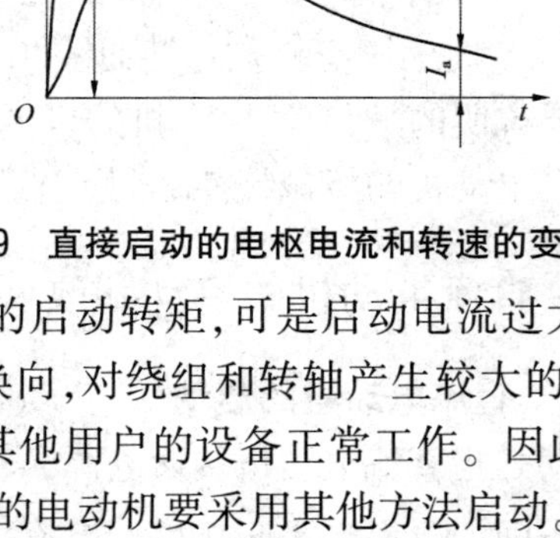

图 4-29 直接启动的电枢电流和转速的变化曲线

直接启动不需增加启动设备,操作方便,有大的启动转矩,可是启动电流过大,达到 $(10\sim20)I_N$,易使电机温升过高,不利于电机自身换向,对绕组和转轴产生较大的机械冲击,并且会使电网电压产生很大波动,影响电网上其他用户的设备正常工作。因此,直接启动只适用于很小容量的直流电动机,对较大容量的电动机要采用其他方法启动。

2. 电枢电路串变阻器启动

电枢电路串变阻器启动就是启动时在电枢电路串入启动电阻 R_{st}(可变电阻)以限制启动电流,随着转速的上升,逐步逐级切除变阻器。

启动电流为

$$I_{st} \approx \frac{U_N}{R_a + R_{st}} = \frac{U_N}{R_1} \tag{4-34}$$

式中 R_1——启动时第一级电枢回路的总电阻。

为保证有较大的启动转矩,缩短启动时间,启动电流被限定在一定的范围内,一般取 $I_{st}=(1.3\sim1.6)I_N$。

在开始启动时,启动电流最大。随着电动机转速的升高,反电动势逐渐变大,启动电流逐渐变小,当下降到规定的最小值时,将启动电阻切除一级,启动电流又回升到最大值,依次按电流的变化切除其他级电阻,完成电动机的启动过程。启动电阻的级数越多,启动过程就越平稳,但设备投资增加。

对小容量的直流电动机,常用三点启动器,如图4-30所示。启动时,手柄置于触点1上(不用时处于0位置),接通励磁电源的同时,在电枢回路串入全部电阻,开始启动电机。移动手柄,每过一个触点,即切除一级电阻,当手柄移到最后一个触点5时,电阻全部切除,启动手柄被电磁铁吸住。如果电机工作过程中停电,和手柄相连的弹簧可将其拉回到启动前的0位置,起到保护作用。

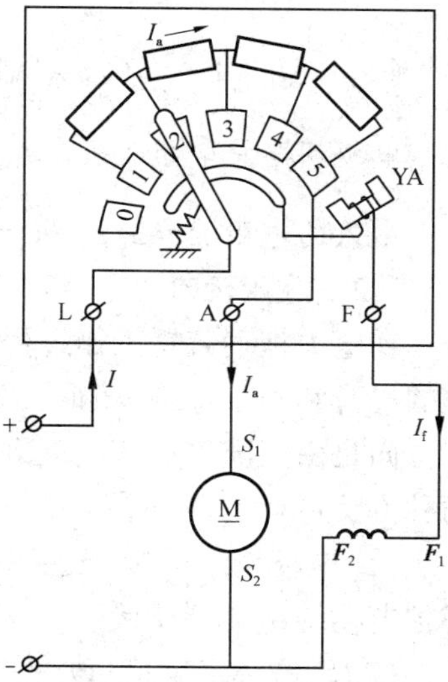

图4-30 三点启动器的原理图

串变阻器启动所需设备不多,但较笨重,能量损耗大,在中小型直流电动机启动中应用广泛。大型电机中常用降压启动。

3. 降压启动

降低电压可有效地减小启动电流,因为 $I_{st}=\dfrac{U}{R_a}$。当直流电源的电压能调节时,可以对电动机进行降压启动。刚启动时,启动电流较小。随着电机转速的升高,反电动势逐渐加大,这就需要逐渐升高电源电压,保持启动电流和启动转矩的数值基本不变,使电动机转速按需要的加速度上升,满足启动时间的需要。

直流的发电机-电动机组通常作为可调压的直流电源,也就是用一台直流发电机给一台直流电动机供电。通过调节发电机的励磁电流,改变发电机的输出电压,从而改变电动机电枢的端电压。如今,晶闸管技术高度发展,晶闸管整流电源正逐步取代直流发电机。

降压启动的优点是启动电流小,能耗小,启动平稳;缺点是需要专用电源,设备投资较大。因而,降压启动多用于容量较大的直流电动机。

【例4-3】 一台他励直流电动机的额定值为 $U_N=440$ V,$I_N=76.2$ A。电枢电阻 $R_a=0.393\ \Omega$。求:

(1)电动机直接启动时启动电流与额定电流的比值。

(2)如采用串电阻启动,启动电流为1.5倍的额定电流,应在电枢电路串入多大的电阻?

解:(1)直接启动时的启动电流 $I_{st}=\dfrac{U_N}{R_a}=\dfrac{440}{0.393}=1\ 119.59(A)$

启动电流和额定电流的比值 $\dfrac{I_{st}}{I_N}=\dfrac{1\ 119.59}{76.2}=14.69$

(2)$1.5I_N=1.5\times76.2=114.3(A)$

电枢回路总电阻为 $R_a+R_j=\dfrac{U_N}{1.5I_N}=\dfrac{440}{114.3}=3.85(\Omega)$

串入的电阻 $R_j=3.85-R_a=3.85-0.393=3.457(\Omega)$

4.3.3.2　改变转向

在电力拖动装置工作过程中,由于生产的要求,常常需要改变电动机的转向。如起重机的提升和下放重物、轧钢机对工件的来回碾压、龙门刨的往复动作等。直流电动机的旋转方向是由气隙磁场和电枢电流的方向共同决定的。所以,改变电动机转矩方向有以下两种方法:

(1)电枢绕组反接(改变电枢电流的方向)。实际操作就是改变电枢两端的电压极性或把电枢绕组两端反接。

(2)励磁绕组反接(改变气隙磁场的方向)。实际操作就是改变绕组两端的励磁电压的极性或把绕组两端反接。

如果同时改变励磁磁场和电枢电流的方向,电动机的转向不会改变。由于励磁绕组匝数较多,电感较大,反向励磁的建立过程缓慢,从而使反转过程不能迅速进行,所以通常多采用反接电枢绕组的方法。如果电动机正转时转矩和转速的方向为正,反转时转矩和转速的方向为负,那么电动机反转后的机械特性应在第三象限内。

4.3.4　直流电动机的调速

为了提高生产效率和保证产品质量,并符合生产工艺,要求生产机械在不同的情况下有不同的工作速度,这种人为地改变和控制机组转速的方法叫作调速。例如车床在工作时,低转速用来粗加工工件,高转速用来精加工工件;又如电车,进出站时的速度要慢,正常行驶时的速度要快。

值得注意的是,由负载变化引起的转速变化和调速是两个不同的概念。负载变化引起的转速变化是自然进行的,直流电动机工作点只在一条机械特性曲线上变化。而调速是人为地改变电气参数,使电机的运行点由一条机械特性转变到另一条机械特性上,从而在某一负载下得到不同的转速,以满足生产需要。所以,调速方法就是改变电动机机械特性的方法。

取并励直流电动机拖动恒转矩负载为研究对象,由 $n=\dfrac{U}{C_e\Phi}-\dfrac{R_a+R_j}{C_eC_T\Phi^2}T_{em}$ 可以看出,有以下3种调速方法:电枢回路串电阻调速、改变电枢端电压调速、改变励磁电流调速。现分别介绍如下。

4.3.4.1　电枢回路串电阻调速

用图4-31来说明电枢回路串电阻调速的原理和过程。其中,直线1是直流电动机的固有机械特性,直线 2 为串入 R_{j1} 后的人工机械特性,直线 3 为串入 R_{j2} 后的人工机械特性,直线 4 是负载的机械特性。假设直流电动机拖动的是恒转矩负载 T_L,运行于直线 1 上的 A 点,其转速为 n_N。当电枢回路串入电阻 R_{j1},并稳定运行于人工机械特性上的 B 点后,转速下降为 n_1。R_j 的值越大,稳定转速越低。电流 i_a 和转速 n 随时间的变化规律如图 4-32 所示。

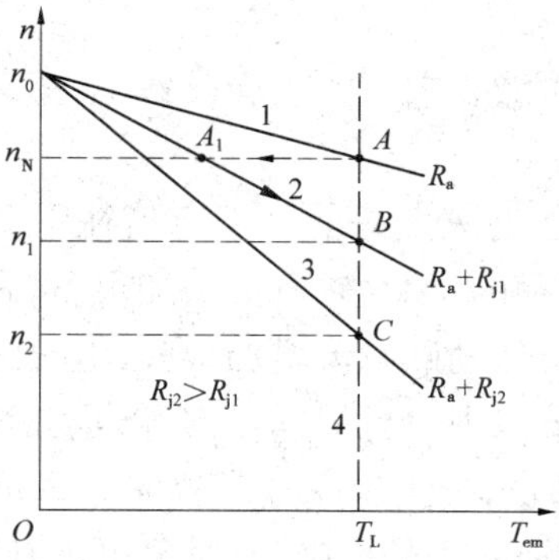

图 4-31 电枢回路串电阻调速

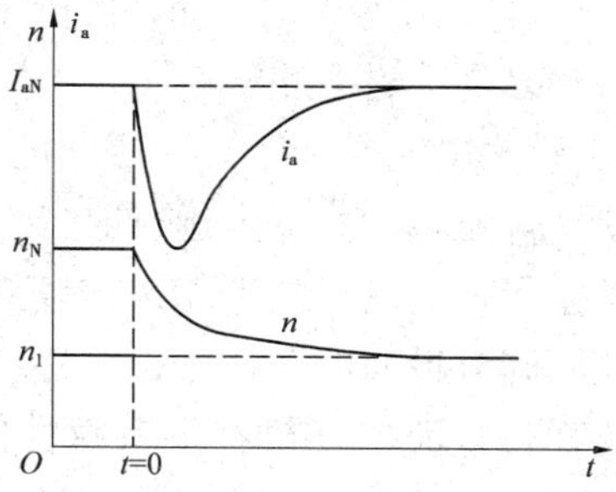

图 4-32 恒转矩负载时的电枢串电阻调速

直流电动机的具体调速过程如下:运行于 A 点的直流电动机,其电磁转矩 $T=T_L$,转速为 n_N,串入电阻 R_{j1} 后,机械特性变为直线 2,由于串入电阻的瞬间,电机的转速不变,故反电动势不变,此时电枢电流 I_a 和电磁转矩会减小,工作点平移到 A_1 点,相应的电磁转矩 $T<T_L$,所以电动机的转速开始减小,反电动势 E_a 减小,而 I_a 和 T 要增大,则工作点沿直线 2 由 A_1 移到 B 点,此时 $T=T_L$,电机以转速 n_1 工作在新的平衡点。

电枢回路串电阻调速的优点是设备简单,操作方便,调速电阻可兼作启动电阻。缺点是 R_j 上电流较大,能量损耗大,效率低,而且转速越低,串入的电阻越大,损耗就越大,效率越低。所以,电枢串电阻调速多用于对调速性能要求不高的生产机械上,如电动机车、吊车等。

4.3.4.2 改变电枢端电压调速

此种方法只能降低电枢端电压调速,因为电动机的工作电压是不允许超过额定值的。调速的原理可用图 4-33 来表示。调速过程中的电流和转速随时间的变化与图 4-32 相似。

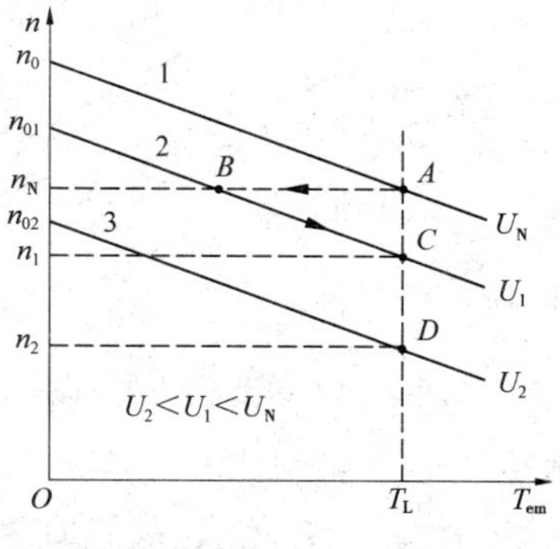

图 4-33 改变电枢端电压的调速原理

当电源电压为额定值时,电动机带额定负载 T_L 运行于固有特性直线 1 上的 A 点,对应的转速是 n_N。现将电源电压下调,工作点移到人工机械特性曲线上的 C 点,转速减小为 n_1,如继续降低电压,则机械特性曲线和工作点继续下移。

降压调速的具体过程分析如下:直流电动机在 A 点稳定运行时,电磁转矩 $T=T_L$,转速为额定转速 n_N。电压下调后,机械特性变为直线 2。因为降压瞬时电机的转速不变,所以反电动势不变。根据直流电动机电动势平衡方程式可知,I_a 和 T 会很快减小,工作点左移到 B 点。而 B 点对应的 $T<T_L$,电动机转速 n 下降,E_a 变小,而 I_a 和 T 增大,工作点由 B

点沿直线2移到C点,此时$T=T_L$,电动机以转速n_1稳定运行。

如电压平滑变化,可得到平滑调速,实现无级调速。调压调速的调速范围宽,能耗小。其缺点是需要专用电源,设备投资大。

发电机-电动机组是早期的调压调速设备,启动和调速都比较平滑,能耗小,操作方便,易于反转,调速范围宽。其缺点是系统容量大,投资大,机组运转噪声大,所以现在已被晶闸管-直流电动机系统取代。

调压调速系统常用于轧钢机、机床等对调速性能要求高的生产设备。

4.3.4.3 改变励磁电流调速

改变励磁电流是为了改变磁通的大小,而磁通的改变只能从额定值往下调。原因有两点:一是直流电动机额定运行时,磁路基本是饱和的,如励磁电流增加很多,磁路会过饱和,这样会影响电动机的性能;二是磁路饱和后,虽然励磁电流增加很多,但磁通的增量很少。所以,调节磁通的调速就是弱磁调速。其调节原理可根据图4-34分析如下。

调速前,直流电动机在固有特性曲线1(此时的磁通为Φ_N)上的A点带恒转矩负载T_L稳定运行,转速为额定转速n_N。现在增大励磁回路中的电阻,则励磁电流减小,磁通减小到Φ,电动机的机械特性曲线变为直线2。励磁电流变化的瞬间,转速保持不变,反电动势E_a随磁通Φ的降低而减小,则电枢电流I_a增大,因为I_a的变化比Φ的减小要显著,所以电磁转矩总体上是增大的,这就使工作点右移到B点,此处有$T>T_L$,电动机加速旋转,n不断上升,E_a随之增大,I_a和T减小,工作点沿直线2上移到C点,此时有$T=T_L$,电动机处于新的平衡状态,以转速n_1稳定运行,从而达到调速的目的。如继续减小励磁电流到某值,电动机会以另一较高速度稳定运行。调速过程中电流和转速的变化如图4-35所示。

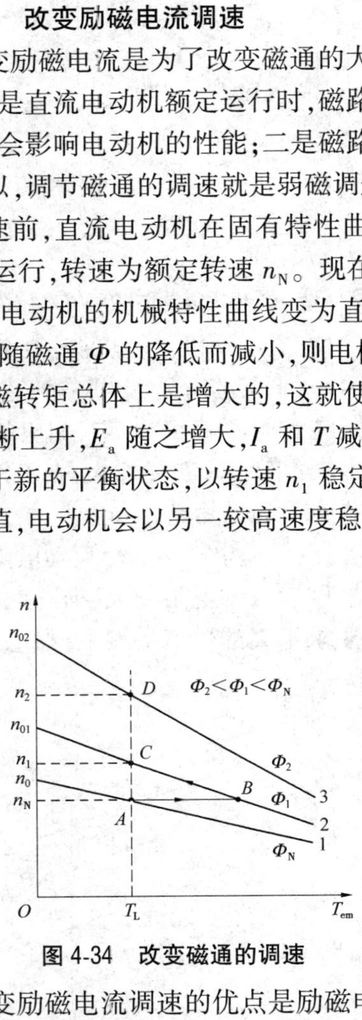

图4-34 改变磁通的调速

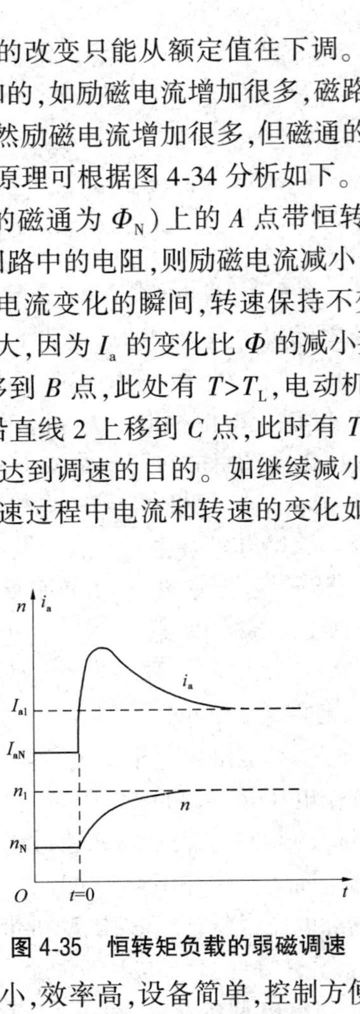

图4-35 恒转矩负载的弱磁调速

改变励磁电流调速的优点是励磁电流小,能耗小,效率高,设备简单,控制方便。但在T一定时,Φ减小,I_a增大,故不宜将Φ减小过多。但对恒功率负载而言,Φ减小,n增高,T减小,I_a变化不大,故此方法适用于此类负载。

【例4-4】 一台他励直流电动机,$P_N=29$ kW,$U_N=440$ V,$I_N=76.2$ A,$n_N=1\ 050$ r/min,$R_a=0.393\ \Omega$。电动机带额定恒转矩负载运行,如果负载不变,且认为磁路是不饱和的,试求:

(1)电枢电路串入1.533 Ω的电阻后,电机的稳定转速。

(2)电枢电路不串电阻,降低电枢电压至 220 V 后,电机的稳定转速。

(3)电枢电路不串电阻,减小磁通至额定磁通的 90%后,电机的稳定转速。

解:当电动机带额定负载运行时:

$$C_e\Phi_N=\frac{U_N-I_NR_a}{n_N}=\frac{440-76.2\times0.393}{1\ 050}=0.391$$

(1)电枢电路串入电阻后,因为带恒转矩负载,所以电动机的电磁转矩不变。另外,因是他励电机,故磁通不变,仍为 Φ_N,那么由公式 $T=C_T\Phi I_a$ 可知电枢电流不变,仍为 I_N。通过分析可求电机的稳定转速为

$$n=\frac{E}{C_e\Phi_N}=\frac{U_N-I_N(R_a+R_j)}{C_e\Phi_N}=\frac{440-76.2\times(0.393+1.533)}{0.391}=750(\mathrm{r/min})$$

(2)降低电枢电压至 220 V 后,电机的稳定转速为

$$n=\frac{U-I_NR_a}{C_e\Phi_N}=\frac{220-76.2\times0.393}{0.391}=486(\mathrm{r/min})$$

(3)因为负载不变,所以电动机的电磁转矩不变,则有

$$C_T\Phi_NI_N=C_T\Phi I_a$$

可得

$$I_a=\frac{\Phi_N}{\Phi}I_N=\frac{\Phi_N}{0.9\Phi_N}\times76.2=84.67(\mathrm{A})$$

那么

$$n=\frac{U_N-I_aR_a}{C_e\Phi}=\frac{440-84.67\times0.393}{0.9\times0.391}=1\ 156(\mathrm{r/min})$$

小　结

直流电动机的电枢绕组和气隙磁场发生相对运动产生感应电动势;气隙磁场和电流相互作用产生电磁转矩。两者都是机电能量变换的要素,感应电动势 $E_a=C_e\Phi_N$;电磁转矩 $T=C_T\Phi I_a$。

电机运行是可逆的,同一台电机既可作发电机运行,也可作电动机运行,其差别是能量转换方向不同。判断直流电机运行状态的准则为:发电机运行时 $E_a>U$,因而 I_a 与 E_a 同方向,T 起制动作用,将机械能变成电能。而电动机运行时 $E_a<U$,因而 I_a 与 E_a 反向,T 起拖动作用,将电能变成机械能。直流电动机的基本方程式归纳如下:

电动势　$U=E_a+I_aR_a$

转　矩　$T=T_2+T_0$

功　率　$P_1=P_M+p_{Cua}+p_{Cub}+p_{Cuf}$

$P_M=T\Omega=P_2+p_{Fe}+p_{mec}+p_{ad}$

$P_2=T_2\Omega$

由基本方程式可分析直流电机的特性及进行定量计算。

机械特性是电动机运行中很重要的特性,它反映了电动机最重要的两个物理量——转速和转矩之间的关系,由此可以了解电动机与已知负载的机械特性是否匹配、整个机组能否稳定运行。将 $U=U_N$、$I_f=I_{fn}$、$R_j=0$ 时的机械特性称为固有机械特性,此特性是电动

机自然具有的,能反映电动机的本来面目。改变上面3个量中的一个所得的机械特性,叫作人为机械特性。

启动、调速、制动是直流电动机使用中不可避免的过程。为了保证启动电流不超过允许值和启动转矩不低于所需值,一般采用在电枢回路串变阻器启动或降压启动的方法。在宽广范围内平滑而经济地调速是直流电动机的突出优点。改变电动机的端电压、在电枢回路串电阻和改变励磁电流均可改变电动机的机械特性,所以常用的调速方法有电枢回路串电阻调速、改变电枢端电压调速、改变励磁电流调速。

在电力拖动装置工作过程中,由于生产的要求,常常需要改变电动机的转向。改变电动机转矩方向有两种方法:电枢绕组反接和励磁绕组反接。

习　题

任务4.3在线习题

一、填空题

1. 一台并励直流电动机,如果电源电压和励磁电流 I_f 不变,当加上一恒定转矩的负载后,发现电枢电流超过额定值,有人试在电枢回路中接一电阻来限制电流,此方法________。串入电阻后,电动机的输入功率 P_1 将________,电枢电流 I_a ________,转速 n 将________,电动机的效率 η 将________。

2. 一台并励直流电动机拖动恒定的负载转矩,做额定运行时,如果将电源电压降低了20%,则稳定后电机的电流为________倍的额定电流(假设磁路不饱和)。

3. 直流发电机的电磁转矩是________转矩,直流电动机的电磁转矩是________转矩。

4. 直流电动机调速时,在励磁回路中增加调节电阻,可使转速________,而在电枢回路中增加调节电阻,可使转速________。

5. 当保持并励直流电动机的负载转矩不变,在电枢回路中串入电阻后,则电机的转速将________。

二、判断题

1. 他励直流电动机在固有特性上弱磁调速,只要负载不变,电动机转速升高。(　　)

2. 他励直流电动机降低电源电压调速与减小磁通调速都可以做到无级调速。(　　)

3. 启动直流电动机时,励磁回路应与电枢回路同时接入电源。(　　)

4. 直流电动机调节励磁回路中的电阻值,电动机的转速将降低。(　　)

5. 要改变直流电动机的转向,只要同时改变励磁电流方向及电枢电流的方向即可。(　　)

三、选择题

1. 直流电动机除极小容量外,不允许(　　)启动。

A. 降压　　B. 全压　　C. 电枢回路串电阻　　D. 降低电枢电压

2. 直流电动机采用电枢回路串变阻器启动时,将启动电阻(　　)。

A. 由大往小调　　B. 由小往大调　　C. 不改变其大小　　D. 不一定向哪个方向调

3. 改变直流电动机的电源电压进行调速,当电源电压降低时,其转速(　　)。

A. 升高　　B. 降低　　C. 不变　　D. 变化不确定

4. 能耗制动时,直流电动机处于(　　)。

A. 发电状态　　B. 电动状态　　C. 空载状态　　D. 短路状态

5. 直流电动机反接制动时,当电动机转速接近于0时,就应立即切断电源,防止(　　)。

A. 电流增大　　B. 电机过载　　C. 发生短路　　D. 电动机反向转动

6. 将直流电动机电枢的动能变成电能消耗在电阻上称为(　　)。

A. 反接制动　　B. 回馈制动　　C. 能耗制动　　D. 机械制动

四、问答题

1. 怎样判断直流电机的运行状态是发电机状态还是电动机状态?

2. 并励直流电动机的启动电流是由什么决定的?正常运行时的电枢电流是由什么决定的?

3. 直流电动机的电磁转矩是驱动转矩,其转速应随电磁转矩的增大而上升,可直流电动机的机械特性曲线却表明,随着电磁转矩的增大,转速是下降的,这不是自相矛盾吗?

4. 用哪些方法可改变直流电动机的转向?

5. 有一台他励直流电动机带额定负载运行,其额定数据为 $P_N=22$ kW,$U_N=220$ V,$I_N=116$ A,$n_N=1\ 500$ r/min,$R_a=0.175\ \Omega$。如果负载不变,且不计磁路饱和的影响,试求:

(1)电枢电路串入 0.575 Ω 的电阻后,电动机的稳定转速。

(2)电枢电路不串电阻,降低电枢电压到 110 V 后,电动机的稳定转速。

(3)电枢电路不串电阻,减小磁通至额定磁通的 90%后,电动机的稳定转速。

6. 一台带额定负载运行的并励直流电动机,其额定数据为 $U_N=220$ V,$I_N=80$ A,电枢电阻 $r_a=0.01\ \Omega$,电刷接触压降 $2\Delta U_b=2$ V,励磁回路总电阻 $R_f=110\ \Omega$,附加损耗 $p_{ad}=0.01P_N$,效率 $\eta_N=85\%$。

试求:(1)额定输入功率和额定输出功率。

(2)总损耗。

(3)铁耗和机械损耗之和。

7. 一台他励直流电动机的 $U_N=220$ V,$I_{aN}=30.4$ A,$n_N=1\ 500$ r/min,电枢回路总电阻 $R_a=0.45\ \Omega$,要在额定负载下,把电动机的转速降到 1 000 r/min,试求:

(1)电枢回路串电阻调速时,应接入的电阻值。

(2)降压调速时,电压应降到多大?

8. 一台并励直流电动机在某负载转矩时转速为 1 000 r/min,电枢电流为 40 A,电枢

回路总电阻 $R_a=0.045\ \Omega$,电网电压为 110 V。当负载转矩增大到原来的 4 倍时,电枢电流及转速各为多少(忽略电枢反应)?

9. 一台 Z2-52 型并励直流电动机,$P_N=7.5\ kW$,$U_N=110\ V$,$I_N=82.2\ A$,$n_N=1\ 500\ r/min$,$R_a=0.101\ 4\ \Omega$,$R_1=46.7\ \Omega$,忽略电枢反应,试求:

(1)当电枢电流为 60 A 时的转速。

(2)若负载为恒转矩,主磁通减小 15%,求达到稳定时的电枢电流及其转速。

10. 一台并励直流电动机在 $U_N=220\ V$、$I_N=80\ A$ 的情况下运行,在 15 ℃时电枢绕组电阻 $r_a=0.08\ \Omega$,一对电刷接触电阻上的压降为 2 V,励磁绕组电阻 $r_f=88.8\ \Omega$,额定负载时的效率 $\eta_N=85\%$,试求:

(1)额定输入功率。

(2)额定输出功率。

(3)总损耗。

(4)电枢回路铜耗和励磁回路铜耗。

(5)接触损耗。

(6)附加损耗、机械损耗和铁耗之和。

项目 5　控制电机

【课程思政】

2024 年 1 月 31 日，习近平总书记在主持二十届中央政治局第十一次集体学习时系统阐述了新质生产力的科学内涵，明确指出“发展新质生产力是推动高质量发展的内在要求和重要着力点”。所谓新质生产力，是以科技创新为主的生产力，是摆脱了传统增长路径、符合高质量发展要求的生产力，是数字时代更具融合性、更体现新内涵的生产力。

控制电机在新质生产力中扮演着至关重要的角色，广泛应用于智能制造、新能源、航空航天等领域。其精确控制和智能化特点，不仅提升了生产效率和质量，还推动了产业升级和创新。作为现代工业的关键技术之一，控制电机正助力新质生产力迈向更高效、智能的未来，展现出强大的潜力和价值。

【教学要求】

了解控制电机的特点和类型以及各种控制电机的应用，了解伺服电动机、步进电动机和测速发电机等几种控制电机的工作原理及控制方法。

【知识点】

控制电机的特点和类型以及各种控制电机的用处，伺服电动机、步进电动机和测速发电机等几种控制电机的工作原理及控制方法。

【技能点】

能说出伺服电动机、步进电动机和测速发电机等几种控制电机的工作原理及控制方法。

控制电机是在普通电机基础上发展出来的一种具有特殊性能的小功率电机，在控制系统中主要作为控制元件，用来传递信号或变换信号。控制电机已是现代工业自动化系统、现代科学技术和现代军事装备中必不可少的重要元件。它的使用范围非常广泛。例如，火炮和雷达的自动定位、舰船方向舵的自动操纵、飞机的自动驾驶、遥远目标位置的显示、机床加工过程的自动控制和自动显示、阀门的遥控、天文望远镜和大型绘图机的自动控制，以及电子计算机、自动记录仪表、医疗设备、录音、录像、摄影等方面的自动控制系统，都经常使用控制电机。

1. 控制电机的特点

控制电机的特点是精度高、响应快、适应性强、功率小、质量轻、体积小等。控制电机的输出功率一般从数百毫瓦到数百瓦，通常不大于 600 W。机座外形尺寸一般不足 130 mm。质量从数十克到数千克。

2. 控制电机的类型

控制电机的种类很多，尽管各种控制电机的用途和功能不同，但基本上可划分为信号元件和功率元件两大类。凡是用来转换信号的都为信号元件，凡是把信号转换成输出功

率或把电能转换为机械能的都为功率元件。根据控制电机的应用,可将其分成以下5种类型:

(1)执行用控制电机。如无刷直流电动机、交流伺服电动机、直流伺服电动机、步进电动机、力矩电动机和开关磁阻电动机等。

(2)测位用控制电机。如自整角机、旋转变压器等。

(3)测速用控制电机。如交流、直流测速发电机。

(4)放大用控制电机。

(5)特殊微电机。如静电电动机、低速同步电动机、谐波电动机、超声波电动机和磁性编码器等。

任务5.1 伺服电动机

【学习目标】

了解伺服电动机的分类、结构和工作原理,了解几种常见直流伺服电动机的工作特点,了解交流伺服电动机的控制方法。

伺服电动机也叫执行电动机,它的工作状态受控于信号,按信号的指令而动作:信号为0时,转子处于静止状态;有信号输入,转子立即旋转;除去信号,转子能迅速制动,很快停转。"伺服"二字正是由于电机的这种工作特点而命名的。

为了达到自动控制系统的要求,伺服电动机应具有以下特点:好的可控性(是指信号去除后,伺服电动机能迅速制动,很快达到静止状态)、高的稳定性(是指转子的转速平稳变化)、灵敏性(是指伺服电动机对控制信号能快速做出反应)。

伺服电动机通常分为两类,即直流伺服电动机和交流伺服电动机,是以供电电源是直流还是交流来划分的。

5.1.1 直流伺服电动机

5.1.1.1 直流伺服电动机的结构

直流伺服电动机(见图5-1)的结构和普通小功率直流电动机相同。其按结构可分为两种基本类型:永磁式和电磁式。永磁式的定子由永久磁铁做成,可看作是他励直流伺服电动机的一种。电磁式直流伺服电动机定子由硅钢片叠成,外套励磁绕组。直流伺服电动机的功率一般为1~600 W。

5.1.1.2 直流伺服电动机的工作原理

当励磁绕组和电枢绕组中都通过电流并产生磁通时,它们相互作用而产生电磁转矩,使直流伺服电动机带动负载工作。如果两个绕组中任何一个电流消失,电动机马上静止下来。作为自动控制系统中的执行元件,直流伺服电动机把输入的控制电压信号转换为转轴上的角位移或角速度输出。电动机的转速及转向随控制电压的改变而改变。

直流伺服电动机的励磁绕组和电枢绕组分别装在定子和转子上,改变电枢绕组的端电压或改变励磁电流都可以实现调速控制。下面分别对这两种控制方法进行分析。

图 5-1　直流伺服电动机

1. 改变电枢绕组端电压的控制

图 5-2 所示是此种电枢控制方式的原理图，电枢绕组作为接受信号的控制绕组，接控制电压 U_K。励磁绕组接到电压为 U_f 的直流电源上，以产生磁通。当控制电源有电压输出时，电动机立即旋转，无控制电压输出时，电动机立即停止转动。

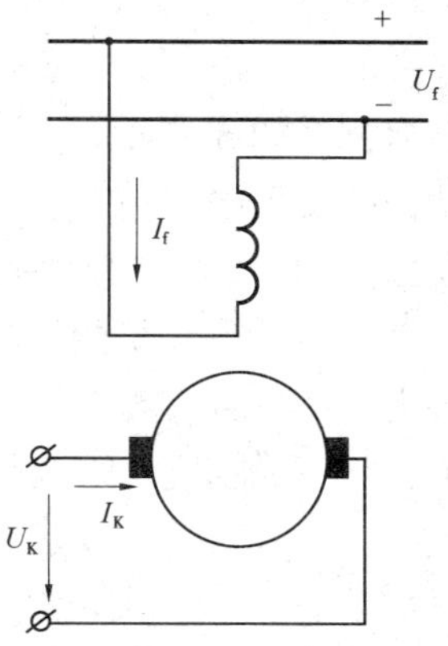

图 5-2　电枢控制方式的原理图

此种控制方式可简称电枢控制。其控制的具体过程如下：

设初始时刻控制电压 $U_K=U_1$，电机的转速为 n_1，反电动势为 E_1，电枢电流为 I_{K1}，电动机处于稳定状态，电磁转矩和负载转矩相平衡，即 $T=T_L$。现在保持负载转矩不变，增加电源电压到 U_2，由于转速不能突变，仍然为 n_1，所以反电动势也为 E_1，由电压平衡方程式 $U=E_a+I_aR_a$ 可知，为了保持电压平衡，电枢电流应上升，电磁转矩也随之上升，此时 $T>T_L$，电机的转速上升，反电动势随之增加。为了保持电压平衡关系，电枢电流和电磁转矩都要下降，直到电流减小到 I_{K1}，电磁转矩和负载转矩达到平衡，电动机处于新的平衡状态。可是，此时电机的转速为 $n_2>n_1$。

当负载和励磁电流不变时，我们用一流程表示上述过程：

$U_K\uparrow$（n 和 E_a 不会突变）$\rightarrow I_a\uparrow\rightarrow T\uparrow\rightarrow T>T_L\rightarrow n\uparrow\rightarrow E_a\uparrow\rightarrow I_a\downarrow\rightarrow T\downarrow\rightarrow T=T_L\rightarrow n=n_2$

当降低电枢电压，使转速下降时的过程和上述方法是相同的。

当电枢控制时，直流伺服电动机的机械特性和他励直流电动机改变电枢电压时的人为机械特性是一样的。

2. 改变励磁电流的控制

改变励磁电流控制的原理图如图 5-3 所示，此种控制方式中，电枢绕组起励磁绕组的作用，接在励磁电源 U_f 上，而励磁绕组则作为控制绕组，受控于电压 U_K。

由于励磁绕组进行励磁时所消耗的功率较小，并且电枢电路的电感小，响应迅速，所以直流伺服电动机多采用改变电枢端电压的控制方式。

5.1.1.3　常用的直流伺服电动机

常用的直流伺服电动机有直流力矩电动机、盘形电枢直流伺服电动机、空心杯直流伺服电动机和无槽直流伺服电动机等。

1. 直流力矩电动机

直流力矩电动机是一种低转速、大转矩的直流伺服电动机,它多用在被控对象的运动速度比较低的自动控制系统中。它不需要减速机构,可直接带动负载,因为它可在低转速时产生足够大的转矩。它的优点是灵敏度高、稳定性好、机械特性和调整特性线性度好。直流力矩电动机常用于雷达天线的驱动系统和纸带的传动系统中。

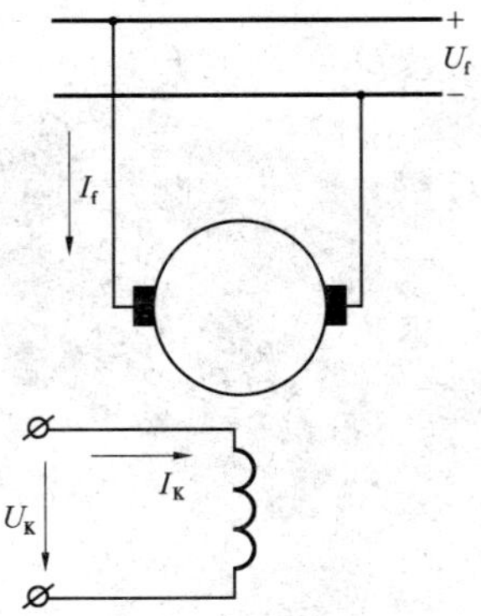

图 5-3 改变励磁电流控制的原理图

1) 直流力矩电动机的结构

直流力矩电动机的外形呈圆盘状,电枢直径是电枢长度的5倍左右,这样的结构有利于降低空载转速、增大电动机的转矩;直流力矩电动机的磁极数目较多,而且是永磁的;铁芯开槽多,可嵌放较多的线圈,增加支路串联导体数目,同时选取较多的换向片数,这就使得转矩和转速波动减小,提高了电机的稳定性。

直流力矩电动机的结构形式可分为内装式和分装式两种:内装式和普通电机相同,轴和机壳是由厂家装配好的;而分装式的轴和机壳由用户按需要自己进行装配,这种电机由定子、转子和刷架三大部件组成。直流力矩电动机的结构如图5-4所示。

图 5-4 直流力矩电动机的结构图

图5-4中,各部分名称如下:

1——定子,是一个带槽的环,用软磁材料做成,永久磁钢作为主磁极嵌在槽中,此种结构可形成较理想的磁场。

2——转子,其铁芯由导磁材料叠压而成。

3——电枢绕组,嵌放在转子铁芯的槽中。

4——槽楔,由铜板加工而成,其两端伸出槽外,一端作为电枢绕组接线用,另一端起换向片的作用。

5——电刷,装在电刷架6上。

2) 直流力矩电动机的特点

直流力矩电动机具有响应迅速、动态特性好、力矩波动小、稳定性能好和线性度好的特点。

2. 盘形电枢直流伺服电动机

盘形电枢直流伺服电动机的外形呈圆盘状,其定子由永久磁钢和铁轭组成,产生轴向磁通。电机电枢的长度远远小于电枢的直径,绕组的有效部分沿转轴的径向周围排列,且用环氧树脂浇注成圆盘形。绕组中流过的电流是径向的,它和轴向磁通相互作用产生电磁转矩,驱动转子旋转。图5-5为盘形电枢直流伺服电动机的结构。

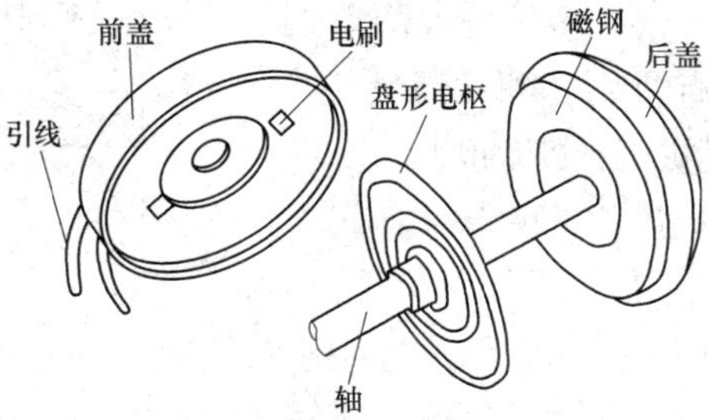

图5-5　盘形电枢直流伺服电动机的结构

盘形电枢的绕组除绕线式绕组外,还可以做成印制绕组,其制造工艺和印制电路板类似。它可以采用两面印制的结构,也可以是若干片重叠在一起的结构。它用电枢的端部(近轴部分)兼作换向器,不用另外设置换向器。图5-6是印制绕组直流伺服电动机的结构。

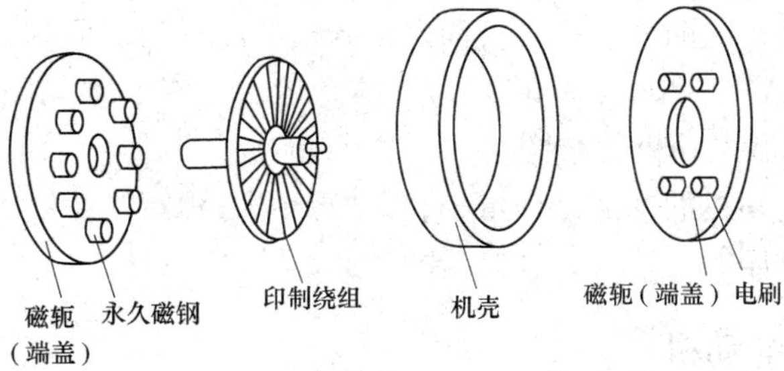

图5-6　印制绕组直流伺服电动机的结构

盘形电枢直流伺服电动机的特点是:①结构简单,成本低。②较大的启动转矩。因为电枢绕组处于气隙中,容易散热,可以有较大的启动电流,因此启动转矩也允许大一些。③换向元件不容易产生火花。④稳定性好。由于电枢没有齿槽效应,且电枢元件和换向片数很多,所以电机力矩的波动很小,能够稳定运行在低速状态。⑤灵敏度高,反应快。

盘形电枢直流伺服电动机多用于低转速、经常启动和反转的机械中,其输出功率一般在几瓦到几千瓦,大功率的主要用于雷达天线的驱动、机器人的驱动和数控机床等。另外,由于它呈扁圆形,轴向占的位置小,安装方便。

3. 空心杯直流伺服电动机

空心杯直流伺服电动机的定子有两个:一个叫内定子,由软磁材料制成;另一个叫外定子,由永磁材料制成。磁通是由外定子产生的,内定子起导磁作用。空心杯电枢直接安装在电机的轴上,在内外定子的气隙中旋转。电枢是由沿电机轴向排列成空心杯形状的成型绕组,用环氧树脂浇注成型的。图5-7为空心杯直流伺服电动机的结构。

空心杯直流伺服电动机的优点如下所述:

(1)稳定性好。因为电机绕组均匀排列在气隙中,且不存在齿槽效应,所以力矩可均匀传递,波动不大,能在低转速状态下稳定运行。

(2)惯量小。转子的薄壁、细长的空心杯结构,使电机的惯量极小。

(3)反应快。因为采用永久磁钢,大大增加了气隙磁密,绕组散热迅速,允许通过较大的电流,所以电机可产生大的力矩;另外电机的惯量又小。这些都使电机的灵敏度提高,反应加快。

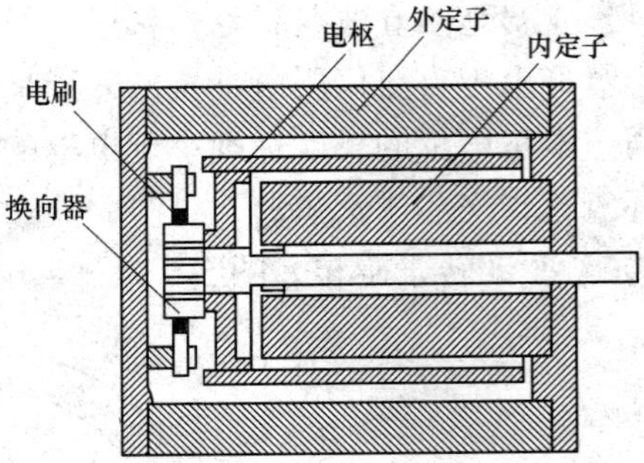

图 5-7 空心杯永磁直流伺服电动机的结构

(4)使用寿命长。由于空心杯转子没有铁芯,产生的电感很小,换向时几乎没有火花,所以延长了换向元件的使用时间,提高了电机的使用寿命。

(5)能耗小,效率高。由于空心杯直流伺服电动机的结构特点,它的铁耗比其他电机小,所以它的效率可达80%以上。

空心杯直流伺服电动机的价格比较昂贵,多用于高精度的仪器设备中,如监控摄像机和精密机床等。

4. 无槽直流伺服电动机

无槽直流伺服电动机的电枢铁芯表面是不开槽的,绕组排列在光滑的圆柱铁芯的表面,用环氧树脂浇铸成型,和电枢铁芯成为一体。定子上嵌放永久磁钢,产生气隙磁场。图 5-8 是无槽直流伺服电动机的结构。

无槽直流伺服电动机的优点是惯量小,启动转矩大,稳定性能好,快速性好,常用于雷达天线驱动和数控机床等功率较大、动作较快的设备。

5.1.2 交流伺服电动机

与直流伺服电动机一样,交流伺服电动机也常作为执行元件用于自动控制系统中,将起控制作用的电信号转换为转轴的转动。交流伺服电动机的输出功率一般为 0.1~100 W。

5.1.2.1 交流伺服电动机的结构

和普通电机一样,交流伺服电动机也由定子和转子两大部分组成。

定子铁芯中安放着空间垂直的两相绕组,如图 5-9 所示,其中一相为控制绕组,另一相为励磁绕组。可见,交流伺服电动机就是两相交流电动机。

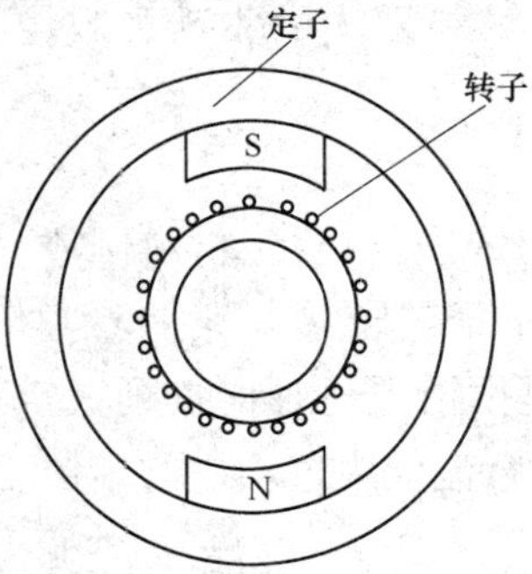

图 5-8 无槽直流伺服电动机的结构

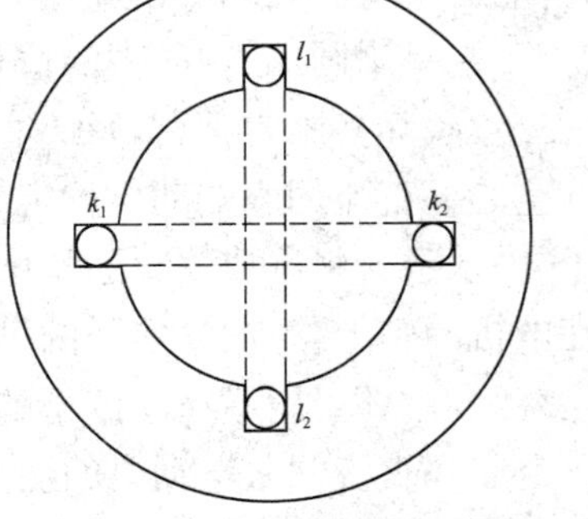

图 5-9 交流伺服电动机的两相绕组

转子的结构常见的有鼠笼形转子和非磁性杯形转子。

鼠笼形转子交流伺服电动机由转轴、转子铁芯和绕组组成。转子铁芯是由如图5-10所示的硅钢片叠成的,中心的孔用来安放转轴,外表面的每个槽中放一根导条,两个短路环将导条两端短接,形成如图5-11所示的鼠笼形转子。导条可以是铜条,也可以是铸铝的,就是把铁芯放入模型内用铝浇铸,短路环和导条铸成一个整体。

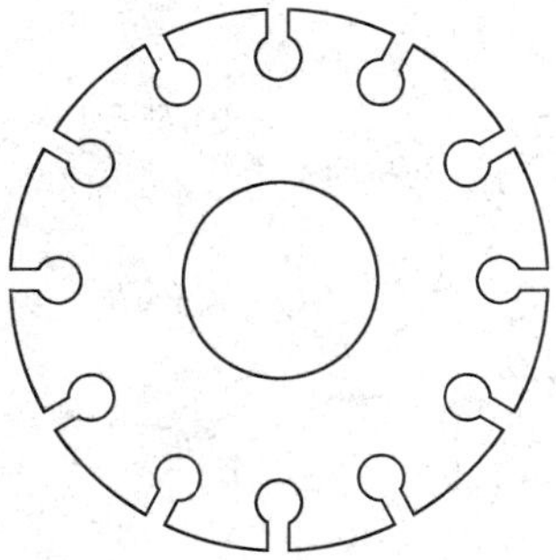

图5-10 转子硅钢片

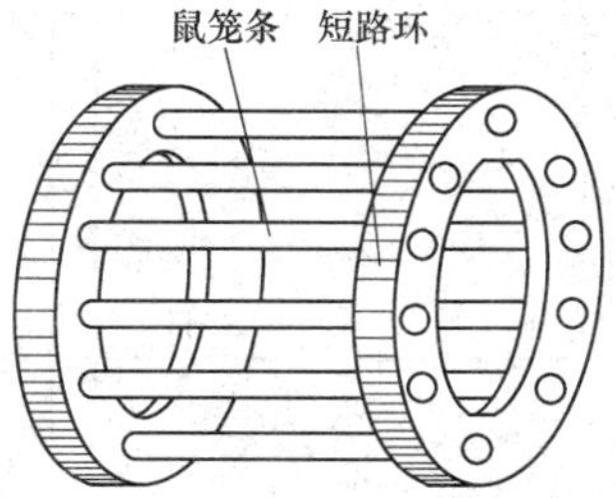

图5-11 鼠笼形转子绕组

非磁性杯形转子交流伺服电动机的结构如图5-12所示。定子分内外两部分,外定子和鼠笼形转子交流伺服电动机的定子是一样的,内定子由环形钢片叠压而成,不产生磁场,只起导磁的作用。空心杯形转子通常由铝或铜制成,它的壁很薄,多为0.3 mm左右。杯形转子置于内外定子的空隙中,可自由旋转。由于杯形转子没有齿和槽,电机转矩不随角位移的变化而变化,运转平稳。但是,内外定子之间的气隙较大,所需励磁电流大,降低了电机的效率。另外,由于非磁性杯形转子伺服电动机的成本高,所以只用在一些对转动稳定性要求高的场合。它不如鼠笼形转子交流伺服电动机应用广泛。

5.1.2.2 交流伺服电动机工作原理

图5-13是交流伺服电动机的工作原理图,$\dot{U}_c$为控制电压,$\dot{U}_f$为励磁电压,它们是时间相位互差90°电角度的交流电,可在空间形成圆形或椭圆形的旋转磁场,转子在磁场的作用下产生电磁转矩而旋转。交流伺服电动机比普通电机的调速范围宽,当不加控制电压时,电机的转速应为0,即使此时有励磁电压。交流伺服电动机的转子电阻也应比普通电机大,而转动惯量要小,为的是拥有好的机械特性。

码5-1 微课:伺服电机的工作原理

5.1.2.3 交流伺服电动机的控制方法

交流伺服电动机的控制方法有幅值控制、相位控制和幅相控制3种。

1. 幅值控制

只使控制电压的幅值发生变化,而控制电压和励磁电压的相位差保持90°不变,这种控制方法叫作幅值控制。当控制电压为0时,伺服电动机静止不动;当控制电压和励磁电压都为额定值时,伺服电动机的转速达到最大值,转矩也最大;当控制电压在零到最大值之间变化,且励磁电压取额定值时,伺服电动机的转速在0到最大值之间变化。

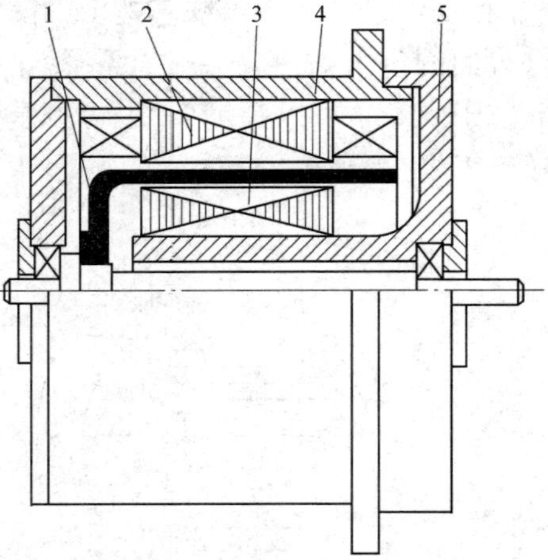

1—杯形转子;2—外定子;3—内定子;
4—机壳;5—端盖。

图 5-12 非磁性杯形转子交流伺服电动机

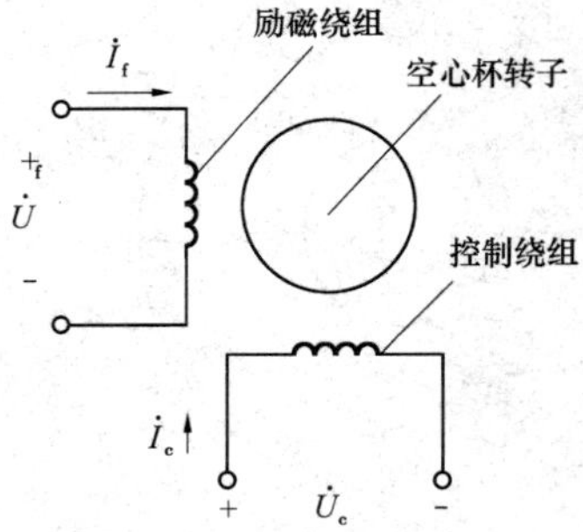

图 5-13 交流伺服电动机的工作原理

2. 相位控制

在控制电压和励磁电压都是额定值的条件下,通过改变控制电压和励磁电压的相位差来对伺服电动机进行控制的方法叫作相位控制。用 θ 表示控制电压和励磁电压的相位差。当控制电压和励磁电压同相位时,$\theta=0°$,气隙磁动势为脉振磁动势,电动机静止不动;当相位差 $\theta=90°$时,气隙磁动势为圆形旋转磁动势,电动机的转速和转矩都达到最大值;当 $0°<\theta<90°$时,气隙磁动势为椭圆形旋转磁动势,电动机的转速处于最小值和最大值之间。

3. 幅相控制

幅相控制是上述两种控制方法的综合运用,电动机转速的控制是通过改变控制电压和励磁电压的相位差及它们的幅值大小来实现的。幅相控制的电路如图 5-14 所示。当改变控制电压的幅值时,励磁电流随之改变,励磁电流的改变引起电容两端的电压变化,此时控制电压和励磁电压的相位差发生变化。

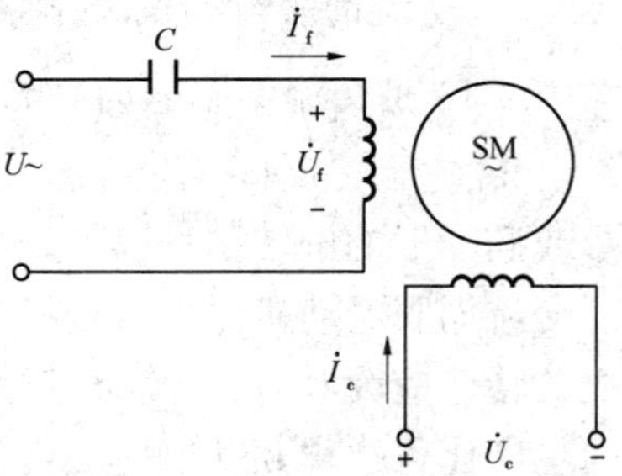

图 5-14 幅相控制的电路

幅相控制的电路图结构简单,不需要移相器,实际应用比其他两种方法广泛。

5.1.2.4 交流伺服电动机的控制绕组和放大器的连接

在实际的伺服控制系统中,交流伺服电动机的控制绕组需要连接到伺服放大器的输出端,放大器起放大控制电信号的作用。图 5-15(a)中,控制绕组和输出变压器相连,输出变压器有两个输出端子。图 5-15(b)中,控制绕组和一对推挽功率放大器相连,此时放大器输出端有 3 个端子。伺服电动机的控制绕组通常分成两部分,它们可以串联或并联后和放大器的输出端相连。

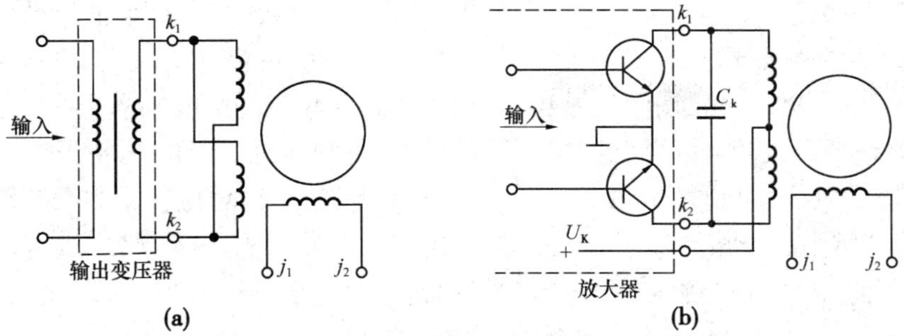

图 5-15　控制绕组与放大器的连接

任务 5.2　步进电动机

【学习目标】

了解步进电动机的基本结构、工作原理和驱动电源。

步进电动机是一种将电脉冲信号转换成相应的角位移或直线位移的微电机。它由专用的驱动电源供给电脉冲,每输入一个电脉冲,电动机就移进一步,由于是步进式运动的,故被称为步进电动机或脉冲电动机。

步进电动机是自动控制系统中应用很广泛的一种执行元件。步进电动机在数字控制系统中一般采用开环控制。由于计算机应用技术的迅速发展,目前步进电动机常常和计算机结合起来组成高精度的数字控制系统。

步进电动机的种类很多,按工作原理划分,有反应式、永磁式和磁感应式 3 种。其中,反应式步进电动机具有步距小、响应速度快、结构简单等优点,广泛应用于数控机床、自动记录仪、计算机外围设备等数控设备。

5.2.1　反应式步进电动机的基本结构和工作原理

码 5-2　微课:步进电机的工作原理

图 5-16 为一台三相反应式步进电动机的工作原理图。它由定子和转子两部分组成,在定子上有三对磁极,磁极上装有励磁绕组。励磁绕组分为三相,分别为 A 相、B 相和 C 相绕组。步进电动机的转子由软磁材料制成,在转子上均匀分布四个凸极,极上不装绕组,转子的凸极也称为转子的齿。

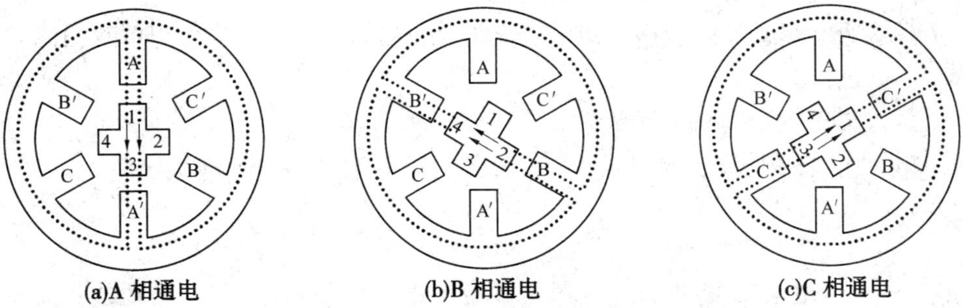

图 5-16　三相反应式步进电动机的工作原理图

当步进电动机的 A 相通电,B 相及 C 相不通电时,由于 A 相绕组电流产生的磁通要经过磁阻最小的路径形成闭合磁路,所以将使转子齿 1、齿 3 与定子的 A 相对齐,如图 5-16(a)所示。当 A 相断电,改为 B 相通电时,同理 B 相绕组电流产生的磁通也要经过磁阻最小的路径形成闭合磁路,这样转子顺时针在空间转过 30°角,使转子齿 2、齿 4 与 B 相对齐,如图 5-16(b)所示。当由 B 相改为 C 相通电时,同样可使转子顺时针转过 30°角,如图 5-16(c)所示。若按 A—B—C—A 的通电顺序往复进行下去,则步进电动机的转子将按一定速度顺时针方向旋转,步进电动机的转速取决于三相控制绕组的通、断电源的频率。当依照 A—C—B—A 顺序通电时,步进电动机将变为逆时针方向旋转。

在步进电动机的控制过程中,定子绕组每改变一次通电方式,称为一拍。上述的通电控制方式,由于每次只有一相控制绕组通电,故称为三相单三拍控制方式。除此之外,还有三相单、双六拍控制方式及三相双三拍控制方式,在三相单、双六拍控制方式中,控制绕组通电顺序为 A—AB—B—BC—C—CA—A(转子顺时针旋转)或 A—AC—C—CB—B—BA—A(转子逆时针旋转)。在三相双三拍控制方式中,若控制绕组的通电顺序为 AB—BC—CA—AB,则步进电动机顺时针旋转;若控制绕组的通电顺序为 AC—CB—BA—AC,则步进电动机反转。

步进电动机每改变一次通电状态(一拍)时转子所转过的角度称为步距角,用 θ_{se} 来表示。从图 5-16 中可看出三相单三拍的步距角为 30°,而三相单、双六拍的步距角为 15°,三相双三拍的步距角则为 30°。

上述分析的是最简单的三相反应式步进电动机的工作原理,这种步进电动机具有较大的步距角,不能满足生产实际对精度的要求,如使用在数控机床中就会影响加工工件的精度。为此,近年来实际使用的步进电动机是定子和转子齿数都较多、步距角较小、特性较好的小步距角步进电动机。图 5-17 是最常用的一种小步距角的三相反应式步进电动机的原理图。

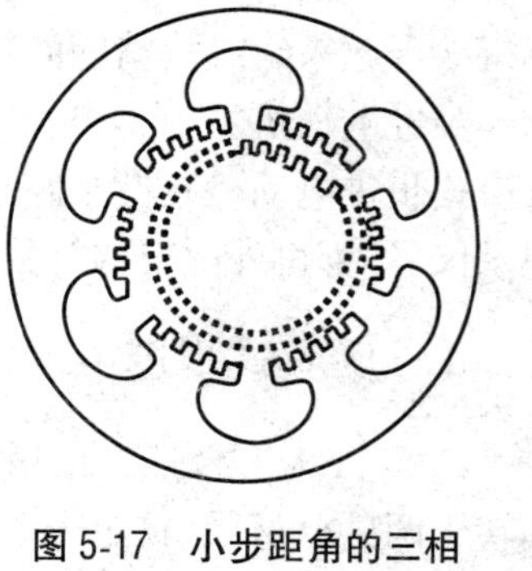

图 5-17　小步距角的三相反应式步进电动机的原理

为此,步进电动机的步距角 θ_{se} 可由式(5-1)来进行计算:

$$\theta_{se} = \frac{360°}{mZ_rC} \tag{5-1}$$

式中　m——步进电动机的相数,对于三相步进电动机,$m=3$;

C——通电状态系数,当采用单拍或双拍方式工作时 $C=1$,当采用单双拍混合方式工作时 $C=2$;

Z_r——步进电动机的转子齿数。

步进电动机的转速 n 可通过式(5-2)来进行计算:

$$n = \frac{60f}{mZ_rC} \tag{5-2}$$

式中　f——步进电动机每秒的拍数(或每秒的步数),称为步进电动机的通电脉冲频率;

其他符号含义同前。

5.2.2　步进电动机的驱动电源

步进电动机应由专用的驱动电源来供电，主要包括变频信号源、脉冲分配器和脉冲放大器 3 个部分。

任务 5.3　测速发电机

【学习目标】

了解测速发电机的基本结构、分类和工作原理，了解其误差产生的原因和减小误差的方法及应用。

测速发电机是转速的测量装置，它的输入量是转速，输出量是电压信号，输出量和输入量成正比，反馈到控制系统，实现对转速的调节和控制。根据输出电压的不同，测速发电机可分为直流测速发电机和交流异步测速发电机两种形式。

5.3.1　直流测速发电机

直流测速发电机是一种微型直流发电机，其作用是把拖动系统中的旋转角速度转变为电压信号。它广泛用于自动控制、测量技术和计算机技术。

5.3.1.1　基本结构和分类

直流测速发电机的结构与普通小型直流发电机相同，也分为定子和转子两部分。其按励磁方式可分为永磁式和电磁式两种形式。

1. 永磁式直流测速发电机

永磁式直流测速发电机的定子的磁极是用永久磁钢制成的，不需要励磁绕组，常以图 5-18 所示的符号表示。

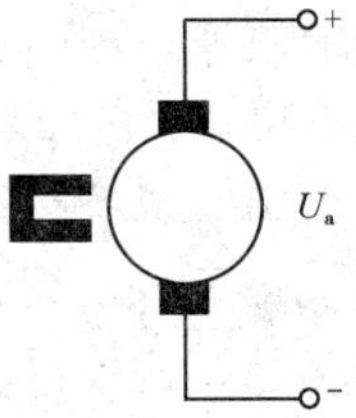

图 5-18　永磁式直流测速发电机

永磁式直流测速发电机按其转速可分为普通速度测速电机和低速测速电机。普通速度测速电机的转速通常为每分钟几千转以上，而低速测速电机的转速为每分钟几百转以下。低速测速电机可以和低力矩电动机直接耦合，省去了齿轮传动的麻烦，并提高了系统的精度，所以常用于高精度的自动化系统中。

2. 电磁式直流测速发电机

电磁式直流测速发电机的定子铁芯上装有励磁绕组，外接电源供电，产生磁场，通常以图 5-19 中所示的符号表示。

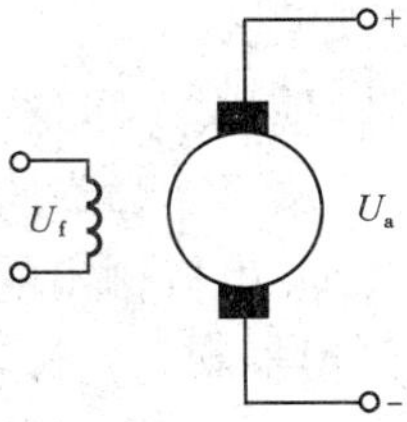

图 5-19　电磁式直流测速发电机

因为永磁式直流测速发电机结构简单，不需要励磁电源，使用方便，所以比电磁式直流测速发电机应用面广。

5.3.1.2　直流测速发电机的工作原理

直流测速发电机的工作原理和一般直流测速发电机相同。图 5-19 所示为电磁式直流测速发电机的原理图。励磁绕组中流过直流电流时，产生沿空间分布的恒定磁场，电枢由被测机械拖动旋转，以恒定

速度切割磁场,在电枢绕组中产生感应电动势,从电刷两端引出的直流电动势为

$$E_a = C_e \Phi n = K_e n \tag{5-3}$$

式中 K_e——电动势系数,$K_e = C_e \Phi$。

对于已经制成的电机,当保持磁通不变时,K_e 是常数,即电枢感应的电动势的大小与转子的转速成正比。

当直流测速发电机在空载时,电枢电流 $I_a = 0$,输出电压和电枢感应电动势相等,即 $U_a = E_a$。因此,直流测速发电机在空载时的输出电压与转速成正比。

当直流测速发电机带负载时,其电枢电流 $I_a \neq 0$,R_L 中流过电枢电流,并在电枢回路中产生电阻压降,使输出电压减小,即

$$\begin{aligned} I_a &= \frac{U_a}{R_L} \\ U_a &= E_a - I_a R_a \end{aligned} \tag{5-4}$$

式中 R_a——电枢回路总电阻,包括电枢绕组内阻和电刷接触电阻。

由上面两个式子可以得到测速发电机的输出特性为

$$U_a = \frac{E_a}{1 + \dfrac{R_a}{R_L}} = \frac{C_e \Phi}{1 + \dfrac{R_a}{R_L}} n \tag{5-5}$$

5.3.1.3 直流测速发电机的误差及减小误差的方法

直流测速发电机的输出电压和输入转速间实际上并不是绝对的正比关系,误差产生的原因有以下几点。

1. 电枢反应产生的影响

电机带负载运行时,电枢磁场使气隙磁场发生变化,此时电机的电动势和转速之间不再是准确的正比关系。

为减小电枢反应的影响,应注意以下几点:设计测速发电机时加补偿绕组;增大电机的气隙;增大负载电阻,使之大于负载电阻的规定值。

2. 电刷接触电阻产生的影响

电刷接触电阻是一个变量。当直流测速发电机的转速较低时,输出电压较低,接触电阻较大,电刷压降和总电枢压降的比值大,输出电压偏小;当转速较高时,接触电阻和电刷压降变小。电刷接触电阻的变化,也造成测速发电机的输出和输入之间的非线性关系,从而产生误差。

实际使用中,可通过对低输出电压的非线性补偿来减小电刷接触电阻的影响。

3. 纹波产生的影响

直流发电机输出的电压是一个脉动直流,其偏差虽然不是很大,但对高精度系统来说,也是很不利的。设计时可采取一定的措施来减小纹波幅值,使用中可以对输出电压进行滤波处理来减小误差。

4. 温度变化产生的影响

电机自身发热及环境温度的变化都会改变励磁绕组的阻值大小。如果温度升高,则励磁绕组的阻值变大,励磁电流变小,磁通随着减小,输出电压下降;反之,则输出电压升

高。为了减少温度变化对测量值准确程度的影响,通常可采取以下措施:

(1)直流测速发电机磁路的饱和程度通常被设计得大一些。这样,当励磁电流变化时,磁通的变化量要小一些。

(2)给励磁绕组串联一个附加电阻来稳定励磁电流。因为绕组的阻值受温度的影响是很大的,例如铜绕组,温度增加 25 ℃,其阻值就增大 10%。可见,即使磁路的饱和程度设计得较大,但是受温度的影响,励磁绕组的阻值及励磁电压变化仍然很大。要想有稳定的输出,可以在励磁回路中串联一个阻值大于励磁绕组电阻几倍的附加电阻来稳定励磁电流。这样,即使励磁绕组的阻值随温度的升高而增大,整个励磁回路的总电阻值也基本不变,则励磁电流变化不大,输出稳定,减小了测速发电机的误差。

(3)给励磁绕组串联负温度系数的热敏电阻并联网络。对于测量精度要求高的系统,可采用此方法。励磁回路中的热敏电阻并联网络如图 5-20 所示。

5.3.1.4 直流测速发电机的应用

直流测速发电机的主要应用如下:在自动控制系统中用来测量或自动调节电动机的转速;在随动系统中通过产生电压信号以提高系统的稳定性和精度;在计算和解答装置中用作积分和微分元件;在机械系统中用来测量摆动或非常缓慢的转速。下面我们举例说明它的用途。

图 5-21 是直流测速发电机控制旋转机械恒速运动的原理图。旋转机械是直流伺服电动机的负载,直流测速发电机和直流伺服电动机同轴,其输出电压和给定电压相减所得的差值输入放大器,作为直流伺服电动机的控制信号。当负载力矩由于偶然因素增大时,直流伺服电动机的转速下降,直流测速发电机的输出电压减小,它和给定电压的差值变大,放大器的输出电压增大,直流伺服电动机的转速升高,和前面的变化趋势相反,电动机转速不变;当负载力矩减小时,也是这样。所以,尽管负载发生扰动,但由于系统的控制和调节作用,旋转机械的转速基本不变,可认为是恒速运动。当改变给定电压时,可得到不同的转速。

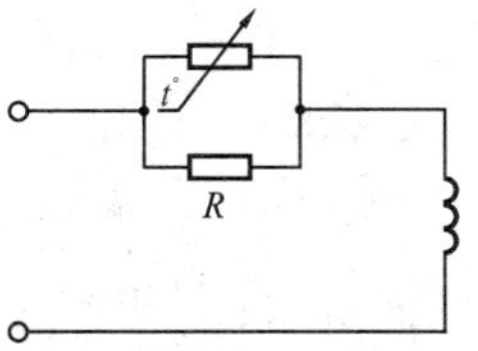

图 5-20 励磁回路中的热敏电阻并联网络

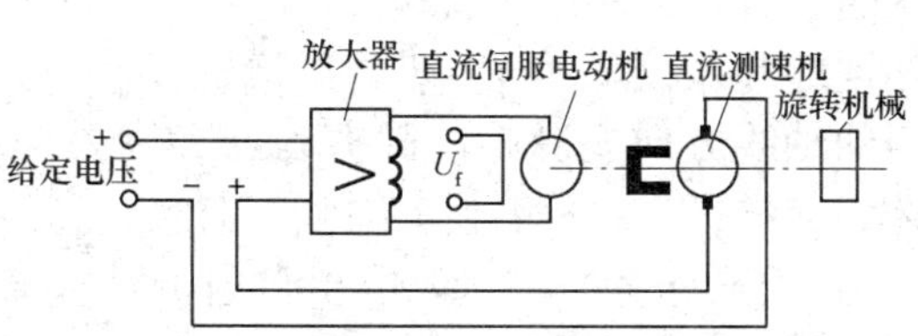

图 5-21 直流测速发电机控制旋转机械恒速运动的原理图

5.3.1.5 直流测速发电机的性能指标

(1)输出斜率:当励磁电流为额定励磁电流,转速为 1 000 r/min 时的输出电压。

(2)线性误差:在允许的转速范围内,电机的实际输出电压和理想输出电压的差值与最大理想输出电压之比。

(3)负载电阻:当输出特性在要求的误差范围内时的最小负载电阻值。实际电阻值应大于此值。

(4)最大线性工作转速:额定转速。

(5)输出电压的不对称度:在转速相同,测速发电机正反转时的输出电压绝对值之差与它们的平均值之比。一般情况下,电机的不对称度为0.35%~2%。

(6)纹波系数:电机输出电压的最大值和最小值的差值与它们和的比值。

(7)变温输出误差:测速发电机在一定转速时,因温度改变引起的输出电压的变化量与常温下该转速时的输出电压的比值。

(8)输出电压温度系数:测速发电机在一定转速条件下,温度改变1 ℃时的变温输出误差。

5.3.2 交流异步测速发电机

交流测速发电机包括同步测速发电机和异步测速发电机两种形式。前者多用在指示式转速计中,一般不用于自动控制系统中的转速测量。而后者在自动控制系统中应用很广。

5.3.2.1 交流异步测速发电机的结构和工作原理

同交流伺服电动机一样,交流异步测速发电机的定子也可以制成鼠笼式的或空心杯形。鼠笼式测速发电机特性差,误差大,转动惯量大,多用于测量精度要求不高的控制系统中。而空心杯形测速发电机的应用要广泛得多,因为它的转动惯量小,测量精度高。下面以空心杯形转子异步测速发电机为例来分析其结构和工作原理。

空心杯形转子异步测速发电机的转子也是一个非磁性材料做成的薄壁杯,材料多选用锡锌青铜或硅锰青铜。互差90°电角度的两相绕组嵌于定子铁芯中,它们分别是励磁绕组和输出绕组。在小机座号的电机中,两相绕组都嵌在内定子上;而在大机座号的电机中,外定子嵌励磁绕组,内定子嵌输出绕组。当转子旋转时,输出绕组的输出电压是和转速成正比的。

图5-22是空心杯形转子异步测速发电机的工作原理图。U_f是励磁电源的电压,U_2是电机的输出电压。当励磁绕组中有电流通过时,在内外定子气隙间产生和电源频率相同的脉振磁动势F_d和脉振磁通Φ_d。它们都在励磁绕组的轴线方向上脉振。脉振磁通和励磁绕组及空心杯导体相交链,下面分两种情况进行讨论:

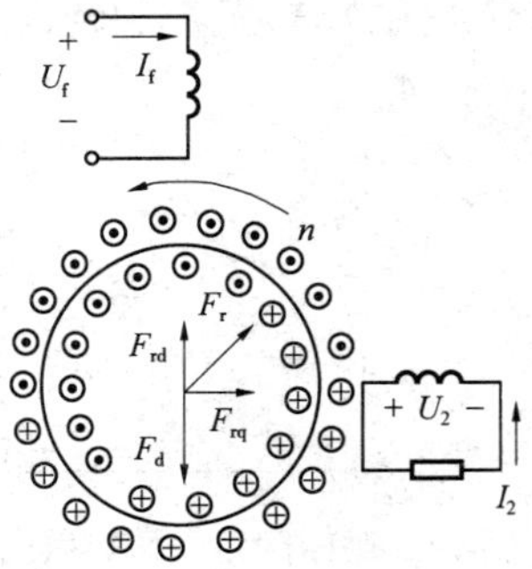

图5-22 异步测速发电机工作原理

(1)当转子静止时,即$n=0$,此时的励磁绕组和空心杯转子之间的关系如同变压器的原边与副边。转子绕组中有变压器电动势产生,由于转子短路,有电流流过,产生磁通。该磁通的方向也是沿着励磁绕组轴线方向。输出绕组和励磁绕组在空间正交,没有感应电动势产生,输出电压为0。

(2)当转子旋转时,即$n\neq0$,沿励磁绕组轴线方向的磁通Φ_d不变,转子要切割该磁通产生电动势。电动势的大小和转速成正比,方向可由右手定则判定。感应电动势在短路绕组中产生短路电流,并产生脉振磁动势F_r,可把它分解成直轴磁动势F_{rd}和交轴磁动势F_{rq}。直轴磁动势会影响励磁电流的大小,而交轴磁动势产生的磁通和输出绕组交链,从而在输出绕组中产生感应电动势，此电动势的大小和测速发电机的转速成正比，频率是励磁电源的频率。

5.3.2.2　异步测速发电机的误差

异步测速发电机的误差主要有线性误差、相位误差、剩余电压误差。分别介绍如下。

1. 线性误差

一台理想的测速发电机的输出电压应和其转速成正比，但实际的异步测速发电机输出电压和转速间并不是严格的线性关系，而是非线性的，这种直线和曲线之间的差异就是线性误差。

2. 相位误差

当励磁电压为常数时，由于励磁绕组有漏阻抗，则绕组中的电动势和外加励磁电压相位不同，因此使输出电压产生相位误差。可通过增大转子电阻来减小该误差。

3. 剩余电压误差

由于异步测速发电机工艺和材料等原因，其在零转速时的输出电压并不为0，有剩余电压，引起测量误差，这种误差叫作剩余电压误差。这种误差可通过电路补偿和改善转子材料的方法来减小它。当前的异步测速发电机的剩余电压一般为十几毫伏到几十毫伏。

5.3.2.3　异步测速发电机的应用

交流异步测速发电机在自动控制系统中可用来测量转速或传感转速信号，信号以电压的形式输出。测速发电机可作为解算元件用在计算解答装置中，也可作为阻尼元件用在伺服系统中。下面举例说明它在速度伺服系统中的应用。

图5-23是速度伺服系统框图。测速发电机4用来产生负反馈信号。如果 U_1 为定值，则伺服电动机3的转速不变，测速发电机的输出电压也不变，那么检差器1输出稳定的电压经放大器2控制伺服电动机。如果有扰动使 U_1 增大，则伺服电动机3的转速升高，测速发电机4的输出电压增大，因为伺服电动机3是负反馈元件，所以检差器1的输出电压减小，从而使伺服电动机3的转速下降，使转速稳定。如果扰动使输入电压减小，通过测速发电机的负反馈作用也可使转速稳定。

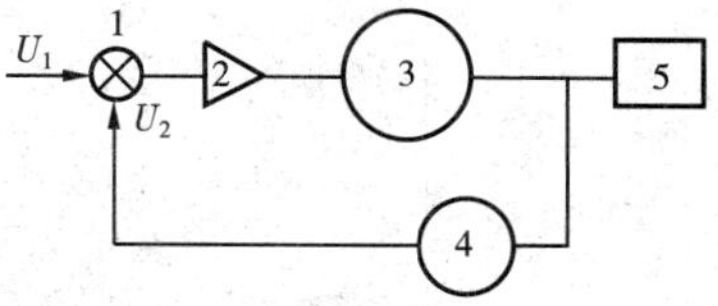

图5-23　速度伺服系统框图

任务5.4　微型同步电动机

【学习目标】

了解微型同步电动机的概念和基本结构，了解几种常见微型同步电动机的工作特点。

微型同步电动机的功能是将不变的交流电信号转换为转速恒定的机械运动，在自动控制系统中作执行元件。微型同步电动机由于具有转速恒定的特点，为此在恒速传动装置中得到了广泛的应用。微型同步电动机的定子结构与异步电动机相同，定子上有三相或两相对称绕组，接通电源时产生圆形或椭圆形旋转磁场。转子磁极极数与定子相同，依其结构形式和材料的不同，微型同步电动机分为永磁式、反应式和磁滞式等类型。功率均从零点几瓦至几百瓦。

5.4.1 永磁式同步电动机

永磁式同步电动机的转子用永久磁铁做成,为两极或多极,N、S 极沿圆周交替排列,如图 5-24 所示。运行时,定子产生的旋转磁场吸牢转子一起旋转,转速为同步转速 $n_1=\frac{60f}{p}$。当负载转矩增大时,定转子磁极轴线之间的夹角 θ 相应增大;负载减小时,夹角减小,转速恒定不变。

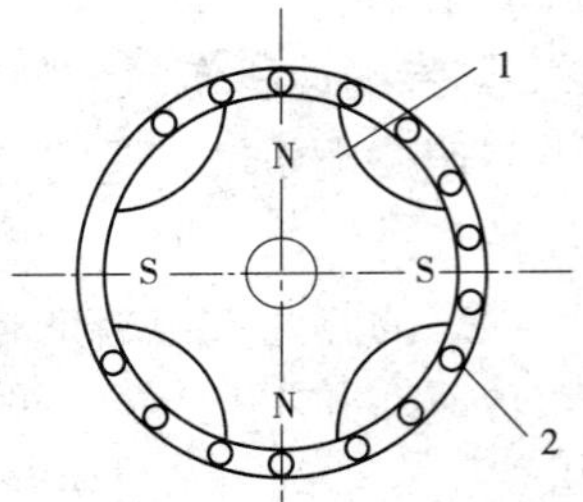

1—永久磁铁;2—鼠笼式启动绕组。

图 5-24 永磁式同步电动机转子

5.4.2 反应式同步电动机

反应式同步电动机的转子由铁磁性材料制成,本身没有磁性,但是必须有直轴和交轴之分,直轴的磁阻小,交轴的磁阻大。图 5-25 所示为反应式同步电动机转子冲片的几种形式,其中图 5-25(a)的外形为凸极结构,称为外反应式;图 5-25(b)的外形为圆,在内部开有反应槽 2,称为内反应式;图 5-25(c)是既采用凸极结构,又在内部开有反应槽 2,称为内外反应式。冲片上的小圆孔 3 是放鼠笼式启动绕组的导条用的。

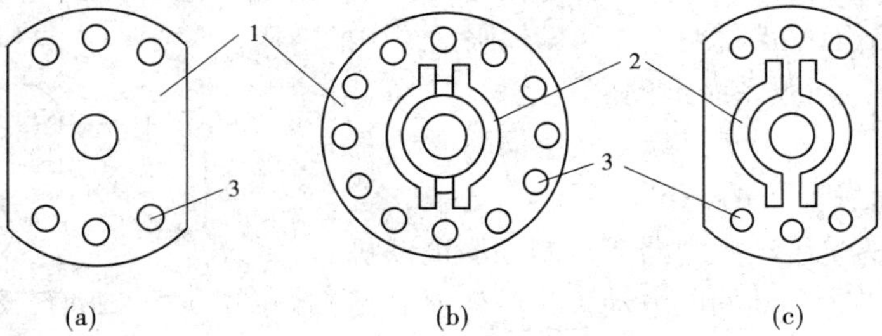

1—磁轭;2—反应槽;3—导条槽。

图 5-25 反应式同步电动机转子冲片

5.4.3 磁滞式同步电动机

磁滞式同步电动机的定子结构与永磁式、反应式同步电动机相同,转子铁芯采用硬磁材料制成的圆柱体或圆环,装配在非磁材料制成的套筒上,典型的转子结构如图 5-26 所示。在功率极小的磁滞式同步电动机中,定子采用罩极式结构,转子由硬磁薄片组成,如图 5-27 所示。

硬磁材料的主要特点是磁滞回线很宽,剩磁 B_r 和矫顽力 H_c 都比较大,磁滞现象非常显著,磁化时磁分子之间的摩擦力甚大。可以图 5-27 为例说明其工作原理,定子产生的旋转旋场以一对等效磁极表示。当定子磁场固定不转时,转子磁分子受磁化,排列方向与定子磁场方向相一致,如图 5-28(a)所示,定子磁场与转子之间只有径向力,切向力和转矩 $T=0$,如果定子磁场以同步转速 n_1 逆时针方向旋转,转子处于旋转磁化状态,转子磁分

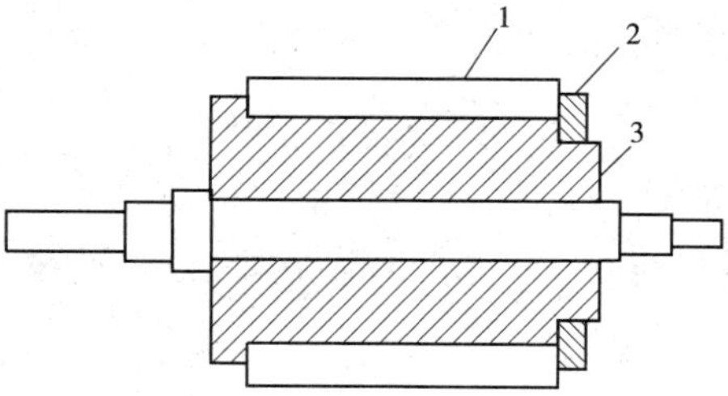

1—硬磁材料；2—挡环；3—套筒。

图 5-26　磁滞式同步电动机转子典型结构图

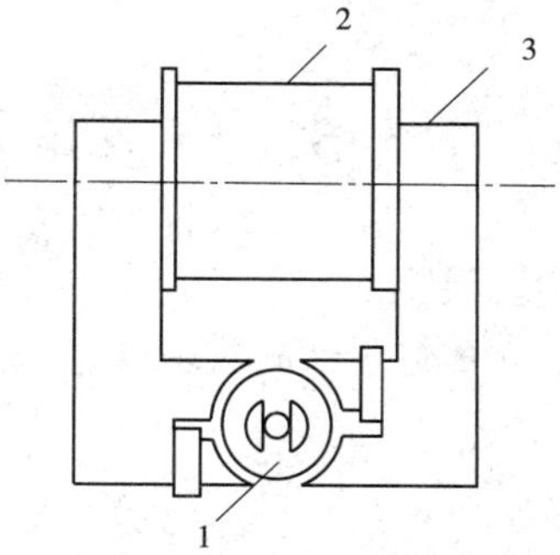

1—硬磁薄片；2—集中绕组；3—铁芯。

图 5-27　罩极式磁滞同步电动机

子应跟随定子磁场旋转方向转动，由于磁分子之间的摩擦力甚大，使磁分子不能立即跟随定子旋转磁场转过同样的角度，而始终要落后一个空间角度 θ_c，θ_c 称为磁滞角。这样转子就成为一个磁极轴线落后于定子旋转磁场磁极轴线一个 θ_c 角的磁铁，如图 5-28(b)所示。转子所受的磁拉力除径向分量外还有一个切向分量，切向分量产生的转矩称为磁滞转矩 T_c，它使转子朝旋转磁场的方向旋转。

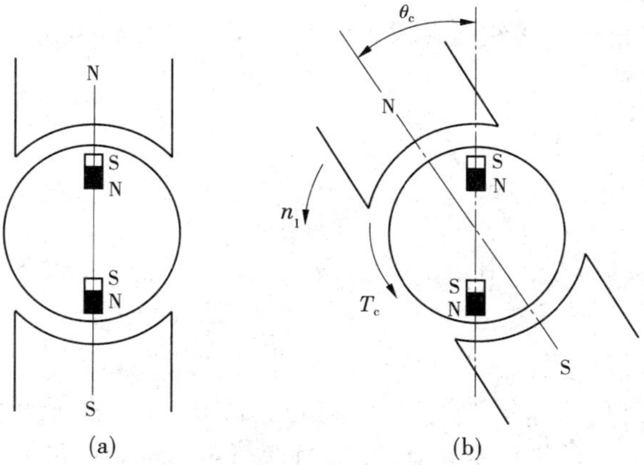

图 5-28　硬磁材料转子的磁化

产生磁滞转矩的条件是转子与定子旋转磁场之间有相对运动，即转子转速低于同步转速，转子受到旋转磁化，但是磁滞转矩的大小仅取决于硬磁材料的性质，而与转子异步运行时的转速无关，所以在转速低于同步转速时，磁滞转矩 T_c 始终保持常数，只要负载转矩 T_L 不大于 T_c，转速就将上升，直至转速等于同步转速时，转子不再被旋转磁化，而是恒定磁化，这时，磁滞式同步电动机就成为永磁式同步电动机了。同步运行以后，转速恒定不变，转子磁极轴线与定子旋转磁场磁极轴线之间的夹角改由负载大小决定，在 $0 \sim \theta_c$。

当磁滞式同步电动机的转速低于同步转速时，转子与旋转磁场之间有相对切割运动，磁滞转子中会产生涡流，与旋转磁场作用产生涡流转矩。所以，磁滞式同步电动机启动时，不仅有磁滞转矩，还有涡流转矩，不但能够自行启动，而且启动转矩较大，这是这种电动机的主要特点。

磁滞式同步电动机结构简单，运行可靠，启动性能好，噪声小，常用于电钟、自动记录仪表、录音机和传真机等。

任务 5.5　自整角机

【学习目标】

了解自整角机的基本概念和分类，了解自整角机的结构、工作原理、应用和使用注意事项。

自整角机是一种能对角位移或角速度的偏差进行指示、传输及自动整步的感应式控制电机。它被广泛用于随动控制系统中，通过两台或多台控制电机在电路上的联系，使机械上互不相连的两根或多根转轴能够自动地保持同步旋转。

在随动控制系统中，自整角机至少是成对运行的，其中产生控制信号的主自整角机称为发送机，接收控制信号、执行控制命令并与发送机保持同步的自整角机称为接收机。

根据用途不同，自整角机分为控制式和力矩式两类。目前，在随动控制系统中大量使用的是控制式自整角机，它的接收机转轴上不直接带负载，而是当发送机和接收机转子之间存在角位差(失调角)时，在接收机的励磁绕组两端输出与角位差成正弦函数关系的电压信号。力矩式自整角机的接收机转子上能输出较大的力矩，可直接驱动负载，主要用于指示系统或角传递系统。

5.5.1　控制式自整角机

5.5.1.1　基本结构

自整角机的基本结构主要由定子、转子和集电环及电刷装置等组成，如图5-29所示。定、转子铁芯均采用高导磁率、低损耗的硅钢片冲制叠压而成。和小型三相交流发电机一样，在自整角机的定子铁芯槽内也放置三相对称绕组，并作星形连接。自整角机的转子有凸极和隐极两种结构，转子绕组为单相集中式绕组，通过两组集电环和电刷装置与外部电路相连。

码5-3　微课：自整角机

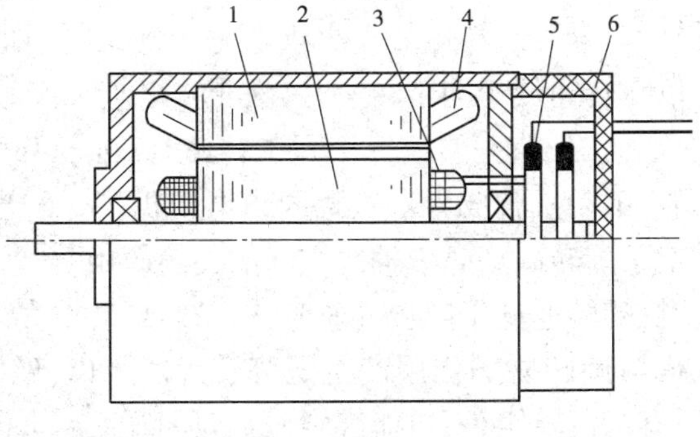

1—定子；2—转子；3—励磁绕组；4—定子绕组；5—电刷；6—滑环。

图5-29　自整角机结构简图

5.5.1.2　工作原理

控制式自整角机常成对组合使用,一台作为发送机,另一台作为接收机,两机的结构完全一样。控制式自整角机的接线原理如图 5-30 所示。发送机和接收机的定子三相绕组引出端子分别用三根导线对应连接。发送机的转子绕组为励磁绕组,接在单相交流励磁电源 $\dot{U}_1$,接收机的转子绕组作为输出绕组,输出交流电压 $\dot{U}_2$,因此又称为自整角变压器。

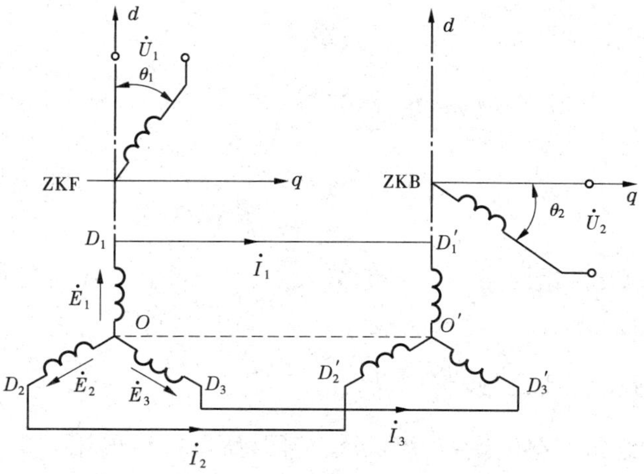

图 5-30　控制式自整角机的接线原理

设发送机定子 D_1 相绕组轴线与接收机定子 D_1'相绕组轴线相平行,均指向 d 轴方向。调整发送机的转子位置,以 d 轴为参考,使转子励磁绕组轴线滞后 d 轴为 θ_1 电角度;调整接收机的转子位置,以 q 轴为参考,使输出绕组轴线滞后 q 轴为 θ_2 电角度,规定两机转子绕组轴线互相垂直的位置为平衡位置(或称协调位置)。

根据电磁感应关系,图 5-30 所示的自整角机可以看成是两台变压器的串联运行。发送机相当于第一台变压器,接收机相当于第二台变压器。当发送机的励磁绕组接单相交流电源 $\dot{U}_1$ 时,流过励磁电流 $\dot{I}_f$,在气隙中产生脉振磁通 $\dot{\Phi}_m$,分别在定子三相绕组中感应出时间相位相同的变压器电动势,而各绕组中感应电动势的大小与转子的偏转角 θ_1 有关。由于定子三相绕组在空间彼此互差 120°电角度,因此垂直穿过各绕组平面的脉振磁通幅值分别为

$$\left.\begin{aligned}\Phi_1 &= \Phi_m \cos\theta_1 \\ \Phi_2 &= \Phi_m \cos(\theta_1 + 120°) \\ \Phi_3 &= \Phi_m \cos(\theta_1 - 120°)\end{aligned}\right\} \tag{5-6}$$

定子三相绕组感应电动势的有效值分别为

$$\left.\begin{aligned}E_1 &= 4.44fNk_{w1}\Phi_1 = 4.44fNk_{w1}\Phi_m\cos\theta_1 = E\cos\theta_1 \\ E_2 &= 4.44fNk_{w1}\Phi_2 = 4.44fNk_{w1}\Phi_m\cos(\theta_1 + 120°) = E\cos(\theta_1 + 120°) \\ E_3 &= 4.44fNk_{w1}\Phi_3 = 4.44fNk_{w1}\Phi_m\cos(\theta_1 - 120°) = E\cos(\theta_1 - 120°)\end{aligned}\right\} \tag{5-7}$$

式中 E——发送机定子相电动势的幅值；

f——励磁电源的频率；

Nk_{w1}——发送机定子每相绕组的有效匝数。

由于发送机与接收机的定子绕组采取对应连接，在发送机定子每相电动势的作用下，两机定子绕组构成的回路将有电流通过，但这3个电流的时间相位相同，幅值却不相等。

为了分析方便，假设两机定子三相绕组的中点之间有连接虚线 OO' 这样，流过各相绕组回路的电流有效值为

$$\left.\begin{aligned}I_1&=\frac{E_1}{Z}=\frac{E\cos\theta_1}{Z}=I\cos\theta_1\\I_2&=\frac{E_2}{Z}=\frac{E\cos(\theta_1+120°)}{Z}=I\cos(\theta_1+120°)\\I_3&=\frac{E_3}{Z}=\frac{E\cos(\theta_1-120°)}{Z}=I\cos(\theta_1-120°)\end{aligned}\right\}\tag{5-8}$$

式中 Z——定子每相绕组回路的总阻抗，即发送机、接收机定子每相绕组的阻抗与连接线阻抗之和；

I——定子每相绕组回路电流的最大值，$I=\dfrac{E}{Z}$。

由于定子每相绕组回路电流的时间相位相同，所以中线电流 $I_{OO'}=I_1+I_2+I_3=0$，即中线中没有电流通过，在使用时不必接中线。

发送机和接收机定子绕组中的电流分别建立各自的脉振磁通。发送机定子电流产生的3个脉振磁通时间相位相同，幅值大小不等，其合成磁通 $\dot{\Phi}'_m$ 仍为脉振磁通，而且 $\dot{\Phi}'_m$ 的方向与励磁脉振磁通 $\dot{\Phi}_m$ 相反，即脉振磁通 $\dot{\Phi}'_m$ 的轴线与励磁绕组轴线重合，与 d 轴的夹角为 θ_1。同样地，接收机定子电流也同样产生时间相位相同，幅值大小不等的3个脉振磁通，其合成脉振磁通 $\dot{\Phi}_{2m}$ 的轴线也与 d 轴夹角为 θ_1，由图5-30可知，$\dot{\Phi}_{2m}$ 与转子输出绕组的夹角为 $90°+\theta_2-\theta_1$。接收机定子合成脉振磁通 $\dot{\Phi}_{2m}$ 在转子输出绕组中的感应电动势大小为

$$E_2=4.44fN\Phi_{2m}\cos(90°+\theta_2-\theta_1)=E_{2m}\sin(\theta_1-\theta_2)=E_{2m}\sin\delta\tag{5-9}$$

式中 E_{2m}——接收机转子输出绕组中的感应电动势最大值；

δ——失调角，$\delta=\theta_1-\theta_2$，即接收机转子输出绕组轴线偏离协调位置的空间电角度，如图5-31所示。

当接收机空载时，转子输出绕组两端的电压 $U_2=E_2$。

由式(5-9)可以看出，控制式自整角机转子上的输出电压 U_2 是失调角 δ 的正弦函数，U_2 的大小和正负与两机转子绕组轴线的相对位置有关。当两机转子绕组轴线处于相互垂直的位置时，$\theta_2=\theta_1$，失调角 $\delta=0°$，接收机转子输出电压 $U_2=0$。所以，规定 $U_2=0$ 时输出绕组轴线所在位置为控制式自整角机的协调位置，如图5-31所示。

5.5.1.3 控制式自整角机的应用

控制式自整角机主要应用于精度较高、负载较大的伺服系统中，如雷达天线的偏转及

俯仰角控制系统中。

图5-32所示为控制式自整角机在雷达天线自动控制系统中的应用。在图5-32中，发送机2的转子励磁绕组施加交流电压$\dot{U}_1$，转子轴为转动轴，由手轮7通过减速器6进行摇动。接收机1的转轴为从动轴，其一端通过减速器6与交流伺服电动机3的转轴连接，另一端与被控对象雷达天线5连接，接收机的转子输出电压$\dot{U}_2$经过放大器4放大后作为交流伺服电动机控制电压$\dot{U}_k$。

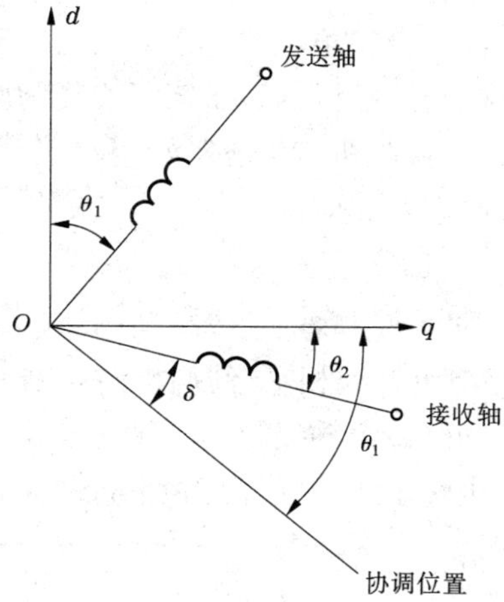

图5-31　控制式自整角机的协调位置

当搜索飞机时，雷达天线需在空中旋转，而人无法直接摇动笨重的天线。于是雷达操纵手摇动手轮，使发送机的转轴不断偏转(其转角为θ_1)，只要$\delta \neq 0°$，即接收机的转子偏转

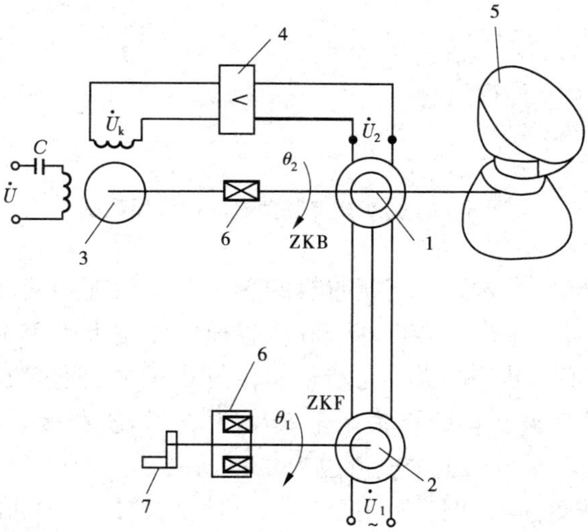

1—接收机；2—发送机；3—交流伺服电动机；4—放大器；5—雷达天线；6—减速器；7—手轮。

图5-32　控制式自整角机在雷达天线自动控制系统中的应用

角$\theta_2 \neq \theta_1$，接收机转子输出绕组就有电压$\dot{U}_2$输出，控制伺服电动机转动，带动接收机转子和雷达天线一起偏转(转角为θ_2)，直到$\theta_2 = \theta_1$、$\delta = 0°$、$\dot{U}_2 = 0$，从而实现雷达天线自动跟随手轮偏转的要求。

5.5.2　力矩式自整角机

由以上分析可知，控制式自整角机转子上只能输出电压，不能直接输出转矩带动被控负载。因此，必须用输出电压控制交流伺服电动机才能带动被控负载，实现转角的随动。

而力矩式自整角机转轴上可以输出机械转矩(称为整步转矩),直接带动指针类轻负载。

力矩式自整角机的基本结构与控制式自整角机相同。所不同的是,力矩式自整角机的发送机与接收机的转子绕组均作为励磁绕组,接在同一单相交流电源上,发送机发出转角信号,在接收机产生驱动转矩直接带动仪表指针偏转。下面简要分析力矩式自整角机的工作原理及其应用。

5.5.2.1 工作原理

图5-33为力矩式自整角机的接线原理图。设发送机定子 D_1 相绕组轴线与接收机定子 D_1' 相绕组轴线相平行,均指向 d 轴方向。以 d 轴为参考,调整两机的转子位置,使发送机转子励磁绕组轴线超前 d 轴为 θ_1 电角度;接收机转子绕组轴线超前 d 轴为 θ_2 电角度,规定两机转子绕组轴线互相平行的位置为协调位置。

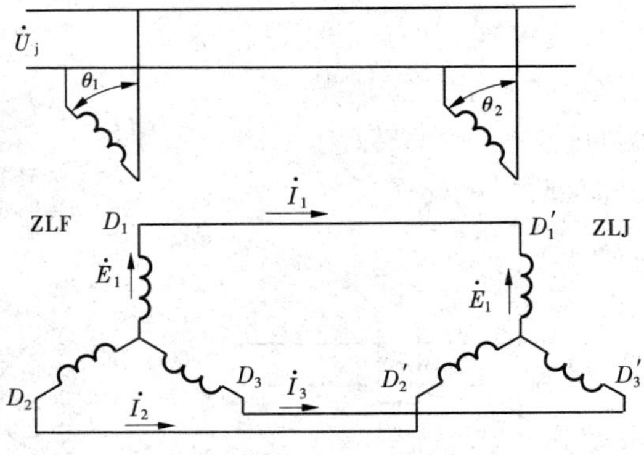

图5-33 力矩式自整角机的接线原理图

由于力矩式自整角机的发送机与接收机的转子绕组均施加交流电压励磁,所以发送机和接收机的定子各绕组中会在各自转子脉振磁通的作用下感应出与式(5-9)相同的电动势。但是发送机定子电动势的大小与转子偏转角 θ_1 有关,而接收机定子电动势的大小与转子偏转角 θ_2 有关。当 $\theta_2=\theta_1$,即失调角 $\delta=0°$时,发送机和接收机定子各绕组回路中的电动势代数和为0,因此各相定子电流也为0,两机转子上均没有转矩作用,处于协调位置。当 $\theta_2\neq\theta_1$,即失调角 $\delta\neq0°$时,则两机定子绕组所构成的各相回路中便存在着电动势差,于是各相定子电流不等于0,定子电流与接收机的励磁磁通互相作用产生电磁转矩 M,称为整步转矩。可以证明,整步转矩 M 是失调角 δ 的正弦函数,即

$$M \propto \sin\delta \tag{5-10}$$

整步转矩可以带动轴上的机械负载,使接收机转子沿着失调角减少的方向转动,直到 $\theta_2=\theta_1$,即失调角 $\delta=0°$。同样地,发送机转子也受到与整步转矩方向相反的电磁转矩作用,但由于其转轴已与主令轴固定连接,因而不能转动。

5.5.2.2 力矩式自整角机的应用

力矩式自整角机广泛用于自动测量和指示系统。如测量并指示阀门的开度、液面的高度、雷达天线的俯仰角、船舶舵角、高炉探尺的位置、变压器分接开关位置等。

图5-34所示为力矩式自整角机在液位测量中的应用。工作时,浮子1随着液面的升降通过绳索、平衡锤4和滑轮5使自整角发送机2的转轴转动,由于整步转矩的作用,接

收机3的转轴及轴上固定的仪表指针跟随发送机同步偏转。于是指针在仪表刻度盘上做出相应的显示,达到了远距离测量的目的。

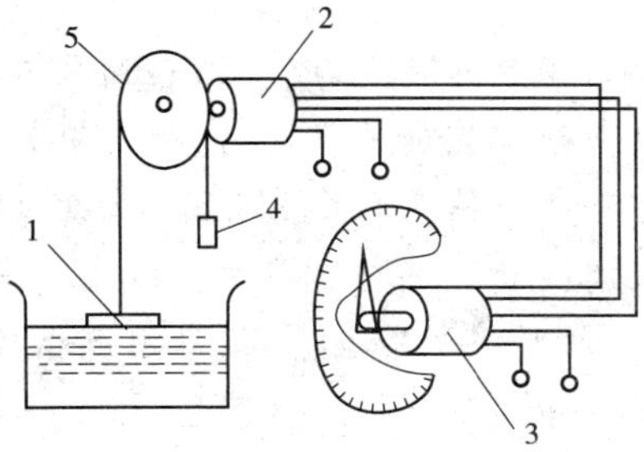

1—浮子;2—自整角发送机;3—自整角接收机;4—平衡锤;5—滑轮。

图5-34 力矩式自整角机在液位测量中的应用

5.5.3 自整角机的使用

5.5.3.1 要正确选用自整角机

(1)互相连接使用的自整角发送机和接收机,对应绕组的额定电压和频率必须相同。

(2)自整角机的励磁电压和频率必须和使用的电源相符合。

(3)在电源容量允许的情况下,应选用输入阻抗较小的自整角发送机,以便能获得较大的负载能力。

(4)选用自整角接收机时,其输入阻抗应较大些,以减轻发送机的负载。

5.5.3.2 使用中的注意事项

(1)零位调整。当自整角机用作传递角度数据时,通常在调整之前,其发送机和接收机刻度盘上的读数总是不一致的,因此需要进行调零。一般调零的方法是:转动发送机转子使其刻度盘上的读数为0,然后固定发送机定子,使接收机刻度盘的读数为0,并固定接收机定子。

(2)发送机和接收机不能互换。为了简化理论分析,我们曾假定发送机和接收机结构相同。但实际上,发送机和接收机是有差异的。对于控制式发送机,其转子一般制成凸极的,而自整角接收机的转子往往做成隐极的。因为隐极转子比凸极转子,其气隙磁场在空间的分布更接近正弦。另外,发送机、接收机的定子、转子绕组的参数也不一样。因此,自整角发送机和自整角接收机不能互换。对于力矩式自整角机,其接收机是带有电阻尼或机械阻尼的,而发送机则没有阻尼,所以将发送机和接收机互换,势必使自整角接收机发生振荡。

自整角机的功能是将机械转角信号转换为电信号,或将电信号转换为机械转角信号。在系统中通常要用两台或两台以上组合使用,从而实现转角的变换、传输和接收。

按用途和工作原理的不同,自整角机分控制式和力矩式两类。控制式自整角机主要用于随动系统,作为检测元件,将转角信号变换为与转角成一定函数关系的电压信号。力矩式自整角机可以远距离传输角度信号,主要用于自动指示系统。

小　结

控制电机的功能是实现控制信号的转换与传输,在自动控制系统中作执行元件或信号元件。自控系统对控制电机的基本要求是精度高、响应快和性能稳定可靠。

伺服电动机的功能是将控制电压信号转换为转速,拖动负载旋转,在自动控制系统中作执行元件用,故又称执行电动机,分直流和交流两类。直流伺服电动机的结构和工作原理与小型他励直流电动机相同,一般保持励磁不变,采用电枢控制方法控制电动机的转速和转向。直流伺服电动机机械特性和调节特性的线性度好,转速控制范围和输出功率都较大,转子比较细长,以减小转动惯量,提高响应速度,缺点是有换向器和电刷,维护比较麻烦。交流(异步)伺服电动机相当于分相式单相异步电动机,励磁绕组和控制绕组相当于单相异步电动机的主绕组和副绕组。运行时控制信号加于控制绕组,控制方式有3种,即幅值控制、相位控制和幅值-相位控制,都是通过改变电机中旋转磁场的椭圆度和旋转方向,从而控制电动机的转速和转向。交流伺服电动机的转子电阻设计得较大,目的在于克服"自转"现象。交流伺服电动机采用空心杯形转子时,转动惯量小,响应快,运转平稳,维护简单,缺点是结构复杂,气隙较大,因而励磁电流较大,功率因数较低。交流伺服电动机特性的线性度较差,但无换向器和电刷,工作可靠性高,维护简便,所以一般交流伺服电动机应用较多。

测速发电机的功能是将转速信号转换为电压信号,输出电压与转速成正比关系,在自动控制系统中作检测元件,亦分直流和交流两类。直流测速发电机的结构和工作原理与小型他励直流发电机相同。理想的输出特性(输出电压与转速的关系曲线)应为过原点的直线,而且斜率较大,实际上由于温度变化和电枢电流引起的电枢反应等因素会影响输出特性的线性度,引起线性误差,为此,直流测速发电机在使用时,转速不能超过规定的最高转速,负载电阻不能小于规定值,以限制线性误差。交流(异步)测速发电机的结构与交流伺服电动机相同,转子通常采用杯形转子,定子两相绕组,一个作励磁绕组,另一个作为输出绕组。输出电压的有效值与转速成正比,频率则与励磁电源的频率相同,与转速无关。交流(异步)测速发电机使用时,除可能产生线性误差外,还可能产生相位误差和剩余电压,产生误差的原因有制造工艺问题、材料问题和负载阻抗的大小与性质等,选用时应予以注意。直流测速发电机因有换向器和电刷,可靠性差,维护麻烦,但输出特性斜率较大,没有相位误差和剩余电压,无论是选用直流测速发电机还是交流测速发电机,应视具体情况而定。

步进电动机是将电脉冲信号转换为角位移或转速的电动机,输入一个脉冲,电动机前进一步,转过一个步距角,在自动控制系统中作执行元件。反应式步进电动机结构简单,应用最广。步距角的大小取决于转子齿数和通电方式,双拍制通电方式时的步距角比单拍制时小一半。通电方式一定时,步距角一定,角位移与脉冲的数目成正比。步进电动机的转速与脉冲频率成正比。步进电动机的步距角和转速不受电压波动和负载变化的影响,也不受温度变化和振动等环境条件的影响,步距角的误差不会累计,且具有自锁能力,精度较高,最适用于数字控制的开环或闭环系统。步进电动机的运行状态分静态运行、步进运行和连续运行,静态运行时的矩角特性,步进运行时的动稳定区和连续运行时的矩频特性都是步进电动机的重要特性,要理解。

小功率同步电动机的功能也是把电信号转换为转速,带动负载旋转,与伺服电动机不同的是,小功率同步电动机的转速始终保持同步转速 $n_1=\frac{60f_1}{p}$,与频率成正比,与极对数成反比,不受外加电压和负载转矩的影响,定子上有三相、两相对称绕组或者罩极单相绕组,通电时产生旋转磁场。根据转子材料的不同,小功率同步电动机主要分永磁式、反应式和磁滞式,永磁式同步电动机转子由永久磁铁制成;反应式同步电动机用一般铁磁性材料制造,直轴和交轴的磁阻不等;磁滞式同步电动机的转子用硬磁性材料制成。由于电动机转子具有机械惯性,加上永磁式和反应式同步电动机在转速到达同步转速前,产生的平均转矩为0,不易自行启动,为此,通常在转子上装有鼠笼形绕组,采用异步启动方法启动。磁滞式同步电动机定子通电就能产生磁滞转矩,所以不需在转子上加装鼠笼形绕组,就能自行启动,且启动性能较好,这是磁滞式同步电动机的主要特点。

自整角机的功能是进行角度的变换和传输,通常是两台组合使用,一台作为发送机,一台作为接收机,根据用途不同,自整角机分控制式和力矩式两类。它们的结构都相同,定子上有分布的三相绕组,称为整步绕组,转子上有集中或分布的单相绕组。控制式自整角机系统中,发送机的转子绕组接单相交流励磁电源,作为励磁绕组,发送机和接收机的整步绕组对应端相连,接收机转子绕组轴线与发送机励磁绕组轴线垂直的位置(q 轴)定为协调位置,当以上两绕组轴线之间出现失调角 θ 时,接收机转子绕组(输出绕组)就会输出与失调角成正弦函数关系的电压信号,经放大后送至交流伺服电动机的控制绕组,由伺服电动机带动负载和接收机旋转,使失调角减小,直至失调角为0°,从而使负载随发送机主令轴上的指令转动,由于控制式自整角机系统利用了放大环节,又便于实现闭环控制,所以适用于负载较大、精度要求又较高的随动系统。力矩式自整角机系统发送机和接收机的整步绕组也是对应端相连,两者的转子绕组接于同一单相交流励磁电源励磁,将接收机励磁绕组与发送机励磁绕组轴线(d 轴)重合的位置定为协调位置,当发送机主令轴转动时,出现失调角 θ,接收机转子受到整步转矩的作用,与发送机朝同一方向转动,直至失调角为0°,从而直接传输角度信号。由于系统中没有放大环节,转矩小,所以力矩式自整角机系统只适用于精度要求不高、负载很轻的角度指示系统。

习 题

项目5在线习题

一、填空题

1. ________是一种具有特殊性能的小功率电机,在控制系统中主要作为控制元件,用来________或变换信号。

2. 自控系统对控制电机的基本要求是________、________和________。

3. 步进电动机是将________转换为________的电动机。

4. 根据用途不同,自整角机分为__________和__________两类。

5. 微型同步电动机的功能是将不变的__________变换为转速恒定的__________,在自动控制系统中作执行元件。

二、判断题

1. 控制电机中,凡是把信号转换成输出功率或把电能转换为机械能的都为信号元件。(　　)

2. 直流力矩电动机是一种高转速、大转矩的直流伺服电动机,多用在被控对象运动速度比较高的自动控制系统中。(　　)

3. 直流测速发电机在空载时的输出电压与转速成正比。(　　)

4. 异步测速发电机的误差主要有线性误差、相位误差、剩余电压误差。(　　)

5. 力矩式自整角机系统只适用于精度要求高、负载很轻的角度指示系统。(　　)

三、选择题

1. 将电脉冲信号转换成相应角位移的控制电机是(　　)。

A. 测速发电机　　B. 旋转变压器　　C. 自整角机　　D. 步进电动机

2. 伺服电动机将输入的电压信号变换成(　　),以驱动控制对象。

A. 动力　　B. 位移　　C. 电流　　D. 转矩和速度

3. 步进电机是利用电磁原理将电脉冲信号变换成(　　)信号。

A. 电流　　B. 电压　　C. 位移　　D. 功率

4. 影响交流测速发电机性能的主要因素是(　　)。

A. 存在相位偏差　　B. 有节余电压　　C. 输出斜率小　　D. 以上3点

5. 因为自整角机的接收机和发送机在构造上有差别,假如调错,将使自整角机(　　)。

A. 产生振荡　　B. 烧毁　　C. 失步　　D. 停转

四、问答题

1. 简述控制电机的分类。

2. 简述直流伺服电动机实现调速的两种控制方法。

3. 说出交流伺服电动机的工作原理和控制方法。

4. 直流测速发电机有哪些应用?

5. 交流测速发电机的转子不动时,为什么没有电压输出?转子转动时,输出电压为什么和转速成正比,而频率与转速无关?

6. 分别说出线性误差、相位误差、剩余电压和输出斜率的含义。

7. 什么叫步进电动机?

8. 什么是步进电动机的步距角?什么是单三拍、双三拍和六拍工作方式?

9. 简述自整角机的应用。

参考文献

[1] 朱毅,王志勇. 电机技术[M]. 2 版. 郑州:黄河水利出版社,2018.
[2] 崔政敏. 电机技术[M]. 北京:中国人民大学版社,2014.
[3] 李元庆. 电机技术[M]. 北京:中国电力出版社,2017.
[4] 樊新军,覃洪英,王俊. 电机技术及应用[M]. 天津:天津大学出版社,2015.
[5] 赵莉华,曾成碧,苗虹. 电机学[M]. 2 版. 北京:机械工业出版社,2022.
[6] 姜玉柱. 电机与电力拖动[M]. 北京:北京理工大学出版社,2012.
[7] 任艳君,张浩波. 电机与拖动[M]. 北京:机械工业出版社,2018.
[8] 邹大为,马宏骞. 电机技术及应用[M]. 北京:电子工业出版社,2012.
[9] 刘小春. 电机与拖动[M]. 3 版. 北京:人民邮电出版社,2018.
[10] 许晓峰. 电机及拖动[M]. 2 版. 北京:高等教育出版社,2019.
[11] 汤蕴璆. 电机学[M]. 5 版. 北京:机械工业出版社,2022.